O LIVRO DA QUÍMICA

O LIVRO DA QUÍMICA

GLOBOLIVROS

DK LONDRES

EDITOR DE ARTE
Duncan Turner

EDITORES SENIORES
Helen Fewster, Camilla Hallinan

EDITORES
Alethea Doran, Annelise Evans, Becky Gee,
Lydia Halliday, Tim Harris, Katie John, Gill
Pitts, Jane Simmonds, Jess Unwin

ILUSTRAÇÕES
James Graham

TEXTO ADICIONAL
Richard Beatty

GERENTE DE CRIAÇÃO DE CAPA
Sophia MTT

DESIGNER DE CAPA
Stephanie Cheng Hui Tan

EDITOR DE PRODUÇÃO
Andy Hilliard

CONTROLADOR DE PRODUÇÃO SÊNIOR
Meskerem Berhane

EDITOR-CHEFE DE ARTE
Michael Duffy

EDITOR-CHEFE
Angeles Gavira Guerrero

DIRETOR EDITORIAL ASSOCIADO
Liz Wheeler

DIRETOR DE ARTE
Karen Self

DIRETOR DE DESIGN
Phil Ormerod

DIRETOR EDITORIAL
Jonathan Metcalf

GLOBO LIVROS

EDITOR RESPONSÁVEL
Lucas de Sena Lima

ASSISTENTE EDITORIAL
Renan Castro

TRADUÇÃO
Maria da Anunciação Rodrigues

CONSULTORIA
Ricardo Brocenschi

PREPARAÇÃO DE TEXTO
Fernanda Marão

REVISÃO DE TEXTO
Vanessa Sawada

EDITORAÇÃO ELETRÔNICA
Equatorium Design

Publicado originalmente na Grã-Bretanha em 2019 por Dorling Kindersley Limited, 80 Strand, London, WC2R 0RL.

Copyright © 2022, Dorling Kindersley Limited, parte da Penguin Random House

Copyright © 2022, Editora Globo S/A

Todos os direitos reservados. Nenhuma parte desta edição pode ser utilizada ou reproduzida – em qualquer meio ou forma, seja mecânico ou eletrônico, fotocópia, gravação etc. – nem apropriada ou estocada em sistema de banco de dados sem a expressa autorização da editora.

1ª edição, 2022. - 1ª reimpressão, 2024.

Impressão: COAN

FOR THE CURIOUS
www.dk.com

CIP-BRASIL. CATALOGAÇÃO NA PUBLICAÇÃO
SINDICATO NACIONAL DOS EDITORES DE LIVROS, RJ

L762

    O livro da química / colaboradores Andy Brunning ... [et al.] ; tradução Maria da Anunciação Rodrigues. - 1. ed. - Rio de Janeiro : Globo Livros, 2022.

    Tradução de: The chemistry book
Inclui índice
    ISBN   978-65-5987-070-7

    1. Química - Miscelânea. I. Brunning, Andy. II. Rodrigues, Maria da Anunciação.

22-80526   CDD: 540
                                                                                      CDU: 54

Meri Gleice Rodrigues de Souza - Bibliotecária - CRB-7/6439

COLABORADORES

ANDY BRUNNING

Andy Brunning graduou-se na Universidade de Bath, Inglaterra, e foi professor de química. Ele criou o premiado site de infográficos de química Coumpound Interest e é o autor de *Why does asparagus make your pee smell?* [Por que o aspargo faz seu xixi ter mal cheiro?], livro que explora a química dos alimentos. Colaborou também para o canal Crash Course, nos episódios de química orgânica.

CATHY COBB

Cathy Cobb, professora adjunta da Universidade da Carolina do Sul em Aiken, Estados Unidos, escreveu cinco livros sobre química e história da química para leigos. Em *The chemistry of alchemy* [A química da alquimia] ela apresenta a história da alquimia, a química por trás da alquimia e demonstrações caseiras de práticas alquímicas, como fazer ouro falso e a cauda do pavão.

ANDY EXTANCE

Antes de se tornar escritor de ciências em tempo integral, Andy Extance trabalhou por seis anos e meio nos estágios iniciais em pesquisas de novas substâncias. Hoje seus textos científicos exploram tudo que se relaciona à química, do ambiente terrestre ao espaço, da comida à fusão, de células solares aos nossos odores.

JOHN FARNDON

Cinco vezes finalista do Prêmio de Livro Científico Juvenil da Royal Society, John Farndon escreveu mais de mil livros sobre ciências, natureza e outros temas. Colaborou também em muitos livros sobre história da ciência, como *O livro da física*, *Science* [Ciência] e *Science year by year* [Ciência ano a ano].

TIM HARRIS

Escritor com muitas obras publicadas sobre ciências e natureza para crianças e adultos, Tim Harris estudou geologia na universidade. Escreveu mais de cem livros de referência, a maioria educacionais, e colaborou em muitos outros, entre eles *Chemistry matters!* [Química importa!], *Great scientists* [Grandes cientistas], *Routes of science* [Rotas da ciência], *O livro da física* e *O livro da biologia*.

CHARLOTTE SLEIGH, CONSULTORA

A professora Charlotte Sleigh trabalha no Departamento de Ciências e Estudos Tecnológicos da University College de London (UCL). Ela é autora de vários livros sobre história e cultura da ciência e presidente da Sociedade Britânica de História da Ciência.

ROBERT SNEDDEN

Robert Snedden trabalha na área editorial há mais de 40 anos, pesquisando e escrevendo livros dos mais variados temas na área de ciência e tecnologia – de engenharia química e ambiental a ciência dos materiais, exploração espacial, física e Albert Einstein.

SUMÁRIO

10 INTRODUÇÃO

QUÍMICA PRÁTICA

18 Quem não conhece cerveja, não sabe o que é bom
Fermentação

20 Óleo essencial, a fragrância dos deuses
Purificação de substâncias

22 Gordura do carneiro, cinzas do fogo
Produção de sabão

24 O ferro fosco dorme em moradas escuras
Metais extraídos de minérios

26 Se não quebrasse tanto, eu o preferiria ao ouro
Produção de vidro

27 O dinheiro é por natureza ouro e prata
Refino de metais preciosos

28 Os átomos e o vácuo foram o início do universo
O universo atômico

30 Fogo e água e terra e a ilimitada abóbada de ar
Os quatro elementos

A ERA DA ALQUIMIA

36 A pedra filosofal
Tentativas de fazer ouro

42 A casa toda queimou
A pólvora

44 O veneno depende da dose
A nova medicina química

46 Algo bem mais sutil que vapor
Gases

47 Por elementos quero dizer [...] corpos sem misturas
Corpúsculos

48 Um instrumento mais potente, o fogo, flamejante, férvido, quente
Flogisto

A QUÍMICA DO ILUMINISMO

54 Um tipo específico de ar [...] mortal para todos os animais
Ar fixo

56 O gás produziu um barulho muito alto!
Ar inflamável

58 Um ar meio explosivo
O oxigênio e o fim do flogisto

60 Eu capturei a luz
Primórdios da fotoquímica

62 Nos processos da arte e da natureza, nada se cria
Conservação da massa

64 Ouso falar de uma nova terra
Elementos terras-raras

68 A natureza atribui razões fixas
Proporções dos compostos

69 A química sem catálise é uma espada sem cabo
Catálise

A REVOLUÇÃO QUÍMICA

74 Cada metal tem certo poder
A primeira bateria

76 Forças atrativas e repulsivas suspendem a afinidade eletiva
Elementos isolados por eletricidade

80 Os pesos relativos das partículas últimas
A teoria atômica de Dalton

82 Os símbolos químicos deviam ser letras
Notação química

84 O mesmo, mas diferente
Isomeria

88 Posso fazer ureia sem rins
A síntese da ureia

90 A união instantânea de gás de ácido sulfuroso e oxigênio
Ácido sulfúrico

92 A quantidade de matéria decomposta é proporcional à de eletricidade
Eletroquímica

94 Ar reduzido à metade de sua extensão usual produz o dobro de força numa mola
A lei dos gases ideais

98 Qualquer objeto pode ser copiado por ela
Fotografia

100 A natureza fez compostos que se comportam eles próprios como elementos
Grupos funcionais

106 Um balão de ar meio engraçado
Anestésicos

A ERA INDUSTRIAL

112 O gás que aumenta a temperatura da Terra
O efeito estufa

116 Azuis derivados do carvão
Corantes e pigmentos sintéticos

120 Explosivos poderosos permitiram obras maravilhosas
Química explosiva

121 Para deduzir o peso dos átomos
Pesos atômicos

122 As linhas brilhantes de uma chama
Espectroscopia de chama

126 Notação para indicar a posição química dos átomos
Fórmulas estruturais

128 Uma das serpentes apanhou a própria cauda
Benzeno

130 Uma repetição periódica de propriedades
A tabela periódica

138 A atração mútua das moléculas
Forças intermoleculares

140 Moléculas canhotas e destras
Estereoisomeria

144 A entropia do universo tende a um máximo
Por que as reações acontecem

148 Todo sal, dissolvido em água, é em parte dissociado em ácido e base
Ácidos e bases

150 A mudança induz uma reação oposta
O princípio de Le Chatelier

151 **À prova de calor, quebra e risco**
Vidro borossilicato

152 **A nova constelação atômica**
Química de coordenação

154 **Um brilho amarelo glorioso**
Os gases nobres

160 **Mol: O novo nome do peso molecular**
O mol

162 **Proteínas responsáveis pela química da vida**
Enzimas

164 **Portadores de eletricidade negativa**
O elétron

A ERA DA MÁQUINA

170 **Como os raios de luz no espectro, determinaram-se os diferentes componentes**
Cromatografia

176 **A nova substância radiativa contém mais um elemento**
Radiatividade

182 **As moléculas, como cordas de violão, vibram a frequências específicas**
Espectroscopia de infravermelho

183 **Um material com milhares de usos**
Plástico sintético

184 **O parâmetro químico mais medido**
A escala de pH

190 **Pão a partir do ar**
Fertilizantes

192 **O poder de mostrar estruturas inesperadas e surpreendentes**
Cristalografia de raios x

194 **Gás à venda**
Craqueamento do petróleo bruto

196 **Como se alguém estivesse apertando a garganta**
Guerra química

200 **Seus átomos têm exterior idêntico, mas interior diferente**
Isótopos

202 **Cada linha corresponde a certo peso atômico**
Espectrometria de massas

204 **A maior realização da química**
Polimerização

212 **O desenvolvimento de combustíveis para motores é essencial**
Gasolina com chumbo

214 **Setas curvas são uma boa ferramenta para descrever elétrons**
Representação de mecanismos de reação

216 **Formas e variações na estrutura do espaço**
Modelos atômicos aperfeiçoados

222 **A penicilina surgiu por acaso**
Antibióticos

230 **A partir do desintegrador de átomos**
Elementos sintéticos

232 **O teflon toca cada um de nós quase todos os dias**
Polímeros antiaderentes

234 **Não terei nada a ver com uma bomba!**
Fissão nuclear

238 **A química depende de princípios quânticos**
Ligações químicas

A ERA NUCLEAR

250 **Criamos isótopos que não existiam ontem**
Elementos transurânicos

254 **O movimento delicado que há nas coisas comuns**
Espectroscopia por ressonância magnética nuclear

256 A origem da vida é uma coisa relativamente simples
As substâncias químicas da vida

258 A linguagem dos genes tem um alfabeto simples
A estrutura do DNA

262 Química ao inverso
Retrossíntese

264 Novos compostos a partir de acrobacias moleculares
A pílula anticoncepcional

266 Luz viva
Proteína fluorescente verde

267 Polímeros que param balas
Polímeros superfortes

268 A estrutura completa se estendeu diante dos olhos
Cristalografia de proteínas

270 O canto da sereia de curas miraculosas e balas mágicas
Desenho racional de fármacos

272 Este escudo é frágil
O buraco na camada de ozônio

274 O poder de alterar a natureza do mundo
Pesticidas e herbicidas

276 Se bloqueia a divisão celular, é bom contra o câncer
Quimioterapia

278 A força oculta que move os celulares
Baterias de íon-lítio

284 Máquinas copiadoras muito precisas
A reação em cadeia da polimerase

286 Uma pancada de 60 átomos de carbono na cara
Buckminsterfulereno

UM MUNDO EM TRANSFORMAÇÃO

292 Construa coisas com um átomo de cada vez
Nanotubos de carbono

293 Por que não aproveitar o processo evolutivo para desenhar proteínas?
Enzimas customizadas

294 Uma emissão negativa é boa
Captura de carbono

296 De base biológica e biodegradável
Plásticos renováveis

298 A mágica do carbono plano
Materiais bidimensionais

300 Imagens incríveis de moléculas
Microscopia de força atômica

302 Uma ferramenta melhor para manipular genes
Edição de genoma

304 Saberemos onde a matéria deixa de existir
A tabela periódica está completa?

312 A humanidade contra os vírus
Novas tecnologias em vacinas

316 OUTROS GRANDES NOMES DA QUÍMICA

324 GLOSSÁRIO

328 ÍNDICE

335 CRÉDITOS DAS CITAÇÕES

336 AGRADECIMENTOS

INTRODU

ÇÃO

INTRODUÇÃO

  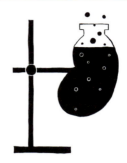

A química pode ser definida como o estudo dos elementos e compostos que formam a nós e ao mundo que nos cerca, e das reações que transformam sua enorme quantidade de substâncias em outras diferentes. Mas defini-la de modo tão simples diminui a mística e o encanto da química, que tantas vezes levaram as pessoas a estudá-la ao longo das eras.

A química é a ciência do instinto artístico e do espetáculo. A mistura de dois líquidos incolores produz uma nuvem amarela brilhante de precipitado. Uma lasca de metal cintilante colocada numa tigela com água borbulha e irrompe dramaticamente numa chama lilás etérea.

A grande beleza de nossa ciência, a química, é que os avanços nela [...] abrem a porta a conhecimentos maiores e mais abundantes.
Michael Faraday

Mantidas sem explicação, essas reações têm a aparência de mágica; porém, diferentemente da mágica, a química revelou seus segredos ao longo dos séculos, ainda que algumas das ferramentas exigidas para isso sejam complexas. E assim, conforme nosso conhecimento sobre a química se desenvolveu, nossas percepções sobre ela também mudaram.

Da alquimia à química

Em tempos antigos, a disciplina que se tornaria a química começou como um meio prático de separar e refinar substâncias, pautado pela percepção de que os componentes de uma mistura podiam ter propriedades diversas. Os primeiros praticantes dessas técnicas, na Babilônia, na China, no Egito e na Turquia, desenvolveram equipamentos específicos para melhorá-las. Alguns desses métodos, como os de refino de metais e de produção de sabão e vidro ainda são usados hoje, com algumas modificações.

Na época medieval, a prática conhecida como alquimia trazia a promessa de riquezas e imortalidade. Os alquimistas buscavam sem descanso a lendária pedra filosofal, um objeto mítico com a alegada capacidade de transformar metais comuns em ouro e permitir a criação do elixir da imortalidade. Embora esses altos objetivos não tenham sido atingidos e possam provocar hoje certa descrença, as pesquisas dos alquimistas levaram ao desenvolvimento da química experimental e até à descoberta de novos elementos.

No século XVIII, algo que já lembrava a química moderna começou a emergir da prática cada vez mais desprezada da alquimia. Uma revolução no pensamento químico levou a ideias mais claras sobre as proporções com que as substâncias reagem entre si e se combinam. O século XIX viu a criação da moderna teoria atômica, além do surgimento da representação visual mais conhecida da química: a tabela periódica. Nesse período também ocorreu uma explosão de aplicações industriais para a química, transformando a ciência numa disciplina técnica que possibilitou inovações do setor.

O século XX testemunhou a chegada dessas inovações. Plásticos, fertilizantes, antibióticos e baterias são partes essenciais da vida moderna, e poucas invenções causaram uma mudança social tão colossal quanto a pílula anticoncepcional. Mas também

houve alertas quanto ao potencial da química para causar danos: o uso amplo de gasolina com chumbo e seu possível impacto sobre a saúde neurológica, os efeitos de compostos que destroem a camada de ozônio e o advento de armas nucleares foram lembretes de que as substâncias químicas podem ser perigosas além de benéficas.

Hoje nossa relação com a química é turbulenta. Ela continua a viabilizar inovações vitais, que salvam vidas e ampliam os limites de nosso conhecimento. As recentes vacinas contra a covid-19, por exemplo, dependem da química em que se baseiam. Por outro lado, há a preocupação constante com o impacto das substâncias químicas em nossa saúde, no clima e no planeta. Ironicamente, para resolver esses problemas químicos, dependemos de soluções da química, aliada a outras ciências.

As divisões da química

É costume separar a química moderna em três grandes divisões: físico-química, química orgânica e química inorgânica.

A físico-química está na interface entre a física e a química, envolvendo em geral a aplicação de conceitos matemáticos para entender fenômenos químicos. Sua dimensão abrange a termodinâmica, que pode ser aplicada para avaliar a estabilidade de compostos químicos, se certas reações ocorrem ou não, e a que velocidade.

A química orgânica é o estudo de compostos baseados em carbono. O carbono tem a capacidade única de formar grandes redes de ligações com outros átomos de carbono e de diferentes elementos, como oxigênio, hidrogênio e nitrogênio. Compostos biológicos, entre eles nosso DNA, são compostos orgânicos, bem como muitos dos medicamentos que usamos. A química orgânica se ocupa da compreensão das estruturas e reações desses compostos.

Por fim, a química inorgânica lida com compostos fora da química

A química oferece não só uma disciplina mental, mas uma aventura e uma experiência estética.
Sir Cyril Hinshelwood

orgânica, entre eles compostos de metais, determinando suas estruturas e como reagem. Avanços nessa área levaram à criação de pigmentos, novos materiais e baterias de íon-lítio que fazem muitos de nossos aparelhos modernos funcionar.

Embora os livros escolares e os cursos de química continuem em geral a organizar a química nessas três divisões, cada vez mais os limites entre elas, e entre química, biologia e física, ficam imprecisos. Muitos dos maiores avanços científicos de anos recentes – o uso de aceleradores de partículas para descobrir novos elementos, a edição de genoma e as vacinas contra a Covid-19 – transcendem essas classificações simples e requerem conhecimentos que atravessam as disciplinas científicas.

A química se tornou a ciência central, fazendo a intersecção com as outras ciências para produzir novos e estimulantes avanços. Este livro mapeia o curso dessa evolução, começando com as raízes práticas da química nos tempos antigos, narrando o surgimento da química moderna a partir da alquimia e por fim revelando como o alcance da química se expandiu, atingindo quase todos os aspectos do mundo de hoje. ∎

QUÍMICA PRÁTICA
PRÉ-HISTÓRIA A

800 d.C.

INTRODUÇÃO

Evidências de **fermentação** de bebidas em civilizações antigas.

c. 7000 a.C.

A **primeira química de que há registros** no mundo, Tapputi-Belatekallim, usa destilação e filtragem para produzir perfumes.

c. 1200 a.C.

Métodos para **refinar metais preciosos** são desenvolvidos na Lídia.

c. 500 a.C.

c. 2800 a.C.

Sabões são feitos com gordura animal, madeira e água na **Suméria**.

c. 650 a.C.

O primeiro **manual de produção de vidro** é escrito na Assíria.

A necessidade prática foi, muitas vezes, o motor das primeiras incursões na química. Embora o mundo ocidental com frequência se coloque como o palco de grande parte da história documentada da química, as fundações da química prática foram lançadas por antigos impérios ao redor do globo.

De início, eles usaram processos químicos para produzir itens de uso ou conveniência diária, como sabão, cerâmica, corante para tecidos e material de construção.

Evidências arqueológicas mostram que a fermentação foi um dos primeiros processos bioquímicos que nossos ancestrais testaram, criando pão e bebidas. Na região que hoje é a China, antigos vinhos de arroz eram feitos a partir da fermentação desse grão, mel e frutas. Embora seja provável que os chineses também tenham desenvolvido processos de destilação, acredita-se que essa técnica surgiu na Índia. Várias civilizações das Américas e da África Subsaariana também são conhecidas por terem desenvolvido suas próprias bebidas alcoólicas.

Habilidade química

A destilação não era usada só para a produção de álcool. Na Babilônia (hoje Iraque e Síria), a criação de antigas técnicas e aparatos químicos permitiu a separação de misturas e a exploração de propriedades de seus componentes.

Esses processos se destinavam a fins artesanais, como a produção de perfumes. Na Babilônia viveu a primeira química de que há registro, Tapputi-Belatekallim, que anotou seu trabalho em tábuas de argila. Ela detalhou o emprego de extração, destilação e filtragem no preparo de perfumes de uso medicinal e ritual.

A produção de vidros foi outro processo químico usado pelos artesãos. Na Assíria, que cobria partes dos atuais Irã, Iraque, Síria e Turquia, foi descoberto o primeiro manual de manufatura de vidro na biblioteca do rei Assurbanipal – mas sabemos por evidências arqueológicas que outras civilizações, entre elas a egípcia, a chinesa e a grega, fizeram experiências com a produção de vidro antes dessa época. Os vidros criados eram usados em armas, objetos decorativos e vasos ocos, embora a arte do vidro soprado só tenha se desenvolvido no século I d.C.

Na Grécia Antiga, Leucipo e Demócrito propõem que **tudo** é feito de partes extremamente **pequenas e indivisíveis**.

c. 460 a.C.

Aristóteles adiciona qualidades aos elementos de Empédocles e acrescenta um **quinto elemento**, chamado **éter**.

c. 300 a.C.

c. 475 a.C.

Metalurgistas chineses, sul-americanos e africanos usam antigos **altos-fornos** para **extrair ferro** de seu minério.

c. 450 a.C.

Empédocles propõe que quatro "raízes" – **terra, ar, fogo e água** – constituem todas as coisas.

Metalurgia

A química antiga também permitiu explorar reservas de metal. O ouro, a prata e outros metais preciosos eram menos difíceis de usar que os demais, que em geral existiam em combinação com outros elementos, e técnicas desenvolvidas na Lídia (atual Turquia) para refinar o ouro e a prata permitiram criar sistemas de cunhagem-padrão.

Mais importantes foram as técnicas inventadas para isolar outros metais de seus minérios, nos quais estavam combinados quimicamente a outros elementos. Antigos altos-fornos na China foram usados para extrair ferro, e há evidências de fundição de cobre em algumas civilizações sul-americanas antigas. Tais processos levaram os metais, que a princípio eram usados para produzir itens decorativos, a serem aproveitados numa gama de itens de uso prático, entre eles armamento.

Elementos fundamentais

Cerca de 2.500 anos atrás, pensadores gregos antigos se dedicaram a teorizar o que constitui o mundo ao nosso redor. Sua filosofia lançou as bases de referenciais teóricos que durante séculos continuaram muito importantes no estudo do mundo material.

Os filósofos Leucipo e Demócrito introduziram o conceito de átomos como pedaços de matéria sólidos e indivisíveis que constituem tudo ao nosso redor. Demócrito também postulou que diferentes formas de átomo fazem diferentes substâncias, e que os átomos podem se combinar uns com os outros de vários modos.

Na mesma época, Empédocles propôs que toda substância é formada pela combinação de quatro "raízes" básicas: terra, ar, fogo e água. Acredita-se que Platão foi o primeiro filósofo grego a se referir a essas substâncias como "elementos". Aristóteles definiu depois elemento como algo "não divisível, ele mesmo, em corpos diferentes de forma definida". Ele também atribuiu qualidades descritivas aos elementos para explicar as das substâncias. Sua teoria se manteve até o século XVII, quando começou a ser suplantada com a descoberta dos elementos físicos. Já a teoria dos átomos desapareceu, mas ressurgiu no século XVIII.

Essas ideias clássicas, com as técnicas e dispositivos criados em várias culturas antigas, formaram a base da química moderna. ∎

QUEM NÃO CONHECE CERVEJA, NÃO SABE O QUE É BOM

FERMENTAÇÃO

EM CONTEXTO

FIGURAS CENTRAIS
Cervejeiros desconhecidos
(c. 11000 a.C.)

ANTES
c. 21000 a.C. Perto do mar da Galileia, em Israel, caçadores-coletores constroem cabanas com ramos, onde empilham sementes e grãos. As cabanas têm lareira e áreas para dormir.

DEPOIS
c. 6000 a.C. Evidências químicas de produção de vinho são preservadas em potes perto da atual Tbilissi, na Geórgia.

c. 1600 a.C. Textos egípcios apresentam cerca de cem prescrições médicas que citam a cerveja como cura para vários males.

c. 100 a.C. Nos EUA, os pápagos usam vinho feito do cacto saguaro em seus rituais sagrados.

c. 1000 d.C. O lúpulo é usado amplamente na fermentação de cerveja na Alemanha.

O álcool tem sido associado a atividades sociais – sagradas ou profanas – mesmo antes de haver registros escritos, e sua produção está entre os mais antigos processos químicos dos quais temos evidências.

Primeiras secas

Não se tem certeza sobre como o álcool foi descoberto, mas a fermentação foi uma das primeiras e cruciais incursões humanas na química. É provável que a primeira experiência da humanidade com o álcool tenha ocorrido por acaso, talvez associada à putrefação de frutas. Há algumas evidências de que os primeiros exemplos de produção de álcool sejam anteriores ao cultivo de plantas, cerca de 11 mil anos atrás.

Os natufianos, um povo neolítico que viveu ao redor do Mediterrâneo oriental de c. 15000 a.C. a 11000 a.C., podem ter sido uma das primeiras culturas a fermentar cerveja. Arqueólogos analisaram resíduos encontrados em almofarizes de pedra datados de c. 11.000 a.C., descobertos num sítio fúnebre natufiano perto da atual Haifa, em Israel. Eles detectaram sinais de que esses almofarizes foram usados para fermentar cevada ou trigo selvagem, além de guardar comida. Os arqueólogos especulam que os natufianos usavam um processo de fermentação de três etapas, em que o amido do trigo ou da cevada era primeiro transformado em malte

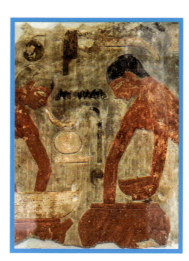

Esta cena egípcia de preparo de cerveja, de c. 2500-2350 a.C., faz parte da decoração em calcário de uma capela funerária no norte de Abidos, uma antiga cidade do Alto Egito.

QUÍMICA PRÁTICA

Ver também: Purificação de substâncias 20-21 ▪ Catálise 69 ▪ Enzimas 162-163

1. Amassar
O malte de cevada é misturado a água quente. A massa resultante é filtrada, obtendo-se uma solução açucarada chamada mosto.

2. Ferver
Adiciona-se lúpulo ao mosto, que é fervido numa caldeira de fermentação. O mosto é então resfriado e o lúpulo é filtrado.

3. Fermentar
A solução é levada a um recipiente de fermentação, onde a levedura é adicionada. A levedura converte os açúcares em álcool e CO_2.

O processo de fabricação da cerveja começa com a germinação de cevada para torná-la malte, um processo que garante a presença de açúcares e amido, além das enzimas amilase e protease. Há então cinco passos principais a seguir.

5. Filtrar
Por fim, a cerveja é filtrada para ser clareada. Alguns tipos de cerveja não são filtrados e mantêm sua "nebulosidade".

4. Condicionar
A cerveja só é bebível depois de condicionada. No condicionamento, a levedura quebra os compostos de sabor ruim.

pela germinação dos grãos em água, antes de ser seco e armazenado. Depois o malte era amassado, aquecido e posto para fermentar. No processo de fermentação, leveduras do ar, de ocorrência natural no ambiente, convertiam os açúcares da cevada ou trigo em etanol (álcool). O resultado se parecia mais com um "mingau de cerveja" do que com o líquido com que estamos acostumados.

Acredita-se que a fermentação já era realizada por várias civilizações em c. 7000 a.C., e evidências químicas de uma das mais antigas bebidas alcoólicas datam dessa época. Arqueólogos analisaram o resíduo em potes de cerâmica achados em Jiahu, no nordeste da China, e descobriram traços de uma bebida fermentada feita de mel, arroz e frutas. A análise de vasos e resíduos de vários sítios arqueológicos indica que as pessoas usaram um fermento baseado em grãos, chamado *qu*, para fazer uma bebida similar à cerveja nos primeiros tempos da domesticação de plantas na região, que também foi datada em c. 7000 a.C. Como as descobertas natufianas, esses vasos foram encontrados em sítios associados a funerais, sugerindo que a bebida pudesse ter um papel em rituais fúnebres.

Pão e cerveja
O registro escrito mais antigo de produção de cerveja é uma placa de argila de 6 mil anos atrás, da antiga Mesopotâmia (região histórica entre os rios Tigre e Eufrates que cobria áreas das atuais Síria e Turquia e a maior parte do Iraque). Acredita-se que tenha sido criada pela civilização suméria (no atual Iraque), que tinha uma deusa padroeira da fermentação de bebidas chamada Ninkasi. A receita mais antiga remanescente de cerveja, produzida a partir de pão de cevada, está num poema de 3,9 mil anos atrás, escrito em honra à deusa.

O Egito foi um dos maiores produtores de vinho e cerveja da Antiguidade. Na verdade, acredita-se que a cervejaria mais antiga conhecida (c. 3400 a.C.), na cidade de Hieracômpolis, produzia mais de 1,1 mil litros de cerveja por dia. As cervejarias egípcias eram com frequência associadas a padarias, ambas dependentes da atividade da levedura para converter açúcares de grãos como cevada e farro em álcool etílico e dióxido de carbono (CO_2). A diferença é que o álcool é o produto desejado pelos cervejeiros, enquanto os padeiros buscam o CO_2 para levedar o pão. Parece provável que esses povos fermentavam cerveja antes de assarem pão. Ainda hoje, a levedura que sobra do processo de fermentação de bebidas é usada para fazer pão. ■

ÓLEO ESSENCIAL, A FRAGRÂNCIA DOS DEUSES
PURIFICAÇÃO DE SUBSTÂNCIAS

Uma **mistura de líquidos** é colocada num frasco. → Quando os líquidos são **aquecidos**, o que tem o **ponto de fervura mais baixo** forma **vapor primeiro**.

↓

O líquido purificado resultante é coletado como um destilado. ← O **vapor é resfriado** num condensador.

EM CONTEXTO

FIGURA CENTRAL
Tapputi-Belatekallim
(c. 1200 a.C.)

ANTES
c. 4000 a.C. No vale do Tigre, são produzidos potes em forma de sino que talvez sejam parte de um aparelho de destilação.

c. 3000 a.C. É muito provável que um aparelho de destilação em terracota no vale do Indo seja usado para produzir óleos essenciais.

c. 2000 a.C. Uma enorme fábrica de perfumes funciona no Chipre.

DEPOIS
c. século IX d.C. O *Livro da química do perfume e destilações*, do filósofo árabe Al-Kindi, apresenta mais de cem receitas e métodos.

c. século XI Ibn Sina inventa um processo para extração de óleos de flores por destilação para criar perfumes mais delicados.

A destilação é um processo para separar líquidos, seja de sólidos, como quando se extrai álcool de materiais fermentados, seja de uma mistura de líquidos com diferentes pontos de fervura, como a separação do petróleo bruto em seus componentes, como butano e gasolina.

Tecnologia antiga

Uma das primeiras descobertas tecnológicas dos humanos foi que o alcatrão podia ser destilado da casca de bétula. Esse adesivo natural foi central na confecção de ferramentas compostas, sendo usado para fixar lâminas de pedra em cabos de madeira de machados, lanças e enxadas. Contas antigas de alcatrão foram descobertas em sítios europeus do Paleolítico Médio que antecedem a chegada do *Homo sapiens* moderno à Europa Ocidental em cerca de 150 mil anos. Esses antigos destiladores eram neandertais, que muito provavelmente aqueciam as cascas de árvore em brasas para extrair o alcatrão.

Em tempos (relativamente) mais recentes, as pessoas aprenderam a usar a destilação para criar perfumes. Com base em evidências de hieróglifos, essa arte remonta a pelo menos 5 mil anos atrás, quando sacerdotes do Egito Antigo usavam resinas aromáticas em rituais. Uma das primeiras etapas da fabricação de um perfume é a extração de óleos essenciais aromáticos das plantas, e

QUÍMICA PRÁTICA

Ver também: Fermentação 18-19 ▪ Refino de metais preciosos 27 ▪ Tentativas de fazer ouro 36-41 ▪ Craqueamento de petróleo bruto 194-195

o modo mais comum de fazer isso é a destilação.

O alambique

Na Mesopotâmia, no oeste da Ásia, os alambiques já eram usados em 3500 a.C. para destilar e filtrar líquidos. Na época, eles consistiam num vaso de argila com borda dupla e tampa. O líquido era aquecido no recipiente e o condensado (líquido formado por condensação) se acumulava na tampa, que era resfriada com água. O condensado corria da tampa para uma depressão criada pela borda dupla do vaso, onde era coletado. Os processos usados eram ineficientes e com frequência a destilação tinha de ser repetida várias vezes para se obter o concentrado desejado.

O primeiro químico

Placas de argila com texto cuneiforme de c. 1200 a.C. descrevem perfumarias na Babilônia Antiga (cidade no sul da Mesopotâmia, no atual Iraque) que usavam uma forma primitiva de destilação. Uma perfumista babilônia identificada nesses escritos como Tapputi-Belatekallim é a primeira química identificada pelo nome desde o início da escrita. "Belatekallim"

> Perfumistas mulheres desenvolveram as técnicas químicas de destilação, extração e sublimação.
> **Margaret Alic**
> *Hypatia's Heritage* (1986)

significa supervisora, e Tapputi supervisionava a perfumaria real. As placas de argila descrevem seu tratado sobre a produção de perfume, o primeiro do tipo registrado, e como ela filtrava e destilava perfumes para rituais religiosos e medicamentos, além do uso na casa real. Embora o alambique seja muito anterior a Tapputi, essas placas contêm a primeira descrição escrita de seu uso.

Os fabricantes de perfume como Tapputi também usavam uma gama de outros equipamentos, em geral adaptados de utensílios domésticos. Os exemplos incluem cerâmicas, potes e copos de pedra, pesos e medidas, peneiras, pilões e almofarizes, tecidos para filtragem e fornos capazes de atingir várias temperaturas.

Outra placa que se conservou descreve passo a passo o processo de Tapputi para produzir um unguento para a casa real que continha água, flores, óleo e um caniço (possivelmente capim-limão). Ela detalha o refino dos ingredientes no alambique e essa é a mais antiga referência registrada a essa técnica. Os ingredientes eram primeiro amolecidos com água e depois com óleo, em seguida fervidos para liberar suas essências, que logo se condensavam nas paredes do alambique. O concentrado recolhido podia ser então diluído numa mistura de água e álcool, como os perfumes de hoje. ■

Diz-se que o alambique, representado neste texto árabe do século XVIII, foi inventado pela alquimista egípcia Maria, a Judia, por volta do século II d.C. O condensado flui do vaso de resfriamento para um frasco coletor.

Destilação e sublimação

A destilação é um modo eficaz de separar uma mistura de líquidos que fervem a temperaturas diferentes. O componente mais volátil vaporiza à temperatura mais baixa. O vapor atravessa um condensador, onde resfria até o estado líquido, e é coletado como um destilado. Ajustando-se a temperatura é possível separar componentes diferentes. Outro método de separação é a sublimação. Ela ocorre quando um sólido se torna vapor sem ficar líquido antes. Um exemplo moderno é o dióxido de carbono congelado (gelo seco), que se torna vapor a temperatura ambiente. Substâncias como iodo, cânfora e naftalina sublimam ao serem aquecidas e podem ser recuperadas como depósito sólido, ou sublimado, resfriando-se o vapor de modo similar ao usado com destilados líquidos.

GORDURA DO CARNEIRO, CINZAS DO FOGO
PRODUÇÃO DE SABÃO

EM CONTEXTO

FIGURAS CENTRAIS
Fabricantes sumérios de sabão (c. 2800 a.C.)

DEPOIS
c. 600 a.C. Os fenícios fazem sabão com sebo e cinzas de madeira.

79 d.C. Evidências de uma fábrica de sabão estão entre as ruínas de Pompeia, na Itália.

700 Químicos árabes usam óleos vegetais, como o azeite, para fazer as primeiras barras de sabão sólido, perfumadas e coloridas com óleos aromáticos como o de timo.

Século XII Um documento islâmico descreve o ingrediente principal do sabão como *al-qaly* (cinzas), de onde vem o termo químico "álcali".

1791 O químico francês Nicolas Leblanc abre a primeira fábrica de carbonato de sódio (cinzas de soda) a partir de sal comum, reduzindo o custo de produção do sabão.

O sabão pode ter sido o primeiro preparado químico – uma mistura intencional de duas ou mais substâncias – da história. Placas de argila de c. 2500 a.C. achadas na cidade suméria de Girsu (no atual Iraque) registram a primeira descrição de um método para produzir um material semelhante ao sabão. Arqueólogos, porém, consideram provável que o sabão já estivesse em uso ao menos 300 anos antes.

A química da produção de sabão é basicamente a mesma em todas as culturas. Girsu era um centro têxtil e a receita de sabão encontrada se relaciona a lavagem e tingimento de lã. Os sumérios usavam uma mistura de cinzas de madeira e água para remover a oleosidade natural da lã, um processo necessário à fixação dos corantes. É provável que os sacerdotes sumérios usassem uma mistura similar para se purificar antes de rituais.

Cinzas alcalinas
A mistura de cinzas e água funciona porque o álcali nas cinzas reage com o óleo, convertendo-o em sabão. (O álcali, nesse caso,

Esta água consagra os céus, purifica a Terra.
Hino a Kusu
(3º milênio a.C.)

significa uma base que se dissolve na água; a base é a substância química oposta a um ácido.) O sabão dissolve o óleo e a sujeira restantes. As pessoas perceberam que era fácil produzir sabão, e ferviam gorduras animais e óleos com a mistura alcalina de cinzas para produzir soluções de limpeza para têxteis como lã ou algodão.

No corpo humano, o sabão parece ter sido usado na época mais para tratamento de males na pele do que para limpeza. Um texto sumério de c. 2200 a.C. descreve sua aplicação numa pessoa com um problema de pele não identificado. Os egípcios antigos desenvolveram um método similar ao dos sumérios para fazer sabão, usando-o para tratar doenças e feridas na pele, e também para se lavarem. O papiro

QUÍMICA PRÁTICA

Ver também: A nova medicina química 44-45 ▪ Ácidos e bases 148-149 ▪ Enzimas 162-163 ▪ Craqueamento de petróleo bruto 194-195

Ebers, de c. 1550 a.C., uma das obras médicas mais antigas conhecidas, registra a produção de sabão pela mistura de óleos animais e vegetais com sais alcalinos.

Na China, em c. 1000 a.C., durante a dinastia Zhou, descobriu-se que as cinzas de certas plantas podiam ser usadas para remover graxa. Um documento chamado "Registro do comércio", criado por volta do fim da dinastia, relata como a mistura de limpeza foi aperfeiçoada com a adição de conchas moídas à cinza. Isso produzia uma substância alcalina que podia remover manchas dos tecidos.

A saga do sabão

Os romanos e gregos antigos limpavam o corpo massageando óleo na pele e depois raspando a sujeira com um estrígil de metal ou madeira, cujos primeiros exemplos são do século V a.C.

O mais antigo uso registrado do termo "sabão" é do século I d.C., quando o escritor e naturalista romano Plínio, o Velho, menciona "*sapo*" em seu tomo enciclopédico, *História natural*. Nele, dá receitas para fazer sabão de sebo (de gordura bovina) e cinzas, e descreve o produto resultante como um meio para "dissipar feridas escrofulosas".

No século II d.C., Galeno, o influente médico grego, descreveu a produção de sabão com soda cáustica (as bases hidróxido de potássio e hidróxido de sódio obtidas a partir de cinzas de madeira). Ele o prescreveu como meio eficaz para limpar tanto o corpo quanto roupas.

Sabões modernos

As gorduras e óleos mais comuns usados para fazer sabões hoje são os óleos de coco, de girassol, de palma, o azeite e o sebo. As propriedades dos sabões dependem do tipo de gordura usado: as animais os tornam muito duros e insolúveis, enquanto os óleos de coco produzem sabões mais solúveis. O tipo de álcali usado também é importante: sabões de sódio são duros e os de potássio mais macios.

Muitos detergentes da atualidade usam enzimas – catalisadores biológicos que quebram as gorduras, as proteínas e os carboidratos presentes em manchas como as de alimentos. ∎

A química do sabão

Os óleos e gorduras obtidos de plantas ou animais contêm triglicérides, que são compostos de uma molécula de glicerol ligada a três longas cadeias de ácidos graxos. Quando os triglicérides são misturados a uma solução alcalina forte, os ácidos graxos se separam do glicerol – a saponificação. O glicerol se converte num álcool e os ácidos graxos formam sais – as moléculas de sabão. A cabeça do sal de ácido graxo é hidrofílica (atraída por água) e solúvel, mas sua longa cauda é hidrofóbica (repelida por água) e insolúvel.

Os sais de ácido graxo são fortes surfactantes – substâncias que se acumulam na superfície da água. Na água, as moléculas de sabão formam aglomerados minúsculos chamados micelas. A parte hidrofílica da molécula de sabão aponta para fora, formando a superfície externa da micela, e a parte hidrofóbica aponta para dentro. Moléculas hidrofóbicas como gordura e óleo são capturadas dentro da micela, que é solúvel em água e facilmente lavada.

As caudas hidrofóbicas das moléculas de sabão aderem à sujeira e ao óleo na pele e os capturam dentro de uma micela, que é eliminada com água.

Moléculas de sabão — Cabeça hidrofílica — Cauda hidrofóbica

Sujeira — Bactérias que vivem na sujeira

As cabeças hidrofílicas das moléculas de sabão se dissolvem na água e removem a sujeira da pele

Cauda de molécula de sabão presa à sujeira

Micela

Pele

O FERRO FOSCO DORME EM MORADAS ESCURAS

METAIS EXTRAÍDOS DE MINÉRIOS

EM CONTEXTO

FIGURAS CENTRAIS
Metalurgistas anatólios
(c. 2000 a.C.)

ANTES
c. 5000 a.C. Evidências de extração de cobre do minério em sítios do sudeste europeu e do Irã.

c. 4000 a.C. Machados de cobre nos Bálcãs atestam o conhecimento da tecnologia de fundição e moldagem de metais.

DEPOIS
c. 400 a.C. Metalurgistas indianos inventam um método de fundição que liga carbono a ferro forjado, produzindo aço.

c. século XII d.C. Os primeiros altos-fornos do Ocidente são construídos em Durstel, na Suíça.

A descoberta da extração de metais foi um avanço tecnológico crucial que permitiu a produção de ferramentas e itens como joias por meio da metalurgia. Os primeiros metais usados foram o cobre, a prata e o ouro, encontrados em estado metálico ou natural. A maioria dos outros metais são encontrados combinados a outros materiais como parte de um minério rochoso. Separar os metais de seus minérios, um processo chamado fundição, exige altas temperaturas.

A extração do cobre
É provável que as primeiras pessoas a descobrir o processo de fundição foram ceramistas que testavam novas técnicas para queimar peças e observaram um fio brilhante de metal derretido escorrer para fora do forno. Fundir o

Numa oficina da Idade do Bronze, vê-se um homem derramando a liga de cobre-estanho num molde de areia, após ser misturada e fundida numa fornalha. Ela formará um objeto de bronze. Outro homem examina uma lâmina de espada recém-moldada.

QUÍMICA PRÁTICA

Ver também: Refino de metais preciosos 27 ▪ Tentativas de fazer ouro 36-41 ▪ O oxigênio e o fim do flogisto 58-59 ▪ Elementos isolados por eletricidade 76-79

O ouro e o ferro hoje, como nos tempos antigos, são os regentes do mundo.
William Whewell
Palestra sobre o progresso das artes e da ciência (1851)

cobre exige aquecer o minério a temperaturas acima de 980° C, nada fácil numa fogueira, mas possível num forno.

Escavações para obter minério de cobre com cerca de 6 mil anos foram identificadas nos Bálcãs e na península de Sinai, no Egito. Um dos principais desafios para os antigos mineiros era quebrar as rochas para chegar ao minério. Um dos primeiros grandes avanços da tecnologia de mineração foi o uso do fogo. Ele envolvia aquecer primeiro a rocha para fazê-la se expandir e depois encharcá-la com água fria, para que se contraísse e quebrasse. Cadinhos (vasos de argila que suportavam altas temperaturas e eram usados para fundir minerais, entre eles metais) foram achados perto das minas, indicando que a fundição do minério também ocorria no local.

Ligas

O cobre é um metal relativamente mole, com limitada utilidade na fabricação de armas. A descoberta de que a mistura de cobre com outros materiais produzia um metal mais forte (a liga) ocorreu cerca de 5 mil anos atrás. Muitas das primeiras tentativas de obter cobre envolveram aquecer minérios de sulfeto de cobre em presença de carvão em brasa, um processo que produzia ligas de cobre. Essas ligas continham arsênio e eram muito mais fortes que o cobre puro. As primeiras ligas de cobre e estanho provavelmente surgiram quando um minério que continha estanho estava presente na fundição. A adição de estanho ao cobre tornava a liga muito mais dura que cada um dos metais, e também era mais fácil de moldar. Essa liga foi chamada de bronze. Produzido de c. 3000 a.C. em diante no delta do Tigre-Eufrates na Mesopotâmia, esse novo metal útil se espalhou por meio do comércio, anunciando a chegada da Era do Bronze.

Qualquer ferro velho

É provável que a extração de ferro a partir do minério também tenha ocorrido primeiro por acaso, em c. 2000 a.C., em fornos de fundição de cobre na Anatólia (atual Turquia). Fundir o ferro exigia o uso de carvão, que queima a temperatura mais alta que a madeira e reage quimicamente eliminando algumas impurezas do minério de ferro. A invenção dos foles permitiu injetar ar – portanto, oxigênio – no forno, propiciando temperaturas mais altas. Essas antigas fornalhas, chamadas "poços de escória", "forjas catalãs" ou "fornos de lupa", não atingiam as temperaturas necessárias à fundição do ferro. Em vez disso, produziam lupa, uma mistura de ferro quase puro e outros materiais que era depois aquecida e martelada repetidamente para ser refinada. O ferro feito desse modo é chamado de ferro forjado.

O ferro é o quarto elemento mais comum na Terra e é mais fácil de ser obtido em grandes quantidades que o cobre e o estanho. Entre 1200 e 1000 a.C., a metalurgia do ferro, em especial para fazer ferramentas agrícolas e armas, se espalhou rápido pelas regiões do Mediterrâneo e do Oriente Próximo. Na China, altos-fornos foram desenvolvidos, tornando a produção mais eficiente. ∎

O alto-forno

Usado para fundir metais como o ferro, o alto-forno é alimentado o tempo todo com minério e combustível pelo topo da fornalha, enquanto ar é soprado (ou injetado) na parte de baixo da câmara, assegurando o suprimento de oxigênio. As reações químicas ocorrem por toda a câmara, resultando na produção de metal derretido e da escória, que é removida do fundo, além de gases de combustão que escapam pelo topo. No século v a.C., já havia ferramentas de ferro fundido na China inteira, indicando que a tecnologia do alto-forno estava bem estabelecida por toda a região na época. Essas fornalhas tinham paredes de argila e usavam minerais ricos em fósforo como fundentes para baixar o ponto de fusão do metal. No século I d.C., Du Shi desenvolveu rodas-d'água para impulsionar foles de pistão, economizando trabalho e aumentando a eficiência desses altos-fornos. Enquanto isso, na Europa, a produção de ferro se limitava às forjas, que forneciam ferro forjado.

SE NÃO QUEBRASSE TANTO, EU O PREFERIRIA AO OURO
PRODUÇÃO DE VIDRO

EM CONTEXTO

FIGURAS CENTRAIS
Vidreiros mesopotâmios
(c. 2500 a.C.)

ANTES
c. 5000 a.C. Sociedades paleolíticas usam vidros de ocorrência natural para produzir ferramentas de corte.

DEPOIS
c. 1500 a.C. A manufatura do vidro se espalha no Egito e na Grécia no fim da Idade do Bronze.

c. século VII a.C. Instruções para fazer vidro são achadas numa placa de argila na biblioteca do rei Assurbanipal (685-631 a.C.) da Assíria (hoje norte do Iraque).

c. século I a.C. Os fenícios descobrem o vidro soprado, usando um tubo de ferro para soprar ar numa bolha de vidro derretido e modelá-la como um vaso.

c. século I d.C. Os romanos descobrem que adicionar óxido de manganês deixa o vidro mais claro e o usam em janelas.

O vidro é uma substância não cristalina de ocorrência natural na crosta terrestre, em geral como obsidiana, um vidro preto vulcânico formado quando a lava esfria rápido. Ele é achado em todo o mundo e pode ser lascado em lâminas afiadas para ser usado em facas, serras e pontas de lanças.

Contas da Mesopotâmia de 2500 a.C. estão entre os primeiros objetos de vidro manufaturados encontrados. O processo de produção pode ter sido descoberto por ceramistas ao aplicar esmalte impermeável no exterior de potes a alta temperatura. Os mesopotâmios faziam vidro com três ingredientes: sílica (SiO_2, em geral areia), soda (hidróxido de sódio, $NaOH$) ou potassa (hidróxido de potássio, KOH), atuando como fundente para baixar a temperatura em que a areia derrete, e cal (hidróxido de cálcio, $Ca(OH)_2$), para estabilizar a mistura. Derreter os materiais brutos exige uma temperatura acima de 1.000° C, a que poucos fornos chegam. Como eram tão difíceis de fazer, os objetos de vidro eram muito valorizados. O vidro derretido podia ser modelado. Em meados do século XVI, pequenos vasos eram feitos na Mesopotâmia mergulhando em vidro derretido um bloco de argila ou esterco preso a uma vara de metal. Depois que o vidro esfriava o bloco central era removido.

No século V d.C., os vidreiros já haviam criado o forno de revérbero, com uma câmara de combustão numa ponta e uma abertura na outra. Isso permitiu que toneladas de fossem derretidas por vez, aumentando muito a produtividade. ∎

O vidro, como o cobre, é derretido numa série de fornos, formando massas informes escuras e baças.
Plínio, o Velho
História natural (c. 77 d.C.)

Ver também: Vidro borossilicato 151

QUÍMICA PRÁTICA

O DINHEIRO É POR NATUREZA OURO E PRATA
REFINO DE METAIS PRECIOSOS

EM CONTEXTO

FIGURA CENTRAL
Creso, rei da Lídia (reinou c. 560-546 a.C.)

ANTES
c. 7000 a.C. Comunidades neolíticas fazem ferramentas martelando cobre. Alguns dos primeiros exemplos são achados no leste da Anatólia (na atual Turquia).

c. 3000 a.C. As joias de ouro mais antigas que chegaram a nós são usadas no Egito.

DEPOIS
c. 300-500 d.C. O tumbaga, uma liga de ouro e cobre, é amplamente usado no Panamá e na Costa Rica em pequenos ornatos e insígnias.

1867 Francis Bowyer Miller inventa um processo que usa gás cloro para refinar ouro até a pureza de 99,5%.

Os primeiros metais trabalhados pelos humanos foram o cobre e o ouro. Contas de cobre de 8 mil anos foram encontradas no norte do Iraque, e o ouro pode ter sido usado em decorações ainda antes. Em 4000 a.C., vários metais já estavam em uso: cobre, ouro e prata, todos achados em estado natural e relativamente fáceis de obter; e chumbo, ferro, estanho e mercúrio, que eram extraídos de minérios por fundição.

Os metais naturais nem sempre eram puros. No fim do século VII a.C., os lídios da Anatólia retiravam eletro – uma liga clara e natural de ouro e prata – de areias de rio e o usavam para fazer moedas. No século VI a.C., o rei Creso da Lídia introduziu as primeiras moedas de ouro do mundo com pureza padronizada.

As moedas de Creso eram de ouro refinado e purificado, obtido achatando o eletro com pancadas e colocando-o em potes de cerâmica entre camadas de sal. Quando ele era aquecido por várias horas a uma temperatura abaixo do ponto de fusão do ouro, sua prata reagia com o sal, formando cloreto de prata. Este era absorvido pela argila "portadora", como a dos tijolos e recipientes de cerâmica, deixando apenas o ouro quase puro.

Para recuperar a prata, a argila portadora era fundida com cobre ou chumbo. A prata era então separada dos outros metais por copelação – aquecimento da liga em copelas (vasilhas), com foles para aumentar a temperatura. O óxido de cobre ou chumbo formado era absorvido pela copela e a prata isolada era usada para mais moedas. ∎

Moeda de ouro da época do rei Creso, uma das primeiras do mundo. O leão e touro foram impressos forjando as imagens no metal.

Ver também: Metais extraídos de minérios 24-25 ▪ Elementos isolados por eletricidade 76-79

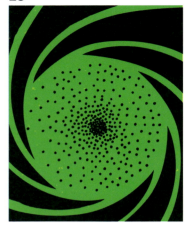

OS ÁTOMOS E O VÁCUO FORAM O INÍCIO DO UNIVERSO

O UNIVERSO ATÔMICO

EM CONTEXTO

FIGURA CENTRAL
Demócrito (c. 460-c. 370 a.C.)

ANTES
c. 475 a.C. O filósofo grego Leucipo desenvolve a primeira teoria do atomismo, a ideia de que tudo é composto por elementos indivisíveis.

DEPOIS
c. século XI d.C. O filósofo islâmico Al-Ghazali descreve os átomos como as únicas coisas materiais perpétuas que existem.

1758 O polímata croata Roger Boscovich (Ruđer Bošković) publica a primeira teoria matemática geral do atomismo.

A ideia de que toda a matéria é feita de átomos tem uma história muito longa. Ela começou no século V a.C., com o filósofo grego Demócrito. Ele se baseou na obra de seu quase contemporâneo Anaxágoras – que acreditava que toda a matéria era infinitamente divisível – e de seu mestre Leucipo, que aventou que toda a matéria consiste num número infinito de partículas indivisíveis e invisivelmente pequenas.

O *atomos* eterno

Demócrito sabia que, se alguém cortasse uma pedra em duas, as metades teriam as mesmas propriedades da pedra original. Ele raciocinou que, se continuasse dividindo a pedra, os pedaços acabariam ficando tão pequenos que seria fisicamente impossível dividi--los mais. Ele definiu esses pedaços infinitesimalmente pequenos de matéria com a palavra *atomos*, que significa "indivisível". Propôs também que os átomos eram eternos e não podiam ser destruídos, mas estavam continuamente se combinando e recombinando em diferentes substâncias.

Esses átomos eram sólidos, sem estrutura interna. Eram todos da mesma matéria, mas de tamanho, peso e forma diversos. Cada material vinha de uma forma específica de átomo – os átomos de uma pedra eram exclusivos dela e distintos dos de uma pena, por exemplo. A natureza de um material resultava da forma dos átomos dos quais era formada e do modo como eles se juntavam; por exemplo, os átomos de ferro eram pontudos e se enganchavam uns aos outros, enquanto os da água eram macios e rolavam uns sobre os outros.

O universo de Demócrito

Na concepção de Demócrito, o Universo existiu e existiria para sempre. Suas estruturas surgiram

Pois o pequeno também era infinito [...]
Anaxágoras
Filósofo grego antigo
(século V a.C.)

por movimentos aleatórios dos átomos, que colidiram formando corpos e mundos maiores. Essas colisões produziram movimentos, ou vórtices, que diferenciaram os átomos por massa.

O mundo era governado pela natureza dos átomos, seu movimento e o modo como se aglutinavam. Essa foi uma tentativa de aplicar leis matemáticas à natureza, já que o comportamento dos átomos era regido pela matemática. Para Demócrito, a natureza era uma máquina. Ele chegou a suas ideias por dedução e não por experimentos. Outros filósofos, em especial Aristóteles, não concordaram com elas. Aristóteles, seguindo Empédocles, sustentava que tudo no Universo era feito de fogo, ar, terra e água. Além disso, ele criticava a ideia de que o movimento atômico sempre existiu e que não teve um início.

Desenvolvimentos posteriores

No século IV a.C., o filósofo grego Epicuro apoiou a teoria atômica.

Segundo Demócrito, os átomos de diferentes materiais tinham formas diversas. Os da água eram macios e deslizavam ou rolavam com facilidade uns sobre os outros, ao passo que os do ferro eram pontudos e se enganchavam formando uma substância sólida.

Átomos macios, redondos

A estrutura é dura e forte

Os átomos rolam suavemente uns sobre os outros

Ganchos prendem os átomos uns nos outros

Água

Ferro

Porém, numa tentativa de refutar o conceito de universo mecânico e determinista de Demócrito e para defender a noção de livre-arbítrio, Epicuro sustentava que os átomos movendo-se no espaço às vezes "se desviavam" de seus caminhos predeterminados, acrescentando um elemento ao acaso e dando origem a novas cadeias de eventos. O filósofo romano Lucrécio, no século I a.C., escreveu em *Sobre a natureza das coisas* que a matéria era composta de "primeiros princípios de coisas": partículas minúsculas movendo-se perpetuamente a uma velocidade muito alta. A teoria atômica, como grande parte do saber grego antigo, ficou esquecida na Europa por séculos, até ser redescoberta em traduções árabes de Aristóteles, que a atacava. A teoria aristotélica dos quatro elementos como princípios eternos prevaleceu sobre a teoria atômica, que os eruditos cristãos viam como materialista demais e contrária, assim, a seus ensinamentos. O conceito de átomos foi por fim revisitado por filósofos iluministas no século XVIII e evoluiu para a teoria atômica do químico britânico John Dalton no início do século XIX. ∎

Demócrito

Conhecido como "o filósofo risonho" por sua visão animada e alegre da vida, Demócrito nasceu em c. 460 a.C., possivelmente em Abdera, na província grega da Trácia, ou talvez em Mileto, hoje no oeste da Turquia. Pouco se sabe de sua vida e não resta nada de seus textos; suas ideias foram passadas em fragmentos, em especial por uma monografia de Aristóteles e relatos do biógrafo grego Diógenes Laércio, do século III d.C.

Consta que Demócrito viajou muito – quase ao certo ao Egito e à Pérsia, e talvez também à Etiópia e à Índia, encontrando eruditos desses países. Ele também percorreu a Grécia para conversar com filósofos naturais; Leucipo de Mileto se tornou seu mentor e teve grande influência sobre suas ideias, partilhando a teoria do atomismo com ele.

As circunstâncias da morte de Demócrito não são claras. Diz-se que viveu até os 90 anos, o que situa sua morte em c. 370 a.C., embora alguns autores afirmem que ele chegou aos 109 anos.

FOGO, ÁGUA, TERRA E A ILIMITADA ABÓBADA DE AR
OS QUATRO ELEMENTOS

EM CONTEXTO

FIGURAS CENTRAIS
Empédocles (492-432 a.C.)
Aristóteles (384-322 a.C.)

ANTES
c. século VI a.C. O filósofo grego Tales de Mileto afirma que todos os fenômenos podem ser entendidos em termos naturais, racionais.

DEPOIS
c. século VIII d.C. O alquimista árabe Jabir ibn Hayyan expande a hipótese dos quatro elementos com a teoria enxofre-mercúrio dos metais.

1661 O filósofo natural e químico anglo-irlandês Robert Boyle rejeita a hipótese dos quatro elementos em favor de uma teoria de que toda a matéria é feita de corpúsculos.

Acredita-se que os gregos antigos foram os primeiros a perguntar: do que tudo é feito? Tales de Mileto, segundo a *Metafísica*, de Aristóteles, dizia que a água era o "princípio gerador" (arqué) de todas as coisas. Outros filósofos da época tinham visões diferentes: Heráclito pensava que a arqué era o fogo, e Anaxímenes de Mileto, que era o ar.

Raízes primordiais

O filósofo Empédocles, nascido na Sicília no século V a.C., declarava que toda a matéria, incluindo os seres vivos, era composta de quatro "raízes" (em grego, *rhizomata*) primordiais – ar, terra, fogo e água. Os materiais raramente eram puros, sendo formados pela combinação de diferentes substâncias, e a proporção dessas raízes determinava a natureza de cada um. Em seu sistema, duas forças atuavam nas raízes para causar mudanças: o amor (*philotes*), que unia os diferentes tipos de matéria, e a discórdia (*neikos*), que os separava. Empédocles também acreditava que toda a matéria, viva ou não, era de algum modo consciente.

O sistema de Empédocles se baseava em filosofia e não em evidências experimentais. Diz-se, porém, que ele demonstrou que o ar não era meramente o nada. Usando uma clepsidra – relógio de água que marca o fluxo de água por meio de um vaso com buracos no fundo e no topo –, Empédocles observou que, se colocasse o buraco do fundo na água, o vaso se enchia. Se ele antes fechasse o buraco de cima com o dedo, a água não entrava no vaso; mas, assim que removia o dedo, a água fluía para dentro. Empédocles deduziu que o ar dentro do recipiente impedia que a água entrasse.

Empédocles na *Crônica de Nuremberg* (1493), uma enciclopédia da história mundial do humanista alemão Hartmann Schedel – um indício de sua importância para os eruditos medievais.

QUÍMICA PRÁTICA

Ver também: O universo atômico 28-29 ▪ Tentativas de fazer ouro 36-41 ▪ Gases 46 ▪ Corpúsculos 47 ▪ O oxigênio e o fim do flogisto 58-59 ▪ A teoria atômica de Dalton 80-81 ▪ A lei dos gases ideais 94-97 ▪ A tabela periódica 130-137

Os elementos são os constituintes principais dos corpos.
Aristóteles

Qualidades complementares

O filósofo ateniense Platão, em *Timeu* (c. 360 a.C.), pode ter sido o primeiro escritor a usar o nome "elemento" (*stoicheion*, em grego, para a menor divisão de um relógio solar ou letra do alfabeto) para as quatro raízes básicas. Seu discípulo Aristóteles, porém, deu a primeira definição em sua obra *Do céu*: "Um elemento [...] é um corpo em que os outros corpos podem ser decompostos [...] e não ele mesmo divisível em corpos diferentes em forma".

Aristóteles sustentava que todas as substâncias eram uma combinação de matéria e forma. A matéria era o material do qual as substâncias eram feitas, e a forma dava à substância sua estrutura e determinava suas características e funções. Ele concordava com Empédocles sobre a matéria ser feita de diferentes proporções de ar, terra, fogo e água; pensava, porém, que estes só existiam como potenciais, e não como coisas em si, até adquirirem forma.

Aristóteles concebia os quatro elementos com propriedades diferentes: o fogo era quente e seco, o ar quente e úmido, a terra fria e seca, e a água fria e úmida. Ele adicionou um quinto elemento aos quatro de Empédocles conhecido como quintessência, ou éter – uma substância divina que formava estrelas e planetas. No cosmos geocêntrico de Aristóteles, o éter era o elemento mais leve e formava sua camada mais externa; então, em ordem descendente, vinham o fogo, o ar, a água e a terra. Cada elemento sempre buscaria voltar ao seu nível natural – assim a chuva caía do ar para a terra e voltava ao nível da água, e as chamas subiam da terra em direção ao nível do fogo.

Influência duradoura

A teoria dos quatro elementos se tornou fundamental para a alquimia. Ela também teve grande influência sobre a medicina. No tratado "Da natureza do homem", do século V a.C., o grego Hipócrates, considerado o "pai da medicina", associou os elementos aos quatro fluidos vitais, ou humores, do corpo: sangue (ar), fleuma (terra), bile amarela (fogo) e bile negra (água).

A teoria dos elementos se espalhou depois pelo mundo islâmico, e de lá voltou para a Europa. Dominou o pensamento até a Idade Média e além. Só nos séculos XVII e XVIII, quando cientistas como Galileu e Robert Boyle colocaram a experiência e a observação acima da filosofia, os quatro elementos de Aristóteles foram por fim postos de lado. ∎

Ao longo dos séculos, os filósofos naturais criaram este diagrama para ilustrar as qualidades similares e opostas dos elementos. Os símbolos no centro mostram o movimento para cima ou para baixo da energia associada a cada elemento.

Aristóteles

Nascido em 384 a.C. na Macedônia, no norte grego, em 367 a.C. Aristóteles se tornou aluno da Academia de Platão, onde depois ensinou. Após a morte do mestre, em 347 a.C., fundou sua própria escola, o Liceu, em Atenas, em 335 a.C. Os relatos de que ele foi tutor do jovem Alexandre, o Grande, provavelmente são uma invenção posterior, embora ele tenha passado algum tempo na corte de Filipe da Macedônia, pai de Alexandre. Morreu em 322 a.C., aos 62 anos. Aristóteles promoveu o conceito de leis naturais para explicar os fenômenos físicos. Seus textos iam da filosofia, lógica, astronomia e biologia à psicologia, economia, poesia e teatro. Suas ideias dominaram a ciência e filosofia ocidentais por quase 2 mil anos, até serem desbancadas pelos filósofos naturais no século XVII.

Obras principais

Metafísica
Sobre geração e corrupção
c. 350 a.C. *Do céu*

A ERA DA ALQU
800-1700

MIA

Jabir ibn Hayyan, um alquimista islâmico, desenvolve a teoria enxofre-mercúrio dos metais, em uma tentativa para explicar **como os metais se formam** na Terra.

c. 800

As mais antigas receitas químicas escritas conhecidas de **pólvora** são publicadas na China por **Zeng Gongliang**.

c. 1040

Paracelso identifica que a quantidade de uma substância é o fator que define se algo é **venenoso ou não**, lançando uma nova era da medicina química.

1538

c. 900

O médico persa **Muhammad ibn Zakariya al-Razi** inventa um **sistema de classificação** para uma série de substâncias naturais.

c. 1310

A *Summa perfectionis magisterii* é publicada sob autoria do pseudônimo **Geber**, sintetizando grande parte do conhecimento dos **alquimistas árabes**.

A era da alquimia é às vezes menosprezada como uma época em que a pseudociência e o ocultismo paralisaram o avanço do pensamento químico. É verdade que os grandiosos fins últimos dos alquimistas, como transformar metais comuns em ouro e descobrir o segredo da vida eterna, nunca foram alcançados. Porém, a ideia de que eram ocultistas equivocados ou até fraudulentos obscurece o devotado experimentalismo que era uma parte tão grande da alquimia e que está na base da gradual acumulação de conhecimento e experiência que se tornou a química moderna.

Uma arte misteriosa

As percepções sobre a alquimia foram ainda mais toldadas pela linguagem aparentemente mística que os primeiros alquimistas usavam para descrever seus procedimentos e descobertas. Receitas alquímicas antigas e medievais são abarrotadas de referências obscuras a conceitos como "o leão verde devorando o Sol", "o lobo cinza" e "a semente do dragão". Porém, ao decodificar essas expressões por vezes desconcertantes vemos descrições do que hoje reconheceríamos como reações químicas, mostrando assim que seus autores entendiam com precisão alguns dos processos que exploravam.

Origens da alquimia

O ponto exato de origem da alquimia é incerto; além disso, diferentes tradições emergiram em partes diversas do mundo. Alguns aspectos, como a busca pelo "elixir da vida", podem ser reconhecidos em textos antigos da China e da Índia. As raízes do que seria a alquimia ocidental podem ser identificadas no Egito Antigo, quando foi governado pelos gregos. A atividade cresceu com a fusão do pensamento grego a práticas egípcias como as de embalsamar os mortos. Ela também envolveu o aperfeiçoamento de aparelhos e técnicas que já estavam há séculos em uso, em processos como destilação e filtragem.

A alquimia quase desapareceu no fim do Império Romano, mas por volta do fim do 1º milênio d.C. os alquimistas do mundo islâmico a impulsionaram. Praticantes como o famoso Jabir ibn Hayyan criaram sistemas de classificação que iam além da terra, ar, fogo e água dos gregos antigos e começaram a explorar de modo sistemático as

A ERA DA ALQUIMIA

Jan Baptista van Helmont cunha a palavra "gás" para definir substâncias vaporosas distintas daquelas da atmosfera que respiramos.

1648

Tentando produzir ouro a partir de urina, **Hennig Brand** acidentalmente **isola o fósforo**.

c. 1669

1597

O médico alemão **Andreas Libavius** publica **Alchymia**, considerado um dos primeiros livros didáticos de química.

1661

Robert Boyle publica **The sceptical chymist** [O químico cético], em que desenvolve a ideia de que todas as substâncias materiais são compostas de corpúsculos mínimos.

1697

Georg Ernst Stahl explica com uma substância invisível chamada **flogisto** as observações feitas quando substâncias queimam.

---

propriedades de várias substâncias. A partir de 1095-1291, quando o cristianismo lançou uma série de cruzadas contra as potências islâmicas, o contato entre as duas culturas resultou na reimplantação da alquimia na Europa Ocidental, e obras árabes sobre o tema foram traduzidas para o latim por volta do século XII.

Elementos e ar

A busca obstinada dos alquimistas europeus pela pedra filosofal levou de modo indireto a avanços significativos. Tanto o arsênio quanto o fósforo foram isolados pela primeira vez por alquimistas alemães, nos séculos XIII e XVII, respectivamente. No século XVI alguns conceitos da alquimia foram aplicados à medicina, lançando nova luz sobre o modo com que as substâncias químicas afetam os organismos vivos. Os alquimistas começaram a analisar a complexidade química do mundo material em mais detalhes. No século XVII, o químico flamengo Jan Baptista van Helmont foi um dos primeiros a ver que as substâncias semelhantes ao ar resultantes de algumas reações químicas não eram simples variedades diversas de ar, mas substâncias totalmente distintas, que ele descreveu como "gases". Foram os passos iniciais para investigações mais completas sobre a atmosfera da Terra, que prosseguiriam em séculos posteriores.

Fogo e flogisto

Perto do fim do período, os alquimistas se voltaram a uma questão que os intrigava há séculos: o que faz o fogo queimar? Em 1697, Georg Ernst Stahl propôs que uma substância chamada flogisto era a responsável – uma ideia que deflagraria quase um século de discussões. A teoria do flogisto persistiu até o fim do século XVIII, quando o químico francês Antoine Lavoisier encerrou a questão ao isolar o oxigênio, descrevendo a teoria do flogisto como uma "suposição gratuita".

O conceito de flogisto, assim como os objetivos da alquimia, é com frequência ridicularizado como "pseudociência" de um ponto de vista moderno. Porém, como o estudo da alquimia, a exploração dessa suposta substância levou a experimentos quantitativos mais detalhados e a descobertas de outros componentes do ar, marcando um importante ponto de transição da alquimia para a química. ∎

A PEDRA FILOSOFAL
TENTATIVAS DE FAZER OURO

TENTATIVAS DE FAZER OURO

EM CONTEXTO

FIGURA CENTRAL
Jabir ibn Hayyan (c. 721-c. 815)

ANTES
c. 3300 a.C. Metalurgistas da Suméria, a mais antiga civilização mesopotâmia, descobrem como forjar bronze com cobre e estanho.

c. 450 a.C. O filósofo grego Empédocles declara que todas as coisas são formadas a partir de quatro elementos primordiais: ar, terra, fogo e água.

DEPOIS
1623 O filósofo inglês Francis Bacon publica *De augmentis scientiarum* [O progresso do conhecimento], com descrições de métodos experimentais.

1661 *The sceptical chymist* [O químico cético], do químico anglo-irlandês Robert Boyle, traça um limite entre a alquimia e a química moderna.

É uma pedra,
E não uma pedra [...]
Ben Jonson
Dramaturgo inglês (1572-1637)

Dos tempos antigos até o século XVIII, a alquimia foi um ramo importante e respeitado da investigação sobre o funcionamento do mundo. Embora hoje seja com frequência vista como pseudociência, talvez fosse melhor considerá-la uma protociência.

A prática alquímica combinava aspectos esotéricos (conhecimento espiritual ou místico restrito a iniciados) e exotéricos (aplicações práticas). O objetivo maior ou "grande obra" do alquimista era "a transmutação" de metais, ou seja, transformar um metal em outro – em especial metais comuns (não preciosos) em ouro ou prata. Os alquimistas pensavam poder alcançar isso usando uma substância chamada "pedra filosofal". Eles também achavam que a transmutação tinha uma contraparte simbólica em práticas de purificação da alma.

O alquimista (c. 1650), do artista flamengo David Teniers, o Jovem, mostra um alquimista e seu assistente usando equipamentos como foles, balanças e retortas.

Origens no Egito

As práticas que se tornaram a alquimia ocidental surgiram no Egito Antigo durante o domínio grego (305-30 a.C.). Na verdade, a palavra "alquimia" derivou do grego *chémeia* (verter ou fundir unindo); e também foi associada a uma arte egípcia, *khemeia*, mencionada em hieróglifos, ligada a rituais fúnebres. Os praticantes de *khemeia*, hábeis em embalsamar, eram vistos como mágicos. Sua arte se estendia a processos como metalurgia e produção de vidro.

Os alquimistas do fim da Idade Média afirmavam que a prática se originara com uma figura chamada Hermes Trismegisto (Hermes, o Três Vezes Grande), uma combinação do deus grego Hermes e do egípcio Thot, que se pensava ter sido contemporâneo do profeta judaico Moisés. A filosofia atribuída a ele chamava-se hermetismo. As

A ERA DA ALQUIMIA

Ver também: Purificação de substâncias 20-21 ▪ Refino de metais preciosos 27 ▪ Os quatro elementos 30-31 ▪ A nova medicina química 44-45 ▪ Corpúsculos 47 ▪ Flogisto 48-49 ▪ Catálise 69 ▪ A síntese da ureia 88-89

---

práticas incluíam um procedimento para obter a pedra filosofal pondo uma mistura de materiais num vaso de vidro, que depois era lacrado com o Selo de Hermes, ou seja, fundindo o seu gargalo. Vem daí a expressão "hermeticamente fechado".

A busca pela pedra filosofal

O alquimista greco-egípcio Zósimo de Panópolis, que viveu por volta de 300 d.C., fez a primeira menção escrita à pedra filosofal no livro de alquimia mais antigo conhecido: o *Cheirokmeta* [Coisas feitas à mão]. Ele descreve o que hoje poderíamos entender como um processo químico para transformar metais comuns em ouro, envolvendo um catalisador que ele chama de "tintura".

As descrições detalhadas dos experimentos e o cuidadoso registro dos resultados por Zósimo podem ser vistos como precursores do método científico moderno. Zósimo também descreve aparelhos, muitos adaptados de ferramentas de oficina e utensílios de cozinha, para processos como destilação e filtragem. Ele reconhece sua dívida com textos de predecessores, como Maria, a Judia, que se supõe ter vivido em Alexandria no século I d.C. Ele credita a Maria o desenvolvimento de uma ampla gama de aparelhos e técnicas. Uma dessas técnicas era o aquecimento suave e por igual usando água quente em vez de chamas; o banho-maria usado por cozinheiros hoje deve seu nome a ela.

Em 296 d.C., o imperador romano Diocleciano baniu a alquimia do Império Romano, temendo que um súbito excesso de ouro alquímico abalasse a economia de seus domínios. A alquimia ocidental desapareceu de vista por vários séculos, até ser retomada pelos muçulmanos no século VII d.C. Sua influência persiste em palavras derivadas do árabe como "álcool" (*al-kuhl*), "alambique" (*al-inbiq*) e "álcali" (*al-qali*) – além da própria "alquimia" (*al-kimiya*).

A alquimia no mundo muçulmano

Um dos alquimistas árabes mais famosos foi Jabir ibn Hayyan. Ele adotou a ideia do filósofo grego Empédocles de que toda a matéria é composta de quatro elementos – fogo, ar, terra e água. Também seguiu Aristóteles ao atribuir a esses elementos pares de qualidades básicas: o fogo era quente e seco, a terra fria e seca, a água fria e úmida e o ar quente e úmido. Jabir acrescentou a eles o enxofre, identificado com o princípio da combustibilidade, e o mercúrio, definido como o princípio idealizado das propriedades metálicas.

> A busca e o empenho para fazer ouro trouxeram à luz muitas invenções úteis e experimentos instrutivos.
> ***De augmentis scientiarum***
> (1623)

Jabir acreditava que os metais eram formados na terra por várias combinações de enxofre e mercúrio, e que a transmutação dos metais poderia ser obtida ajustando as proporções de ambos (ver boxe na p. 40). O processo envolveria aplicar um catalisador, chamado *al-iksir* (derivado da palavra grega *xerion*, "pó para secar feridas"), do qual vem "elixir". Esse elixir seria obtido da pedra filosofal. O elixir de Jabir chegou a ser visto não só como um meio de transmutar metais mas como uma panaceia (remédio para todos os males) e até como "o elixir da vida", que dava imortalidade e juventude eterna.

Embora o elixir nunca tenha sido descoberto, Jabir explorou de modo sistemático as propriedades de substâncias como o cloreto de amônio (NH_4Cl). Ele destilou ácido acético (CH_3COOH) e preparou »

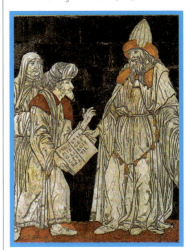

Este mosaico de piso na Catedral de Siena, criado em 1488, mostra Hermes Trismegisto ensinando as "letras e leis dos egípcios".

TENTATIVAS DE FAZER OURO

> Pois, como o livro afirma, todos os minérios nascem De vários modos em minas terrestres De mercúrio e enxofre.
>
> **Jean de Meun**
> Escritor e poeta francês
> (c. 1240-1305)

soluções fracas de ácido nítrico (HNO_3) a partir de salitre (nitrato de potássio, KNO_3). Credita-se também a ele a invenção da água régia ($HNO_3 + 3\ HCl$) – uma combinação de ácido nítrico com ácido clorídrico (HCl) e uma das poucas substâncias que pode dissolver ouro.

Alquimistas muçulmanos posteriores fizeram outras tentativas de descobrir a pedra filosofal, com base em conhecimentos clássicos. O alquimista persa do século IX Muhammad ibn Zakariya al-Razi, em especial, inventou um sistema de classificação de substâncias naturais como sais, metais e álcoois, além de ter definido uma série de procedimentos e equipamentos que seriam usados na alquimia por séculos.

Outras descobertas

Nos séculos em que os conhecimentos "pagãos" gregos e romanos foram suprimidos na Europa cristã, a alquimia continuou a ser praticada em outras partes do mundo. No século IV d.C., hereges cristãos que fugiam para a Pérsia levaram o conhecimento alquímico com eles. Enquanto isso, na China, outra tradição alquímica florescia desde pelo menos o século II a.C. Como seus equivalentes ocidentais, os alquimistas chineses buscavam transformar metais comuns em ouro e encontrar o elixir da vida.

O conhecimento alquímico voltou à Europa Ocidental no século XII, durante as cruzadas cristãs contra os muçulmanos. Os filósofos naturais europeus estudaram as obras dos alquimistas muçulmanos e dos gregos antigos, em especial Aristóteles. No século XIII, o frade alemão Alberto, o Grande, combinou o estudo das ideias aristotélicas com experimentos práticos, creditando-se a ele a descoberta do arsênio. Um

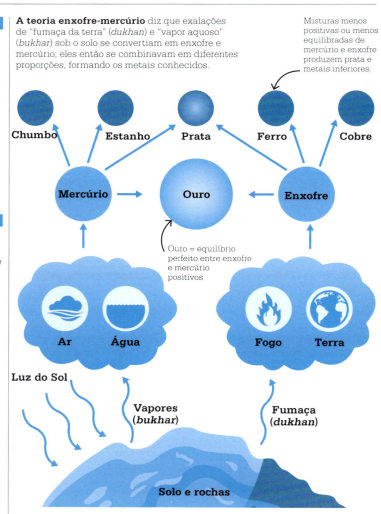

A teoria enxofre-mercúrio diz que exalações de "fumaça da terra" (*dukhan*) e "vapor aquoso" (*bukhar*) sob o solo se convertiam em enxofre e mercúrio; eles então se combinavam em diferentes proporções, formando os metais conhecidos.

Misturas menos positivas ou menos equilibradas de mercúrio e enxofre produzem prata e metais inferiores.

Ouro = equilíbrio perfeito entre enxofre e mercúrio positivos

A ERA DA ALQUIMIA

Jabir ibn Hayyan

Não se sabe se Jabir (conhecido na Europa como Geber) de fato existiu. Diz-se que seu pai, Hayyan al-Azdi, era um farmacêutico de Kufa, no Iraque, no início do século VIII d.C. Para fugir dos califas omíadas, ele foi para o Irã, onde Jabir nasceu na cidade de Tus, no nordeste do país, em c. 721 d.C.

Jabi voltou para o Iraque e estudou filosofia, astronomia, alquimia e medicina com o imã Jafar al-Sadiq. Ele se tornou alquimista da corte do califa Harun al-Rashid e médico de seus ministros-gerais, ou vizires.

Credita-se também a Jabir a autoria de centenas de livros de alquimia e filosofia, mas muitos podem ter sido escritos por seus seguidores. Poucas obras suas chegaram à Europa medieval. Acredita-se que Jabir morreu entre 806 e 816 d.C.

Obras principais

Kitah al-Rahma al-kabir [Grande livro da misericórdia]
Al-Kutub al-sab un [Os setenta livros]

---

contemporâneo inglês de Alberto, o monge Roger Bacon, foi influenciado pela filosofia hermética, mas enfatizava o valor dos experimentos para entender o mundo material.

Os alquimistas, como muitos artesãos, escondiam suas práticas dos leigos. Eles usavam um sistema de símbolos e metáforas para ocultar seu conhecimento teórico e espiritual, seguindo as antigas práticas egípcias supostamente passadas pelo hermetismo.

Muitos alquimistas buscavam a pedra filosofal. Na França do século XIV, o monge franciscano e alquimista Joan de Rocatallada produziu um destilado de uvas que chamou de *quinta essentia* (quintessência) e que afirmou equilibrar de modo perfeito os elementos, recomendando-o como uma panaceia. No século XVI, o alemão Hennig Brand escolheu um método menos agradável: deixou descansar 50 baldes de urina até "criar vermes" e a seguir reduziu-a por fervura e a aqueceu com areia e carvão. O resultado foi uma substância branca e cerosa que brilhava no escuro. Brand chamou o novo material de "fósforo", da palavra grega para "portador da luz". O fósforo foi o primeiro elemento descoberto desde os tempos antigos, e Brand a primeira pessoa a descobrir um elemento químico.

Os alquimistas protegiam seu saber expressando-o de forma simbólica, como se vê na ilustração, "Alegoria da destilação", de Claudio de Domenico Celentano di Valle Nove, no *Livro das fórmulas alquímicas* (1606).

A alquimia persistiu até o fim do século XVII. Isaac Newton, o famoso matemático e filósofo natural inglês, era um praticante e ansiava por encontrar a pedra filosofal. O filósofo natural irlandês Robert Boyle conseguiu em 1689 que o Parlamento Inglês revogasse uma lei que proibia a produção de ouro, pois pensava que ela impedia a pesquisa sobre os poderes da pedra. Porém, os próprios métodos experimentais cada vez mais precisos dos alquimistas levaram, no início do século XVIII, às descobertas do período iluminista, que deram fim à alquimia como disciplina séria.

As crenças dos alquimistas se provaram falsas, mas eles contribuíram para desenvolver habilidades e conhecimentos em muitas áreas, entre elas a metalurgia e a produção de pigmentos e corantes. A alquimia também influenciou a física e a medicina, e levou ao desenvolvimento de processos como a destilação de líquidos e a alteração química de metais, dando origem à moderna ciência da química. ∎

A CASA TODA QUEIMOU
A PÓLVORA

EM CONTEXTO

FIGURA CENTRAL
Zeng Gongliang (998-1078)

ANTES
142 d.C. O alquimista chinês Wei Boyang descreve uma substância que pode ter sido um tipo de pólvora.

300 d.C. O filósofo chinês Ge Hong faz experimentos com salitre e carvão ao tentar criar ouro.

DEPOIS
1242 O filósofo inglês Roger Bacon escreve sobre uma mistura explosiva – a primeira menção à pólvora na Europa.

Século XV Os europeus desenvolvem técnicas de mistura e granulação para tornar a pólvora mais eficaz e fácil de manejar.

A pólvora – uma mistura de salitre (nitrato de potássio, KNO_3), carvão (carbono) e enxofre – foi o primeiro explosivo químico conhecido. Criada na China, foi usada como armamento em toda a Ásia e Europa e depois em mineração.

Remédio de fogo

A pólvora é vista como uma das "quatro grandes invenções" da China Antiga, ao lado do papel, a bússola e a imprensa. O salitre e o enxofre eram usados há séculos em medicina – numa ironia, como elixir para prolongar a vida e não acabar com ela. A primeira referência dela data de meados do século IX d.C., em alertas sobre fórmulas perigosas que causaram ferimentos e até queimaram casas. Os alquimistas a chamavam de *huo yao*, ou "remédio de fogo" – termo usado até hoje na China.

Os exércitos da dinastia Tang usaram artefatos de pólvora contra os mongóis já em 904 d.C. Entre os armamentos estavam o "fogo voador" (uma flecha com um tubo de pólvora em chamas), lanças de fogo (lança-chamas primitivos), granadas de mão simples e minas terrestres. Mas as receitas mais antigas para o uso de pólvora que se tem notícia são da dinastia Song (960-1279) e

O canhão manual foi a primeira arma de fogo pessoal. Podia ser segurado com as duas mãos ou colocado num apoio enquanto a pessoa disparava.

A ERA DA ALQUIMIA 43

Ver também: O oxigênio e o fim do flogisto 58-59 ▪ Química explosiva 120 ▪ Por que as reações acontecem 144-147 ▪ Guerra química 196-199

Combustão rápida

A pólvora depende da combustão rápida de seus componentes para gerar energia. O carvão e o enxofre são os combustíveis e o salitre (nitrato de potássio) é o agente oxidante.

Liberação rápida e intensa de energia como calor e gases

Carvão de madeira que foi pirolisada (parcialmente decomposta pelo fogo) fornece carbono como combustível para a reação

A altas temperaturas, o salitre se decompõe, fornecendo oxigênio extra para a reação

O enxofre sofre reações exotérmicas (que emitem calor) que abaixam a temperatura de ignição do carvão. Ele também serve como combustível

Legenda:
- ● Salitre 75%
- ● Carvão 15%
- ● Enxofre 10%

Receitas de pólvora

Embora a composição padrão usada em fogos de artifício hoje seja de 75% de nitrato de potássio, 15% de carvão e 10% de enxofre, não há uma receita única de pólvora. A variação na proporção dos ingredientes produz efeitos diferentes. A pólvora usada em armas de fogo tem de ser queimada a velocidade alta para produzir a liberação explosiva de gases necessária para acelerar o projétil. Em contraste, quando usada num propulsor de foguete, ela precisa queimar mais devagar, liberando sua energia por um período maior de tempo. Para assegurar que a pólvora queime de modo eficaz, os ingredientes devem ser moídos finos e totalmente misturados. Na Europa do século XIV, as técnicas da "moagem úmida", com água para manter os ingredientes bem misturados, e de granulação – dar à massa o tamanho de grãos de milho e secá-la – criava explosivos mais duráveis e confiáveis, com todos os ingredientes se inflamando ao mesmo tempo, aumentando a eficácia das armas.

---

estão no *Wujing Zongyao* [Coleção das mais importantes técnicas militares], um manual de 1044 compilado por Zeng Gongliang, que descreve três tipos de uso: dois para produção de bombas incendiárias e um como combustível de bombas de emissão de gás venenoso.

Crescimento explosivo

Os mongóis levaram a pólvora ao invadir a Eurásia, nos séculos XIII e XIV. Na Síria conquistada, o inventor árabe Hassan al-Rammah descreveu um método para purificar o nitrato de potássio e também mais de cem receitas de pólvora. Mercadores e cruzados conheceram a tecnologia ao viajar na época pelo Oriente Médio. Em 1350, os exércitos inglês e francês já usavam canhões e no início do século XV surgiram as primeiras armas de fogo manuais.

Bombas e explosões

O primeiro uso documentado de armas explosivas ocorreu na China, no cerco da cidade Song de Qizhou, em 1221. As forças Chin atacantes catapultaram "bombas de fogo" encapsuladas em ferro, que lançavam lascas mortais de metal ao explodir e estilhaçar os muros da cidade. A partir do século XVII, os explosivos foram usados na Europa em pedreiras e minas. Para explodir rochas, colocava-se pólvora num buraco, depois fechado com argila, deixando um rastro de pólvora fora dele. Esse procedimento se tornou mais seguro em 1831 com o pavio de segurança de William Bickford: duas camadas de fio de juta enroladas num tubo de pólvora, que queimavam num ritmo constante.

Fogos de artifício

A pólvora apareceu em festas antes de ser usada na guerra. Na China, tubos de bambu cheios dela eram lançados em fogueiras para que as explosões afastassem os maus espíritos. Na Itália, há registros de fogos de artifício usados numa peça de mistério em 1377, e na Inglaterra o casamento de Henrique VII e Elizabeth de York, em 1486, foi marcado por uma exibição de fogos de artifício. Os italianos desenvolveram os fogos de artifício modernos, incorporando nos anos 1830 traços de metais na mistura de pólvora para produzir explosões coloridas. Os fogos de artifício também abriram caminho para a ciência espacial. Um tratado militar chinês do século XIV, *Huolongjing*, mostra um foguete com vários estágios. No século XVI, Johann Schmidlap construiu um foguete de dois estágios: quando o foguete maior se extinguia, o menor se inflamava, seguindo ainda mais alto. Essa ignição em vários estágios ainda é usada hoje. ∎

O VENENO DEPENDE DA DOSE
A NOVA MEDICINA QUÍMICA

EM CONTEXTO

FIGURA CENTRAL
Paracelso (1493-1541)

ANTES
Século I d.C. Dioscórides, um médico grego do exército romano, compila *De materia medica* [Sobre a matéria médica] com 600 medicamentos entre minerais, sais e metais.

Século X d.C. O médico persa Muhammad ibn Zakariya al-Razi acrescenta pequenas quantidades de toxinas, como mercúrio e arsênio, em tratamentos médicos.

DEPOIS
c. 1611 Daniel Sennert, professor de medicina na Universidade de Wittenberg, na Alemanha, introduz a medicina química no currículo.

1909 Paul Ehrlich e Sahachiro Hata criam um tratamento baseado em compostos arsênicos para sífilis, que afinal substitui o uso de mercúrio.

Na Europa do século XVI, o conhecimento médico sofreu mudanças radicais. Filósofos, médicos e outros estudiosos redescobriam ideias da Grécia e Roma Antigas, desafiando ao mesmo tempo ortodoxias que prevaleciam há séculos. Uma das figuras mais influentes da época foi o médico e alquimista suíço Paracelso.

Pensador livre, Paracelso se rebelou contra as autoridades médicas da época. Como professor de medicina na Universidade de Basileia, falava em alemão em vez do latim tradicional para que todos pudessem entendê-lo. Passou vários anos aprendendo com boticários, cirurgiões-barbeiros, atendentes de casas de banhos e pessoas que ele respeitava por suas habilidades práticas no tratamento de doentes.

A sua teoria médica, apresentada em *Paragranum* (1529), tinha quatro fundamentos: filosofia natural, com ênfase no aprendizado médico pela observação da natureza; astrologia, que detalhava as influências cósmicas sobre a vida humana; valores éticos e religiosos que deviam basear o trabalho do médico; e alquimia, em especial a arte de refinar materiais para transformar seus atributos tóxicos em curativos.

A alquimia do corpo

Até a época, a medicina se centrava na ideia de Hipócrates, de 2 mil anos antes, de que o corpo continha quatro fluidos, ou "humores": sangue, fleuma, bile amarela e bile negra. A boa saúde dependia do equilíbrio entre eles. O excesso de qualquer um deles causava doença; para curá-la devia-se reequilibrar os humores por práticas como a sangria. Paracelso afirmava que esses tratamentos eram inúteis ou até perigosos. Ele baseava sua

Philippus Aureolus Theophrastus Bombastus von Hohenheim adotou o nome Paracelso, em latim "além de Celso", para mostrar que ultrapassava Celso, médico do Império Romano.

A ERA DA ALQUIMIA

Ver também: Os quatro elementos 30-31 ▪ Tentativas de fazer ouro 36-41 ▪ Anestésicos 106-107 ▪ Antibióticos 222-229 ▪ Quimioterapia 276-277

abordagem na alquimia, segundo a qual a matéria, inclusive o corpo humano, tinha sido criada a partir de três princípios primordiais – enxofre, mercúrio e sal – e a separação de um deles dos outros dois levava à doença. Os médicos tinham de compreender a composição de partes específicas do corpo para tratá-las de modo adequado.

Medicina química

Paracelso reintroduziu a prática de usar minerais em tratamentos – conhecida como iatroquímica (do grego *iatrós*, médico). Ele se baseava no princípio "o igual cura o igual"; em outras palavras, o envenenamento do corpo pode ser curado por uma dose do mesmo veneno de uma fonte externa.

Paracelso acreditava que certas substâncias eram mais eficazes em órgãos e locais específicos do corpo, não afetando outros. Essa ideia, hoje conhecida como toxicidade para órgão-alvo, ainda é importante na toxicologia moderna. Seus tratamentos incluíam arsênio, mercúrio, enxofre, prata, ouro, chumbo e antimônio; por exemplo, ele usava unguento de mercúrio para tratar sífilis e dava antimônio para purgar o corpo de venenos. Em resposta às críticas de seus pares, ele reforçava a importância da dose: "Todas as coisas são venenos, e nada deixa de ter veneno; só a dose determina que algo não seja um veneno". Paracelso foi uma das primeiras pessoas a notar que uma substância pode ser inofensiva ou benéfica em doses baixas, mas tóxica em doses maiores; e foi o primeiro a descrever a relação entre dose e resposta. ▪

> As excentricidades de Paracelso eram notórias, mas ele era muito mais que um mero curandeiro.
> **Lynn Thorndike**
> *The place of magic in the intellectual history of Europe* (1905)

Remédios e venenos

O estudo dos efeitos que as substâncias têm sobre organismos vivos (inclusive pessoas) é chamado toxicologia. Uma das principais considerações dessa disciplina é a relação entre dose e resposta. Por exemplo, um farmacêutico que faz um medicamento tem de considerar a série completa de respostas, da desejável à indesejável, e determinar a dose que produzirá benefícios sem efeitos adversos graves. Muitas substâncias podem ser seguras em pequenas quantidades, mas perigosas acima de certa dose. Para substâncias usadas por humanos, a dose é definida como a quantidade consumida dividida pelo peso do corpo. Por exemplo, um adulto de 70 kg que tome uma xícara média de café ou uma lata de energético receberá uma dose de 100 mg de cafeína dividida por 70 kg, ou 1,4 mg/kg de cafeína. Porém, embora 100 mg de cafeína possam ser perfeitamente seguros, 10 g são potencialmente letais.

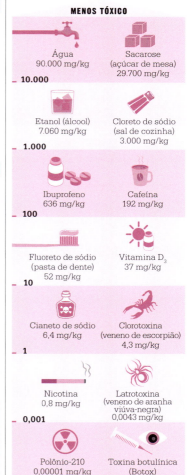

Os toxicologistas definem a letalidade de uma substância por sua DL_{50}. DL representa "dose letal" e "50" indica uma quantidade que matará 50% de uma dada população (por exemplo de humanos). Este gráfico mostra a DL_{50} estimada para substâncias comuns. Quanto menor a DL_{50}, mais letal.

ALGO BEM MAIS SUTIL QUE VAPOR
GASES

EM CONTEXTO

FIGURA CENTRAL
Jan Baptista van Helmont
(1580-1644)

ANTES
c. 450 a.C. O filósofo grego Empédocles declara que o ar é um dos quatro elementos primordiais (terra, ar, fogo e água), uma ideia expandida depois por Aristóteles.

c. 1520 O médico e alquimista suíço Paracelso descobre um gás inflamável misterioso, depois identificado como hidrogênio, ao fazer experimentos com ferro e ácido sulfúrico.

DEPOIS
1754 O químico escocês Joseph Black isola o dióxido de carbono, que ele chama de "ar fixo".

1778 O químico francês Antoine Lavoisier identifica o oxigênio e define seu papel na combustão.

Até o século XVII, os gases eram vistos como variedades do ar. A primeira pessoa a reconhecer que os gases tinham propriedades distintas foi o químico flamengo Jan Baptista van Helmont. Ele pode ter cunhado a palavra "gás" a partir de sua pronúncia holandesa da palavra grega antiga *chaos*, que denotava o vazio do espaço. Van Helmont rejeitava a ideia de quatro elementos de Empédocles (terra, ar, fogo e água) e o sistema alquímico de três (sal, enxofre e mercúrio), e só identificava ar e água. Ele via todas as substâncias como formas modificadas de água – exceto pelo ar, que era o portador do vapor de água e de gases. Em *Ortus medicinae* [Origem da medicina], publicado postumamente em 1648, Van Helmont foi um dos primeiros a investigar como certas reações químicas liberavam gases parecidos com o ar porém com propriedades distintas dele. Em um experimento, Van Helmont queimou 28 kg de carvão, dos quais só restaram 0,45 kg de cinzas. Ele concluiu que o restante havia escapado como o que chamou de *gas sylvestre*. Ele notou que esse "ar", que hoje conhecemos como dióxido de carbono (CO_2), era liberado pela fermentação, além da combustão. Em outro experimento, ele aqueceu carvão na ausência de ar e descobriu um gás inflamável que chamou de *gas pingue*, hoje conhecido como gás de carvão, uma mistura de metano (CH_4), monóxido de carbono (CO) e hidrogênio (H_2). ∎

Pois na verdade os princípios da química não são discursos, mas tudo o que se conhece do mundo natural [...] e assim prepara o entendimento para adentrar os segredos da natureza.
Jan Baptista van Helmont
Physick refined [Física refinada] (1638)

Ver também: Ar fixo 54-55 ▪ Ar inflamável 56-57 ▪ O oxigênio e o fim do flogisto 58-59 ▪ Conservação da massa 62-63 ▪ A lei dos gases ideais 94-97

A ERA DA ALQUIMIA

POR ELEMENTOS QUERO DIZER [...] CORPOS SEM MISTURAS
CORPÚSCULOS

EM CONTEXTO

FIGURA CENTRAL
Robert Boyle (1627-1691)

ANTES
c. 450 a.C. O filósofo grego Demócrito propõe a existência de átomos invisíveis e não divisíveis, dos quais a matéria é formada.

c. 300 a.C. O filósofo grego Aristóteles declara que toda matéria é formada por apenas quatro elementos: ar, terra, fogo e água.

DEPOIS
1803 O químico britânico John Dalton apresenta a teoria atômica da matéria, propondo que os átomos de um elemento são idênticos e diferem dos de outros elementos.

1897 O físico britânico J. J. Thomson descobre o elétron, demonstrando que o átomo é composto de partículas ainda menores.

O século XVII viu uma retomada da ideia grega clássica do atomismo, proposta por Demócrito mais de 2 mil anos antes. Uma teoria similar foi apresentada pelo filósofo natural anglo-irlandês Robert Boyle.

Boyle rejeitou a crença aristotélica, ainda sustentada por alguns de seus pares, de que a matéria era feita de quatro elementos (fogo, terra, água e ar), além da teoria de Paracelso de que ela derivava dos "princípios" mercúrio, enxofre e sal. Em vez disso, postulou que toda matéria era feita de conjuntos de partículas minúsculas chamadas corpúsculos ("pequenos corpos"), com qualidades específicas como forma, tamanho e movimento. Os fenômenos naturais, como o calor, resultavam da colisão dos corpúsculos ao se moverem.

Em *The sceptical chymist*, publicado em 1661, Boyle definiu as partículas básicas como "Elementos [...] certos corpos Primitivos e Simples, sem nenhuma mistura [...] não feitos de nenhum outro corpo, nem uns dos outros".

Esta pintura, concluída em 1689 pelo pintor alemão Johann Kerseboom, mostra Robert Boyle com um livro, representando sua vida dedicada à investigação e escrita científica.

Alquimista por toda a vida, Boyle pensava que um elemento podia se transmutar em outro pelo rearranjo dos corpúsculos, e que isso poderia ser provado por experimentos. Foi sua ênfase em testar as ideias pela experimentação que abriu caminho para os métodos usados na química moderna. ■

Ver também: O universo atômico 28-29 ▪ Os quatro elementos 30-31 ▪ A nova medicina química 44-45 ▪ A teoria atômica de Dalton 80-81 ▪ O elétron 164-165

UM INSTRUMENTO MAIS POTENTE, O FOGO, FLAMEJANTE, FÉRVIDO, QUENTE
FLOGISTO

EM CONTEXTO

FIGURA CENTRAL
Georg Ernst Stahl (1659-1734)

ANTES
1650 O físico alemão Otto von Guericke demonstra que uma vela não queima num recipiente de onde se tirou o ar.

1665 O cientista inglês Robert Hooke propõe a existência de um componente ativo no ar que se combina a substâncias combustíveis.

DEPOIS
1774 O filósofo natural britânico Joseph Priestley isola um gás inflamável mas respirável que chama de "ar deflogisticado".

1789 O químico francês Antoine Lavoisier renomeia o ar deflogisticado como oxigênio e derruba a teoria do flogisto.

Durante milênios, as pessoas tentaram descobrir o que faz o fogo queimar. No século IV a.C., Platão propôs que os objetos combustíveis tinham algum princípio inflamável. Já no sistema de quatro elementos de Empédocles e Aristóteles, quando uma substância como madeira queimava, a chama era o elemento fogo escapando. Os alquimistas do século XVI equiparavam o princípio inflamável ao enxofre. Robert Boyle contestou essa concepção com sua ideia de que não havia "princípios", só matéria. Mas as questões permaneciam: o que é o fogo e como a combustão ocorre? Uma tentativa de resposta foi a teoria do flogisto.

Terra gorda
Em *Physica subterranea* (1667), o médico e alquimista alemão Johann Joachim Becher adaptou o sistema de três princípios de Paracelso. Ele postulou que a matéria era formada por três "terras": a *terra pinguis* (terra gorda) se associava ao enxofre e produzia propriedades combustíveis, oleosas ou gordurosas; a *terra fluida* se ligava ao mercúrio e contribuía com fluidez e volatilidade, e a *terra lapidea* (terra vítrea), vinculada ao sal, dava solidez. A *terra pinguis* era liberada quando uma substância queimava.

Um dos alunos de Becher, Georg Ernst Stahl, adaptou essa teoria em 1697 no livro *Zymotechnia fundamentalis* [Fundamentos da arte da fermentação], renomeando a *terra pinguis* como flogisto. Stahl postulou que o enxofre era, na verdade, uma combinação de ácido sulfúrico e flogisto; este último, e não o próprio enxofre, era a causa do fogo.

A teoria de Stahl
Segundo a teoria de Stahl, todas as substâncias inflamáveis contêm flogisto (do grego *phlogizein*, incendiar). A combustão o liberava até que ele acabasse. As chamas

É um corpo hipotético, uma suposição gratuita.
Antoine Lavoisier
"Reflexions sur le phlogistique"
[Reflexões sobre o flogisto] (1782)

A ERA DA ALQUIMIA

Ver também: Os quatro elementos 30-31 ▪ Corpúsculos 47 ▪ Ar inflamável 56-57 ▪ O oxigênio e o fim do flogisto 58-59 ▪ Conservação da massa 62-63

indicavam sua rápida liberação. O ar absorvia o flogisto – a combustão não podia se sustentar num recipiente fechado porque o ar dentro dele ficava saturado de flogisto, ou seja, "flogisticado".

Stahl também acreditava que a corrosão dos metais era uma forma de combustão em que os metais perdiam flogisto conforme ele se tornava seu *calx* (o que hoje se chama óxido). Ele demonstrou essa ideia queimando mercúrio e formando *calx*, para depois reaquecer o *calx* com carvão para devolver o estado original ao metal.

Leveza positiva

Havia um grande problema com a teoria: o *calx* de um metal menos denso era, na verdade, mais pesado que o metal. Para resolver isso, os defensores da teoria atribuíam ao flogisto peso negativo, ou "leveza positiva". Era por isso que o flogisto, ou chamas, subia contra a força da gravidade.

Aceitar esse argumento tornava a teoria do flogisto difícil de refutar. Ela dominou até os anos 1770, quando o químico francês Antoine Lavoisier mostrou que a combustão exigia a presença de "ar vital", ou, como o nomeou, oxigênio. ▪

Georg Ernst Stahl

Nascido em 1659, em Ansbach, na Bavária, Stahl estudou medicina na Universidade de Jena, então um centro de iatroquímica (medicina química). Após se graduar, em 1684, lecionou ali até 1687, quando foi nomeado médico do duque de Sachsen-Weimar. Tornou-se então professor de medicina da recém-criada Universidade de Halle, em 1694, e médico do rei da Prússia, em 1716, posto que manteve até morrer, em 1734.

Embora de início tivesse abraçado os princípios da alquimia, tornou-se cada vez mais cético nos últimos anos. Sua teoria do flogisto é com frequência considerada um marco de transição da alquimia para a química, e se manteve influente entre filósofos naturais até o fim do século XVIII.

Obras principais

1697 *Os fundamentos da arte da fermentação* ou *A teoria geral da fermentação*
1730 *Princípios filosóficos de química universal*

Queima de metais

Segundo a teoria de Stahl, os metais eram compostos de *calx* de metal e flogisto. A queima do metal liberava o flogisto, deixando o *calx*. Aquecer o *calx* com carvão rico em flogisto devolvia o estado original ao metal.

Metal
(*Calx* de metal + flogisto)

Calor

Flogisto
(Escapa para o ar)

Calx de metal
(Resíduo resultante)

Conversão do metal em *calx* de metal

Calx de metal
(Sem flogisto)

O calor faz o *calx* de metal absorver o flogisto

Metal
(*Calx* de metal + flogisto)

Carvão
(Rico em flogisto)

Calor

Cinzas
(Resíduo do carvão; sem flogisto)

Conversão do *calx* de metal em metal

A QUÍM ILUMINIS
1700-1800

CA DO
MO

O químico francês **Étienne Geoffroy** publica tabelas em que lista a **afinidade** de diferentes **reagentes químicos** por diferentes substâncias.

Joseph Black isola e analisa um gás que chama de "ar fixo" (conhecido hoje como **dióxido de carbono**), a partir de carbonato de magnésio.

Joseph Priestley descobre o "**ar deflogisticado**" (conhecido hoje como **oxigênio**), produzindo-o a partir de óxido de mercúrio.

 1718

 1754

 1774

1735

1766

O químico sueco **Georg Brandt** demonstra a existência do **cobalto** – a primeira descoberta de um metal desconhecido nos tempos antigos.

Henry Cavendish isola um gás que chama de "ar inflamável" (conhecido hoje como **hidrogênio**), por meio de reações de metais com ácidos.

O século XVIII foi marcado por revoluções entrecruzadas. Com a revolução científica, iniciada no século anterior, o conhecimento sobre o mundo material continuou a se desenvolver como uma disciplina distinta da alquimia medieval. Era a época do Iluminismo, que trouxe mudanças drásticas no pensamento científico, que levaram a numerosas descobertas cruciais. Mais adiante no século, o levante político da Revolução exigiria a vida de uma das figuras centrais no desenvolvimento da química – mas não antes de suas contribuições criarem o cenário para uma revolução na ciência química.

Uma explosão de elementos

Até os anos 1700, poucos elementos eram conhecidos – a maioria deles desde a antiguidade, acrescidos de arsênio e fósforo, de descoberta mais recente. No fim do século, porém, mais de 20 outros elementos já tinham sido isolados pela primeira vez.

Muitos desses elementos recém-identificados eram metais, como cobalto, platina e manganês. A maioria foi descoberta graças a tecnologias de mineração aperfeiçoadas: a platina em minas de ouro da atual Colômbia e o cobalto num minério azul em minas de cobre.

A identificação do que seria conhecido depois como toda uma nova família de elementos metálicos, as terras-raras, teve início com a descoberta do ítrio num minério da mina da vila sueca de Ytterby. Nesse lugarejo ocorreram mais descobertas de elementos que em qualquer outro local no mundo, com dez novos elementos encontrados ao longo de décadas em seus minérios. Os nomes de quatro desses elementos derivam diretamente de sua descoberta em Ytterby: ítrio, itérbio, térbio e érbio. As descobertas de novos elementos terras-raras continuaram pelo século XX.

Química atmosférica

Os elementos metálicos não foram as únicas substâncias identificadas pela primeira vez. Com base nas pesquisas iniciais sobre reações de combustão do fim do século XVII, uma série de químicos dedicaram-se à produção, isolamento e identificação de novos gases.

Crucial para isso foi o desenvolvimento da calha pneumática, um dispositivo para coletar gases. Não era um novo

A QUÍMICA DO ILUMINISMO

O químico francês **Antoine Lavoisier** renomeia o "ar deflogisticado" como oxigênio e apresenta evidências que acabam **invalidando** a **teoria do flogisto**.

Elizabeth Fulhame publica um trabalho sobre **tingimento de seda** com sais metálicos e agentes de redução, com o qual se torna a primeira a descrever o conceito de **catálise**.

1778

1794

1777

1787

1794

Carl Wilhelm Scheele descobre que os produtos das **reações sensíveis à luz** de sais de prata podem ser "fixados" e **tornam-se permanentes** com o uso de **amônia**.

Os químicos franceses **Lavoisier, Guyton, Fourcroy** e **Berthoet** publicam *Método de nomenclatura química*, introduzindo uma **nomenclatura química** comum.

Joseph Proust propõe a lei das proporções definidas, explicando por que as **fórmulas químicas** para compostos são **fixas**.

conceito, mas Stephen Hales, um clérigo e químico inglês, produziu uma versão em 1727 que permitia coletar os gases conforme eram produzidos por reações químicas. A calha de Hale logo se tornou peça essencial do equipamento dos químicos que buscavam novos gases. As descobertas de dióxido de carbono, hidrogênio e oxigênio nas décadas seguintes envolveram todas o uso da calha pneumática para coletar os gases antes de identificá-los.

A descoberta do oxigênio foi o anúncio de morte da teoria do flogisto (ver p. 48-49), que duraria quase um século. O químico inglês Joseph Priestley descobriu o gás, nomeando-o "ar deflogisticado", mas foi o químico francês Antoine Lavoisier quem o reconheceu como "o verdadeiro corpo combustível" e realizou experimentos quantitativos que levariam a uma nova teoria da combustão baseada no oxigênio.

As sementes da revolução

A invalidação do flogisto não foi a única contribuição de Lavoisier à química moderna. Após décadas de críticas à variação nos nomes químicos, muitos dos quais derivavam da enigmática terminologia alquímica, inúmeros químicos apresentaram suas opiniões sobre como a nomenclatura química deveria ser. Isso culminou em 1787, com a publicação de *Méthode de nomenclature chimique*, um tratado escrito por quatro químicos franceses, entre eles Lavoisier, que modificava e padronizava os nomes usados pelos químicos para definir elementos e compostos.

Dois anos depois, Lavoisier publicou o que é visto como o primeiro livro didático de química moderna: *Traité élémentaire de chimie*. Nele, definiu elementos como substâncias que não podem ser mais decompostas por meios químicos, listando 33 delas – 23 das quais ainda são consideradas elementos hoje. Ele também definiu o princípio de que a massa se conserva em reações químicas.

Lavoisier não viveria para ver o impacto total de suas reformas. Membro da *ferme générale* francesa, que coletava impostos para o rei e embolsava bônus significativos para si mesma, Lavoisier foi acusado de fraude fiscal durante a Revolução Francesa e guilhotinado em 1794. Apesar de sua morte, porém, a revolução química que ele iniciou estava só começando. ∎

UM TIPO ESPECÍFICO DE AR [...] MORTAL PARA TODOS OS ANIMAIS
AR FIXO

EM CONTEXTO

FIGURA CENTRAL
Joseph Black (1728-1799)

ANTES
1630 Jan Baptista van Helmont identifica o dióxido de carbono como "gás de madeira", liberado ao queimá-la.

1697 O químico alemão Georg Ernst Stahl afirma que toda queima envolve uma substância que chamou de flogisto.

DEPOIS
1766 O químico britânico Henry Cavendish descobre o hidrogênio.

1774 O químico britânico Joseph Priestley descobre o "ar deflogisticado" (oxigênio).

1823 Os químicos britânicos Humphry Davy e Michael Faraday tornam líquido o dióxido de carbono sob pressão.

1835 O inventor francês Adrien-Jean-Pierre Thilorier obtém dióxido de carbono sólido (gelo seco).

Nos anos 1750, o jovem estudante escocês Joseph Black isolou e analisou o dióxido de carbono pela primeira vez. Na época, os médicos de Edimburgo, onde ele estudava medicina, discutiam com paixão os méritos de tratar pedras nos rins dissolvendo-as com um álcali cáustico, como a água de cal – hidróxido de cálcio, $Ca(OH)_2$. Era um procedimento de risco, mas a alternativa – remoção cirúrgica sem anestesia – era perigosa e angustiantemente dolorosa. Para evitar controvérsias, Black decidiu focar seu trabalho de doutorado num álcali mais leve, a *magnesia alba*, sugerida havia pouco para o tratamento de acidez estomacal e hoje conhecida como carbonato de magnésio ($MgCO_3$).

Abordagem metódica

O que tornou os experimentos de Black históricos foi seu método minuciosamente científico. Ao iniciar seu trabalho, em 1750, ele aperfeiçoou uma balança analítica baseada numa trave leve num eixo para obter medidas precisas. Black começou então a observar diferentes reações com álcalis, pesando tudo com cuidado em cada etapa. Logo ele percebeu que, ao adicionar ácido à *magnesia alba*, ela efervescia e perdia peso. O álcali cáustico cal viva (óxido de cálcio, CaO) fazia o mesmo. Ele também observou que a *magnesia alba*, ao ser aquecida num forno, se tornava *magnesia usta* (óxido de magnésio, MgO) e também perdia peso. Antes, acreditava-se que quando o calcário (carbonato de cálcio, $CaCO_3$) era cozido num forno para fazer cal, sua causticidade era obtida de um misterioso "material do fogo", ou "flogisto", acrescentado no forno.

As balanças usadas por Joseph Black em seus experimentos com álcalis nos anos 1750 estão expostas hoje no Museu Nacional da Escócia, em Edimburgo.

A QUÍMICA DO ILUMINISMO

Ver também: Fermentação 18-19 ▪ Gases 46 ▪ Flogisto 48-49 ▪ Ar inflamável 56-57 ▪ O oxigênio e o fim do flogisto 58-59 ▪ O efeito estufa 112-115 ▪ A escala de pH 184-189 ▪ Captura de carbono 294-295

As medidas meticulosas de Black mostraram que quando tratados com ácidos ou aquecidos, os álcalis tanto leves quanto cáusticos não ganhavam peso de nenhum "material do fogo" – ao contrário, ficavam mais leves. Então ele pesquisou o que se perdia. Não havia líquido, mas Black conseguiu coletar algum gás, e verificou que ele não só apagava uma vela como era tóxico para animais, matando-os em segundos, embora não soubesse por quê. Borbulhado por um canudo em água de cal (uma solução de cal), deixava pó de cal branco. Quando ele próprio soprou pelo canudo o resultado foi o mesmo, mostrando que esse gás também está presente no ar que expiramos.

Black chamou o gás que identificara de "ar fixo", pois podia se fixar num sólido – *magnesia alba*. Logo ele percebeu que era o mesmo *gas sylvestre* (gás de madeira) que o cientista flamengo Jan Baptista van Helmont tinha identificado um século antes na emissão de madeira queimada e que sempre está presente em pequenas quantidades no "ar comum" que respiramos. Quando o carbonato de magnésio (*magnesia alba*) é aquecido, a reação pode ser representada por esta equação química: $MgCO_3$ (carbonato de magnésio) → MgO (óxido de magnésio, *magnesia usta*) + CO_2 (dióxido de carbono). E quando o calcário é aquecido: $CaCO_3$ (calcário) → CaO (cal, óxido de cálcio) + CO_2. Black não só descobriu o dióxido de carbono – embora ele só tenha recebido esse nome muitos anos depois – como definiu uma metodologia experimental que se revelaria a base da química moderna. Ele galvanizou o mundo da química, colocando a química atmosférica na vanguarda da ciência. ■

> Quando **tratados com ácido** ou aquecidos, os **álcalis moderados perdem peso**.
>
> → **Nenhum líquido** é produzido, então o **peso perdido** deve ser **um tipo de ar**.
>
> ↓
>
> Esse ar **precipita cal** quando borbulhado através de **água de cal**.
>
> ← Ele **apaga uma vela** e **sufoca aves**.
>
> ↓
>
> Ele **é produzido** quando os animais (entre eles humanos) **expiram** e quando a cerveja **fermenta**.
>
> → **Esse "ar fixo" especial é um gás específico, misturado com o "ar comum".**

Joseph Black

Filho de um comerciante de vinho irlandês expatriado, Joseph Black nasceu em 1728, em Bordeaux, na França, onde viveu os 12 primeiros anos de vida. Depois, na Universidade de Glasgow, estudou línguas e filosofia antes de passar à medicina. No doutorado, realizou experimentos revolucionários que o levaram a descobrir o dióxido de carbono.

Black se tornou professor universitário em Glasgow aos 28 anos, e alunos da Europa e Estados Unidos viajavam para assistir a suas brilhantes aulas. Numa delas, revelou que a temperatura não muda quando o gelo derrete em água, identificando o conceito de calor latente. Ele acabou fazendo a distinção crucial entre calor e temperatura, instituindo também o conceito de calor específico. Sua obra inspirou seu jovem amigo James Watt a fazer grandes melhorias na máquina a vapor. Black morreu em 1799.

Obra principal

1756 *Experimentos com magnesia alba, cal viva e algumas outras substâncias alcalinas*

O GÁS PRODUZIU UM BARULHO MUITO ALTO!
AR INFLAMÁVEL

EM CONTEXTO

FIGURA CENTRAL
Henry Cavendish (1731-1810)

ANTES
1671 Por acaso, o químico irlandês Robert Boyle cria hidrogênio ao testar os efeitos de ácido diluído sobre limalha de ferro.

1756 Joseph Black identifica o "ar fixo" – dióxido de carbono.

DEPOIS
1772 O químico escocês Daniel Rutherford descobre o nitrogênio.

1774 Joseph Priestley descobre o "ar deflogisticado" – oxigênio.

1783 O químico francês Antoine Lavoisier reproduz o experimento de Cavendish, confirmando que a água é um composto de hidrogênio e oxigênio.

O fim do século XVIII foi um período de descobertas sobre a natureza dos gases e a constituição da atmosfera. Em 1766, o cientista britânico Henry Cavendish publicou três artigos, um dos quais descrevia como tinha isolado e identificado, pela primeira vez, o gás que chamou de "ar inflamável". Antoine Lavoisier deu depois a esse gás o nome de hidrogênio. Os outros artigos de Cavendish focavam "ares factícios" – a designação que deu a gases que se combinam com outras substâncias.

Cavendish era recluso e um tanto excêntrico; graças à riqueza pessoal trabalhava num laboratório próprio bem equipado. O que o destacava era a precisão. Joseph Black tinha mostrado antes a importância de medidas acuradas na química experimental, e Cavendish foi ainda além. Robert Boyle tinha criado o "ar inflamável" um século antes – sem saber o que era – derramando ácidos sobre ferro, mas a meticulosidade de Cavendish lhe permitiu isolar o gás e identificar suas propriedades em detalhes. Usando aparatos que ele mesmo desenhara, Cavendish coletou o gás que emanava ao verter ácidos como "destilado de sal" (ácido hidroclorídrico) e "óleo de vitríolo" (ácido sulfúrico) diluído em metais como zinco, ferro e estanho. Hoje sabemos que o que Cavendish via pode ser expresso como esta reação química: Zn (zinco) + H_2SO_4 (ácido sulfúrico) → $ZnSO_4$ (sulfato de zinco) + H_2 (hidrogênio).

Reação explosiva
Cavendish descobriu que esse gás era diferente de tudo no ar em volta, chamado então "ar comum", e era muito menos denso. Além disso, notou que ele explodia quando era misturado com ar comum e era aceso – daí o nome "ar inflamável".

Por ar factício quero dizer [...] qualquer tipo de ar que esteja contido em quaisquer outros corpos.
Henry Cavendish

A QUÍMICA DO ILUMINISMO **57**

Ver também: Gases 46 ▪ Flogisto 48-49 ▪ Ar fixo 54-55 ▪ O oxigênio e o fim do flogisto 58-59 ▪ Proporções dos compostos 68

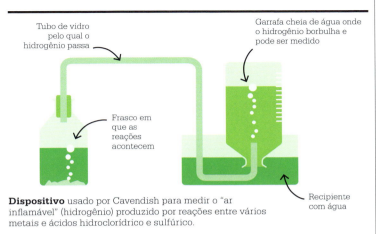

Dispositivo usado por Cavendish para medir o "ar inflamável" (hidrogênio) produzido por reações entre vários metais e ácidos hidroclorídrico e sulfúrico.

Henry Cavendish

Nascido em 1731 em Nice, na França, numa das mais ricas famílias britânicas, Henry Cavendish perdeu a mãe aos dois anos e foi criado pelo pai. Foi um recluso por toda a vida e extremamente tímido com as mulheres. A gama de pesquisas científicas de Cavendish era assombrosa, mas como ele raramente publicava, seu alcance total é desconhecido. Além de descobrir o hidrogênio e a natureza composta da água, analisou a composição do ar, medindo as proporções de oxigênio e nitrogênio com incrível precisão. Notou uma porção inexplicada, correspondente a menos de 1%, que um século depois foi identificada como o gás argônio. Em 1798, mediu a densidade e massa da Terra num experimento que exigiu medidas tremendamente precisas com equipamentos muito básicos. Cavendish morreu em 1810.

Obras principais

1766 "Três artigos sobre experimentos com ar factício"
1784 "Experimentos com ar"
1798 "Experimentos para determinar a densidade da Terra"

Em seu segundo artigo de 1766, Cavendish estudou o "ar fixo" (dióxido de carbono) em mais detalhes que Black, concluindo que ele não é solúvel em água nem inflamável, e que é muito mais pesado que o ar. Nos anos 1780 ele voltou a suas pesquisas sobre "ares". Supôs, de modo errado, que o que hoje chamamos de hidrogênio devia ser o há muito procurado "flogisto" – o misterioso ingrediente que faria as substâncias queimarem. Ele acreditava que a queima adicionava algo (flogisto) ao ar em vez de – como hoje sabemos – retirar oxigênio.

A composição da água

Em 1783, Cavendish realizou um experimento para medir o componente misterioso. Ele misturou hidrogênio com ar comum num frasco vedado e pôs fogo à mistura com uma faísca elétrica. A explosão resultante deixou um resíduo de água dentro do frasco. Ele tinha mostrado como hidrogênio e oxigênio se combinam para fazer água, e suas medidas revelaram que isso ocorre numa proporção de dois para um. Nunca apressado em publicar, Cavendish adiou o anúncio de que a água não é um elemento, mas um composto, até o ano seguinte, quando o engenheiro do vapor James Watt já tinha apresentado achados muito similares.

O debate sobre o primeiro a descobrir a natureza da água continuou por anos. Apesar disso, o papel de Cavendish no lançamento das bases da química moderna estava assegurado. ∎

O ar inflamável ou é flogisto puro [...] ou água unida a flogisto [...]
Henry Cavendish

UM AR MEIO EXPLOSIVO
O OXIGÊNIO E O FIM DO FLOGISTO

EM CONTEXTO

FIGURA CENTRAL
Joseph Priestley (1733-1804)

ANTES
1674 O fisiologista britânico John Mayow teoriza sobre "partículas nitroaéreas" que circulam no sangue depois de as inalarmos, antecipando a descoberta do oxigênio em cem anos.

1703 Georg Ernst Stahl propõe a teoria do flogisto, baseada em parte no trabalho anterior de Johann Becher.

1754 Joseph Black identifica o "ar fixo" (dióxido de carbono).

1766 Henry Cavendish isola e identifica o "ar inflamável" (hidrogênio).

1772 O químico escocês Daniel Rutherford descobre o nitrogênio.

DEPOIS
1783 Antoine Lavoisier revela que a água não é um elemento, mas um composto de hidrogênio e oxigênio.

A descoberta do oxigênio nos anos 1770 – que levou ao abandono da teoria do flogisto sobre como as coisas queimam – foi um ponto de virada de enorme importância na química. Historicamente, a grande ruptura é atribuída a Joseph Priestley, mas dois outros químicos – o sueco Carl Scheele e o francês Antoine Lavoisier – também poderiam levar o crédito.

Priestley, em seus experimentos de 1774, lentamente aqueceu mercúrio para criar um *calx* vermelho (óxido de mercúrio). Depois, usando uma lente para concentrar a luz do Sol, aqueceu o *calx* e coletou o gás emitido, que hoje sabemos ser o oxigênio. Para sua surpresa, esse gás fez uma vela num frasco queimar com vigor e um carvão em brasa brilhar muito.

A deflogisticação decodificada

A descoberta desse gás era, para Priestley, a prova final de que o ar não é um elemento, mas uma mistura de gases. Segundo a teoria do flogisto, porém, uma vela queimando transfere seu flogisto para o ar ao redor – num frasco, o ar fica tão "flogisticado" que a vela logo para de queimar. Priestley considerou que esse novo gás brilhava ao queimar porque abandonava seu flogisto, então acabou chamando-o de "ar deflogisticado". Ele também descobriu que esse gás ajudava um rato a sobreviver mais tempo quando fechado num frasco – e o próprio Priestley, ao inalar o gás, teve a sensação de saúde e bem-estar.

Enquanto isso, em Paris, Lavoisier descobriu que substâncias como o fósforo e o enxofre ganham peso ao serem aquecidos. Isso parecia contradizer a ideia de que estavam perdendo flogisto. Em outubro de 1774, numa breve viagem pela Europa, Priestley se encontrou com Lavoisier em Paris e mencionou sua descoberta do ar

Todos os fatos da combustão [...] são explicados de modo muito mais simples e fácil sem o flogisto do que com ele.
Antoine Lavoisier

A QUÍMICA DO ILUMINISMO

Ver também: Gases 46 ▪ Flogisto 48-49 ▪ Ar fixo 54-55 ▪ Ar inflamável 56-57 ▪ Primórdios da fotoquímica 60-61 ▪ Conservação da massa 62-63

deflogisticado. Isso inspirou Lavoisier a iniciar experimentos com o *calx*. Quando Lavoisier aqueceu um volume medido de ar com mercúrio para fazer *calx* de mercúrio, sabia quanto ar estava sendo consumido. Ao reaquecer o próprio *calx*, ele voltou a ser mercúrio e produziu um gás – igual em volume à perda anterior.

Lavoisier percebeu que quando uma coisa é queimada ou aquecida não perde flogisto, mas se combina a algo do ar. A seu ver, isso só podia significar que a antiga teoria do flogisto para a combustão não fazia mais sentido. Ele logo notou também que aquilo no ar era o ar deflogisticado de Priestley e que era um elemento totalmente separado. Ele o chamou de "oxigênio", ou "criador de ácido", porque podia detectá-lo na maioria dos ácidos.

A discussão pela primazia da descoberta do oxigênio é ainda mais complicada porque se acredita que Scheele, trabalhando em Uppsala, na Suécia, isolou o oxigênio – que chamou de "gás do fogo" – antes de Priestley e Lavoisier. Porém, ele não publicou sobre isso até 1777, algum tempo após o artigo de Priestley sair. Diz-se que Scheele escreveu uma carta a Lavoisier sobre sua descoberta um pouco antes de Priestley e Lavoisier se encontrarem em Paris em 1774, mas Lavoisier afirmou nunca tê-la recebido.

Apesar de sua parte na história do oxigênio, Priestley continuou a explicar sua existência e função por meio de uma versão da teoria do flogisto. Mas a comunidade científica concordou com Lavoisier, deixando Priestley isolado. Mais tarde Lavoisier entendeu o pleno significado do novo elemento e de seu papel num novo modo de pensar sobre a química. ∎

O experimento do rato de Priestley

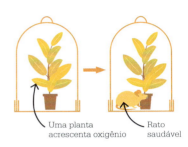

Experimento 1: Priestley colocou uma vela acesa e um rato saudável numa campânula. A chama da vela esgota o oxigênio na campânula e o rato morre alguns segundos depois.

Experimento 2: Priestley colocou uma planta numa campânula cheia de ar "esgotado". Sete dias depois, colocou um rato na campânula e viu que ele permaneceu ativo por "muitos minutos".

Joseph Priestley

Nascido em 1733 perto de Leeds, no Reino Unido, Joseph Priestley foi um jovem de talento precoce. Ele se tornou um entusiástico defensor da análise racional do mundo natural e se dedicou à pesquisa científica por toda a vida. Era membro da Real Sociedade e da Sociedade Lunar, de inventores e pensadores. Priestley escreveu um dos primeiros livros importantes de eletricidade, inventou a água carbonatada e descobriu vários outros gases além do oxigênio. Seus textos religiosos não ortodoxos e o apoio às revoluções americana e francesa inflamaram tanto algumas pessoas que uma multidão destruiu sua casa e ele foi forçado a fugir do Reino Unido em 1794. Ele se fixou nos Estados Unidos e continuou a pesquisar até a morte, em 1804.

Obras principais

1772 *Instruções para impregnar água com ar fixo*
1774-1786 *Experimentos e observações sobre o ar*

EU CAPTUREI A LUZ
PRIMÓRDIOS DA FOTOQUÍMICA

EM CONTEXTO

FIGURA CENTRAL
Carl Wilhelm Scheele
(1742-1786)

ANTES
1604 O alquimista italiano Vincenzo Casciarolo descobre a "pedra de Bolonha", uma pedra que brilha no escuro.

1677 O alquimista alemão Hennig Brand descobre um novo elemento, o fósforo, que brilha no escuro – a origem do termo fosforescência.

DEPOIS
1822 Joseph Nicéphore Niépce faz a primeira fotografia.

1852 O cientista britânico George Stokes descobre a "fluorescência", o modo como certas substâncias brilham sob luz UV.

1887 O físico alemão Heinrich Rudolf Hertz descobre o efeito fotoelétrico.

1896 O físico francês Henri Becquerel descobre a radiatividade.

Uma das mais notáveis realizações do químico sueco Carl Scheele foi sua atuação central como pioneiro da fotoquímica, que acabaria levando à invenção da fotografia.

O efeito da luz sobre substâncias químicas foi notado pela primeira vez pelo alquimista alemão Christian Adolf Balduin em 1674. Ele viu que o nitrato de cálcio exposto à luz brilha no escuro. Isso mostra que a fosforescência é causada por uma lenta reemissão de luz absorvida pelos átomos.

Em 1717, o anatomista alemão Johann Schulze tentou recriar os resultados de Balduin com pós de giz e ácido nítrico. Para sua surpresa, a amostra ficou violeta-escura ao ser exposta à luz do Sol – e pesquisando ele descobriu que isso se devia à contaminação por traços de prata. Schulze acabou mostrando que os sais de prata ficam pretos quando expostos à luz.

Fixação da imagem

Seis décadas depois, em 1777, os experimentos de Scheele também mostraram que um dos sais de prata, o cloreto de prata, escurecia à luz solar. Ele queria saber por que isso ocorria e descobriu que a luz produzia uma reação química que transformava o cloreto de prata de novo em prata. Scheele fez então outro achado crucial: a amônia dissolvia o cloreto de prata não exposto, mas não as áreas de prata escurecida. Isso "fixava" qualquer parte exposta de uma imagem feita com sais de prata. Embora o seu trabalho tenha encontrado todos os ingredientes para fazer uma fotografia, o passo a mais seria dado por inventores posteriores.

Nos anos 1790, o inventor britânico Thomas Wedgwood estava intrigado com a câmera escura, um aparato em que uma lente projetava a imagem externa dentro de uma caixa. Wedgwood se perguntou se poderia achar um

Explicar novos fenômenos, eis a minha tarefa.
Carl Scheele
Scheeles nachgelassene Briefe und Aufzeichnungen (1892)

A QUÍMICA DO ILUMINISMO

Ver também: Tentativas de fazer ouro 36-41 ▪ Catálise 69 ▪ Fotografia 98-99 ▪ Espectroscopia de chama 122-125 ▪ Proteína fluorescente verde 266

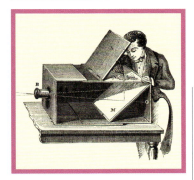

A câmera escura óptica foi muito usada do século XVII em diante como auxiliar para desenhos. Com ela, os artistas delineavam figuras, permitindo uma representação precisa da perspectiva.

meio de capturar de modo permanente a imagem.

Em seus testes, ele criou silhuetas colocando objetos sobre sais de prata e expondo-o à luz solar. Ele não sabia da fixação por amônia de Scheele, e suas imagens se apagavam quando recebiam luz. Elas eram também negativas, pois as áreas expostas à luz ficavam escuras e as sombras ficavam claras.

Criação do positivo

Nos anos 1820, o inventor francês Joseph Nicéphore Niépce criou as primeiras fotografias permanentes usando placas de peltre revestidas de betume e óleo de lavanda sensível à luz, em vez de prata, mas a qualidade das imagens era ruim. Em 1839, o empresário francês Louis Daguerre criou o primeiro processo fotográfico bem-sucedido, usando sais de prata. Ele descobriu que quando uma placa de metal revestida de prata iodada é exposta à luz, uma imagem latente positiva é criada, com pretos e brancos onde deveriam estar. Essa imagem latente podia ser então "revelada" pela exposição a vapores de mercúrio. Porém, o processo tinha de ser interrompido no momento exato com um enxague rápido com água salgada. Do contrário, a imagem toda ficava preta. Essa técnica – chamada daguerreótipo a partir do nome de seu inventor – foi bem-sucedida e deu início à era da fotografia. ▪

Quando o **cloreto de prata é colocado** sob a luz, as áreas mais expostas **se tornam prata preta**.

↓

A **luz violeta** tem mais efeito; a **luz vermelha**, muito pouco. → Todo o **cloreto** acaba se **tornando prata**.

↓

A amônia "fixa" o efeito deixando só a prata preta, que havia sido exposta.

Carl Wilhelm Scheele

Nascido em Stralsund, no oeste da Pomerânia (hoje Alemanha) em 1742, Carl Scheele foi para a Suécia aos 14 anos para se tornar farmacêutico e ficou lá por toda vida. Ele morou na capital, Estocolmo, e em Uppsala, sempre realizando pesquisas químicas próprias. Seus experimentos levaram à descoberta do cloro, do manganês e, o que é mais conhecido, do oxigênio.

Trabalhando em muitos campos da química, entre suas realizações estão as descobertas dos ácidos orgânicos tartárico, oxálico, úrico, láctico e cítrico, além dos ácidos fluorídrico, cianídrico e arsênico. Desenvolveu também um modo de produção em massa de fósforo, que ajudou a Suécia a se tornar um de seus principais produtores mundiais. Scheele morreu em 1786, provavelmente por efeitos do contato com substâncias nocivas, como o arsênio.

Obra principal

1777 *Tratado químico sobre o ar e o fogo*

NOS PROCESSOS DA ARTE E DA NATUREZA, NADA SE CRIA
CONSERVAÇÃO DA MASSA

EM CONTEXTO

FIGURA CENTRAL
Antoine Lavoisier
(1743-1794)

ANTES
c. 450 a.C. O pensador grego Empédocles afirma que nada ganha vida a partir do nada (traduzido para o latim como *nihil ex nihilo*) nem é destruído.

1615 O químico francês Jean Beguin publica a primeira equação química de todos os tempos.

1754 O químico escocês Joseph Black descobre o dióxido de carbono aquecendo carbonato de magnésio e observa que o óxido de magnésio resultante pesa menos que o composto original.

DEPOIS
1803 O físico e químico britânico John Dalton apresenta sua teoria atômica.

1905 Albert Einstein propõe a teoria da equivalência massa-energia.

O químico francês Antoine Lavoisier é às vezes chamado de pai da química moderna. Com sua abordagem rigorosa e sistemática, ele transformou a química qualitativa (descritiva) numa ciência quantitativa – fundada em medidas precisas, com equações em seu âmago. Uma contribuição central foi o princípio em que os experimentos se basearam desde então: a conservação da massa.

Segundo esse princípio, a matéria, embora possa tomar diferentes formas, não pode ser criada nem destruída. Ela pode ser queimada, dissolvida ou dividida, mas a quantidade total não muda. Num experimento químico em que nada consegue entrar nem escapar, a massa dos produtos finais é sempre a mesma dos reagentes originais (as substâncias reunidas para produzir a reação).

O conceito não era totalmente novo: a ideia de que "nada vem de nada" era importante na filosofia grega antiga. No século XVIII, o princípio da conservação da massa já era amplamente reconhecido pelos químicos e em 1756 o polímata russo Mikhail Lomonossov tentou demonstrá-lo experimentalmente. Mas foi Lavoisier quem o estabeleceu como uma verdade fundamental. Ele pesou e mediu os reagentes (substâncias consumidas) e os produtos em seus experimentos e fez balanços minuciosos.

Flogisto e ar
Depois das descobertas dos diferentes tipos de "ar" por químicos britânicos como Henry Cavendish e Joseph Priestley, Lavoisier queria saber o que ocorria quando esses ares eram gerados ou absorvidos. A teoria prevalecente do flogisto sustentava que quando um metal queima, enferruja ou se mancha, por

Devemos sempre supor uma igualdade exata entre os elementos do corpo examinado e os dos produtos de sua análise.
Antoine Lavoisier
Elementos de química (1789)

A QUÍMICA DO ILUMINISMO

Ver também: O universo atômico 28-29 ▪ O oxigênio e o fim do flogisto 58-59 ▪ Proporções dos compostos 68 ▪ A teoria atômica de Dalton 80-81 ▪ Pesos atômicos 121 ▪ O mol 160-161

Este forno solar, feito com duas enormes lentes de aumento para concentrar o calor do sol, projetado por Lavoisier para evitar contaminar os experimentos com os produtos da queima de combustíveis.

exemplo, libera seu flogisto. Portanto, ele deveria perder peso. Porém, os cientistas sabiam que os metais ganham peso ao enferrujar.

Em 1772, Lavoisier realizou vários experimentos usando calor do Sol ampliado. Em um, ele aqueceu *calx* (hoje conhecido como um óxido) de chumbo (PbO) com carvão dentro de um frasco. Conforme o *calx* aquecido se tornava metal, Lavoisier viu que liberava uma enorme quantidade de ar no frasco. Se o *calx* libera ar ao se tornar metal, ele pensou, talvez quando o metal se torna *calx* absorva ar, e perguntou-se se seria por isso que ele ganha peso. Ele também descobriu que o fósforo e o enxofre ganhavam peso ao serem queimados e quis saber se eles, também, poderiam estar assimilando ar. Lavoisier mandou um bilhete selado à Academia Francesa de Ciências para reivindicar seu crédito por essa teoria radical. Mas prová-la era mais difícil do que ele esperava, e ele fez centenas de experimentos cuidadosamente quantificados, assistido por sua mulher, Marie-Anne.

Prova e explicação

Em um experimento-chave, Lavoisier aqueceu um frasco de vidro com pedaços de estanho, até o metal virar *calx*. Quando deslacrou o frasco e pesou o *calx*, descobriu que era cerca de um quarto de grama mais pesado que o estanho. Esse minúsculo peso extra só poderia ser do ar no frasco.

Lavoisier tinha confirmado sua teoria da conservação da massa, mas não sabia se todo o ar estava envolvido. Então, no fim de 1774, Priestley o visitou e mencionou sua descoberta do "ar deflogisticado". Este era o que se combinava com outros elementos ou era liberado por eles. Lavoisier nomeou esse novo gás de "oxigênio" (O_2). ∎

Antoine Lavoisier

Nascido numa família rica de Paris em 1743, Antoine Lavoisier estudou direito na Universidade de Paris, mas se voltou para a ciência após a graduação. Ele publicou seu primeiro artigo científico aos 21 anos e foi eleito para a exclusiva Academia Francesa de Ciências com apenas 26 anos. No mesmo ano, comprou uma participação numa corporação de coleta de impostos, a Ferme Générale. Em 1771, casou-se com Marie-Anne Paulze, de 13 anos, que se tornou uma competente assistente de laboratório. Entre suas realizações, Lavoisier deu nome aos elementos oxigênio, hidrogênio e carbono e identificou o enxofre. Ele descobriu o papel do oxigênio na combustão e na respiração, derrubou a teoria do flogisto e definiu um sistema de nomenclatura química. Mas seu trabalho como coletor de impostos o tornou um alvo na Revolução Francesa e ele foi guilhotinado em 8 de maio de 1794.

Obras principais

1787 *Método de nomenclatura química*
1789 *Elementos de química*

OUSO FALAR DE UMA NOVA TERRA

ELEMENTOS TERRAS-RARAS

EM CONTEXTO

FIGURA CENTRAL
Johan Gadolin (1760-1852)

ANTES
1735 Georg Brandt descobre que o cobalto é um metal.

1774 Carl Scheele e outros isolam o metal manganês.

1783 Os químicos e irmãos espanhóis Juan e Fausto Elhuyar descobrem o tungstênio.

DEPOIS
1952 A mina de terras-raras de Mointain Pass, na Califórnia, inicia a produção, extraindo európio para aparelhos de TV colorida.

1984 A General Motors e a Sumitomo Special Metals desenvolvem ao mesmo tempo o ímã de neodímio, o mais forte do mundo.

1988 A China se torna a maior produtora mundial de terras-raras.

O notável grupo dos elementos terras-raras compreende os 15 "lantanídeos", o escândio e o ítrio. O primeiro deles foi descoberto pelo químico e mineralogista finlandês Johan Gadolin em 1794, mas só após quase 150 anos os dezessete foram identificados. Esses metais prateados, muito parecidos em termos químicos, estão no grupo 3 da tabela periódica e têm qualidades especiais, como magnetismo, condutividade e luminescência, que os tornam extremamente úteis quando combinados a outros metais. Por isso, são vitais à tecnologia moderna – de smartphones a carros

A QUÍMICA DO ILUMINISMO

Ver também: Metais extraídos de minérios 24-25 ▪ Elementos isolados por eletricidade 76-79 ▪ Eletroquímica 92-93 ▪ Espectroscopia de chama 122-125 ▪ A tabela periódica 130-137 ▪ Cristalografia de raios x 192-193 ▪ Fissão nuclear 234-237

> Parece-me bastante inevitável que cada uma das novas terras só seja encontrada num lugar ou num mineral.
> **Johan Gadolin**

A rocha negra de Ytterby

Em 1787, o tenente do Exército Sueco Carl Arrhenius, um dedicado mineralogista, explorava uma mina de feldspato na ilha sueca de Resarö, quando encontrou um pedaço preto de rocha diferente de tudo que já havia visto. Ele imaginou que pudesse conter o metal denso tungstênio e o entregou ao inspetor das minas em Estocolmo, Bengt Geijer. Este realizou alguns testes e anunciou a descoberta de um novo mineral pesado. Ele o chamou de "iterbita", de Ytterby, um lugarejo perto da mina, e o enviou a Johan Gadolin para uma análise detalhada.

Gadolin dissolveu a rocha moída em várias substâncias, entre elas ácido nítrico (HNO_3) e hidróxido de sódio (NaOH), testando e medindo com cuidado os produtos resultantes. Em 1794, publicou os dados da análise: a pedra negra tinha 31 partes de sílica (SiO_2), 19 partes de óxido de alumínio (Al_2O_3), 12 partes de óxido de ferro (Fe_2O_3) e 38 partes de uma terra desconhecida. Esta não só era

elétricos. As terras-raras foram descobertas não como metais puros, mas como componentes de óxidos, que os químicos do século XVIII chamavam de "terras". São bem abundantes em termos geológicos – alguns tão comuns como o chumbo ou o cobre –, mas nunca em altas concentrações. Na verdade, eles se acham tão misturados a outros minerais e outras terras-raras que são muito difíceis de encontrar e extrair. É por isso que ganharam o nome "raras" e que a jornada até sua descoberta foi tão longa e árdua.

Uma amostra de iterbita – a rocha preta de Ytterby – foi analisada por Johan Gadolin em 1794. Ela continha o até então desconhecido óxido ítria.

muito densa como tinha um ponto de fusão muito alto (2.425° C, como sabemos hoje). Embora facilmente solúvel na maioria dos ácidos e com similaridades a alguns outros óxidos de metais, era claramente uma substância nova.

Em 1797, o analista químico sueco Anders Ekeburg refinou os resultados e nomeou a nova terra de "ítria". No ano seguinte, ao saber que o analista mineral francês Louis Vauquelin tinha descoberto o »

Johan Gadolin

Nascido em 1760 em Åbo (hoje Turku), na Finlândia, Johan Gadolin era filho de um professor de física. Ele estudou primeiro matemática e depois química na Universidade de Åbo, indo a seguir para a Universidade de Uppsala, na Suécia, onde começou seu trabalho em mineralogia. Em 1785, aos 25 anos, tornou-se professor em Åbo e, em 1786, viajou pela Europa, visitando minas e conhecendo muitos químicos de destaque.

Gadolin publicou estudos cruciais sobre calor específico, foi um dos primeiros apoiadores da contestação de Antoine Lavoisier à teoria do flogisto e determinou a química do pigmento azul da Prússia. Ele é mais famoso, porém, pela análise da rocha preta de Ytterby. Infelizmente, o grande incêndio de 1827 em Åbo destruiu seu laboratório e sua incomparável coleção mineral, encerrando sua carreira científica. Ele morreu em 1852, aos 92 anos.

Obras principais

1794 "Exame de um mineral preto e denso da pedreira de Ytterby em Roslagen"
1798 *Introdução à química*

berílio, Ekeburg percebeu que a iterbita continha berílio, não alumínio. O químico analítico alemão Martin Klaproth confirmou as descobertas de Ekeburg e renomeou a iterbita como "gadolinita", em honra a Gadolin.

O conceito de elemento ainda era muito vago na época. A ítria era um óxido, e só 30 anos depois o químico alemão Friedrich Wöhler conseguiu isolar o metal ítrio puro. Mas a análise de Gadolin marcou a descoberta da primeira terra-rara.

O cério e as terras ocultas

Em 1803, os químicos suecos Jöns Jacob Berzelius e Wilhelm Hisinger e, de modo independente, Martin Klaproth fizeram outra descoberta crucial com outro mineral pesado, um pedaço marrom-avermelhado achado meio século antes pelo químico sueco Axel Cronstedt na mina Bastnäs, na Suécia. Berzelius e Hisinger pensaram que poderia conter ítria, mas sua análise revelou um novo óxido, que Berzelius chamou de "céria", inspirado na recente descoberta do asteroide Ceres. O mineral em que ele foi encontrado foi nomeado cerita.

Como com a ítria, só depois de décadas de trabalho duro o metal cério puro foi isolado. Em 1875, os químicos americanos William Hillebrand e Thomas Norton afinal conseguiram isso passando uma corrente elétrica por cloreto de cério ($CeCl_3$) derretido.

Após a descoberta da ítria e da céria, os químicos aos poucos perceberam que outros elementos estavam entremeados a essas duas terras. Separá-los, porém, era uma tarefa exigente. O desenvolvimento da eletroquímica ajudou, mas tratava-se em especial da análise minuciosa com ácidos, com sopradores que aumentavam o calor de uma chama de vela até temperaturas de forno e com cristalização fracionada – quando uma mistura derretida esfria, seus componentes cristalizam em etapas diversas, devido a diferenças de solubilidade entre eles.

Em 1839, o químico sueco Carl Mosander, colega e antigo aluno de Berzelius, usou ácido nítrico para separar uma segunda terra da céria, que Berzelius chamou de "lantânia". Então, em 1842, Mosander descobriu uma terceira terra na céria, "didímia", além de duas novas terras misturadas com ítria: a rosada "térbia" e a amarelada "érbia", ambas com nomes derivados de Ytterby. Isso significava que naquele momento seis terras-raras eram conhecidas.

Aumento na lista

Confusamente, alguns químicos que faziam análises similares acreditaram ter achado elementos, não óxidos, e isso levou a muitas alegações de descobertas de elementos terras-raras posteriores desacreditadas. Na verdade, no caso da didímia, Mosander errou ao pensar que era um óxido de metal puro. Isso só foi esclarecido décadas depois, após a introdução da técnica da espectroscopia de chama, em 1860. Cada substância brilha com seu espectro único de

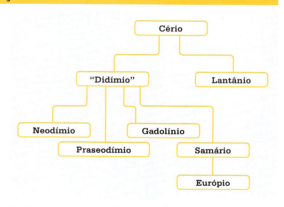

As primeiras 16 terras-raras foram descobertas em duas "cascatas de separação", com cada elemento revelado na forma de seu óxido. Verificou-se que o óxido de ítrio (ítria) estava misturado a oito outros óxidos de terras-raras.

Verificou-se que o óxido de cério (céria) estava misturado a seis outros óxidos de terras-raras. A 17ª terra-rara, o promécio, é radiativa e não existe mais na natureza. Ela foi criada artificialmente em 1945.

cores ao ser aquecido intensamente e isso revelou novas substâncias, mesmo que tenha levado algum tempo para identificá-las por processos químicos.

A espectroscopia de chama despertou suspeitas em vários químicos de que o que se pensara ser o elemento "didímio" fosse na verdade uma mistura de pelo menos dois elementos. Em 1885, o químico austríaco Carl Auer von Welsbach identificou o neodímio e o praseodímio. Então, em 1886, o químico francês Paul-Émile Lecoq de Boisbaudran isolou o gadolínio.

Em 1878, o químico suíço Jean Charles Galissard de Marignac tinha separado a érbia, encontrando a itérbia, e o químico sueco Per Teodor Cleve separou a hólmia e depois, em 1879, a túlia. Da hólmia, De Boisbaudran extraiu a disprósia em 1886. Enquanto isso, mais dois minerais, a samarskita e a euxenita, tinham sido identificados como possíveis fontes de terras-raras. Em 1879, De Boisbaudran isolou a samária de um pouco de didímia que tinha sido extraída de samarskita. No mesmo ano, a partir de euxenita, o químico sueco Lars Fredrik Nilson isolou primeiro érbia, depois itérbia, então uma nova terra da itérbia, a escândia. Em 1901, o químico francês Eugène-Anatole Demarçay isolou európia da samária. Por fim, em 1907, o químico francês Georges Urbain foi o primeiro a relatar a extração de lutécia de itérbia.

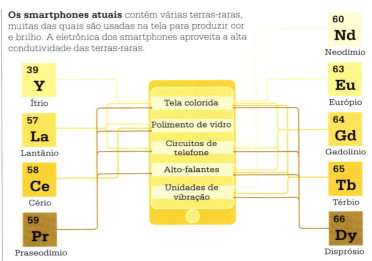

Os smartphones atuais contêm várias terras-raras, muitas das quais são usadas na tela para produzir cor e brilho. A eletrônica dos smartphones aproveita a alta condutividade das terras-raras.

A terra-rara faltante

Havia agora 16 terras-raras, mas quantas poderiam ainda existir? Em 1913, Henry Moseley usou espectroscopia de raios x para determinar o número atômico de cada uma, de modo a encaixá-las na tabela periódica. Revelou-se que só havia um intervalo entre o neodímio e o samário, com o número atômico 61. Em 1926, cientistas em Florença, na Itália, anunciaram ter descoberto o elemento faltante e o nomearam florêncio, enquanto cientistas de Illinois, nos Estados Unidos, faziam a mesma alegação, nomeando-o ilínio.

Nenhuma equipe estava certa. O elemento 61 é radiativo, e decai rápido demais para ter sobrevivido desde que a Terra se formou. Então, só ocorre naturalmente – o que é muito raro – como produto de outros elementos radiativos. Ele foi criado artificialmente em 1945 pelos cientistas que trabalhavam no Projeto Manhattan, para criar a bomba atômica, na Segunda Guerra Mundial. Jacob Marinsky, Charles Coryell e Lawrence Glendenin criaram o elemento a partir de produtos da fissão de urânio num reator nuclear. Eles publicaram os resultados em 1947, chamando essa terra-rara final de promécio. ■

A revolução das terras-raras

A cromatografia de troca iônica (CTI), técnica usada para isolar o promécio, foi desenvolvida pelos cientistas americanos Frank Spedding e Jack Powell ao trabalharem no Projeto Manhattan. Eles precisavam achar um modo de se livrar de impurezas do urânio como o ítrio, que arruinavam a reação nuclear em cadeia. As técnicas de separação anteriores só produziam quantidades mínimas de terras-raras, mas a CTI podia separá-las em massa. A descoberta deflagrou uma revolução nas terras-raras a partir dos anos 1950. Pela primeira vez, esses elementos estavam disponíveis em escala industrial. Comparadas a outros metais, as quantidades de terras-raras produzidas eram minúsculas e o processo de extração muito caro, mas elas se tornaram indispensáveis: os ímãs de neodímio são essenciais a veículos elétricos e turbinas eólicas, e o ítrio, o érbio e o térbio são usados em dispositivos de telas.

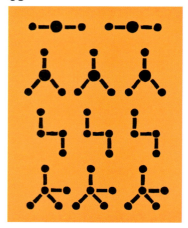

A NATUREZA ATRIBUI RAZÕES FIXAS
PROPORÇÕES DOS COMPOSTOS

EM CONTEXTO

FIGURA CENTRAL
Joseph Proust (1754-1826)

ANTES
1615 O químico francês Jean Beguin escreve a primeira equação química.

1661 Robert Boyle identifica diferenças entre misturas e compostos e mostra que um composto pode ter propriedades diversas das de seus constituintes.

1718 O químico francês Étienne Geoffroy ajuda a sistematizar a ideia de composto em sua tabela de afinidades.

DEPOIS
1808 O químico britânico John Dalton publica sua teoria atômica dos elementos, explicando que os compostos são sempre feitos da mesma combinação de átomos.

1826 Jöns Jacob Berzelius publica a primeira tabela de pesos atômicos.

Quando Antoine Lavoisier estava identificando o que é um elemento, outro químico francês, Joseph Proust, propôs uma verdade fundamental sobre os compostos. Em 1794, ele introduziu a lei das proporções definidas: os produtos químicos só se combinam de verdade para formar um número limitado de substâncias e sempre nas mesmas proporções por massa. Isso é o que nos dá fórmulas químicas fixas para os compostos.

Proporções únicas
Proust se interessava pelos modos com que os metais se combinavam a oxigênio, enxofre e carbono: óxidos, sulfetos, sulfatos e carbonatos. Seus experimentos com óxidos mostraram duas proporções distintas, que ele chamou de mínimo e máximo, e uma só proporção com sulfetos. Em outras palavras, um metal como o ferro pode se combinar com o enxofre, ou com o oxigênio, só de um ou dois modos e sempre nas mesmas proporções únicas. O conceito foi estudado por Claude-Louis Berthollet, que afirmou que as substâncias químicas podem se juntar em diferentes proporções. A questão dependia de como definir o que era um composto. Berthollet introduziu o que hoje chamamos misturas e soluções – elas podem, de fato, se juntar numa infinidade de proporções variadas. A "verdadeira combinação" de Proust é nossa moderna definição de um composto: elementos ligados quimicamente que, diferentemente de misturas e soluções, só podem ser separados por reação química, não fisicamente. ■

A ferrugem resulta da união de ferro com oxigênio e água em proporções fixas, formando hidróxido de ferro (III). A equação dessa reação é $4Fe + 3O_2 + 6H_2O = 4Fe(OH)_3$.

Ver também: Corpúsculos 47 ▪ O oxigênio e o fim do flogisto 58-59 ▪ Conservação da massa 62-63 ▪ A teoria atômica de Dalton 80-81

A QUÍMICA SEM CATÁLISE É UMA ESPADA SEM CABO
CATÁLISE

EM CONTEXTO

FIGURA CENTRAL
Elizabeth Fulhame (ativa em 1794)

ANTES
1540 O farmacêutico alemão Valerius Cordus usa ácido sulfúrico para catalisar a conversão de álcool em éter.

1781 O farmacêutico francês Antoine Parmentier nota como o vinagre estimula a criação de açúcares em amido de batata misturado a creme de tártaro.

DEPOIS
1810 Republicado nos Estados Unidos, o livro de Fulhame encontra o respeito dos químicos.

1823 O químico alemão Johann Wolfgang Döbereiner observa como o dióxido de manganês acelera a decomposição do clorato de potássio.

1835 Jöns Jacob Berzelius cunha o termo "catálise".

Os catalisadores aceleram uma reação química diminuindo a energia exigida pela reação e são cruciais numa gama enorme de processos do dia a dia – da limpeza do escapamento de carros e fabricação de plásticos ao trabalho das enzimas (catalisadores biológicos) em organismos vivos. Eles fornecem uma rota mais fácil para a reação, chamada "via da reação", sem na verdade se envolver.

O termo catalisador foi cunhado por Jöns Jacob Berzelius em 1835, mas um dos primeiros estudos-chave foi feito meio século antes por Elizabeth Fulhame, na Escócia. Casada com um médico que estudava química com Joseph Black, Fulhame queria descobrir como tingir tecidos com ouro, prata e outros metais. Usando diversos agentes redutores, como o hidrogênio, Fulhame testou como os sais de vários metais podiam ser reduzidos a metal puro. Ela descobriu que muitas reduções que antes se supunha que requeriam calor podiam ocorrer a temperatura ambiente se houvesse água para atuar como catalisadora.

Fulhame descreveu a reação de sais de prata quando catalisados pela luz, contribuindo para entender os processos químicos que acabariam levando ao desenvolvimento da fotografia. Ela também observou o papel catalítico do oxigênio em algumas reações, questionando corretamente tanto a velha teoria do flogisto quanto a nova alternativa de Antoine Lavoisier. Em 1793, Fulhame conheceu Joseph Priestley. Ele a estimulou a publicar seu trabalho, o que ela fez no ano seguinte. ∎

Quando a combustão ocorre, um corpo, pelo menos, é oxigenado, e outro retorna [...] a seu estado combustível.
Elizabeth Fulhame

Ver também: O oxigênio e o fim do flogisto 58-59 ∎ Elementos terras-raras 64-67 ∎ Fotografia 98-99 ∎ Enzimas 162-163

A REVOL
QUÍMICA
1800-1850

UÇÃO

INTRODUÇÃO

Alessandro Volta anuncia a criação da **primeira pilha**, deflagrando a gênese da eletroquímica.

1800

Humphry Davy, um pioneiro dos primórdios da eletroquímica, **isola o potássio e o sódio** usando eletrólise. Mais tarde, isolará também o cálcio, o estrôncio, o bário, o magnésio e o boro.

1807

Friedrich Wöhler sintetiza pela primeira vez uma substância química orgânica, a **ureia**, a partir de substâncias inorgânicas.

1828

1803

Dalton publica sua **teoria atômica**, incluindo a primeira tentativa de criar símbolos para átomos e moléculas.

1813

Jöns Jacob Berzelius propõe **símbolos para os elementos** e como usá-los para representar compostos.

A fundação da química moderna, no fim do século XVIII, foi seguida de uma explosão de novos conhecimentos no século XIX. Um dos desdobramentos disso foi a abertura de novos campos de estudo na química.

Uma abreviação comum

A padronização da nomenclatura química foi acompanhada de uma revolução em como os químicos pensavam e representavam os átomos. O químico inglês John Dalton foi o primeiro a sugerir que átomos de diferentes elementos teriam massas e tamanhos diversos. Ele também afirmou que as combinações entre elementos ocorrem em proporções de números inteiros. Em 1808 Dalton já tinha criado um conjunto de símbolos químicos para elementos conhecidos na época – considerada a primeira tentativa de inventar um sistema desse tipo.

Alguns anos depois, o químico sueco Jöns Jacob Berzelius sugeriria uma notação para representar os elementos com uma ou duas letras, sistema ainda hoje em uso. Agora, além da nomenclatura comum, os químicos dispunham de abreviaturas comuns, tornando a comunicação de avanços químicos muito mais fácil – uma mudança mais que bem-vinda já que novas áreas da química estavam surgindo.

Surge a eletroquímica

A eletroquímica emergiu na virada para o século XIX, com Alessandro Volta e o anúncio da pilha voltaica, a primeira bateria. A união de química e eletricidade logo produziria avanços radicais. Menos de uma década depois, o químico inglês Humphry Davy descobriria numerosos metais novos usando eletrólise, separando compostos comuns com eletricidade para isolar os novos elementos.

Em 1813, Davy contratou o jovem Michael Faraday como assistente. Faraday acabaria se tornando o principal cientista da Real Instituição, levando adiante o trabalho de Davy com eletricidade. Na disciplina da química, Faraday formulou leis eletroquímicas que estabeleciam uma relação direta entre o tamanho de uma corrente elétrica e as massas dos produtos obtidos por eletrólise. Nesse trabalho ele também formalizou muito da terminologia da eletroquímica usada ainda hoje.

Além do vitalismo

As descobertas de Faraday em

A REVOLUÇÃO QUÍMICA

Michael Faraday desenvolve **leis eletroquímicas** que permitem cálculos quantitativos para reações eletroquímicas.

Crawford Long usa éter etílico para **anestesiar** um paciente e remover com sucesso um tumor.

1833

1842

1830

1839

1842

Berzelius cunha o termo "**isômero**" para substâncias que são criadas com combinações idênticas de elementos mas que têm propriedades diferentes.

O inventor francês **Louis Daguerre** introduz o primeiro **processo fotográfico** bem-sucedido, o daguerreótipo.

O químico francês **Jean-Baptiste Dumas** publica sua teoria dos tipos, que levaria à compreensão das substâncias orgânicas em termos de **grupos funcionais**.

---

química não se limitaram às que envolvem eletricidade. Ele criou os primeiros compostos de carbono e cloro em 1820, e foi também o primeiro a isolar e a identificar o benzeno, em 1825. Essas foram algumas das primeiras incursões na química orgânica, uma área que tinha sido classificada como distinta da química inorgânica por Berzelius em 1806.

A maioria dos químicos que trabalhavam na época aceitavam o conceito de vitalismo. Essa teoria se baseava na ideia de que as substâncias orgânicas encontradas nos seres vivos não podiam ser sintetizadas a partir de compostos não vivos (inorgânicos). Porém, em 1828, o químico alemão Friedrich Wöhler mostrou que a ureia, um composto orgânico, podia ser sintetizada a partir de dois compostos inorgânicos: amônia e ácido ciânico. Embora a real importância da síntese de Wöhler só tenha sido apreciada várias décadas depois, a descoberta é com frequência citada como marco do fim da teoria do vitalismo.

Berzelius e Wöhler, com o químico alemão Justus von Liebig, também descobriram que alguns compostos inorgânicos poderiam ter composição elementar idêntica, mas propriedades diversas – um fenômeno que chamaram de isomeria. Depois, outros químicos demonstrariam que a isomeria também podia ser observada em compostos orgânicos.

Berzelius, Wöhler e Von Liebig acabaram propondo a ideia de que os compostos orgânicos eram formados a partir de substâncias básicas que chamaram de "radicais". Esse conceito foi suplantado pela teoria dos "tipos" de moléculas orgânicas, de Jean-Baptiste Dumas, que por sua vez se desenvolveria no conceito de grupos funcionais de átomos. Esses padrões estruturais são conhecidos como "motivos": grupos de átomos que dão às moléculas suas propriedades e reações características. O poder de previsão dos grupos funcionais se tornaria uma ferramenta essencial para os químicos entenderem e antecipar a miríade de reações dos compostos orgânicos.

Em menos de meio século, a química orgânica tinha passado de uma área pouco reconhecida e distinta da química a um de seus expoentes. E, nas décadas seguintes, geraria alguns dos maiores avanços, sendo que muitos deles ainda afetam nossa vida. ∎

CADA METAL TEM CERTO PODER
A PRIMEIRA BATERIA

EM CONTEXTO

FIGURA CENTRAL
Alessandro Volta (1745-1827)

ANTES
1729 O tintureiro e pesquisador britânico Stephen Gray mostra que a carga elétrica pode ser transmitida a distância.

1745 O físico alemão Ewald Georg von Kleist e o cientista holandês Pieter van Musschenbroek inventam de modo independente garrafas de Leiden, usadas para armazenar carga elétrica.

1752 O inventor e estadista americano Benjamin Franklin prova que o raio é, na verdade, elétrico.

DEPOIS
1808 Humphry Davy inventa a eletroquímica.

1833 Michael Faraday apresenta as leis da eletrólise.

1886 O cientista alemão Carl Gassner inventa a bateria de célula seca

No fim do século XVIII, os teatros se enchiam de pessoas ansiosas para ver as centelhas, clarões e estrondos de efeitos elétricos criados por geradores de eletricidade estática gigantes ou liberados de garrafas de Leiden que armazenavam eletricidade estática entre dois eletrodos dentro e fora delas. As pessoas até se perguntavam se a eletricidade era a energia da vida – uma ideia prefigurada em *Frankenstein* (1818), da romancista britânica Mary Shelley.

A ligação entre eletricidade e vida parecia confirmada pelas observações do físico italiano Luigi Galvani em pernas desmembradas de rãs, nos anos 1780. Galvani descobriu que as pernas se contraíam não só quando os músculos eram ligados a um gerador eletrostático ou a uma superfície metálica numa tempestade, mas também ao serem penduradas para secar numa linha suspensa por um gancho de latão numa cerca de ferro. Galvani pensava que a contração se devia à "eletricidade animal" inerente a todos os músculos.

Experimentos concorrentes
A princípio, seu colega físico italiano Alessandro Volta se convenceu. Ele fazia experimentos com efeitos elétricos desde os anos 1760 e já era uma autoridade em eletricidade. Volta acreditou que Galvani provara com seus experimentos engenhosos que a eletricidade animal estava "entre as verdades demonstradas". Mas aos poucos começou a ter dúvidas e em 1792 e 1793 afirmou que a eletricidade que fazia a perna da rã se contrair vinha de uma fonte externa – o contato entre o latão e o ferro. A eletricidade podia ser

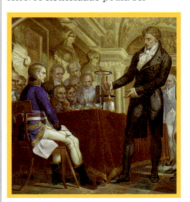

Nesta pintura, do artista italiano Gasparo Martellini, Alessandro Volta demonstra a Napoleão Bonaparte seus experimentos com a bateria elétrica.

A REVOLUÇÃO QUÍMICA

Ver também: Elementos isolados por eletricidade 76-79 ▪ Eletroquímica 92-93

> O aparato [...] que sem dúvida o espantará, é apenas a reunião de vários condutores de diferentes tipos dispostos de certo modo.
> **Alessandro Volta**

criada, ele disse, apenas com química, e viria de uma reação química entre dois metais.

Galvani não se convenceu e os dois cientistas começaram a competir com experimentos para elucidar a questão. Após a morte de Galvani, em 1798, Volta decidiu provar sua teoria, mas precisava achar um modo de tornar a carga elétrica mais detectável.

No ano seguinte, Volta empilhou discos alternados de cobre e zinco separando cada par com papelão embebido em água salgada. O resultado foi tão impressionante que bastava tocar a pilha para sentir um choque. Acrescentar mais discos aumentava a carga. Combinações de outros metais, como prata e estanho, também davam cargas diferentes.

Volta descobriu que se enrolasse um fio do topo da pilha até a base podia criar um fluxo contínuo de eletricidade e que para interrompê-lo bastava desconectar o fio. Com o fio desconectado, a pilha conservava a carga. Diversamente da garrafa de Leiden, que liberava seu depósito de eletricidade de uma vez, a pilha de Volta fornecia uma corrente elétrica contínua que podia ser ligada e desligada quando necessário. Ele tinha criado a primeira bateria, a pilha voltaica, e a anunciou ao mundo numa carta à Real Sociedade de Londres em 1800.

O impacto da pilha voltaica foi profundo. Em um ano, os químicos a tinham usado para separar água em hidrogênio e oxigênio, e em uma década o cientista britânico Humphry Davy tinha criado a eletroquímica, uma ciência

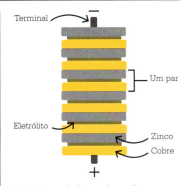

A bateria voltaica pode ser feita com vários componentes, como cobre e zinco. Os discos são empilhados em pares separados por um condutor (eletrólito).

totalmente nova. Nos trinta anos seguintes, até o químico britânico Michael Faraday e o engenheiro americano Joseph Henry descobrirem como gerar eletricidade magneticamente, a pilha voltaica foi a principal fonte de eletricidade, e ainda é a precursora de todas as baterias hoje usadas em dispositivos diversos, de celulares a veículos elétricos. ■

Alessandro Volta

Nascido em Como, na Itália, em 1745, Alessandro Volta era fascinado por eletricidade quando adolescente. Escreveu seu primeiro artigo sobre o tema em 1768, e em 1776 descobriu o metano (gás natural). Seus experimentos mostraram que é possível inflamar gases numa câmara com uma faísca elétrica, e ele inventou uma arma elétrica chamada pistola voltaica. Ficou famoso em toda a Europa por seus trabalhos com eletricidade. Em 1779, tornou-se professor de física da Universidade de Pavia, cargo que manteve por 40 anos. Aperfeiçoou e popularizou o eletróforo – aparelho que produzia eletricidade estática, inventado pelo físico sueco Johan Wilcke. Mas Volta é mais conhecido pela descoberta de que a eletricidade pode ser criada quimicamente e pela invenção da bateria. Napoleão o tornou conde, por seu trabalho. Mais de 50 anos após sua morte, em 1827, o volt, a unidade de força eletromotriz, foi nomeado em sua homenagem.

Obra principal

1769 "Sobre a força atrativa do fogo elétrico"

FORÇAS ATRATIVAS E REPULSIVAS SUSPENDEM A AFINIDADE ELETIVA

ELEMENTOS ISOLADOS POR ELETRICIDADE

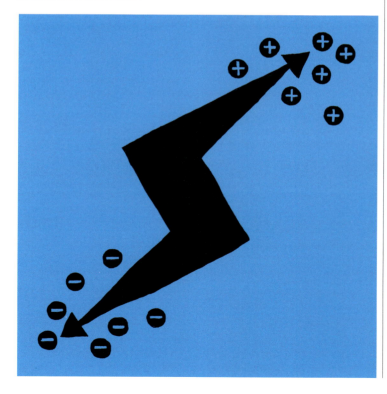

EM CONTEXTO

FIGURA CENTRAL
Humphry Davy (1778-1829)

ANTES
Anos 1770 Antoine Lavoisier propõe que o oxigênio em compostos causa acidez.

1791 Luigi Galvani publica sua ideia de "eletricidade animal".

1800 Alessandro Volta cria a primeira bateria, a pilha voltaica.

DEPOIS
1832 Michael Faraday propõe as duas leis da eletroquímica.

1839 O físico britânico William Grove cria a primeira célula de combustível, combinando hidrogênio e oxigênio para produzir água e eletricidade.

1866 O engenheiro francês George Leclanché inventa a célula úmida, precursora da bateria de zinco-carbono.

A criação da pilha voltaica, a primeira bateria do mundo, pelo físico italiano Alessandro Volta em 1800 teve profundo efeito sobre a ciência, e forneceu pela primeira vez aos cientistas uma corrente elétrica controlada para experimentos. Ela também revelou a ligação fundamental entre eletricidade e reações químicas, inaugurando um ramo totalmente novo da ciência, a eletroquímica.

Poucas semanas após o anúncio da pilha voltaica, o químico britânico William Nicholson fez a pergunta óbvia: se uma reação química pode criar eletricidade, esta poderia produzir uma reação química? Em 2

A REVOLUÇÃO QUÍMICA

Ver também: Metais extraídos de minérios 24-25 ▪ O oxigênio e o fim do flogisto 58-59 ▪ Conservação da massa 62-63 ▪ Elementos terras-raras 64-67 ▪ A primeira bateria 74-75 ▪ Eletroquímica 92-93

Nicholson e Carlisle demonstraram que quando uma corrente passa pela água produz gás oxigênio e gás hidrogênio. Hoje sabemos que isso ocorre porque as moléculas de água são compostas de íons hidroxilas de carga negativa (OH-) e íons de hidrogênio de carga positiva (H+).

Cátodo
Ânodo
O oxigênio se acumula num eletrodo
O hidrogênio se acumula no outro eletrodo
Água com sal solúvel

A bateria voltaica foi o alarme para os pesquisadores de todas as partes da Europa.
Humphry Davy

de maio de 1800, ele e o cirurgião Anthony Carlisle provaram que sim – de forma impressionante. Eles introduziram conexões de uma pilha voltaica em água. Bolhas apareceram de imediato nos eletrodos (terminais elétricos) conforme a água se separava em hidrogênio e oxigênio. Esse foi o primeiro exemplo real de eletrólise, a separação de substâncias químicas por eletricidade.

Meses apenas após o feito de Nicholson e Carlisle, o físico alemão Johann Ritter obteve de modo independente o mesmo resultado, mas dispôs os eletrodos separados para poder coletar e medir com precisão o hidrogênio e o oxigênio liberados. Pouco depois, Ritter descobriu que podia usar eletricidade para formar uma capa de metal dissolvido sobre o cobre. Essa técnica de revestimento metálico logo se tornou um processo industrial de enorme importância.

Voltagem crescente
Por volta de 1800, o químico britânico William Cruickshank criou a "bateria de calha", com cinquenta pares de cobre-zinco dispostos numa fileira de células embebidas em sal ou ácido diluído. Essa bateria era bem mais poderosa que a de Volta e se tornou a fonte padrão de eletricidade. É provável que os químicos britânicos William Hyde Wollaston e Smithson Tennant tenham feito alguns de seus experimentos eletroquímicos revolucionários com uma dessas baterias.

Os dois descobriram nada menos que quatro elementos novos quando buscavam um modo de purificar metal platina a partir de minério de platina usando eletrólise. Tennant

trabalhou com o resíduo preto deixado quando o minério de platina é tratado com *aqua regia* ("água real", uma mistura de ácido hidroclorídrico e nítrico) e descobriu os metais irídio e ósmio. Wollaston trabalhou com a porção solúvel e descobriu os elementos paládio e ródio. Todos os quatro ocorrem na natureza em pequenas quantidades em minério de platina, mas ainda eram desconhecidos. Wollaston também conseguiu purificar platina por eletrólise – a primeira vez que ela foi refinada em base comercial, tornando-se depois muito procurada para joalheria.

Superastro da ciência
Outro cientista a fazer experimentos com eletrólise foi o químico britânico Humphry Davy. Antes dos 30 anos, Davy já era famoso pelas empolgantes demonstrações científicas. Mas ele também era um engenhoso experimentador prático. Davy se perguntava se as ligações entre as substâncias químicas podiam ser quebradas com mais eficácia por uma corrente mais »

Esta gravura da época mostra um cientista, que se acredita ser Humphry Davy, fazendo demonstrações químicas no Instituto Surrey, em Londres, em 1809.

ELEMENTOS ISOLADOS POR ELETRICIDADE

Humphry Davy

Nascido em Penzance, na Cornualha, em 1778, Humphry Davy estudou ciências e fez pesquisas no Instituto Atmosférico de Bristol. Ele ganhou reputação ao publicar os resultados de seus experimentos com óxido nitroso (gás hilariante), em 1800. Em 1801, foi contratado pela nova Real Instituição de Londres para dar palestras públicas sobre ciências.

Muitos consideram Davy o pai da eletroquímica devido a suas descobertas revolucionárias com eletrólise, em 1806-1807. Apesar de não tê-los descoberto, Davy foi o primeiro a perceber que o cloro e o iodo eram elementos e não compostos. Em 1815, com a ajuda de Michael Faraday, criou uma lâmpada de segurança para mineiros de carvão que mantinha a chama isolada dos gases inflamáveis do subsolo. Davy morreu na Suíça, em 1829.

Obras principais

1800 *Pesquisas químicas e filosóficas*
1807 "Sobre algumas atividades químicas da eletricidade"
1810 "Esboço histórico sobre a descoberta elétrica"

forte. Em 1806, instalou uma sequência de grandes baterias de calha no porão da Real Instituição, em Londres, ligando-as em série para criar uma corrente poderosa. Com isso, conseguia manter a eletrólise ativa por dez minutos ou mais.

Davy explorou a potassa (K_2CO_3) com cinzas coletadas de madeira queimada. Alguns cientistas suspeitavam ser um composto, mas nunca haviam conseguido separá-lo. Primeiro ele tentou eletrolisar a potassa em água, mas só conseguiu decompor a água em hidrogênio e oxigênio. Experimentou então eletrolisar potassa seca e não obteve nada. Por fim, tentou com a potassa levemente úmida para conduzir corrente elétrica. O efeito foi surpreendente. Para grande espanto de Davy, um glóbulo brilhante de metal derretido eclodiu pela crosta da potassa e se incendiou. Ele tinha descoberto um elemento metálico totalmente novo, o potássio. No dia seguinte, Davy repetiu o experimento com hidróxido de sódio (soda cáustica, NaOH), outra substância aparentemente indivisível. De novo, descobriu um novo elemento metálico, o sódio. Esses dois novos metais eram diferentes de qualquer outro anterior. Ambos eram tão moles que podiam ser cortados com uma faca, e tão ávidos por se recombinar com oxigênio que chiavam e explodiam em contato com água. A demonstração disso em suas palestras fez de Davy um superastro da ciência, e a eletrólise se tornou a sensação científica da época.

Mais elementos

Em 1808, Davy refez seu experimento com várias terras alcalinas suspeitas de conter elementos metálicos. Desta vez, descobriu mais quatro novos elementos metálicos: magnésio, cálcio, estrôncio e bário. Ao separar as terras alcalinas, Davy percebeu que todas são óxidos de metais, combinações dos novos elementos

---

Substâncias como **a potassa e a soda cáustica** contêm **elementos**.

↓

Esses **elementos** talvez estejam **ligados** por **força elétrica**.

↓

A aplicação de uma **corrente elétrica** forte, usando água como condutor, **quebra as ligações**.

↓

A corrente divide a substância, revelando os elementos de que é feita.

A REVOLUÇÃO QUÍMICA

O sódio reage explosivamente com água, produzindo uma chama amarela brilhante. Sua oxidação libera gás hidrogênio tão rápido que fragmentos de sódio parecem "dançar" na superfície.

metálicos com óxidos. Se as terras alcalinas continham oxigênio, como poderia o oxigênio ser a causa da acidez, como Antoine Lavoisier afirmara? Davy descobriu então que o ácido que Lavoisier batizara como ácido muriático – o que hoje chamamos de ácido hidroclorídrico (HCl) – não contém oxigênio, mas apenas hidrogênio e cloro. E logo se confirmou que é o hidrogênio, e não o oxigênio, que cria acidez.

Com a descoberta de seis elementos metálicos por Davy, além dos descobertos por Wollaston e Tennant (dois cada um), o total de novos elementos revelados em poucos anos era agora de dez. Davy acrescentou mais dois ao mostrar que o iodo e o cloro, que antes se pensava serem compostos, eram na verdade elementos. Conforme outros cientistas se juntaram à caça eletrolítica, mais elementos foram adicionados à conta, entre eles alumínio, boro, lítio e silício. Na época, os químicos pensavam que certos elementos se combinam a outros porque são aproximados por uma atração química específica, ou "afinidade". Os experimentos de Davy o levaram a crer que essa afinidade é elétrica. Como a corrente elétrica suplanta a força normal que une os elementos em compostos, ele afirmou, a força que os liga deve ser também elétrica, uma ideia que com o tempo traria bons resultados.

Porém, após os sucessos iniciais, Davy abandonou a pesquisa, deixando a seu jovem assistente Michael Faraday a continuação de seu trabalho. Em 1832, Faraday descobriu que a força elétrica não atuava a distância para separar substâncias, como uma onda de choque de passagem, como se pensava. Na verdade, é a passagem da eletricidade através do próprio meio condutor líquido que quebra as moléculas. Faraday também descobriu que a quantidade de decomposição depende exatamente da força da corrente elétrica. Isso o levou a desenvolver uma teoria da eletroquímica totalmente nova, que buscava explicar como a eletricidade interage com as forças que mantêm as moléculas inteiras.

Faraday elaborou duas leis: a quantidade de uma substância depositada em cada eletrodo de uma célula eletrolítica é diretamente proporcional à de eletricidade que passa pela célula; e as quantidades de diferentes elementos depositadas por uma dada quantidade de eletricidade estão em proporção com seus pesos químicos equivalentes. O cientista francês Antoine-César Becquerel logo confirmou as leis de Faraday e também descobriu como extrair metais de minérios de sulfeto usando eletrólise.

O potencial da eletrólise

Em 1840, a eletroquímica já havia conquistado um lugar central na pesquisa científica. Ela logo se tornou uma ferramenta crucial em muitos processos industriais, separando metais e outras substâncias em enorme escala. Hoje, a eletrólise permite extrair alumínio, sódio, potássio, magnésio, cálcio e outros metais de minérios. Espera-se que um dia a eletrólise da água movida a energia solar produza hidrogênio para células de combustível automotivas – mas, no presente, o "hidrogênio azul" é um subproduto dos combustíveis fósseis. ∎

Sódio e potássio

Embora o sódio e o potássio sejam metais muito importantes, foram necessários os impressionantes experimentos de Humphry Davy para revelar sua existência, porque sua forma pura é rara na natureza. O sódio, por exemplo, ocorre em abundância em combinação com cloro, como o sal comum (cloreto de sódio, NaCl) – há 5 quatrilhões de toneladas dele dissolvidos nos oceanos. Já o potássio é um componente de vários minerais.

O sódio e o potássio têm um papel central no funcionamento saudável do corpo dos animais, entre eles os humanos. Eles são eletrólitos, o que quer dizer que carregam uma pequena carga elétrica, que lhes permite ativar várias funções celulares e nervosas. Ambos estão envolvidos na manutenção do equilíbrio saudável de fluidos no corpo, o potássio dentro das células e o sódio no fluido extracelular. O corpo não pode sobreviver sem que os dois estejam em equilíbrio.

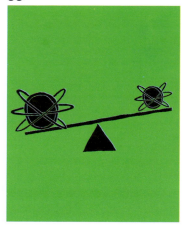

O PESO RELATIVO DAS PARTÍCULAS ÚLTIMAS
A TEORIA ATÔMICA DE DALTON

EM CONTEXTO

FIGURA CENTRAL
John Dalton (1766-1844)

ANTES
c. 420 a.C. O pensador grego Demócrito propõe que a matéria é formada por partículas minúsculas, ou átomos, com espaço vazio entre elas.

1630 Jan Baptista van Helmont propõe que o ar é uma mistura de gases.

1789 Antoine Lavoisier cria a primeira lista de elementos químicos.

DEPOIS
1897 O físico britânico J. J. Thomson descobre a existência do elétron.

1911 O físico neozelandês Ernest Rutherford descobre o núcleo atômico.

1913 Niels Bohr cria o modelo planetário do átomo.

1926 Erwin Schrödinger propõe a teoria do átomo como nuvem.

Um grande avanço da ciência moderna foi a elaboração da teoria dos átomos e elementos pelo químico britânico John Dalton no início do século XIX. A ideia de átomos não era nova. Na Grécia Antiga, Demócrito afirmou que a matéria é feita de partículas minúsculas separadas por espaço vazio, e cunhou o termo "átomo", do grego "indivisível". A maioria das pessoas, porém, não conseguia imaginar como o ar ou a água poderiam ser cortados assim, e a visão concorrente de Aristóteles de que a matéria é contínua e feita de só quatro elementos básicos – terra, água, ar e fogo – prevaleceu por mais de 2 mil anos.

Aristóteles contestado
Alguns estudiosos islâmicos medievais questionavam a opinião de Aristóteles havia muito. Em 1661, o cientista irlandês Robert Boyle aventou a existência de outros tipos de "elementos químicos" com características únicas e até que a matéria poderia ser feita de átomos. Então, no século XVIII, os químicos Antoine Lavoisier e Joseph Priestley desbancaram a hipótese de Aristóteles mostrando que o ar e a água são combinações de várias substâncias.

Ninguém tinha definido com clareza o que os elementos são, nem os associara a átomos. Considerava-se que, se a matéria era feita de átomos, eles deviam ser todos iguais. O grande *insight* de John Dalton foi perceber que os átomos podiam ser diferentes para cada um dos gases do ar e usar essa ideia como ponto de partida de uma teoria atômica geral dos elementos – a ideia globalmente correta de que todos os átomos de um elemento são idênticos, mas diferentes dos de todos os outros elementos.

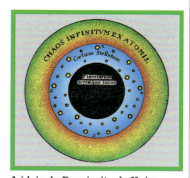

A ideia de Demócrito do Universo colocava a Terra e os planetas no centro. Eles eram cercados pelos céus estrelados e um anel externo chamado "caos infinito de átomos".

A REVOLUÇÃO QUÍMICA

Ver também: Gases 46 ▪ O oxigênio e o fim do flogisto 58-59 ▪ Conservação da massa 62-63 ▪ A lei dos gases ideais 94-97 ▪ O mol 160-161 ▪ O elétron 164-165 ▪ Modelos atômicos aperfeiçoados 216-221

A matéria, embora divisível em grau extremo, não é infinitamente divisível.
John Dalton

Todos os elementos são feitos de **partículas minúsculas chamadas átomos**.

Os **átomos** de cada elemento são **similares**: átomos de elementos diferentes são **diferentes**.

Os átomos não são criados nem destruídos por mudança química.

As **mudanças químicas** ocorrem quando **átomos** diferentes **se unem ou se separam**.

Os primeiros artigos de Dalton a delinear sua teoria atômica tratavam de estudos sobre como a pressão do ar afeta a quantidade de água que ele pode absorver. Em seus experimentos, ele observou que o oxigênio puro não absorve tanto vapor de água quanto o nitrogênio puro – e ele saltou para a conclusão intuitiva de que isso ocorria porque os átomos de oxigênio são maiores e mais pesados que os de nitrogênio.

Proporções múltiplas
Num artigo lido na Sociedade Literária e Filosófica de Manchester em 21 de outubro de 1803 (publicado em 1806), Dalton contou como chegou a pesos diferentes para as unidades básicas de cada gás elementar – ou seja, o peso de seus átomos, ou peso atômico. Ele afirmou que os átomos de cada elemento se combinavam em compostos em proporções simples de números inteiros. Assim, o peso relativo de cada átomo podia ser deduzido do peso de cada elemento num composto. Essa ideia depois foi chamada de lei das proporções múltiplas. Dalton percebeu que o hidrogênio é o gás mais leve, então atribuiu a ele o peso atômico 1.

Devido ao peso do oxigênio que se combina com o hidrogênio na água, ele deu ao oxigênio o peso atômico 7. Essa era uma pequena falha no método de Dalton, porque ele não percebeu que os átomos do mesmo elemento podem se combinar. Ele supôs de modo errado que um composto feito de átomos – uma molécula – só tinha um átomo de cada elemento. Isso faria da água HO, não H_2O. Mas a ideia básica da sua teoria atômica – cada elemento tem seus próprios átomos de medida única – se provou verdadeira e está na base da química moderna. ∎

John Dalton

Nascido numa família quaker de Lake District, no Reino Unido, em 1766, John Dalton teve um parente como tutor e começou a ensinar ciências numa escola quaker aos 12 anos. Lá ele conheceu o filósofo cego John Gough, que o inspirou a observar o tempo. Dalton lançou as bases da meteorologia moderna. Identificou também a natureza hereditária da cegueira para cores (hoje chamada daltonismo), uma anomalia da qual ele e seu irmão sofriam. Dalton foi eleito presidente da Sociedade Literária e Filosófica de Manchester em 1817, posto que manteve pelo resto da vida. A teoria atômica de Dalton o tornou famoso, mas não rico. Ele se recusou a participar da Real Sociedade em 1810, talvez por não poder arcar com os custos, mas 12 anos depois a instituição angariou fundos para que fosse eleito. Ele morreu em 1844.

Obras principais

1794 *Fatos extraordinários relativos à visão das cores*
1806 "Sobre a absorção de gases por água e outros líquidos"
1808 *Um novo sistema de filosofia química*

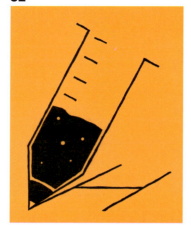

OS SÍMBOLOS QUÍMICOS DEVIAM SER LETRAS
NOTAÇÃO QUÍMICA

EM CONTEXTO

FIGURA CENTRAL
Jöns Jacob Berzelius
(1779-1848)

ANTES
1775 O químico sueco Torbern Bergman constrói uma tabela de símbolos para substâncias alquímicas com "afinidades eletivas".

1789 Antoine Lavoisier apresenta a primeira lista científica de elementos.

1808 Com sua teoria atômica, John Dalton introduz um novo conjunto de símbolos-padrão para os elementos químicos.

DEPOIS
1869 O químico russo Dmitri Mendeleiev apresenta a tabela periódica, com 63 elementos arranjados em grupos e períodos.

1913 O físico britânico Henry Moseley revisa a tabela periódica para seguir a ordem do número atômico em vez da massa.

O sistema familiar de notação que usamos hoje para elementos químicos e compostos – como H_2O para água ou HCl para ácido hidroclorídrico – foi criado pelo químico sueco Jöns Jacob Berzelius em 1813. Antes, os alquimistas tinham atribuído símbolos a diferentes substâncias, mas eles não eram usados de modo consistente e, quando a química científica se desenvolveu, no século XVIII, começou-se a pensar em novas representações. Em 1789, Antoine Lavoisier apresentou a primeira tabela química científica, listando 33 "substâncias simples" – elementos que ele dividiu em gases, metais, não metais e terras (que depois se revelaram compostos).

Adotarei, assim, para os sinais químicos, a letra inicial do nome latino de cada substância elementar.
Jöns Jacob Berzelius

Após cinco anos, outro químico francês, Joseph Proust, determinou que os compostos quase sempre se combinam em proporções fixas por peso. Logo depois, John Dalton desenvolveu sua teoria atômica dos elementos, que introduziu tanto a ideia de pesos particulares para os átomos de cada elemento quanto a lei das proporções múltiplas. Segundo esta, quando um elemento se combina com outro de diferentes modos, a proporção de seus pesos é sempre simples, tal como 1:1, 2:1 ou 3:1. Dalton criou um conjunto totalmente novo de símbolos para os elementos, mostrando de modo visual como se combinavam em compostos.

Uma abordagem sistemática

Em parte estimulado pelo trabalho de Dalton, em 1810 Berzelius começou a fazer uma série de experimentos para determinar o peso exato de cada composto de elementos. Nos seis anos seguintes, ele analisou mais de 2 mil compostos e produziu a tabela mais precisa de pesos atômicos até hoje. Seu trabalho foi uma poderosa evidência da teoria de Dalton.

Conforme trabalhava, Berzelius

A REVOLUÇÃO QUÍMICA

Ver também: Conservação da massa 62-63 ▪ Elementos terras-raras 64-67 ▪ Proporções dos compostos 68 ▪ Catálise 69 ▪ A teoria atômica de Dalton 80-81 ▪ A tabela periódica 130-137 ▪ Os gases nobres 154-159

percebeu que o conjunto de símbolos químicos existente era uma confusão, então em 1813 publicou seu próprio sistema. Primeiro, ele propôs usar nomes latinos para os elementos – como o botânico sueco Lineu (Carl Linnaeus) tinha feito com organismos vivos 80 anos antes –, para garantir uniformidade internacional. Depois decidiu substituir os círculos e setas difíceis de desenhar que Dalton usara por letras.

Letras, não símbolos

Berzelius sugeriu usar a primeira letra do nome latino como símbolo de cada elemento – por exemplo, carbono (*carbo*, em latim) seria C e oxigênio (*oxygenium*, em latim) seria O. Quando metais começavam pela mesma letra, como ouro (*aurum*) e prata (*argentum*), ele acrescentava a segunda letra, então ouro seria Au (as duas primeiras letras do nome latino) e prata Ag (para evitar o conflito com arsênio, cujo nome latino *arsenicum* tem as mesmas duas primeiras letras). Esse sistema hoje se estende aos não metais.

Símbolos químicos

Óxido sulfuroso (dióxido de enxofre)

Estilo de símbolos de Dalton

SO^2

Sugestão de Berzelius

SO_2

Uso moderno de símbolos

Para compostos, o símbolo seria as letras dos elementos envolvidos, então óxido de cobre seria CuO. A engenhosa parte final do sistema envolvia acrescentar pequenos números para denotar as proporções de peso dos diferentes elementos no composto, então o dióxido de carbono seria CO_2, mostrando que tem uma parte de carbono (por peso) e duas partes de oxigênio. Berzelius usou sobrescritos para os números (como CO^2), mas hoje eles são sempre subscritos. A adoção do sistema levou tempo, e ele foi desenvolvido e ampliado, mas sua simplicidade e eficácia lhe asseguraram um lugar central na química. ∎

Laboratório no Instituto Karolinska, em Estocolmo, onde Berzelius, considerado um dos fundadores da química moderna, realizou grande parte de sua pesquisa.

Jöns Jacob Berzelius

Nascido em Linköping, na Suécia, em 1779, Jöns Jacob Berzelius começou a estudar medicina na Universidade de Uppsala, mas logo desenvolveu um forte interesse por química experimental e mineralogia. Ele se revelou o maior químico experimental de sua época, criando a primeira tabela precisa de pesos atômicos e definindo o sistema de notação química usado ainda hoje.

Berzelius também desenvolveu uma teoria da atração elétrica entre átomos, descobriu os elementos cério (em 1803) e selênio (em 1817) e isolou o silício e o tório pela primeira vez (1824). Em 1835, propôs o termo catálise e descreveu esse fenômeno. Publicou mais de 250 artigos, cobrindo cada aspecto da química e influenciando muitos químicos posteriores. Morreu em 1848.

Obra principal

1813 "Ensaio sobre a causa das proporções químicas e algumas circunstâncias relacionadas – Com um pequeno e fácil método para expressá-las"

O MESMO, MAS DIFERENTE
ISOMERIA

EM CONTEXTO

FIGURA CENTRAL
Justus von Liebig (1803-1873)

ANTES
1805 Joseph Gay-Lussac afirma que os pesos atômicos em compostos são revelados pelos volumes de gás.

1808 John Dalton apresenta sua teoria atômica.

DEPOIS
1849 O químico francês Louis Pasteur descobre os estereoisômeros.

1874 Jacobus van 't Hoff e o químico francês Joseph Le Bel explicam os estereoisômeros.

1922 Os cientistas britânicos James Kenner e George Hallatt Christie descobrem os atropisômeros.

2018 A equipe liderada pelos químicos australianos Jeffrey Reimers e Maxwell Crossley descobre os acamptisômeros.

Conforme se familiarizavam com os compostos químicos, na primeira metade do século XIX, os químicos consideraram que suas propriedades dependiam totalmente da combinação de elementos envolvida. Assim, se um só átomo de sódio se unia a um só átomo de cloro, formando cloreto de sódio (NaCl), por exemplo, este teria sempre o mesmo caráter.

Nos anos 1820, porém, o químico sueco Jöns Jacob Berzelius e seus pupilos alemães Justus von Liebig e Friedrich Wöhler descobriram os isômeros – compostos feitos de combinações idênticas de elementos, mas com

A REVOLUÇÃO QUÍMICA

Ver também: Proporções dos compostos 68 ▪ A teoria atômica de Dalton 80-81 ▪ Estereoisomeria 140-143

> Duas **substâncias químicas formadas de modos diferentes** podem parecer ser compostas dos **mesmos elementos nas mesmas proporções**.

> Elas **parecem idênticas quimicamente**, mas têm propriedades diferentes – por exemplo, **uma pode ser explosiva** e a outra não.

> A **análise química** mostra que devem ser **isômeros** – ou seja, substâncias químicas com composição idêntica, mas **propriedades diferentes**.

↓

> **As diferenças podem surgir porque os mesmos átomos estão arranjados de modo diverso, criando "isômeros estruturais".**

Justus von Liebig

Nascido em 1803, em Darmstadt, na Alemanha, Justus von Liebig ficou fascinado com a química porque seu pai tinha uma loja de corantes, drogas e outras substâncias. Após estudar na Alemanha e em Paris foi nomeado professor da Universidade de Giessen, em seu país. Além do trabalho com isomeria, Liebig desenvolveu em suas aulas uma abordagem voltada ao laboratório, o que se tornaria o modelo de ensino da química prática. Ele aperfeiçoou também a instrumentação analítica, inventando o *Kaliapparat*. Liebig lançou as bases da ciência agrícola e nutricional e criou o primeiro fertilizante baseado em nitrogênio. Morreu em 1873, em Munique, Alemanha.

Obras principais

1832 *Annalen der Chemie* (periódico fundado por Liebig)
1840 *Química orgânica em sua aplicação à agricultura e à fisiologia*
1842 *Química animal; ou Química orgânica em suas aplicações à fisiologia e à patologia*

---

propriedades diferentes. Logo se verificou que os isômeros tinham um papel crucial no mundo vivo, com seu impressionante conjunto de substâncias baseadas em carbono e só uns poucos outros elementos. O trabalho de Von Liebig e Wöhler lançaria as bases do campo da química orgânica.

Formas de cristal

Em 1819 surgiram pistas importantes sobre a constituição dos compostos quando o químico alemão Eilhard Mitscherlich estudava as formas dos cristais.

Mitscherlich descobriu que compostos diferentes podem ter cristais de formatos idênticos, um fenômeno chamado isomorfismo. Eles só poderiam ser assim se seus átomos se unissem do mesmo modo. Portanto, a forma com que os átomos se juntam deve ter um papel na química dos compostos. Atravessando com luz os cristais num telescópio e girando-os, Mitscherlich revelou com muita precisão os ângulos de suas faces.

A jornada para a descoberta dos isômeros só começou poucos anos depois, quando Liebig era um jovem e ambicioso estudante em Paris aprendendo as últimas técnicas de análise orgânica com o eminente químico francês Joseph Gay-Lussac.

Liebig era fascinado desde a infância pela característica »

explosiva abrupta de alguns derivativos de ácido fulmínico (HCNO) e queria descobrir exatamente o que havia neles. Ele se tornou um dos maiores analistas químicos da época, e sua pesquisa sobre o fulminato de prata foi um sucesso desde o início. Ele demonstrou que ele era um composto de prata com carbono, nitrogênio e oxigênio – em outras palavras, um sal de prata do ácido fulmínico. Liebig acabou publicando seus resultados com Gay-Lussac em 1824, obtendo considerável aclamação.

Ao mesmo tempo, Wöhler, em Estocolmo, aprendia análise química com Berzelius. Enquanto trabalhava no laboratório de Berzelius, Wöhler analisou um composto de prata, o cianato de prata, concluindo que era o sal de prata de um ácido até então desconhecido, o ácido ciânico. Sua análise mostrou que era um composto de prata com carbono, nitrogênio e oxigênio – como o

Os fogos de artifício às vezes contêm fulminato de prata, que só pode ser preparado em pequenas quantidades, pois mesmo o peso de seus próprios cristais pode causar autodetonação.

O cianato de prata e o fulminato de prata
têm ambos um só átomo de prata combinado a um só átomo de carbono, de nitrogênio e de oxigênio. A chave para a diferença entre eles é o arranjo desses átomos.

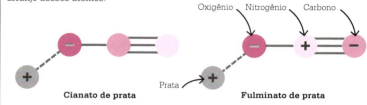

fulminato de prata de Liebig – e as quantidades envolvidas eram idênticas. Porém, enquanto o fulminato de prata de Liebig era altamente explosivo, o cianato de prata de Wöhler não era.

Quando soube dos resultados de Wöhler, Liebig supôs que a análise dele estaria errada. Wöhler mandou então a Liebig algumas amostras de cianato de prata para análise, e a investigação de Liebig confirmou os resultados de Wöhler.

Liebig e Wöhler – que acabariam amigos – tinham mostrado que dois compostos com a mesma constituição podiam ter propriedades diferentes, mas faltava saber por quê. Para eles aquilo não fazia sentido, já que se pensava que as propriedades dependiam apenas da composição. Gay-Lussac se perguntou se os componentes poderiam se organizar de modo diferente, mas ninguém tinha uma resposta ainda.

Composições idênticas
Outros casos similares começaram a surgir. Em 1825, Michael Faraday analisou um gás produzido por óleo de baleia e descobriu que tinha a mesma composição de gás proveniente de pântanos (hoje chamado etileno) – mas o gás do óleo de baleia era muito mais leve. No mesmo ano, Berzelius descobriu dois ácidos fosfóricos diferentes com a mesma composição.

A REVOLUÇÃO QUÍMICA

Em 1828, Wöhler, que então lecionava em Berlim, concluiu sua revolucionária síntese do cianato de amônio (NH_4OCN). A análise mostrou que ele tem composição idêntica a da ureia, a substância orgânica produzida na urina, mas propriedades muito diferentes.

Enquanto Wöhler fazia cianato de amônio, Gay-Lussac mostrou que um ácido recém-descoberto que ele chamara de ácido racêmico tinha a mesma composição elementar do ácido tartárico. O ácido tartárico ocorre na natureza em muitas frutas, e sabemos hoje que tem a fórmula $C_4H_6O_6$. O ácido racêmico aparece naturalmente em uvas e, embora seja feito da mesma combinação de elementos, tem propriedades diversas.

Experimentos com sais

Dois anos depois, Berzelius fez experimentos com sais de chumbo desses dois ácidos e descreveu-os num artigo com o longo título "Sobre a composição do ácido tartárico e do ácido racêmico (o ácido de John das montanhas dos Vosges), sobre o peso atômico do óxido de chumbo, com observações gerais sobre as substâncias que têm a mesma

> Os dois ácidos [fulmínico e ciânico] têm a mesma composição elemental.
> **Jacob Berzelius**
> (1830)

composição e propriedades diferentes". Após brincar com outras palavras possíveis, como "homossintéticos", Berzelius cunhou o termo "isômeros" para designar substâncias criadas a partir da mesma proporção exata de átomos, mas com propriedades diferentes.

Em seu livro *The history of chemistry* (1830), Thomas Thomson respondeu ao trabalho de Berzelius propondo que os átomos estavam apenas dispostos em ordens diferentes em cada isômero. Assim, por exemplo, no ácido ciânico de Wöhler, ela poderia ser H-OCN, e no ácido fulmínico de Liebig, H-CNO. Em isômeros mais complexos, como etanol e dimetil éter, ambos têm a mesma fórmula básica C_2H_6O, mas os átomos em cada um estão ligados numa ordem diferente. A fórmula poderia ser escrita como CH_3CH_2OH para o etanol e CH_3OCH_3 para o dimetil éter.

Esse conceito de átomos ligados em ordens bidimensionais diversas se chamaria isomeria estrutural. Isso abriu os olhos dos químicos para a complexidade dos modos com que os elementos se combinam para formar uma vasta gama de substâncias – o que era importante, em especial na química orgânica. A variedade de materiais nos seres vivos não exigia mais elementos exclusivos da vida; eles todos poderiam ser os múltiplos isômeros de combinações elementares – como aqueles no mundo não vivo.

Sabemos hoje que isômeros estruturais bidimensionais são raros; a variedade vertiginosa vem dos arranjos tridimensionais de átomos (estereoisômeros), como se descobriu em 1849. Mas, com o conceito de isômeros, começou-se a entender como um número limitado de elementos podia se combinar para formar cada uma da quase infinita gama de substâncias que constituem o Universo. ∎

O aparato de cinco bulbos de Liebig

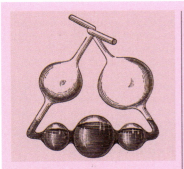

O *Kaliapparat* de Liebig era um método aperfeiçoado para determinar o conteúdo de carbono, hidrogênio e oxigênio em substâncias orgânicas.

Em 1830, Liebig desenvolveu um dispositivo triangular de vidro com cinco bulbos de tamanhos diversos que ele chamou de *Kaliapparat*. Esse aparato pequeno e simples foi um marco na química orgânica e proporcionou o primeiro modo preciso de quantificar os níveis de carbono numa substância. Os gases emitidos em uma combustão passam primeiro por cloreto de cálcio para absorver o vapor de água, removendo H_2O, e depois são inseridos no *Kaliapparat*, onde os três bulbos inferiores, com uma solução de hidróxido de potássio, absorvem o dióxido de carbono (CO_2). A diferença de peso antes e depois da combustão revela a quantidade de CO_2 produzida e, assim, o conteúdo de carbono da substância original. As duas bolhas superiores interrompem os vazamentos de gás e impedem que a solução borbulhe para fora. Liebig também popularizou o uso de um sistema de resfriamento de água para destilação que ainda é chamado de condensador de Liebig.

POSSO FAZER UREIA SEM RINS
A SÍNTESE DA UREIA

EM CONTEXTO

FIGURA CENTRAL
Friedrich Wöhler (1800-1882)

ANTES
1770 O químico sueco Torbern Bergman identifica a diferença entre química orgânica e inorgânica.

1806 O primeiro aminoácido conhecido é isolado pelos químicos franceses Louis-Nicolas Vauquelin e Jean Robiquet.

DEPOIS
1865 August Kekulé descobre a estrutura em anel do benzeno.

1874 Os químicos Jacobus van 't Hoff (holandês) e Joseph Le Bel (francês) explicam de modo independente os estereoisômeros.

1899 A empresa alemã Bayer produz aspirina – a primeira droga sintética.

1922 Francis Aston inventa o espectrômetro de massa, um instrumento para análise de substâncias orgânicas.

A **reação** de **amônia** e **ácido ciânico** produz **cristais brancos**.

Esses **cristais brancos** reagem com o **ácido nítrico**, resultando em flocos brilhantes, exatamente como a **ureia orgânica** faz.

A reação de amônia e ácido ciânico sintetiza ureia.

O produto **desse composto** tem precisamente a **mesma composição que a ureia**.

Até o início do século XIX acreditava-se que as substâncias orgânicas feitas por organismos vivos, como sucos e corantes, tinham algo de especial ligado ao mistério da vida, que tornava impossível sintetizá-las (criá-las a partir de substâncias inorgânicas). Essa ideia é chamada vitalismo. Mas em 1828 o químico alemão Friedrich Wöhler tornou-se a primeira pessoa a sintetizar uma dessas substâncias – a ureia.

Na primeira década do século XIX, os químicos já entendiam que todas as substâncias são feitas de elementos ou produtos químicos básicos reunidos em diferentes combinações, formando compostos. Também desenvolveram técnicas analíticas para descobrir as combinações de elementos que faziam os compostos e a proporção dos átomos envolvidos. Eles tinham mostrado que as substâncias orgânicas eram em grande parte feitas de carbono, hidrogênio, oxigênio e nitrogênio – combinações diferentes desses poucos elementos criavam uma variedade inacreditável de substâncias.

A análise da ureia

A ureia foi uma das primeiras substâncias químicas a ser totalmente analisada. Ela é produzida no corpo de todos os animais para capturar aminoácidos

Ver também: Isomeria 84-87 ▪ Ácido sulfúrico 90-91 ▪ Grupos funcionais 100-105 ▪ Benzeno 128-129 ▪ Estereoisomeria 140-143 ▪ Fertilizantes 190-191 ▪ Espectrometria de massas 202-203 ▪ Retrossíntese 262-263

tóxicos e depois excretada pelos rins na urina. Foi isolada pela primeira vez como cristais brancos em 1773 por Hilaire-Marin Rouelle. William Prout obteve uma amostra pura em 1818 e conseguiu definir a composição exata da ureia.

A purificação da ureia era um tema em que o mentor de Wöhler, Jöns Jacob Berzelius, tinha interesse. Wöhler trabalhava no laboratório de Berzelius em 1823 e pode ter conhecido a análise de Prout. Em 1824, Wöhler estava misturando amônia (combinação de nitrogênio e hidrogênio, NH_3) com cianogênio (C_2N_2), quando descobriu que reagiam formando ácido oxálico ($C_2H_2O_4$), que é produzido no ruibarbo e outras plantas. Ele também produziu cristais brancos, mas Wöhler não sabia o que eram. Voltando ao experimento em 1828, ele fez uma reação de amônia líquida com ácido ciânico, esperando que o produto fosse cianato de amônio (CH_4OCN). Porém, a reação produziu os mesmos cristais brancos, cuja aparência não era a esperada do cianato de amônio. Quando tratou os cristais com ácido nítrico, eles produziram cristais brilhantes – como se sabia que a ureia fazia.

Wöhler comparou sua análise do cianato de amônio com a análise da ureia por Prout (ambas mostradas aqui) e descobriu que tinham uma composição química quase idêntica. A partir disso, Wöhler concluiu que os átomos devem ser capazes de se arranjar de diferentes modos em moléculas.

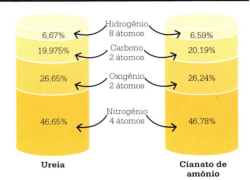

Ureia | Cianato de amônio

Composições que combinam

Wöhler descobriu que a composição de seu cianato de amônio correspondia à análise de Prout da ureia de modo quase perfeito. A reação de amônia e o ácido ciânico tinha criado ureia – e era a primeira vez que um composto orgânico era sintetizado. Wöhler e Berzelius ficaram entusiasmados, mas para eles era só uma curiosidade. Isso não invalidou de imediato a ideia do vitalismo, e seu real significado levou umas duas décadas para ser percebido. A capacidade de sintetizar ureia teve importantes aplicações, como na produção de fertilizantes e suplementos de comida animal. Os cientistas começaram a entender que os compostos orgânicos se comportam segundo as mesmas regras químicas que os inorgânicos – e que também podem ser sintetizados por reações químicas controladas. Isso ajudou a expansão da indústria química que temos hoje. ■

Friedrich Wöhler

Um dos grandes pioneiros da química orgânica, Friedrich Wöhler nasceu perto de Frankfurt, na Alemanha, em 1800, filho de um agrônomo e veterinário. Ele se graduou na escola médica em 1823, mas logo mudou para a química e passou um ano estudando com Jöns Jacob Berzelius. Nos poucos anos seguintes, Wöhler obteve a primeira amostra pura do metal alumínio, além de ter conseguido sintetizar a ureia.

Trabalhando com Justus von Liebig, Wöhler completou as análises que levaram Berzelius a identificar os isômeros. Outras colaborações com Liebig levaram à descoberta dos radicais orgânicos e a métodos revolucionários de educação científica. Wöhler morreu em Göttingen, em 1882.

Obras principais

1825 *Manual de química*
1828 "Sobre a produção artificial de ureia"
1840 *Rudimentos de química orgânica*
1854 *Exercícios práticos de análise química*

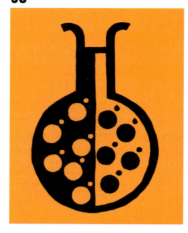

A UNIÃO INSTANTÂNEA DE GÁS DE ÁCIDO SULFUROSO E OXIGÊNIO
ÁCIDO SULFÚRICO

EM CONTEXTO

FIGURA CENTRAL
Peregrine Phillips (1800-1888)

ANTES
c. 550 Os chineses antigos descobrem uma forma natural de enxofre chamada *shiliuhuang*.

1600 O químico holandês Jan Baptista van Helmont queima enxofre com vitríolo verde para fazer ácido sulfúrico.

1809 Joseph Gay-Lussac e o colega químico francês Louis-Jacques Thenard provam que o enxofre é um elemento.

DEPOIS
1875 A primeira fábrica a usar o processo de contato é aberta em Freiburg, na Alemanha.

1934 O químico americano Arnold O. Beckman desenvolve o acidímetro para medir a acidez – o ancestral dos medidores de pH atuais.

2017 A produção global anual de ácido sulfúrico atinge 250 milhões de toneladas.

O ácido sulfúrico é uma das substâncias químicas industriais mais importantes, usada para fazer tudo, de fertilizantes a papel. Quantidades enormes são fabricadas ao ano, mas isso só é possível graças ao processo de contato desenvolvido pelo fabricante de vinagre britânico Peregrine Phillips em 1831.

Método da destilação seca

A descoberta do ácido sulfúrico e de outros ácidos minerais é creditada ao alquimista árabe Jabir ibn Hayyan em c. 800 d.C. Jabir usou o chamado método da destilação seca, aquecendo os sais de enxofre do cobre e do ferro, que ficaram conhecidos como vitríolo azul e vitríolo verde, respectivamente. O óleo de vitríolo – como os alquimistas chamavam o ácido sulfúrico – tornou-se central para a alquimia. Acreditava-se que fosse a chave na busca por um modo de transformar metal comum em ouro, porque o ácido sulfúrico, apesar de corroer os metais, não afeta o ouro.

No século xv, o alquimista alemão Basilius Valentinus descobriu como fazer ácido sulfúrico queimando enxofre sobre salitre (nitrato de potássio, KNO_3). Quando o salitre se decompõe, oxida o enxofre em dióxido de enxofre (SO_2) e depois em trióxido de enxofre (SO_3), que se combina com a água, produzindo ácido sulfúrico (H_2SO_4).

Em 1746, o médico britânico John Roebuck usou esse método para desenvolver o primeiro processo em escala industrial. Antes o ácido era feito em potes de vidro, mas Roebuck

O alquimista destilando ácido sulfúrico nesta xilogravura de 1651 usa uma concha para inserir os ingredientes que serão aquecidos num forno.

Ver também: O oxigênio e o fim do flogisto 58-59 ▪ Catálise 69 ▪ Notação química 82-83 ▪ Corantes e pigmentos sintéticos 116-119

A produção de ácido sulfúrico é importante porque esse ácido altamente corrosivo tem muitos usos na indústria moderna e em grandes quantidades por fabricantes de metal, na produção de fertilizantes e no refino de petróleo, para citar alguns exemplos.

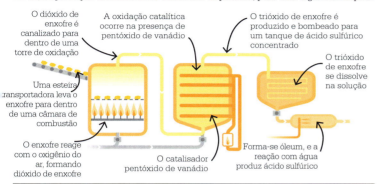

O dióxido de enxofre é canalizado para dentro de uma torre de oxidação

A oxidação catalítica ocorre na presença de pentóxido de vanádio

O trióxido de enxofre é produzido e bombeado para um tanque de ácido sulfúrico concentrado

O trióxido de enxofre se dissolve na solução

Uma esteira transportadora leva o enxofre para dentro de uma câmara de combustão

O enxofre reage com o oxigênio do ar, formando dióxido de enxofre

O catalisador pentóxido de vanádio

Forma-se óleum, e a reação com água produz ácido sulfúrico

É [...] o destino usual do inventor de um novo processo de manufatura química descobrir que seu retorno monetário é pequeno ou nenhum [...]
Ernest Cook
Biógrafo de Peregrine Phillips (1926)

usou grandes cubas feitas de chumbo, um dos poucos metais a resistir ao ácido. O processo de câmara de chumbo de Roebuck logo alimentaria a demanda pelo ácido na florescente indústria têxtil para branqueamento do algodão.

O processo de câmara de chumbo era limitado, pois só fornecia ácido muito diluído, cerca de 35% a 40% do ácido sulfúrico puro. Ele era fraco demais para fazer corantes, então o método caro da destilação seca continuou em uso. Nos anos 1820, os químicos Joseph Gay-Lussac e John Glover conseguiram chegar a 78%, passando os gases por uma torre de reação para recuperar óxidos de nitrogênio.

Um grande feito

Em 1831, Peregrine Phillips teve um grande avanço ao patentear um processo muito mais eficiente de produzir trióxido de enxofre, que podia ser misturado à água para criar ácido concentrado. Phillips passava o gás de dióxido de enxofre por um tubo revestido de platina, que acelerava tremendamente a conversão em trióxido de enxofre. A platina age como um catalisador e é diretamente envolvida na reação. O procedimento foi nomeado "processo de contato", porque o trióxido de enxofre se combina com vapor.

O processo de contato foi usado em pequena escala por Eugen de Haën nos anos 1870, na indústria de corantes sintéticos. Mas ele só decolou em 1915, quando a empresa alemã BASF, líder na fabricação de corantes, substituiu a platina por óxido de vanádio como catalisador.

Dos anos 1920 em diante, quase um século depois da patente de Phillips, o processo de contato, usando o catalisador óxido de vanádio, mais barato, começou a substituir o processo de câmara de chumbo. O enorme aumento na produção de ácido sulfúrico concentrado lhe deu um lugar central em inúmeros processos industriais, como a fabricação de sabão, tintas, painéis de carro e o refino de petróleo. ∎

Peregrine Phillips

Nascido em 1800, acredita-se que Peregrine Phillips fosse filho de um alfaiate de mesmo nome, que abriu uma loja na Milk Street, em Bristol, no Reino Unido, por volta de 1803.

Nos anos 1820, seu pai já tinha uma fábrica de vinagre de bom tamanho. Entre outros usos, ele era utilizado como ácido em medicina e na conservação de alimentos. O jovem Phillips inventou o revolucionário processo de contato, ou processo do gás úmido, para produzir ácido sulfúrico concentrado. Ele obteve uma patente em 1831, mas não conseguiu apoio. O processo era caro e por isso só seria usado em larga escala mais tarde, quando um catalisador mais barato foi descoberto.

A patente, número 6.096, ainda existe e revela o nível de detalhes desenvolvidos por Phillips, além de sua compreensão da química envolvida no processo. Apesar disso, Phillips caiu na obscuridade e morreu em 1888.

A QUANTIDADE DE MATÉRIA DECOMPOSTA É PROPORCIONAL À DE ELETRICIDADE

ELETROQUÍMICA

> Durante a **eletrólise**, as substâncias em solução **se decompõem**. Íons de carga positiva se movem para o **eletrodo negativo**; íons de carga negativa se movem para o **eletrodo positivo**.

> Conforme a quantidade de **corrente elétrica** aumenta, o mesmo ocorre com a **massa das substâncias** coletadas nos eletrodos.

Lei 1: A massa das substâncias depositadas é proporcional à quantidade de eletricidade.

Lei 2: As massas de cada substância depositada por uma dada quantidade de eletricidade são proporcionais a seus pesos equivalentes químicos.

EM CONTEXTO

FIGURA CENTRAL
Michael Faraday (1791-1867)

ANTES
1800 Alessandro Volta cria a primeira bateria, a pilha voltaica.

1800 O químico William Nicholson e o cirurgião Anthony Carlisle (ambos britânicos) e, de modo independente, o físico Johann Ritter (alemão) separam a água em hidrogênio e oxigênio usando eletricidade.

1803 John Dalton desenvolve sua teoria atômica, mostrando que os compostos são feitos de elementos em proporções simples de números inteiros.

DEPOIS
1859 O físico francês Gaston Planté inventa a bateria chumbo-ácido – a primeira bateria recarregável.

1897 O cientista britânico J. J. Thomson descobre o elétron – a unidade de carga negativa e a primeira partícula subatômica identificada.

No início do século XIX, na esteira da invenção da pilha voltaica pelo físico e químico italiano Alessandro Volta em 1800, experimentos de eletroquímica revolucionários geraram grande entusiasmo entre os cientistas. Semanas após a descoberta de Volta, cientistas de vários países usaram a eletricidade para separar a água em seus elementos componentes. Nos anos seguintes, químicos como o britânico Humphry Davy e o sueco Jöns Jacob Berzelius isolaram elementos totalmente novos separando compostos com eletricidade.

Em 1807, Davy propôs que alguns elementos têm afinidade química negativa e outros positiva. Berzelius foi além, propondo que a atração de opostos elétricos é o que prende os elementos nos compostos. Essa ideia, chamada dualismo, foi afinal superada, mas

A REVOLUÇÃO QUÍMICA

Ver também: A primeira bateria 74-75 ▪ Elementos isolados por eletricidade 76-79 ▪ A teoria atômica de Dalton 80-81 ▪ Pesos atômicos 121 ▪ O mol 160-161 ▪ O elétron 164-165

levou à ideia de que substâncias naturais poderiam ser analisadas quantitativamente por seus constituintes de carga positiva e negativa. Isso chamou a atenção para as proporções exatas com que os elementos se ligam, que é indicada pelas quantidades de reagentes e produtos antes, durante e depois de uma reação química. Essas relações são designadas pelo termo "estequiometria".

Princípios da eletrólise

O brilhante pupilo de Davy, Michael Faraday, acreditava que devia haver uma relação quantitativa direta entre a corrente elétrica e seu efeito químico. Em 1832 e 1833, ele realizou centenas de experimentos eletroquímicos, medindo a eletricidade necessária para decompor vários compostos – um processo que chamou de eletrólise. Trabalhando com o polímata britânico William Whewell, ele formalizou outros termos relativos ao processo, como "ânodo" e "cátodo", para os terminais positivo e negativo de uma célula eletrolítica (coletivamente, "eletrodos"), e "íon" para as partículas carregadas.

Numa série de experimentos, Faraday colocou dois eletrodos de papel-alumínio num disco de vidro e conectou-os eletricamente por um disco de papel-filtro embebido numa solução química. Trocando a solução no papel-filtro por outras diferentes, ele podia testar muitas reações eletrolíticas rapidamente. Em outros experimentos, Faraday ligou tubos de vidro em forma de V em seu circuito de eletrólise para coletar e medir o hidrogênio e oxigênio gerados quando a água era separada pelo circuito. Isso lhe permitiu demonstrar a força da corrente elétrica.

Duas novas leis

Faraday deduziu duas verdades que publicou em 1834 como as leis da eletrólise. A primeira é que a quantidade de substância depositada no eletrodo de uma célula eletrolítica depende da quantidade de eletricidade que passa na célula. A segunda lei diz que, para uma dada quantidade de corrente elétrica, a quantidade de cada substância

Os experimentos com eletrólise de Faraday envolviam medidas meticulosas de produtos químicos. Aqui, a eletrólise de cloreto de estanho produziu estanho, cloro, hidrogênio e oxigênio.

feita nos eletrodos depende de seu peso equivalente químico (a quantidade que se combina com uma quantidade fixa de outra substância ou que a substitui). Faraday não ligou essa segunda ideia a átomos, mas foi a primeira evidência concreta da relação direta entre uma unidade de eletricidade e peso atômico, e se tornou inestimável para determinar os pesos atômicos relativos dos elementos. ∎

Michael Faraday

Nascido em 1791 em Londres, no Reino Unido, aos 14 anos Michael Faraday foi aprendiz de encadernador. Depois que escreveu a Humphry Davy sobre suas ideias a respeito de uma das palestras científicas de Davy, este o tomou como assistente. Faraday se tornou o principal cientista da Real Sociedade, famoso por suas palestras públicas na Real Instituição e um dos maiores cientistas práticos e teóricos da época. Após a descoberta da ligação entre eletricidade e magnetismo em 1820, Faraday revelou o princípio do motor elétrico e então como a eletricidade pode ser gerada. Depois, descobriu as leis da eletrólise. Devido a suas crenças religiosas, Faraday tinha certeza de que todas as formas de eletricidade eram uma única força fundamental. Morreu em 1867.

Obras principais

1834 *Sobre decomposição eletroquímica*
1839 *Pesquisas experimentais sobre eletricidade* (volumes I e II)
1873 *Sobre as várias forças da natureza*

AR REDUZIDO À METADE DE SUA EXTENSÃO USUAL PRODUZ O DOBRO DE FORÇA NUMA MOLA

A LEI DOS GASES IDEAIS

EM CONTEXTO

FIGURA CENTRAL
Émile Clapeyron (1799-1864)

ANTES
1650 Blaise Pascal cunha o termo "pressão" para designar o peso do ar.

1662 Robert Boyle formula a lei que diz que a pressão de um gás ideal é inversamente proporcional ao seu volume, quando a temperatura e número de moléculas (quantidade de gás) são constantes.

DEPOIS
1873 Johannes van der Waals modifica a lei dos gases ideais para levar em conta o tamanho das moléculas, as forças intermoleculares e o volume dos gases reais.

1948 Otto Redlich e Joseph Kwong propõem a equação de estado Redlich-Kwong, um refinamento da equação da lei dos gases ideais.

Antigamente, os cientistas duvidavam que os gases tivessem alguma propriedade física, mas a partir do século XVII novas análises revelaram a relação entre sua temperatura, volume e pressão. Então, em 1834, o engenheiro francês Émile Clapeyron sintetizou essa relação na "equação dos gases ideais".

Em 1614, o jovem cientista holandês Isaac Beeckman propôs que o ar, assim como água, tem peso e exerce pressão. O grande cientista italiano Galileu discordou. Mas alguns cientistas mais jovens concordaram com Beeckman, entre eles Evangelista Torricelli e Gasparo Berti, colegas italianos de Galileu.

Ver também: Gases 46 ▪ O oxigênio e o fim do flogisto 58-59 ▪ Forças intermoleculares 138-139 ▪ Os gases nobres 154-159 ▪ O mol 160-161 ▪ Microscopia de força atômica 300-301

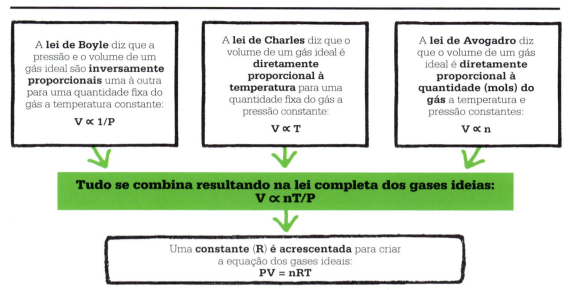

A **lei de Boyle** diz que a pressão e o volume de um gás ideal são **inversamente proporcionais** uma à outra para uma quantidade fixa do gás a temperatura constante:

$$V \propto 1/P$$

A **lei de Charles** diz que o volume de um gás ideal é **diretamente proporcional à temperatura** para uma quantidade fixa do gás a pressão constante:

$$V \propto T$$

A **lei de Avogadro** diz que o volume de um gás ideal é **diretamente proporcional à quantidade (mols) do gás** a temperatura e pressão constantes:

$$V \propto n$$

Tudo se combina resultando na lei completa dos gases ideias:
$$V \propto nT/P$$

Uma **constante (R) é acrescentada** para criar a equação dos gases ideais:
$$PV = nRT$$

Entre 1640 e 1643, ao estudar a existência de vácuos (então um tema controverso), Berti encheu um cano com água e o fechou com um recipiente de vidro no topo. Quando abriu torneiras no fundo do cano, a água saiu em parte, deixando um espaço vazio no topo. Isso, ele afirmou, era um vácuo. Em 1643, Torricelli investigou mais o fenômeno, desta vez usando mercúrio em vez de água. Sob suas instruções, Vincenzo Viviano encheu um tubo de vidro com mercúrio. Ele fechou o tubo numa ponta e manteve um dedo sobre a ponta aberta enquanto a virava para dentro de uma cuba com mercúrio. O mercúrio no tubo desceu até a altura de 76 cm e então parou, deixando um espaço vazio em cima.

Torricelli explicou que o mercúrio não havia esvaziado o tubo porque o peso do ar pressionando para baixo o mercúrio na cuba o forçava para cima. Ele tinha refutado a ideia de que o ar não tem peso. Sua afirmação foi comprovada quanto o teste foi feito a altitudes maiores, onde o ar deve ser mais leve, e o mercúrio no tubo desceu até um nível mais baixo.

A lei de Boyle

Inspirado por Torricelli, o químico anglo-irlandês Robert Boyle criou seus próprios experimentos com um tubo de vidro em forma de J, também cheio de mercúrio e fechado na ponta mais baixa. Boyle viu que o pequeno espaço sobre o mercúrio na ponta encolhia conforme ele acrescentava mercúrio ao tubo, e se expandia quando ele o tirava. Ele concluiu que a pressão do ar no espaço devia estar subindo ou caindo conforme ele era comprimido ou liberado.

Boyle comparou a pressão do ar a partículas semelhantes a molas, »

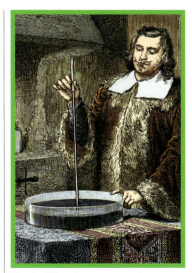

Torricelli realizou seu experimento com um tubo de vidro de cerca de um metro. Ele afirmava que mudanças diárias na altura do mercúrio refletiam alterações na pressão atmosférica.

A LEI DOS GASES IDEAIS

que empurram de volta quando comprimidas, e propôs uma lei simples, hoje conhecida como lei de Boyle: se a temperatura permanece a mesma, o volume de um gás e sua pressão variam em proporção inversa.

Temperatura do gás

No século seguinte, o advento das máquinas a vapor focou as atenções no papel do calor na expansão do ar. Em 1787, o cientista e balonista pioneiro francês Jacques Charles acrescentou a temperatura à relação entre volume e pressão. Na lei de Charles, ele mostrou que, desde que a pressão fique constante, o volume do gás varia com a temperatura. Na verdade, a relação segue uma linha reta, com o volume se expandindo a uma taxa constante para cada grau que a temperatura suba (a partir do zero absoluto) e se encolhendo igualmente de modo constante para cada grau de queda.

Em 1802, o cientista francês Joseph Gay-Lussac completou a equação, ligando a pressão à temperatura. Segundo a lei de Gay-Lussac, se um volume de gás se mantém constante, a pressão sobe com a temperatura. O químico britânico John Dalton logo mostrou que isso se aplica a todos os tipos de gases, e Gay-Lussac notou que quando gases diferentes se combinam, isso acontece em proporções simples, por volume (lei dos volumes combinados de Gay-Lussac). Essa relação triangular indicava que a causa era mecânica. Mas qual era ela não estava claro.

Tudo junto

Em 1811, o cientista italiano Amedeo Avogadro acrescentou um ingrediente fundamental à equação – as próprias partículas de gás. Avogadro usou o termo "molécula" para designar todas as partículas,

Os voos do balão Montgolfier nos anos 1780 demonstraram a lei de Charles: o ar no balão se expandia ao ser aquecido, tornando-se mais leve que o ar ao redor, e subia.

> A aparente contração do volume sofrida por gases em combinação também se relaciona ao volume de um deles.
> **Joseph Gay-Lussac**

incluindo moléculas e átomos, e o ponto crucial de sua hipótese era que volumes iguais de gás a temperatura e pressão dadas sempre contêm o mesmo número de partículas. Em 1865, o estudante do ensino médio austríaco Josef Loschmidt calculou esse número como $6,02214076 \times 10^{23}$. Esse "número de Avogadro", de todas as partículas (átomos, moléculas, íons ou elétrons) numa substância ficou depois conhecido como 1 mol.

Todos os ingredientes acrescentados por vários cientistas ao longo de dois séculos se juntaram em 1834 no trabalho do engenheiro francês Émile Clapeyron, quando ele criou a lei dos gases ideais. Essa equação simples reúne todas as qualidades requeridas para prever como um gás se comportará em circunstâncias que mudam com base em volume, pressão, temperatura e número de partículas:

$$PV=nRT$$

Nesta equação, P é pressão, V é volume, T é temperatura e n o número de mols. R é a constante de Clapeyron, necessária para combinar a relação proporcional de pressão, volume e temperatura numa só equação. A equação é hipotética, pois gases ideais são raros no mundo real, exceto a

temperaturas altas e pressões baixas extremas. Os átomos e moléculas num gás ideal não têm tamanho nem dimensões e nunca interagem uns com os outros, exceto ao colidirem ocasionalmente – e, quando colidem, apenas quicam, sem perda de momento. Essa não é a situação em gases reais, mas a equação faz uma aproximação de como eles se comportam. Ela só inclui os fatores que um químico precisa saber ao fazer cálculos sobre pressão, temperatura, volume e número de partículas. E é justamente isso o que torna a equação tão eficaz.

Aplicações no mundo real

No mundo real, a lei dos gases ideais explica por que a bomba de ar da bicicleta esquenta conforme a pressão aumenta e o volume encolhe. Ela explica, também, por que o ar comprimido esfria ao ser liberado e se expande, sendo a chave para o funcionamento da geladeira, que mantém o frio comprimindo gás e depois deixando-o se expandir.

A equação dos gases ideais de Clapeyron ajudou a estimular a florescente ciência da termodinâmica. Nos anos 1850, Rudolf Clausius e August Krönig desenvolveram de modo independente a teoria cinética dos gases, focando na energia das partículas em movimento. Para obter um instantâneo do movimento mecânico de trilhões de partículas num gás ideal, eles usaram a distribuição estatística das velocidades das partículas num gás ideal para explicar a relação entre pressão, volume e temperatura.

Imagine uma caixa cheia de bilhões de partículas de um gás ideal. O movimento contínuo das partículas em linhas retas – seu "caminho livre médio" – é o que cria a relação entre temperatura, volume e pressão. A temperatura é proporcional à média da energia cinética ou velocidade das partículas. A pressão é o efeito estatístico de todas as colisões com os lados da caixa.

Hoje, a equação dos gases ideais é usada de várias formas. Ao trabalhar com termodinâmica, por exemplo, os físicos acrescentam à equação a constante derivada em 1877 por Ludwig Boltzmann para fatorar a energia cinética das partículas. Em todas as suas formas, a equação continua no cerne de nossa compreensão de como os gases se comportam. ∎

Émile Clapeyron

Nascido em Paris, na França, em 1799, Benoît Paul Émile Clapeyron estudou engenharia na École des Mines da cidade. Em 1820, foi com o amigo Gabriel Lamé ensinar matemática e engenharia a equipes que construíam pontes e estradas na Rússia. Eles voltaram à França dez anos depois e concentraram esforços na construção de ferrovias. Clapeyron se tornou um importante projetista de locomotivas a vapor, ao mesmo tempo que fazia estudos teóricos sobre os motores a vapor. Seu sumário de 1834 das ideias de Sadi Carnot sobre máquinas térmicas, com representações gráficas, marcou o início da termodinâmica, e sua síntese das leis dos gases numa equação o firmou como um grande teórico. Clapeyron foi eleito para a Academia de Ciências de Paris em 1848, e morreu em 1864. A equação Clausius-Clapeyron, que determina o calor da vaporização de um líquido, recebeu parte do nome em homenagem a ele.

Obra principal

1834 "Mémoire sur la puissance motrice de la chaleur"

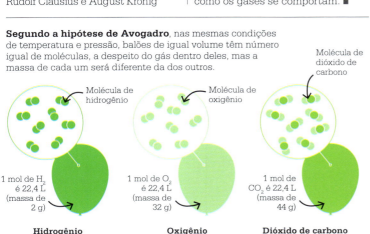

Segundo a hipótese de Avogadro, nas mesmas condições de temperatura e pressão, balões de igual volume têm número igual de moléculas, a despeito do gás dentro deles, mas a massa de cada um será diferente da dos outros.

- Molécula de hidrogênio
- Molécula de oxigênio
- Molécula de dióxido de carbono

1 mol de H_2 é 22,4 L (massa de 2 g) — Hidrogênio

1 mol de O_2 é 22,4 L (massa de 32 g) — Oxigênio

1 mol de CO_2 é 22,4 L (massa de 44 g) — Dióxido de carbono

QUALQUER OBJETO PODE SER COPIADO POR ELA

FOTOGRAFIA

EM CONTEXTO

FIGURA CENTRAL
Louis Daguerre (1787-1851)

ANTES
1777 Carl Scheele confirma que compostos de prata reagem à luz.

c. 1790 Thomas Wedgwood capta a primeira imagem de silhueta fotográfica.

1822 Joseph Nicéphore Niépce obtém a primeira fotografia permanente do mundo.

DEPOIS
1850 Frederick Scott Archer introduz o processo de colódio úmido, que propicia mais clareza e detalhes.

1890 Nos Estados Unidos, a Eastman Kodak Company lança os rolos de filme fotográfico de celuloide.

1975 A Kodak apresenta o primeiro protótipo de câmera digital.

2000 Os primeiros celulares com câmera são vendidos ao público.

No século XVII os artistas já usavam a câmera escura como auxiliar para traçar seus quadros a partir da imagem temporária que ela projetava. Em 1777, o químico sueco-alemão Carl Scheele dispôs os meios de captar de modo permanente uma imagem ao demonstrar como iniciar e interromper a reação dos sais de prata à luz. Isso foi por fim realizado em 1839, quando o inventor francês Louis Daguerre criou o primeiro processo fotográfico bem-sucedido, o daguerreótipo.

Um colega de Daguerre, o inventor francês Joseph Nicéphore Niépce, já tinha feito fotografias pelo menos 20 anos antes, mas as reações das substâncias químicas usadas eram tão lentas que era preciso várias horas para obter uma imagem muito borrada. Então, nos anos 1830, Daguerre testou combinações diferentes de substâncias.

Ele dividiu o processo em duas etapas. Na primeira, a fotografia poderia ser tirada rapidamente, para captar uma "imagem latente" fraca nas substâncias sobre a placa fotográfica. Na segunda, a imagem latente era revelada ("desenvolvida") no laboratório do fotógrafo, usando vapores de mercúrio.

Outros pioneiros, como os inventores Hippolyte Bayard (francês) e William Henry Fox Talbot (britânico) estavam testando ideias similares, mas foi a grande realização de Daguerre, em 1839, que ocupou as manchetes.

A invenção de Daguerre

Os daguerreótipos eram placas de cobre com um revestimento fino de prata. Para fazer uma foto, a placa era polida até ficar como um espelho e depois limpa com ácido nítrico. No escuro, a superfície de prata era então transformada em iodeto de prata sensível à luz expondo-a a vapores de iodo e depois a sensibilidade era aumentada com o uso de vapores

O daguerreótipo é [...] um processo químico e físico que dá [à Natureza] o poder de reproduzir a si mesma.
Louis Daguerre

A REVOLUÇÃO QUÍMICA

Ver também: Primórdios da fotoquímica 60-61 ▪ Catálise 69 ▪ Por que as reações acontecem 144-147 ▪ Espectroscopia de infravermelho 182

A porta aberta foi tirada por Fox Talbot em 1844. Para ele, a fotografia podia ser igualada às obras dos grandes mestres – e com mais fidelidade à realidade.

de bromo ou cloro. A placa sensível era então colocada num suporte à prova de luz dentro da câmera. O suporte era aberto e a tampa da lente da câmera removida brevemente para tirar a foto.

Depois, a placa era exposta a vapores de mercúrio aquecido dentro de uma caixa especial, para realçar a imagem latente. Mas para "fixar" a imagem, a reação química tinha de ser interrompida antes que ficasse totalmente preta, removendo os sais de prata não afetados pela luz com uma solução de tiossulfato de sódio. Por fim, a imagem revelada era encerrada num vidro protetor.

A imagem do daguerreótipo era na verdade um negativo, denso e escuro nas partes mais claras e mais fino nas sombras. Mas a superfície brilhante da prata na placa refletia a luz, mostrando a imagem como um positivo. Os resultados eram tão deslumbrantes, claros e precisos que o público logo se encantou e a fotografia decolou. No mesmo ano, em 1839, Alphonse Giroux fez a primeira câmera comercial.

O calótipo

Em 1841, Fox Talbot apresentou seu próprio processo, o calótipo, com uma clara vantagem sobre o daguerreótipo. A imagem do daguerreótipo era única e não podia ser copiada. Com o calótipo, a foto era uma imagem em negativo em papel encerado. Ela podia ser copiada muitas vezes ao se lançar luz através dela para outra folha de papel sensível à luz. Esse método negativo-positivo acabou se tornando o modo padrão de criar fotos até o advento da fotografia digital, nos anos 1990. ▪

Louis Daguerre

Nascido em 1787 em Cormeilles-en-Parisis, na França, Louis Daguerre foi aprendiz de pintor de paisagens e também estudou arquitetura e cenografia. Após trabalhar como cobrador de impostos, tornou-se pintor de cenários de ópera e um mestre da ilusão. Em 1822, criou em Paris o diorama, um dispositivo móvel que mostrava cenas gigantes.

Daguerre trabalhou com Nicéphore Niépce, o criador mundial da primeira fotografia, na invenção de um processo prático de fotografia. Após a morte de Niépce, em 1833, Daguerre continuou o projeto e acabou descobrindo o primeiro processo fotográfico bem-sucedido do mundo, o daguerreótipo. Ele foi lançado ao público pela Academia Francesa de Ciências em 1839, após uma negociação do governo que comprou os direitos do processo de Daguerre em troca de uma pensão vitalícia. Daguerre morreu em 1851.

Obra principal

1839 *História e prática do desenho fotogênico sobre os reais princípios do daguerreótipo*

A NATUREZA FEZ COMPOSTOS QUE SE COMPORTAM COMO ELEMENTOS

GRUPOS FUNCIONAIS

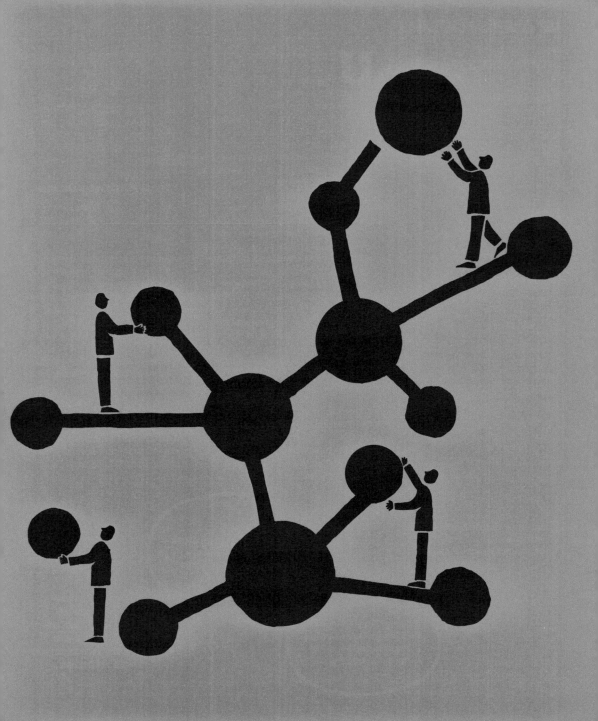

EM CONTEXTO

FIGURA CENTRAL
Jean-Baptiste Dumas
(1800-1884)

ANTES
1782 O químico francês barão de Morveau introduz a palavra "radical" para designar combinações de substâncias que persistem ao longo de reações.

1815-1817 Joseph Gay-Lussac e Jöns Jacob Berzelius desenvolvem a ideia de radicais compostos inorgânicos. Essas combinações de elementos parecem se comportar como unidades em várias combinações.

DEPOIS
1852 Edward Frankland descobre o conceito crucial de valência, derrubando a ideia de radicais e tipos.

1865 August Kekulé desvenda a estrutura molecular em anel do benzeno.

Uma questão séria que os químicos dos anos 1830 enfrentaram era como as substâncias orgânicas se encaixavam no quadro de substâncias químicas e compostos. A tabela dos elementos vinha crescendo em número, e ficara claro que os compostos eram feitos por elementos reunidos. Um problema era como a miríade de substâncias produzidas pelos seres vivos podiam ser criadas com só três – eventualmente quatro – elementos: carbono, hidrogênio, oxigênio e (às vezes) nitrogênio. Em 1840, enquanto tentava resolver o mistério, o químico francês Jean-Baptiste Dumas publicou sua teoria dos tipos, que ajudou a explicar como as substâncias orgânicas e suas características podem ser entendidas em termos de grupos funcionais.

Propriedades dos compostos

A teoria de Dumas dava sequência a trabalhos importantes de outros químicos. Em 1828, a síntese de uma substância orgânica, a ureia, por Friedrich Wöhler e a descoberta dele e de Justus von Liebig dos isômeros (moléculas que partilham a mesma fórmula química, mas diferem no arranjo dos átomos) foram dois momentos marcantes. Mas o que interessava aos dois jovens cientistas e ao mentor deles, Jöns Jacob Berzelius, eram os conhecimentos que essas descobertas propiciavam sobre a estrutura das substâncias químicas. Estava ficando claro que as propriedades de um composto se devem não só à combinação de substâncias como ao modo como são unidas.

Por volta de 1820, o químico alemão Eilhard Mitscherlich descobriu o isomorfismo em cristais. Medindo os ângulos de

Nós [...] conseguimos a chave para todas as mudanças da matéria, tão súbitas, tão velozes, tão singulares, que ocorrem nos animais e nas plantas.
Jean-Baptiste Dumas

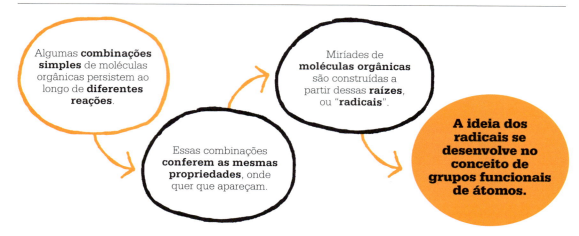

Algumas **combinações simples** de moléculas orgânicas persistem ao longo de **diferentes reações**.

Essas combinações **conferem as mesmas propriedades**, onde quer que apareçam.

Miríades de **moléculas orgânicas** são construídas a partir dessas **raízes**, ou "**radicais**".

A ideia dos radicais se desenvolve no conceito de grupos funcionais de átomos.

A REVOLUÇÃO QUÍMICA

Ver também: O universo atômico 28-29 ▪ Isomeria 84-87 ▪ A síntese da ureia 88-89 ▪ Fórmulas estruturais 126-127 ▪ Benzeno 128-129 ▪ O elétron 164-165 ▪ O buraco na camada de ozônio 272-273

cristais com precisão, ele verificou que diferentes compostos, como arseniatos e fosfatos, podiam produzir cristais com a mesma forma exata. Essa descoberta indicava que alguns compostos se combinam em arranjos específicos que definem suas propriedades.

Liebig e Wöhler começaram a pesquisar compostos orgânicos, iniciando pelo óleo de amêndoas amargas, uma substância obtida por destilação a vapor de caroços de ameixa e cereja. Eles fizeram reações do óleo, que é na maior parte benzaldeído (C_7H_6O), com oxigênio, bromo e cloro, entre outros, e analisaram os compostos obtidos. Admirados, eles viram que cada novo composto formado tinha C_7H_5O – sete átomos de carbono, cinco de hidrogênio e um de oxigênio –, então era como se C_7H_5O fosse um grupo essencial de átomos que permanecia igual mesmo depois dessas reações, sem reagir. Liebig e Wöhler o chamaram de "radical", ou raiz, do termo proposto muitos anos antes pelo químico francês Louis-Bernard Guyton de Morveau para

substâncias inorgânicas. Eles o nomearam benzoíla.

Berzelius, Liebig e Wöhler desenvolveram a ideia de que agregados de substâncias orgânicas se ligavam para formar vários radicais, incorporados nos compostos. Berzelius defendia a ideia dualista de que os compostos representam a reunião de elementos negativos e positivos. Ele afirmava que os radicais negativos e positivos se combinavam da mesma forma.

O óleo de amêndoas amargas, usado para tratar vários males, é na maior parte benzaldeído. Essa molécula consiste em dois grupos funcionais – um anel de benzeno ligado a um grupo aldeído.

A caça aos radicais

Químicos de toda a Europa se juntaram avidamente à busca por mais radicais. Liebig encontrou a acetila; Berzelius, a etila; o químico alemão Robert Bunsen, a cacodila; o químico italiano Raffaele Piria, a salicila; e Dumas, a metila, a cinamila e a cetila. Parecia, porém, que esses radicais às vezes podiam perder ou ganhar átomos, formando outros radicais. Dumas descobriu que podia fazer metila (CH_3), por exemplo, adicionando água a um grupo mais simples chamado metileno (CH_2) – o sufixo deriva de -ene, filha, em grego.

Conforme os químicos descobriam outros grupos de átomos que persistiam em diferentes moléculas, um sistema de nomenclatura se desenvolveu para refletir o número de átomos de carbono, hidrogênio ou oxigênio. »

Jean-Baptiste Dumas

Nascido em 1800 em Alès, na França, Jean-Baptiste Dumas foi para Genebra, na Suíça, aos 16 anos para estudar farmácia, química e botânica. Publicou vários artigos ainda adolescente e antes dos 30 anos já era professor de química de algumas das principais academias francesas.

Foi um dos pioneiros da química orgânica e rapidamente adotou a teoria dos radicais de Berzelius, descobrindo vários deles, mas depois trocou-a por sua própria teoria rival das substituições. A partir de meados dos anos 1840 Dumas se concentrou em lecionar, orientando astros em ascensão como Louis Pasteur. Em 1859, tornou-se presidente do conselho municipal de Paris, onde supervisionou os sistemas de luz, água e esgoto da cidade. Dumas morreu em 1884. Ele integra o grupo de cientistas cujos nomes estão gravados na Torre Eiffel.

Obras principais

1837 "Nota sobre a situação atual da química orgânica"
1840 "Sobre a lei das substituições e a teoria dos tipos"

Por exemplo, a propila é um grupo com três átomos de carbono, e a butila um grupo com quatro átomos de carbono. A propila tem três átomos de carbono e sete de hidrogênio, e o propeno (a "filha") tem três carbonos e seis hidrogênios. A butila tem quatro carbonos e nove hidrogênios, e o buteno tem quatro carbonos e oito hidrogênios.

Em 1837, Dumas estava convencido de que os radicais eram um ponto de virada tão fundamental na química orgânica quanto a classificação dos elementos por Antoine Lavoisier. Agora, ele pensava, os químicos orgânicos só precisavam identificar os diferentes radicais, do mesmo modo que a química inorgânica era uma questão de identificar elementos.

Teoria das substituições

As coisas se revelaram bem mais complexas, porém, que Dumas pensava. Inclusive, havia uma falha em seu próprio trabalho. Consta que, num baile em Paris, os convidados foram atacados por violentos surtos de tosse devido à fumaça acre das velas, e Duma foi chamado a investigar. Ele descobriu que as velas tinham sido alvejadas com cloro, e a cera (um éster gorduroso) reagira de tal modo que o cloro tinha substituiu o hidrogênio, produzindo vapores de cloreto de hidrogênio. Intrigado, Dumas descobriu que o cloro também pode substituir o hidrogênio em outros compostos orgânicos. Em 1839, ele começou a desenvolver a teoria das substituições, a ideia de que elementos de um radical podem ser trocados, afetando drasticamente suas propriedades. Berzelius ficou exasperado, porque a ideia parecia contestar sua teoria dualista mais--menos. Ele raciocinou que se o cloro se combina com hidrogênio, deve ter uma carga oposta – então como podem os dois trocar de lugar?

Em 1840, Dumas apresentou um artigo crucial sobre substituição na principal revista química, *Annalen die Chemie und Pharmacie*, editada por Liebig – embora este tenha repudiado a teoria em seu editorial e até publicado uma carta falsa de Wöhler, fingindo ser o misterioso químico S. C. H. Windler (*"schwindler"*, impostor, em alemão), em que o autor dizia ter descoberto novas substituições para o cloro. Porém, a teoria dualista mais-menos já estava com os dias contados. Hoje sabemos que as substituições podem mesmo ocorrer e que isso depende da orientação das órbitas dos elétrons. (Os elétrons só seriam descobertos em 1897.)

Ao longo dos anos 1840, Dumas e outros químicos franceses desenvolveram sua teoria e falaram sobre "tipos" de molécula em vez de radicais. Eles identificaram pelo menos quatro tipos – água, hidrogênio, ácido hidroclorídrico e amônia – ao redor dos quais outros podem se formar.

Arranjo molecular

Auguste Laurent foi além com sua teoria nuclear, em que os compostos são construídos a partir de grupos simples de núcleos atômicos. Ele afirmou que os elementos podem ser substituídos sem mudar a maioria das propriedades.

A diferença entre as teorias concorrentes pode parecer impenetrável. A confusão veio do modo como as moléculas eram vistas, como pouco mais que fórmulas, combinações hipotéticas de átomos. Quando Dumas propôs que as moléculas orbitam átomos de modo parecido aos planetas com o

> Este é [...] o segredo completo da química orgânica.
> **Jean-Baptiste Dumas**

As garrafas plásticas são em geral feitas de tereftalato de polietileno (PET). Esse composto contém dois grupos hidroxila – um átomo de hidrogênio ligado a um átomo de oxigênio.

Sol, ainda estava falando numa abstração. Mas, por volta de 1850, Alexander Williamson, Laurent e Charles Gerhardt perceberam que o arranjo dos átomos dentro das moléculas importa e começaram a apresentar as fórmulas de modos diferentes. Nessas novas fórmulas, os tipos apareciam como arranjos de símbolos químicos, ligados por chaves. Williamson mostrou que o álcool e o éter, por exemplo, pertencem ao "tipo da água", apresentando-os deste modo:

H }O H	C_2H_5 }O H	C_2H_5 }O C_2H_5
Água	**Álcool**	**Éter**

Williamson afirmou que essas novas fórmulas representavam o tipo, assim como os modelos mecânicos do Sistema Solar representam o arranjo dos planetas. Os químicos acabaram percebendo que as propriedades e reações das moléculas dependem de seu arranjo tridimensional e ligações – e de modo crucial também de sua valência (o poder de combinação de um elemento), o que tornou os radicais e tipos obsoletos.

As características dos grupos funcionais

Os grupos funcionais são grupos de átomos dentro de moléculas orgânicas com características próprias, que aparecem seja qual forem os outros átomos associados. Moléculas mais complexas podem conter mais de um grupo funcional, como os álcoois, aminas, cetonas e éteres. Eles podem ser identificados por ligações duplas de carbono (C=C), grupos de álcool (-OH) grupos de ácido carboxílico (-COOH) e ésteres (-COO). Moléculas com o mesmo grupo funcional se comportam de modos similares – talvez com um ponto de fervura mais alto ou mais baixo, ou reagindo com certas substâncias. Essencialmente, todas as substâncias orgânicas são hidrocarbonetos inertes com um ou mais grupos funcionais ligados, que determinam como elas se comportam. Esse conceito é útil para prever como substâncias orgânicas reagirão e também na síntese de novas moléculas com propriedades específicas.

Apesar disso, a ideia de combinações básicas de átomos persistiu e se desenvolveu no conceito dos grupos funcionais, um princípio organizador central à química orgânica. Os grupos funcionais são combinações específicas de átomos e ligações dentro de um composto que determinam suas características e têm o mesmo efeito, a despeito do composto de que são componentes. Há 14 grupos funcionais comuns e 26 menos comuns.

Ascensão e queda dos radicais

O termo "radical" persiste na medicina, em que radicais livres são entidades químicas específicas, muito diferentes da ideia de Liebig. Descobertos por Moses Gomberg em 1900, eles são combinações de átomos que vagueiam "livres" – assim, não podem ser "raízes", mas moléculas com um número irregular de elétrons e que os roubam de outras moléculas. Embora a ideia de radicais e tipos tenha caído, ela foi o primeiro grande passo para explorar a química orgânica, que hoje nos fornece de plásticos a fármacos e ajuda a compreender como a vida funciona. ∎

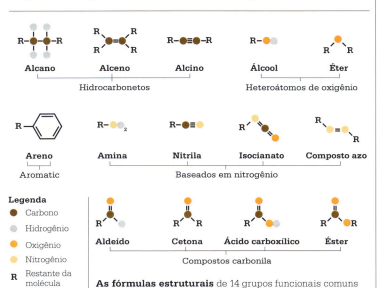

As fórmulas estruturais de 14 grupos funcionais comuns mostram como seus átomos se ligam. Por exemplo, o alceno tem dois átomos de carbono com ligação dupla (representada por duas linhas) e cada um de seus átomos de carbono se liga a dois átomos de hidrogênio.

UM BALÃO DE AR MEIO ENGRAÇADO
ANESTÉSICOS

EM CONTEXTO

FIGURA CENTRAL
Crawford Long (1815-1878)

ANTES
Século VI a.C. O médico indiano Sushruta propõe sedar pacientes com vinho e óleo de haxixe.

1275 d.C. O médico espanhol Raymundus Lullius descobre o éter e o chama de "vitríolo doce".

1772 Joseph Priestley descobre o óxido nitroso, ou "gás hilariante".

DEPOIS
1934 Anesthesiologistas americanos usam tiopentona, o primeiro anestésico intravenoso.

1962 O químico americano Calvin Phillips cria a cetamina, um anestésico com efeitos limitados na respiração e na pressão sanguínea.

Anos 1990 O sevoflurano, um anestésico geral inalável, se torna amplamente usado porque tem ação e recuperação rápidas.

Antes dos anestésicos, o único alívio que o cirurgião podia oferecer a um paciente durante uma amputação era uma garrafa de rum e velocidade com a serra. O primeiro anestésico de verdade surgiu no início do século XIX, quando se verificou que alguns gases recém-descobertos deixavam os pacientes inconscientes.

Em 1799, Humphry Davy fez uma grande quantidade de óxido nitroso (N_2O) aquecendo cristais de nitrato de amônio (NH_4NO_3) e efervescendo-o através de água. Ele canalizou o gás para uma caixa fechada feita especialmente para gases inaláveis e sentou-se dentro dela por mais de uma hora. Ao sair, ele ficou perplexo com o aumento da sensibilidade e a vontade de rir. A sensação atraiu a atenção, e festas de "gás hilariante" ficaram na moda. Os resultados, porém, eram muito imprevisíveis para o uso em cirurgias. Em 1818, Michael Faraday notou que o éter ($C_4H_{10}O$) tinha efeitos similares, e logo ele se tornou a opção em festas de gás porque era mais fácil de fazer. Nos Estados Unidos, em 1842, o cirurgião Crawford Long fez um grande avanço ao usar o éter para remover sem dor um abscesso de um paciente. O dentista americano Horace Wells começou então a arrancar dentes usando o gás, e em 1846 o antigo sócio de Wells, o cirurgião Robert Morton, usou-o para adormecer um paciente enquanto extraía um tumor.

Geral e local
O éter e o gás hilariante funcionavam bem em operações curtas, mas para cirurgias longas era necessário algo mais. Em 1847, o cirurgião escocês James Simpson sugeriu o vapor de umas poucas gotas de clorofórmio

Os pacientes usavam este inalador em meados do século XIX para inspirar vapores de esponjas no frasco embebidas em éter.

A REVOLUÇÃO QUÍMICA

Ver também: A nova medicina química 44-45 ▪ Gases 46 ▪ As substâncias químicas da vida 256-257

Quando você vai começar?
Frederick Churchill
Depois da amputação de sua perna, sob efeito de éter, em Londres (1846)

($CHCl_3$) borrifadas num tecido. Elas funcionavam, e o clorofórmio se tornou a primeira opção para anestesia. O grande avanço seguinte veio quase um século depois, quando Harold Griffith percebeu que nem sempre era preciso fazer os pacientes dormirem com anestésicos "gerais". Ele sabia que, ao caçar, algumas tribos indígenas sul-americanas embebiam a ponta das flechas com o veneno curare, que paralisa os músculos. Griffiths desenvolveu uma versão segura de curare chamada Intracostin. Em 1942, usou-a com sucesso numa apendicectomia. Relaxantes musculares similares são hoje usados em grandes operações, junto com anestésicos gerais.

Vendida pela primeira vez em 1948, a lidocaína foi o primeiro anestésico local a funcionar bloqueando sinais nervosos. Desde então, surgiram muitas outras substâncias anestésicas.

Interrupção do sinal nervoso

Os anestésicos gerais funcionam interrompendo a transmissão de sinais nervosos entre o cérebro e o corpo nas sinapses, mas não se sabe como. Parece provável que perturbem proteínas nas membranas das células nervosas. O paciente perde a consciência, mas a respiração e a circulação sanguínea funcionam normalmente.

Os anestésicos locais, como a lidocaína e a novocaína (cloridrato de procaína), se ligam ao canal de íon de sódio na membrana das células nervosas e o inibem, bloqueando a transmissão nervosa aos centros da dor no sistema nervoso central. Só a área imediatamente ao redor da injeção é afetada. ▪

No Reino Unido, na Primeira Guerra Mundial, um médico do Exército Americano usa um tecido embebido em clorofórmio e administra a anestesia.

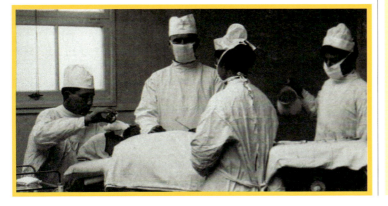

Crawford Long

Nascido na Geórgia, Estados Unidos, em 1815, Crawford Long era filho de um senador e fazendeiro. Ele estudou medicina e, enquanto aprendia cirurgia, viu os dolorosos efeitos de operar sem anestesia. Após concluir sua formação, trabalhou como médico residente em Nova York por 18 meses, antes de montar uma clínica rural em Jefferson, na Geórgia.

Em Nova York, ele presenciou "festas de éter" em que as pessoas ficavam embriagadas com o gás e pareciam não sentir dor. Formado em farmácia, ele usou o éter para anestesiar um paciente em 1842 e extraiu com sucesso um tumor. Long acabou realizando dezenas de outras operações com anestesia. Sem saber disso, Robert Morton fazia sucesso realizando cirurgias em público com o uso de éter. Só depois de sua morte, em 1878, o modesto Long foi reconhecido como o verdadeiro pioneiro da anestesia a éter em cirurgias.

Obra principal

1849 "O primeiro uso de éter sulfúrico por inalação como anestésico"

A ERA INDUSTR[IAL]
1850-1900

AL

1856

William Henry Perkin sintetiza a malveína a partir de um derivado de alcatrão de hulha, deflagrando o início da indústria de **corantes sintéticos**.

1859

Os cientistas alemães **Robert Bunsen** e **Gustav Kirchhoff** inventam o **espectroscópio de chama**, permitindo a identificação de elementos por seus espectros de emissão característicos.

1869

Dmitri Mendeleiev publica sua **tabela periódica** dos elementos, deixando intervalos para elementos ainda por descobrir e prevendo suas propriedades.

1856

Eunice Foote deduz que o dióxido de carbono (CO_2) prende o calor na atmosfera da Terra – o que chamamos hoje de **efeito estufa**.

1860

Stanislao Cannizzaro propõe um conjunto de **pesos atômicos** internacionalmente aceitos, relativos ao hidrogênio.

Os avanços industriais do século XIX possibilitaram grandes mudanças em muitas áreas da vida, da mecanização a inovações tecnológicas e à rápida industrialização. No campo da química houve uma variedade de avanços significativos. O carvão, em especial, o combustível fóssil que impulsionou a revolução, oferecia novas matérias-primas a explorar. A indústria dos corantes sintéticos cresceu a partir da criação de um corante de anilina, um composto derivado do alcatrão de hulha (um subproduto da extração de gás do carvão). Essa indústria, por sua vez, favoreceu o desenvolvimento de processos químicos que geraram uma miríade de substâncias, de combustíveis a fertilizantes e remédios.

Já nos primeiros anos de uso, porém, havia preocupação quanto aos efeitos dos combustíveis fósseis na atmosfera. Nos anos 1850, a pesquisa da cientista americana Eunice Foote sobre propriedades térmicas dos gases a levou a concluir que uma atmosfera com uma proporção maior de dióxido de carbono (CO_2) seria mais quente que outra com baixa proporção – a primeira citação do que hoje chamamos de efeito estufa. Cinquenta anos depois, Svante Arrhenius identificou que era a atividade industrial humana que estava aumentando a proporção de CO_2 na atmosfera da Terra.

Fora da indústria, os cientistas faziam importantes avanços na compreensão da química no nível atômico, o que levou à descoberta de novos elementos, novos conceitos de átomo e molécula, e – mais importante – à criação da tabela periódica dos elementos.

Elementos ordenados

Definir e classificar os elementos foi uma obsessão dos cientistas desde a época dos gregos antigos. Séculos mais tarde, quando a alquimia deu lugar à química, essa ordenação foi impedida primeiro pela falta de clareza sobre o que era um elemento e depois pela imprecisão dos dados. Porém, a listagem de elementos feita pelo químico francês Antoine Lavoisier, o conceito de tríades do químico alemão Johann Döbereiner e a aceitação internacional, em 1860, de um conjunto padrão de pesos atômicos para os elementos prepararam a cena para um arranjo mais lógico. A tabela periódica publicada por Dmitri Mendeleiev em

Svante Arrhenius define os **ácidos e bases** como substâncias capazes de se dividir e absorver íons de hidrogênio.

1884

O físico inglês **J. J. Thomson** descobre **o elétron**; seu trabalho o leva depois a propor o modelo de "pudim de passas" do átomo.

1897

1873

O cientista holandês **Johannes van der Waals** propõe que **forças intermoleculares** mantêm as moléculas unidas.

1894

Wilhelm Ostwald propõe o **mol**, uma unidade que relaciona a massa de uma substância a sua massa atômica ou molecular.

1897

Eduard Buchner descobre que os processos bioquímicos são acionados por **enzimas** e não requerem células vivas.

1869 organizou os 56 elementos então conhecidos num sistema de linhas e colunas que evidenciava as relações entre suas propriedades – e, de modo crucial, permitia que elementos faltantes e suas propriedades fossem previstos. A descoberta de outros elementos provaria que as previsões de Mendeleiev estavam corretas. Sua tabela periódica passou por revisões e pela adição de novos elementos, até tomar a forma da que hoje está pendurada em laboratórios de química no mundo todo.

Fundamentos de química

Outra área de inovações foi o estudo do comportamento de átomos e molécula em geral e em reações químicas. Embora fosse bem-aceito que muitas substâncias eram feitas de moléculas, ainda não era claro o que as mantinha unidas dentro das substâncias. Johannes van der Waals foi o primeiro a propor o conceito de forças fracas entre moléculas como a "cola" molecular. Quando essas forças foram caracterizadas de modo específico nos anos 1930, o nome de Van der Wall foi usado para designá-las.

A introdução do conceito de mol, uma medida de quantidade de átomos e moléculas, tornou os cálculos de reações químicas mais fáceis. Ele simplificava a expressão dos enormes números de entidades químicas presentes nas reações e era fácil relacioná-lo às recém-aceitas massas atômicas relativas dos elementos. A questão crucial do que fazia algumas reações ocorrerem com facilidade e outras não foi abordada aplicando a termodinâmica à química. Josiah Gibbs usou princípios de termodinâmica para relacionar mudanças de energia e entropia nas reações, permitindo aos químicos calcular a possibilidade de haver reação. O efeito de condições variáveis numa reação química foi explorado por Henry Louis Le Chatelier; esse princípio teria depois um papel central na síntese de fertilizantes. Por fim, a virada do século viu a descoberta de uma partícula fundamental: J. J. Thomson realizou uma série de experimentos com raios catódicos que lhe permitiram identificar o elétron. Sabemos hoje que as reações químicas são com frequência, no seu nível mais simples, uma troca de elétrons, então essa era uma peça vital no quebra-cabeça químico – e que levaria a modelos rapidamente aperfeiçoados do átomo nas décadas a seguir. ■

O GÁS QUE AUMENTA A TEMPERATURA DA TERRA
O EFEITO ESTUFA

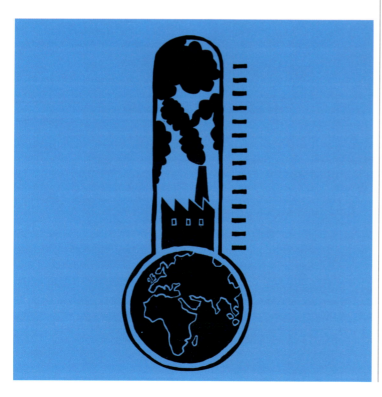

EM CONTEXTO

FIGURA CENTRAL
Eunice Newton Foote
(1819-1888)

ANTES
1824 O físico francês Joseph Fourier supõe que a atmosfera da Terra isola o planeta.

1840 O geólogo suíço Jean Louis Agassiz postula que a Terra já teve uma idade do gelo.

DEPOIS
1938 O tecnólogo britânico Guy Callendar avalia a quantidade de CO_2 emitida por atividade humana e o aumento da temperatura global nos 50 anos anteriores.

2019 Um recorde de 38 bilhões de toneladas de CO_2 são emitidas.

2021 A Nasa anuncia que os sete anos anteriores foram os mais quentes já registrados.

Em 1856, a cientista americana Eunice Newton Foote publicou uma descoberta significativa no campo da ciência do clima. Ela foi a primeira pessoa a observar que dióxido de carbono (CO_2) e vapor de água absorvem calor e a concluir que um aumento no CO_2 atmosférico causaria o efeito estufa. Seu artigo foi lido na reunião anual da Associação Americana para o Progresso da Ciência, mas suas graves implicações não foram estimadas e ele ficou em grande parte esquecido por mais de 150 anos.

Usando cilindros de vidro com ar atmosférico, oxigênio, hidrogênio e dióxido de carbono, Foote fez

A ERA INDUSTRIAL

Ver também: Gases 46 ▪ Ar fixo 54-55 ▪ Captura de carbono 294-295

experimentos com diferentes concentrações dos gases e graus de umidade. Com termômetros nos cilindros, ela dispôs alguns à luz do Sol e outros à sombra e mediu as mudanças de temperatura ao longo do tempo. Os resultados mostraram que, ao Sol, o ar condensado aquecia mais que o rarefeito (ar com menos oxigênio); e o ar úmido, mais que o seco. Os cilindros com CO_2 aqueciam mais que os outros cilindros, e isso a convenceu de que uma atmosfera com proporção mais alta de CO_2 seria mais quente. Ela apresentou isso como uma perspectiva sobre as condições passadas na Terra: "Se, como alguns supõem, num período de sua história o ar estava misturado a ele [CO_2] numa proporção maior que hoje, deve ter necessariamente resultado em uma temperatura mais alta".

Quantificação da mudança

Desconhecendo o trabalho de Foote, do outro lado do Atlântico, o físico irlandês John Tyndall fez poucos anos depois descobertas similares, publicadas em 1861. Com a vantagem de aparelhos de aquecimento mais sofisticados, ele mediu a capacidade de diferentes gases atmosféricos de absorver calor radiante (radiação infravermelha). Ele descobriu que o vapor de água era de longe o mais forte absorsor de infravermelho e concluiu que, de todos os gases atmosféricos, ele teria a maior influência sobre o clima. Mas ele também comentou que as mudanças no conteúdo atmosférico de CO_2 e outros hidrocarbonetos teriam efeitos climáticos.

Em 1896, o químico e físico sueco Svante Arrhenius investigou a ligação entre o CO_2 atmosférico e as glaciações regulares da Terra. Após vastos cálculos, concluiu que dobrar ou dividir pela metade a quantidade de CO_2 na atmosfera faria a temperatura global subir ou baixar em 5 °C a 6 °C. Ele também identificou a atividade industrial humana como a principal fonte de novo CO_2. Mas sua estimativa da taxa de mudança futura se provaria extremamente »conservadora. Ele calculou que um aumento de 100% nos níveis de CO_2 levaria 3 mil anos. »

A Revolução Industrial marcou a transição para a manufatura mecanizada, movida a combustíveis fósseis como o carvão e, depois, petróleo e gás natural.

Eunice Newton Foote

Eunice Newton nasceu em Connecticut, nos EUA, em 1819, numa família com 12 crianças. Ela cresceu no condado de Ontario, em Nova York, e frequentou a Escola Feminina de Troy e um curso científico num instituto próximo. Em 1841, casou-se com o juiz e inventor Elisha Foote. Eunice foi signatária da Declaração de Sentimentos da Convenção de Seneca Falls de 1848, a primeira convenção pelos direitos das mulheres. Em 23 de agosto de 1856, na oitava reunião anual da Associação Americana para o Progresso da Ciência, seu artigo sobre os gases de efeito estufa foi apresentado por John Henry, do Instituto Smithsoniano.

Além de seu trabalho pioneiro sobre as propriedades térmicas, Foote também estudou a excitação elétrica dos gases. Ela era uma botânica dedicada e uma artista completa, além de inventora: obteve a patente para solas de borracha vulcanizada e criou um novo tipo de máquina para fazer papel. Morreu em Lenox, em Massachusetts, em 1888.

Obra principal

1856 "Circunstância que afetam o calor dos raios solares"

O EFEITO ESTUFA

Hoje, estima-se que, se as tendências atuais continuarem, esse aumento se dará no fim do século XXI.

A curva de Keeling

No início do século XX, muitos cientistas suspeitavam que o nível de CO_2 na atmosfera subia. Mas dados consistentes para provar isso só surgiram em março de 1958, quando o geoquímico americano Charles David Keeling instalou um analisador de gases em infravermelho no Observatório de Mauna Loa, no Havaí, e registrou uma concentração de CO_2 de 316 partes por milhão (ppm). Com as leituras, ele fez duas descobertas: que as concentrações de CO_2 sofriam variações sazonais, com um pico em maio e um vale em setembro, e que havia um aumento ano a ano.

Keeling explicou que a primeira tendência era resultado de as plantas absorverem CO_2 da atmosfera ao crescer no verão no hemisfério norte, que contém a maior parte das terras do globo. Ele atribuiu a segunda tendência à queima de combustíveis fósseis, como carvão, petróleo e gás natural. O conjunto de dados de Mauna Loa hoje é chamado de curva de Keeling e mostra que as tendências identificadas por ele continuam no presente.

Efeito estufa

Cerca de metade da energia solar que chega à Terra é radiação ultravioleta (luz) de comprimentos de onda curtos e o restante é radiação infravermelha (calor) de comprimentos de onda longos. Nuvens e gelo refletem parte dessa radiação direto de volta para o espaço e o restante é absorvido pela superfície da Terra e pela atmosfera. A maior parte da energia absorvida de comprimentos de onda curtos é reirradiada na superfície como calor. Se todo o calor emitido pela superfície da Terra passasse direto ao espaço, a temperatura média na superfície seria de cerca de -18 °C. Na verdade, a temperatura média é de cerca de 15 °C, porque há gases de efeito estufa na atmosfera – vapor de água, CO_2, metano (CH_4), óxido nitroso (N_2O) e halocarbonos. O vapor de água é de longe o mais abundante, seguido pelo CO_2. Os gases de efeito estufa absorvem o calor irradiado pela superfície da Terra e depois aos poucos o reirradiam em todas as direções. A vida no planeta precisa desses gases porque eles fazem a atmosfera atuar como um cobertor isolante.

O problema é que, desde que a industrialização começou, em meados do século XVIII, os níveis dos gases de efeito estufa (além do vapor de água) na atmosfera aumentaram muito por atividade humana. Nesse período, o CO_2 atmosférico cresceu cerca de 47%, muito como resultado da queima industrial de combustíveis fósseis – em especial carvão e petróleo – e do desmatamento, que reduz a biomassa de vegetação disponível para absorver o gás. Desde 1958 as concentrações de CO_2 subiram em até 33%: o registro mais alto, de abril de 2021, foi de 421 ppm. Mais de metade do crescimento ocorreu a partir de 1980. A concentração de

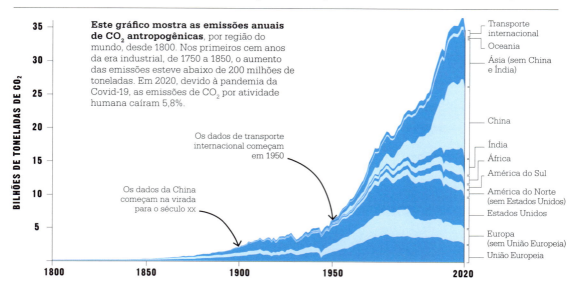

Este gráfico mostra as emissões anuais de CO_2 antropogênicas, por região do mundo, desde 1800. Nos primeiros cem anos da era industrial, de 1750 a 1850, o aumento das emissões esteve abaixo de 200 milhões de toneladas. Em 2020, devido à pandemia da Covid-19, as emissões de CO_2 por atividade humana caíram 5,8%.

Os dados de transporte internacional começam em 1950

Os dados da China começam na virada para o século XX

metano na atmosfera subiu em mais de 150% desde a época pré-industrial. Isso se deveu em grande parte à enorme expansão na criação de gado (ruminantes, como bois e carneiros, produzem metano ao digerir a comida), além dos processos de produção de petróleo e gás. A concentração pré-industrial de CH_4 era de cerca de 700 partes por bilhão (ppb); em 2021 já era de 1.891 ppb – a maioria do crescimento se deu desde 1960. Isso preocupa em especial, pois, embora haja muito menos CH_4 na atmosfera que CO_2, o metano aprisiona mais de 20 vezes mais calor por unidade de massa que o dióxido de carbono. (Porém, enquanto o CO_2 pode ficar na atmosfera por centenas de anos, o CH_4 atmosférico se oxida em uma década.)

A concentração atmosférica de óxido nitroso também aumentou, desde a época pré-industrial, em quase 18%. Embora o N_2O represente uma fração do volume total de gases de efeito estufa, seu efeito isolante é de 300 vezes o do CO_2 e ele persiste na atmosfera por mais de um século.

Aceleração do aquecimento global

Uma atmosfera que se aquece gera efeitos de retroalimentação positiva,

Os olhos das gerações futuras estão sobre vocês. E se vocês escolherem falhar conosco, eu lhes digo: nunca vamos perdoá-los.
Greta Thunberg
Cúpula do Clima das Nações Unidas, Nova York (2019)

que aceleram o fenômeno. Por exemplo, quando o *permafrost* derrete devido a temperaturas mais quentes, os pântanos de turfa descongelados liberam mais metano. Isso preocupa muito em locais que têm vastas áreas de turfa, como o norte da Sibéria. Quando o aquecimento atmosférico leva a incêndios florestais maiores e mais frequentes, a combustão libera ainda mais CO_2. E quando a água do mar esquenta, sua capacidade de absorver CO_2 da atmosfera reduz.

Impactos e respostas

Embora o grande número de variáveis torne previsões precisas impossíveis, sabe-se que o aumento do efeito estufa produz uma atmosfera mais quente. Isso por sua vez derrete o gelo, acrescentando água aos oceanos e elevando seus níveis. Uma atmosfera mais quente é mais energética, e causa tempestades violentas e temperaturas extremas. Em agosto de 2021, o Painel Intergovernamental de Mudanças Climáticas (IPCC) informou que as mudanças no clima estão em todas

O risco e a gravidade dos incêndios estão aumentando por causa do aquecimento global. O calor torna a vegetação mais seca e inflamável, e prolonga as temporadas de incêndios.

as regiões da Terra e através de todo o sistema climático. Essas mudanças perturbam os ecossistemas e impactam a produção de alimentos e a saúde humana (por má nutrição, doenças e estresse por calor). Ao mesmo tempo, regiões baixas costeiras se tornam inabitáveis por causa de alagamentos. Os países pobres são os mais afetados, devido à falta de infraestrutura e de recursos para responder a essas ameaças.

Esses efeitos são irreversíveis no em centenas ou até milhares de anos. Para limitar os impactos, é preciso diminuir muito a produção de gases de efeito estufa e deter o desmatamento em larga escala. Sem a redução rápida e substancial nas emissões, não será possível limitar o aquecimento global a 1,5 °C acima dos níveis pré-industriais. Um aumento de 2 °C é estimado como o limite para a agricultura e a saúde. ∎

AZUIS DERIVADOS DO CARVÃO
CORANTES E PIGMENTOS SINTÉTICOS

EM CONTEXTO

FIGURA CENTRAL
William Henry Perkin
(1838-1907)

ANTES
c. 3250 a.C. Primeiro uso do azul egípcio, considerado o primeiro pigmento sintético.

c. 1706 O fabricante de tintas suíço Johann Jacob Diesbach faz o azul da Prússia, o primeiro pigmento sintético de uso global.

1834 O químico alemão Friedlieb Ferdinand Runge isola a anilina do alcatrão de hulha.

DEPOIS
1884 Hans Christian Gram descobre que o corante violeta de genciana tinge certas espécies de bactérias, mas não outras – uma técnica de identificação usada ainda hoje.

1932 Os químicos alemães Josef Klarer e Fritz Mietzsch, com o médico Gerhard Domagk, criam o Prontosil, a primeira droga antibacteriana de sulfonamida, a partir de um corante azoico vermelho.

Desde tempos pré-históricos, as pessoas usaram pigmentos (substâncias coloridas) para adornar a si mesmas e a seu entorno. Óxido de ferro (Fe_2O_3) para fazer vermelhos e minerais para outras cores, datados de 350 mil a 400 mil anos atrás, foram achados num dispositivo para moer pigmentos numa caverna em Twin Rivers, na Zâmbia. O primeiro pigmento feito por humanos, o azul egípcio, foi criado no 4º milênio a.C. aquecendo uma mistura de areia quartzífera, calcário moído, soda ou

A ERA INDUSTRIAL

Ver também: Grupos funcionais 100-105 ▪ Benzeno 128-129 ▪ Antibióticos 222-229 ▪ Desenho racional de fármacos 270-271 ▪ Quimioterapia 276-277

potassa e uma fonte de cobre, como malaquita.

Até o século XIX, os corantes para tecidos derivavam apenas de plantas e outras fontes naturais. Alguns eram caros de produzir. O exemplo extremo era a púrpura de Tiro, criada pelos fenícios no século XVI a.C. com o muco de moluscos marinhos. Era preciso mais de 10 mil moluscos para fazer só 1 g de corante. Reservado às pessoas mais ricas e poderosas, o pigmento ficou conhecido como "púrpura imperial".

Em 1771, o químico irlandês Peter Woulfe relatou ter tratado o corante natural índigo com ácido nítrico e produziu um corante amarelo. Essa substância, depois identificada como ácido pícrico, tingia vários materiais, mas só foi usada como corante no fim dos anos 1840, e mesmo então em pequena escala, pois desbotava com certa facilidade.

A descoberta de Perkin

Em 1856, uma descoberta acidental de um jovem químico marcou o início real da indústria de corantes sintéticos. Na época, William Henry Perkin tinha 18 anos e era assistente de pesquisa de August Wilhelm von Hofmann, um precursor da química orgânica do College of Chemistry de Londres. Uma das tarefas de Perkin era desenvolver uma forma sintética de quinina, necessária ao tratamento da malária nas áreas tropicais do Império Britânico, mas difícil de extrair de sua fonte natural, a casca da árvore cinchona.

Em seu modesto laboratório caseiro, Perkin fazia testes com anilina, um óleo incolor derivado do alcatrão de hulha (um subproduto da extração de gás do carvão). Buscando oxidar anilina com o uso de dicromato de potássio, na esperança de obter o alcaloide quinina, Perkin ficou com um resíduo preto no frasco. Quando tentou eliminar o resíduo com álcool, obteve uma solução púrpura. Outros experimentos mostraram que a solução tingia facilmente a seda.

O corante de Perkin desbotava menos que os de púrpura natural em uso na época; na verdade, ainda hoje se percebe o tom púrpura em algumas de suas amostras originais. Análises modernas de

Nesta pintura de John Philip, encomendada pela rainha Vitória, ela usa um vestido malva no casamento de sua filha mais velha, em 25 de janeiro de 1858.

amostras históricas revelaram que o corante não era uma substância simples, mas uma mistura de mais de 13 diferentes compostos.

Em agosto de 1856, com a patente de seu novo corante sintético, Perkin montou uma fábrica e instruiu a indústria de tingimento sobre como usá-lo melhor. Em 1860, já estava rico e famoso, em grande »

William Henry Perkin

Nascido em Londres em 1838, Perkin era o mais novo de sete filhos. Seu pai queria que fosse arquiteto, mas depois que um amigo lhe mostrou como a soda e o alume cristalizam, desenvolveu um vivo interesse por química.

Aos 14 anos, Perkin era aluno da Escola da Cidade de Londres, uma das primeiras a ensinar química – havia aulas específicas duas vezes por semana. Seu professor o estimulou a assistir às palestras de sábado à tarde do famoso físico e químico Michael Faraday, na Real Instituição.

Em 1853, aos 16 anos, inscreveu-se no Royal College of Chemistry. August Wilhelm von Hofmann, o diretor da escola, envolveu Perkin na busca por quinina sintética, que o levaria a descobrir a malveína.

Após fazer fortuna com a descoberta do corante, Perkin vendeu sua fábrica e se afastou da indústria em 1874, aos 36 anos. Em reconhecimento por seus feitos, foi eleito para a Real Sociedade em 1866 e tornou-se cavaleiro em 1906. Morreu em 1907.

parte graças ao entusiasmo de figuras notáveis, como a rainha Vitória e a imperatriz Eugênia da França, pela nova cor. De início ele chamou o corante de púrpura de Tiro, como a antiga cor imperial, mas após o sucesso na França passou a chamá-lo de malveína – e a cor resultante de malva –, inspirado pelo nome francês da flor púrpura de malva (*mauve*).

Vermelhos, violetas e magentas

Um problema enfrentado por Perkin na fabricação de malveína era o baixo rendimento – em geral 5% da matéria original. Sua descoberta estimulou a busca por outros corantes de anilina e uma produção maior a partir da enorme variedade de substâncias encontradas no alcatrão de hulha.

Em 1859, em Lyon, na França, François-Emmanuel Verguin, um químico industrial, usou cloreto de estanho como agente oxidante alternativo ao dicromato de potássio e criou um corante vermelho de rendimento muito maior que o de Perkin. O cloreto de estanho era, porém, caro, e oxidantes mais baratos, como nitrato de mercúrio e ácido arsênico, foram usados para fabricar o corante. Verguin chamou seu corante de fucsina, talvez por causa da planta fúcsia. Depois foi renomeado de magenta, para marcar a vitória franco-sarda sobre os austríacos na Batalha de Magenta, no norte italiano, em 1859.

Hofmann fez outros estudos sobre aminas (classe de compostos que inclui a anilina) e tentou fazer a reação de anilina com várias substâncias orgânicas. Em 1858, relatou ter obtido "uma cor carmim magnífica". Então, em 1862, Edward Nicholson, antigo aluno seu, lhe pediu que determinasse a composição química da magenta. Esse trabalho levou Hofmann a acrescentar diferentes grupos funcionais – os átomos que produzem as reações características de um composto – à molécula de magenta, criando novos tons. Uma reação produziu violetas brilhantes, que foram chamados violetas de Hofmann, logo manufaturados por Nicholson. Esses foram os primeiros corantes criados por pesquisa científica proposital, e não por tentativa e erro.

Vermelho da Turquia e índigo

Entre 1869 e 1870, Perkin e, de modo independente, os químicos alemães Carl Graebe, Carl Liebermann e Heinrich Caro descobriram um modo de sintetizar alizarina (também chamada vermelho da Turquia), um corante de importância comercial derivado da raiz de garança. Esse pigmento era usado há séculos, em especial para tingir uniformes militares. Os químicos alemães patentearam seu processo um dia

---

O tingimento com índigo

Índigo ($C_{16}H_{10}N_2O_2$) + Hidróxido de sódio (NaOH) + Ditionito de sódio ($Na_2S_2O_4$)

Mistura de água com leucoíndigo e um álcali (p. ex. hidróxido de sódio)

O oxigênio atua sobre o leucoíndigo, produzindo uma cor índigo-azul intensa e insolúvel

Leucoíndigo incolor ($C_{16}H_{12}N_2O_2$)

O índigo natural ou sintético não é solúvel em água. Ele tem de ser primeiro misturado a um agente redutor, como ditionito de sódio, para tornar-se solúvel. Essa forma, chamada leucoíndigo, é incolor. O tecido ou o fio é imerso numa mistura de leucoíndigo e álcali e depois exposto ao ar; o oxigênio converte o leucoíndigo de novo em índigo.

Os químicos sempre quiseram produzir corpos orgânicos naturais em seus laboratórios.
William Henry Perkin
Journal of the Society of Art (1869)

A ERA INDUSTRIAL

Uma série de frascos de destilação estão prontos para uso nesta ilustração de uma oficina francesa do século XIX de produção de anilina. Ela foi reproduzida de *Les grandes usines en France*, levantamento em oito volumes de Julien Turgan publicado entre 1860 e 1868.

antes de Perkin, mas as fábricas dele logo estavam produzindo mais de 400 toneladas de alizarina sintética ao ano por metade do custo do produto natural. Após esse sucesso, o cultivo em larga escala de garança desapareceu.

Outro importante corante natural era o índigo, derivado de plantas do gênero *Indigofera*. Muito valorizado há milênios, o índigo era chamado de "ouro azul". O químico alemão Adolf von Baeyer determinou sua estrutura química em 1865 e em 1870 já conseguira preparar uma amostra de índigo sintético a partir da substância isatina. Porém, esse processo era caro demais para a escala industrial. Só em 1890 Karl Heumann descobriu um modo de manufaturar índigo usando anilina, uma substância prontamente disponível. Em 1897, o primeiro índigo sintético foi vendido pela BASF na Alemanha; no início da Primeira Guerra Mundial, os alemães eram responsáveis por mais de 80% da produção global de corantes, eclipsando o Reino Unido e outros países.

Perigos e benefícios

Desde o início, os pigmentos sintéticos podiam ser danosos aos trabalhadores e até aos clientes. Por exemplo, o verde de Scheele, um pigmento verde-vivo inventado em 1775 por Carl Wilhelm Scheele, era um composto arsênico altamente tóxico que, apesar disso, foi usado em papéis de parede, tintas e até brinquedos infantis. Nos anos 1860, o processo baseado em ácido arsênico para sintetizar fucsina produzia arsenita de fúcsia, que podia conter até 6% de arsênio. Os operários sofriam ulcerações no nariz, lábios e pulmões. Os jornais noticiavam que mulheres desenvolviam erupções cutâneas após seus vestidos serem expostos a chuva ou suor. Em 1864, a empresa suíça de corantes J. J. Muller-Pack teve de fechar depois que os moradores da região de sua fábrica em Basileia adoecerem por contaminação por arsênio da água de seus poços, e a unidade da Renard Frères em Lyon cessou a produção de magenta depois que poços envenenados causaram mortes. Mesmo hoje, o uso de substâncias tóxicas na indústria de corantes é fonte de preocupação ambiental e de saúde.

Por outro lado, verificou-se que alguns corantes sintéticos são úteis na medicina. Eles são usados para tingir amostras de células para revelar microrganismos de doenças e estruturas celulares, e até para produzir tratamentos por drogas – como as antimaláricas, numa volta surpreendente ao trabalho original de Perkin. ∎

Drogas a partir de corantes

Os corantes sintéticos se mostraram úteis não só na indústria têxtil, mas na medicina. Paul Ehrlich foi um dos primeiros a usar corantes de anilina em estudos biológicos. Nos anos 1880, ele descobriu que certas células absorvem alguns pigmentos. O azul de metileno, em especial, um corante feito pela empresa alemã BASF, tingia neurônios (células nervosas) vivos e plasmódios (parasitas de malária). Em 1891, Ehrlich foi trabalhar com Robert Koch, cujo uso de corantes para tingir células o levara a descobrir o bacilo da tuberculose e substâncias que atacam diretamente organismos causadores de doenças, sem afetar células saudáveis. Ehrlich testou centenas de substâncias. Uma delas foi o corante vermelho de tripano, eficaz contra tripanossomos – microrganismos responsáveis pela tripanossomíase africana, ou doença do sono. Ehrlich provou assim que os corantes podiam ser usados como agentes antibacterianos, e iniciou uma revolução farmacêutica.

EXPLOSIVOS PODEROSOS PERMITIRAM OBRAS MARAVILHOSAS
QUÍMICA EXPLOSIVA

EM CONTEXTO

FIGURA CENTRAL
Alfred Nobel (1833-1896)

ANTES
c. século IX Alquimistas chineses descobrem a pólvora, o primeiro explosivo.

1679 A pólvora é usada pela primeira vez em engenharia civil, na construção do Túnel de Malpas, na França.

DEPOIS
1870 A dinamite é usada numa bomba na Guerra Franco-Prussiana.

1891 O químico alemão Carl Häussermann descobre que o TNT (trinitrotolueno), inventado como corante amarelo, tem propriedades explosivas.

1940-1945 As forças aliadas lançam 2,7 milhões de toneladas de bombas de alto impacto na Europa.

A nitroglicerina, o primeiro explosivo moderno, foi inventada por Ascanio Sobrero em 1846. Formada pela adição de glicerina a uma mistura de ácidos nítrico e sulfúrico, ela era muito mais poderosa que a pólvora, o único explosivo disponível antes, mas instável demais para uso seguro.

Em 1865, o químico e empresário sueco Alfred Nobel inventou o detonador, e deu mais segurança ao manuseio da nitroglicerina. Era uma pequena peça de madeira com uma carga de pólvora, acoplada a um recipiente metálico de nitroglicerina. O detonador podia ser acionado acendendo-se um pavio ou por uma faísca elétrica, que ativava a nitroglicerina. Nobel acrescentou então diatomito à nitroglicerina oleosa, o que a tornou uma pasta que podia ser modelada em bastões, mais fáceis de manipular. Em 1867 ele patenteou essa ideia como dinamite. Depois ele misturou nitroglicerina com algodão-pólvora (nitrocelulose). Descoberto por acaso em 1832 por Christian Friedrich Schönbein, o algodão-pólvora era produzido mergulhando algodão em ácido nítrico e sulfúrico, criando uma substância inflamável que explode sob impacto. Patenteada em 1875, a nova invenção de Nobel foi chamada de gelinhite. Era mais estável e tão eficiente quanto a nitroglicerina, e podia ser usada sob a água. A dinamite e a gelinhite se tornaram os explosivos-padrão usados em construção, mineração e perfurações. ■

Em seu testamento, Alfred Nobel estipulou que sua fortuna fosse usada em prêmios de física, química, fisiologia ou medicina, literatura e paz – que se tornaram os prêmios Nobel.

Ver também: A pólvora 42-43 ▪ Por que as reações acontecem 144-147

PARA DEDUZIR O PESO DOS ÁTOMOS
PESOS ATÔMICOS

EM CONTEXTO

FIGURA CENTRAL
Stanislao Cannizzaro
(1826-1910)

ANTES
1789 Antoine Lavoisier determina o princípio de que a massa não é criada nem destruída numa reação química.

1808 John Dalton apresenta sua teoria atômica, propondo que átomos de diferentes elementos têm massa diversa.

1826 Jöns Jacob Berzelius publica uma tabela de pesos atômicos muito próximos dos valores atuais, com base em análise experimental.

DEPOIS
1865 O cientista austríaco Johann Josef Loschmidt determina o número de moléculas num mol, depois chamado número de Avogadro.

1869 Dmitri Mendeleiev apresenta sua tabela periódica dos elementos, baseada em pesos atômicos.

Em 1811, Amadeo Avogadro conjecturou que volumes iguais de gases à mesma temperatura e pressão contêm números iguais de moléculas. Ele aventou também que gases simples não eram formados por átomos isolados, mas por moléculas compostas de dois ou mais átomos. Poucos cientistas aceitaram essas ideias.

No artigo "Esboço de um curso de filosofia química", de 1858, o químico italiano Stanislao Cannizzaro tentou demonstrar como a hipótese de Avogadro permitiria aos químicos medir pesos atômicos. Determiná-los era um tema de discussão porque átomos e moléculas eram tratados muitas vezes de modo intercambiável. Em 1860, no primeiro congresso químico internacional, Cannizzaro fez uma defesa convincente de suas ideias. Mais de 140 dos principais químicos do mundo foram ao congresso. Cannizzaro enfatizou que, uma vez que todos os pesos atômicos são relativos, devia-se escolher um peso padrão, em relação ao qual todos os outros poderiam ser definidos. Ele escolheu o hidrogênio, mas já que era diatômico (feito de dois átomos), como o químico sueco Jöns Jacob Berzelius tinha mostrado, Cannizzaro adotou meia molécula de hidrogênio como valor da unidade.

Cópias do "Esboço" de Cannizzaro foram distribuídas aos participantes do congresso, que foram convencidos por sua argumentação (e de Avogadro). Entre eles estavam os químicos russos Julius Lothar Meyer e Dmitri Mendeleiev, que logo começaram a usar os pesos atômicos recalculados para construir a tabela periódica dos elementos. ■

>
> Meus olhos se abriram e minhas dúvidas desapareceram.
> **Julius Lothar Meyer**
> Ao ler o "Esboço" de Cannizzaro
>

Ver também: Conservação da massa 62-63 ▪ Elementos terras-raras 64-67 ▪ A teoria atômica de Dalton 80-81 ▪ A lei dos gases ideais 94-97 ▪ A tabela periódica 130-137

AS LINHAS BRILHANTES DE UMA CHAMA

ESPECTROSCOPIA DE CHAMA

EM CONTEXTO

FIGURAS CENTRAIS
Robert Bunsen (1811-1899),
Gustav Kirchhoff (1824-1871)

ANTES
1666 Isaac Newton faz experimentos com prismas e produz espectros, mas pensa que a luz é um fluxo de partículas, e não de ondas.

1835 Charles Wheatstone relata que os metais podem ser distinguidos pelos espectros de emissão de suas faíscas.

DEPOIS
Anos 1860 William e Margaret Huggins usam a espectroscopia para mostrar que as estrelas são feitas dos mesmos elementos que a Terra.

1885 Johann Balmer mostra que os comprimentos de onda das linhas espectrais do hidrogênio podem ser calculados por uma fórmula matemática simples.

O físico inglês Isaac Newton introduziu o termo "espectro" em 1666 para designar a dispersão da luz branca num arco-íris de cores ao passar por um prisma. Deficiências do equipamento que usou levaram à falta de detalhes no espectro, com sobreposição de cores. Em 1802, o químico britânico William Hyde Wollaston descreveu a obtenção de um espectro em que observou várias linhas escuras, mas pensou que eram meros intervalos entre as cores e não deu importância a elas. Apesar disso, ele foi o primeiro a observar o que depois seria identificado como linhas de absorção no espectro solar. As

Ver também: Fotografia 98-99 ▪ A tabela periódica 130-137 ▪ Os gases nobres 154-159 ▪ Espectroscopia de infravermelho 182 ▪ Espectrometria de massas 202-203

linhas brilhantes também observadas são chamadas de linhas de emissão.

As linhas de Fraunhofer

O fabricante de lentes alemão Joseph von Fraunhofer foi além, fazendo em 1814 um estudo cuidadoso do espectro solar, em que mapeou várias centenas de linhas e rotulou as mais fortes como A, B, C, D e assim por diante. Estas são chamadas hoje de linhas de Fraunhofer. Ele também estudou o espectro de estrelas e planetas, usando um telescópio para coletar a luz, e notou que os espectros planetários eram similares ao solar.

A cor da chama

Os alquimistas do século XV sabiam que os sais podem produzir cores diferentes no fogo. Os relatos mais antigos de investigações sobre os espectros criados por chamas datam do século XVIII. Em 1752, o físico escocês Thomas Melvill usou um prisma para examinar o espectro produzido ao queimar álcoois em que introduziu várias substâncias, como potassa e sal marinho. Ele observou um tom específico de amarelo que sempre tomava a mesma posição no espectro, mas não pensou que tivesse significado. Melvill morreu em 1753 e só cinco anos depois o químico alemão Andreas Marggraf relatou ter distinguido os compostos de sódio e potássio pela diferença de cor das chamas: os compostos de sódio produziam uma chama amarela e os de potássio, violeta.

Espectro de chama

A análise do espectro de chama foi na verdade iniciada pelo cientista britânico John Herschel, que

Quando o bário queima, produz uma chama verde porque os elétrons são excitados para um nível de energia mais alto. Ao voltar para o nível básico, eles emitem energia na forma de luz.

escreveu em 1823 que as cores produzidas podiam oferecer um modo de detectar "quantidades extremamente pequenas" de uma substância. Suas investigações foram prejudicadas pela presença de impurezas de sódio nas amostras, que fazia uma linha brilhante amarelo-alaranjada, idêntica à observada por Melvill, sempre aparecer em seus espectros. Isso tornou impossível a Herschel demonstrar que cada substância produz um espectro único. »

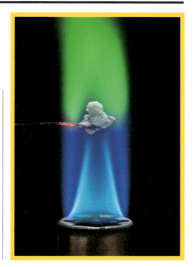

Uma fonte de luz, como **o Sol**, produz um **espectro contínuo**.

⬇

Quando **a luz** passa por um **gás frio**, elementos no gás absorvem comprimentos de onda característicos, criando **linhas escuras de absorção**.

⬇

Um gás quente produz **linhas de emissão** – linhas brilhantes onde a luz de um **comprimento de onda específico** é emitida.

⬇

As linhas de absorção de um elemento correspondem a suas linhas de emissão.

ESPECTROSCOPIA DE CHAMA

Enquanto isso, o pioneiro da fotografia britânico William Fox Talbot fazia pesquisas com seus próprios espectros de chama. Em 1826, ele observou "uma raia vermelha" que era "característica dos sais de potassa" (potássio), do mesmo modo que a raia amarela era para os "sais de soda" (sódio), embora a raia vermelha só fosse vista com a ajuda de um prisma.

Ele acreditava que os padrões de linhas distintos vistos nos espectros de chama poderiam ser usados em análises químicas para detectar a presença de substâncias cuja identificação, de outro modo, exigiria horas de trabalho.

Os cientistas suspeitavam havia algum tempo que existia uma conexão entre as linhas brilhantes de emissão dos espectros de chama e as linhas escuras de absorção do espectro solar. O próprio Fraunhofer tinha notado que suas linhas D solares coincidiam com uma linha dupla amarela brilhante vista nos espectros de chama. Em 1849, para ilustrar a coincidência das linhas, o físico francês Léon Foucault atravessou a luz de uma lâmpada de arco voltaico com luz solar, para sobrepor os dois espectros. Ele ficou surpreso ao ver que as linhas D eram mais fortes que no espectro solar sem a luz da lâmpada. Isso se mostrou crucial para uma descoberta posterior.

O espectroscópio de chama

Dez anos depois, em 1859, o físico Gustav Kirchhoff e o químico Robert Bunsen, ambos alemães, inventaram o espectroscópio de chama. Eles usaram o queimador que leva o nome de Bunsen para obter uma chama sem cor, evitando mascarar as cores de emissão do material em análise. Seu espectroscópio tinha três partes: a chama e o colimador, que limita a luz de uma amostra a um feixe; o prisma, que dispersa a luz; e o telescópio, usado para observar as cores emitidas. Isso permitia medir com precisão os comprimentos de onda da luz emitida pela amostra na chama. Repetindo o trabalho de Foucault, Kirchhoff e Bunsen dirigiram a luz solar e a de uma

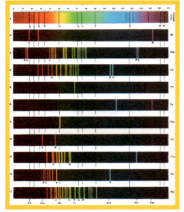

O espectro de emissão da chama de metais alcalinos mostra que, ao serem aquecidos, são emitidos padrões de luz únicos. As linhas verticais de Fraunhofer são vistas no espectro superior.

Um espectroscópio de chama, como o inventado por Kirchhoff e Bunsen, pode ser usado para identificar elementos e descobrir a composição de qualquer substância, com base no teste de chama.

Robert Bunsen

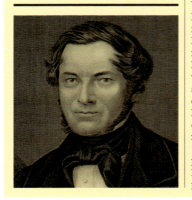

Nascido em 1811 em Göttingen, na Westfália (hoje Alemanha), Robert Bunsen era o mais novo de quatro irmãos. Após doutorar-se em 1830, Bunsen foi trabalhar com o químico francês Joseph Gay-Lussac em seu laboratório, em Paris, em 1832, voltando à Alemanha no ano seguinte para se tornar palestrante da Universidade de Göttingen. Bunsen tinha talento de experimentalista e inventor. Com o físico alemão Arnold Berthold, em 1834, ele descobriu um antídoto para o envenenamento por arsênio. Elaborou também novas técnicas para analisar gases produzidos por indústrias e recomendou que os gases da queima de carvão fossem reciclados para gerar mais energia. Em 1841, inventou a célula de zinco-carbono, ou célula de Bunsen. A combinação dessas células em baterias grandes permitiu a Bunsen separar metais dos minérios por eletrólise. Em 1864, com seu aluno de pesquisa, o químico britânico Henry Roscoe, Bunsen inventou o flash fotográfico, usando a queima de magnésio como fonte de luz. Bunsen morreu em Heidelberg, Alemanha, em 1899.

A ERA INDUSTRIAL

chama para a fenda na frente do espectroscópio e primeiro colocaram sal de sódio na chama – depois outros sais, como de cálcio e estrôncio, obtendo diferentes espectros. As linhas espectrais brilhantes produzidas se alinhavam com precisão às linhas escuras do espectro solar, mostrando que emissão e absorção eram processos conectados.

Kirchhoff concluiu que, quando a luz passa por um gás, seus comprimentos de onda que são absorvidos pelo gás coincidem com os comprimentos que o gás emite quando incandescente. Uma substância que emite luz forte em certo comprimento de onda também absorverá com força a luz naquele comprimento de onda.

Logo ficou evidente para Kirchhoff e Bunsen que cada elemento químico produzia seu próprio padrão de linhas coloridas ao ser aquecido até a incandescência (o ponto da emissão de luz). Cada elemento e composto produzia um espectro, de certo modo comparável a um código de barras que o identificava de modo único. A espectroscopia podia assim ser usada para determinar a composição de qualquer substância.

Espectroscopia no espaço

O vapor de sódio produzia uma linha amarela dupla, correspondente à linha D de Fraunhofer. A existência das linhas D escuras no espectro solar indicava que a luz solar passava por vapor de sódio no caminho até a Terra. Isso, Kirchhoff concluiu, provava que o sódio estava presente na atmosfera solar e que tinha absorvido a luz do comprimento de onda característico. Comparando as linhas escuras de Fraunhofer do espectro solar com as linhas espectrais de metais, Kirchhoff constatou que, além do sódio,

> Está aberto o caminho para determinar a composição química do Sol e das estrelas fixas.
> **Robert Bunsen**

também estavam presentes na atmosfera solar magnésio, ferro, cobre, zinco, bário e níquel. A descoberta deles não só trouxe uma revolução à análise química; ela também forneceu aos astrônomos uma poderosa ferramenta nova para explorar o cosmo.

Novos elementos

Em maio de 1860, ao analisar as emissões espectrais de águas minerais conhecidas por serem ricas em compostos de lítio, Bunsen viu uma assinatura azul-clara nova no espectro. Ele e Kirchhoff imaginaram ser um novo elemento, que Bunsen nomeou césio (do latim para "azul-celeste"). Como uma indicação do poder da análise espectral, Bunsen teve de evaporar 45 mil litros de água mineral para obter uma amostra grande o bastante de sais de césio para determinar suas propriedades. Ele não conseguiu, porém, isolar o césio metálico puro; isso foi realizado em 1881 por Carl Setterberg.

No ano seguinte, em 1861, Bunsen e Kirchhoff descobriram outra nova substância, que produzia um espectro vermelho-escuro. Era o metal rubídio (do latim para "vermelho-escuro") e dessa vez Bunsen conseguiu isolar o elemento. As descobertas de Bunsen e Kirchhoff foram pioneiros no modo de encontrar elementos desconhecidos. ∎

O deus Sol e o hélio

Em 18 de agosto de 1868, durante um eclipse total na Índia, o astrônomo francês Pierre Janssen viu algo surpreendente ao examinar a coroa do Sol (sua camada mais externa) com um espectroscópio: uma linha amarela brilhante que não se ajustava a nenhum elemento. Dois meses depois, sem conhecer o trabalho de Janssen, o astrônomo britânico Norman Lockyer também descobriu a linha amarela. Lockyer logo anunciou ter encontrado um novo elemento, chamando-o de hélio, a partir de Hélio, o deus Sol grego.

Houve vozes discordantes, como a do químico russo Dmitri Mendeleiev, que não tinha espaço em sua tabela periódica para o hélio. A descoberta dos gases inertes ou nobres restantes, de 1894 a 1900, levou a uma revisão da tabela, e o hélio foi adicionado com os outros cinco gases nobres, em 1902.

Hoje sabemos que o hélio é o segundo elemento mais leve e abundante do universo observável depois do hidrogênio.

Um eclipse solar total ocorre quando a Lua passa entre o Sol e a Terra e bloqueia a luz solar.

NOTAÇÃO PARA INDICAR A POSIÇÃO QUÍMICA DOS ÁTOMOS
FÓRMULAS ESTRUTURAIS

EM CONTEXTO

FIGURA CENTRAL
Alexander Crum Brown
(1838-1922)

ANTES
1808 John Dalton conjectura que os átomos se engancham uns nos outros e cria diagramas mostrando átomos combinados.

1858 Archibald Couper desenha diagramas com linhas que representam as ligações entre átomos.

DEPOIS
1865 O químico alemão August Wilhelm von Hofmann faz os primeiros modelos de moléculas com varetas e bolas.

1916 Gilbert Lewis apresenta as "estruturas de Lewis" para representar átomos e moléculas, com pontos para elétrons e linhas para ligações covalentes.

1931 Linus Pauling usa a mecânica quântica para calcular as propriedades e estruturas das moléculas.

É difícil definir ao certo a aparência das moléculas porque a maioria tem menos de um nanômetro de tamanho. Mas a estrutura de uma molécula dá uma informação importante sobre suas propriedades e como ela reage a outras, então é vital ser capaz de representá-la de algum modo.

Primeiros diagramas
No século v a.C., os gregos antigos lançaram a ideia de que os átomos têm ganchos e buracos com que se conectam entre si, mas só no século XIX se iniciaram as tentativas sérias de representar as combinações atômicas. Em 1803, o químico britânico John Dalton criou vários símbolos para os elementos conhecidos na época, como hidrogênio, oxigênio, carbono e enxofre, e diagramas para ilustrar moléculas comuns. Ele pensava que os elementos se combinavam mais em formas binárias, então os compostos teriam só um átomo de cada elemento. Isso o levou a acreditar que a fórmula da água seria OH; hoje sabemos que é H_2O.

Desenvolvimentos posteriores na representação de moléculas se ligaram com frequência à evolução no conhecimento sobre a estrutura química, em especial envolvendo moléculas orgânicas. Em 1858, o químico escocês Archibald Couper propôs uma teoria da estrutura molecular, enfatizando que o carbono formava quatro ligações e que criava cadeias com outros átomos de carbono. August Kekulé, um químico alemão, apresentou a mesma ideia quase ao mesmo tempo e teve seu trabalho publicado antes, no mesmo ano.

Recepção
Kekulé acompanhou sua teoria com diagramas que representavam compostos orgânicos usando "fórmulas-salsicha" (ovais alongados

Há [...] oposição a suas fórmulas aqui, mas estou certo de que se destinam a introduzir muito mais precisão em nossas noções sobre compostos químicos.
Edward Frankland

A ERA INDUSTRIAL

Ver também: Proporções dos compostos 68 ▪ Notação química 82-83 ▪ Benzeno 128-129 ▪ Química de coordenação 152-153 ▪ Cristalografia de raios x 192-193 ▪ Espectroscopia por ressonância magnética nuclear 254-255

Evolução das fórmulas estruturais

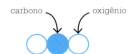

1808: Os símbolos atômicos de Dalton, aqui para dióxido de carbono, usam círculos de cores diferentes para representar os elementos.

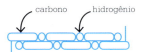

1858: A fórmula-salsicha de Kekulé, aqui do benzeno, tem salsichas de tamanhos variados para representar valências.

1858: A fórmula de Couper, aqui do etanol, mostra símbolos elementares para átomos e linhas pontilhadas para ligações.

1861: A fórmula constitucional de Crum Brown, aqui do ácido succínico, usa símbolos elementares para átomos e linhas cheias para ligações.

---

e círculos). Couper também incluiu diagramas, mas usando símbolos elementares com linhas para representar as ligações entre átomos – não diferentes das representações estruturais de hoje. Ambos obtiveram pouca atenção de outros químicos na época. O químico russo Alexander Butlerov, conhecido por contribuições à teoria da estrutura química, desqualificou a teoria e as estruturas de Couper como "absolutas demais" e "não percebidas nem expressas com clareza". Embora Kekulé seja famoso pela proposta posterior da estrutura do benzeno, Couper foi praticamente esquecido.

Alexander Crum Brown ao que parece desconhecia o trabalho de Couper, mas deu contribuições de igual importância à representação de moléculas. Sua tese de 1861 continha desenhos similares aos de Couper, com símbolos elementares dentro de círculos para simbolizar átomos, ligados por linhas que significavam ligações. As fórmulas de Crum Brown foram recebidas com oposição por alguns, mas o químico britânico Edward Frankland, que realizara trabalhos sobre valência atômica no início dos anos 1850, usou-as em suas palestras e depois as incluiu num livro didático publicado em 1866, popularizando-as ainda mais. A segunda edição dessa obra dispensou os círculos ao redor dos átomos que Crum Brown desenhara, deixando as representações quase idênticas às usadas hoje. Um tanto injustamente, esses diagramas ficaram conhecidos como "notação de Frankland". ■

Alexander Crum Brown

Nascido em Edimburgo, Escócia, em 1838, Alexander Crum Brown estudou artes e medicina. Ele obteve o doutorado médico na Universidade de Edimburgo e o doutorado em ciências na Universidade de Londres. De 1869 até aposentar-se, em 1908, foi professor de química na Universidade de Edimburgo. Além dos diagramas químicos, Crum Brown foi o primeiro a propor que o etileno (C_2H_4) contém uma ligação carbono-carbono dupla. Ele também demonstrou que a estrutura de uma molécula influencia sua atuação no corpo.

Usou vários materiais – como couro, *papier-mâché* e madeira – para construir modelos matemáticos 3D de superfícies interligadas e fez um modelo incrivelmente preciso do cloreto de sódio (NaCl) anos antes de sua estrutura ser experimentalmente determinada. Morreu em 1922.

Obras principais

1861 "Sobre a teoria da combinação química"
1864 "Sobre a teoria dos compostos isômeros"

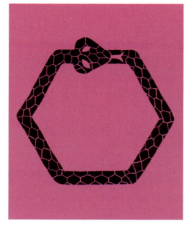

UMA DAS SERPENTES APANHOU A PRÓPRIA CAUDA
BENZENO

Em 1865, o químico alemão August Kekulé propôs que o benzeno formava um anel hexagonal de seis átomos de carbono, cada um com quatro ligações – uma com um átomo de hidrogênio e três com os átomos de carbono vizinhos. Ele contou que um devaneio acordado de uma serpente se virando e mordendo a própria cauda tinha inspirado a ideia de uma estrutura cíclica.

A teoria de Kekulé

Nas décadas seguintes à publicação da teoria de Kekulé, os historiadores da ciência debateram se ele teria sido o primeiro a representar o benzeno como uma estrutura hexagonal cíclica e plana. Alguns acreditavam que o químico austríaco Johann Loschmidt propusera uma estrutura cíclica para o benzeno quatro anos antes de Kekulé. Outros diziam que era uma coincidência feliz, devida ao fato de Loschmidt ter escolhido um círculo para denotar que a estrutura do benzeno ainda não era conhecida.

Controvérsias à parte, a interpretação visual inicial da molécula de benzeno por Kekulé mostrava os átomos de hidrogênio como círculos e os de carbono como ovais alongados. Seus contemporâneos apelidaram esses diagramas zombeteiramente de "fórmulas-salsicha", o que levou Kekulé a melhorar os desenhos. Ainda em 1865, ele trocou a representação por um simples hexágono. Em 1866, acrescentou as ligações alternadas duplas e simples entre os átomos de carbono para criar uma representação mais precisa, que ainda hoje leva seu nome.

A estrutura de Kekulé previa corretamente os produtos de algumas reações de substituição com benzeno, onde um de seus hidrogênios troca de lugar com outro

A estrutura do benzeno de Kekulé propõe que cada átomo de carbono forma uma ligação dupla e uma simples com átomos de carbono vizinhos e uma ligação simples com um de hidrogênio.

EM CONTEXTO

FIGURAS CENTRAIS
August Kekulé (1829-1896),
Kathleen Lonsdale (1903-1971)

ANTES
1825 Michael Faraday isola a primeira amostra de benzeno a partir do resíduo oleoso de lâmpadas a gás.

1861 Johann Loschmidt representa o benzeno com uma estrutura cíclica. Na época, a ideia de um composto cíclico era nova.

DEPOIS
1866 O químico orgânico e físico-químico francês Pierre Marcellin Berthelot concluiu a primeira síntese de benzeno em laboratório aquecendo acetileno num tubo de vidro.

1928 Kathleen Lonsdale usa cristalografia de raios x para confirmar que a molécula de benzeno é um hexágono plano.

A ERA INDUSTRIAL **129**

Ver também: Fórmulas estruturais 126-127 ▪ Cristalografia de raios x 192-193 ▪ Representação de mecanismos de reação 214-215 ▪ Cristalografia de proteínas 268-269

átomo ou grupo de átomos. Porém, ela não explica totalmente as observações de vários produtos de reação do benzeno, mesmo após Kekulé ter melhorado seu modelo, em 1872, explicando que as ligações duplas e simples estavam o tempo todo trocando de lugar umas com as outras dentro da molécula. Apesar disso, suas previsões sobre a estrutura do benzeno levaram a mais interesse e avanços na composição e estrutura de compostos aromáticos, que são usados para fazer remédios, plásticos, corantes e muitos outros produtos do nosso cotidiano.

Cristalografia de raios x

Kekulé não viveu para ver os detalhes finais da estrutura do benzeno confirmados – isso exigiria a cristalografia de raios x, uma tecnologia desenvolvida mais de uma década após sua morte. Em 1928, Kathleen Lonsdale, uma cristalógrafa irlandesa, usou a técnica para confirmar que a estrutura cíclica plana proposta por Kekulé era de fato correta. Ela também explicou algumas das estranhezas da estrutura do

Três quartos da química orgânica moderna são, direta ou indiretamente, produto dessa teoria [...]
Francis R. Japp
Químico escocês (1848-1925)

benzeno que Kekulé não conseguiu entender. As medidas de Lonsdale mostraram que todas as ligações carbono-carbono num anel de benzeno têm o mesmo comprimento, porque os elétrons nas ligações estão deslocalizados, ou espalhados, sobre o anel todo. Essa estrutura deslocalizada também explica a estabilidade adicional do benzeno, em contraste com a teoria de ligações alternadas duplas e simples de Kekulé. Os químicos em geral usam um hexágono com um círculo para ilustrar a estrutura deslocalizada.

A representação de Kekulé não foi totalmente substituída pela de Lonsdale. A versão dele continua a ser usada ao desenhar estruturas de compostos orgânicos, em parte porque isso facilita ilustrar os movimentos de elétrons que ocorrem durante mecanismos de reação. Injustamente, porém, a estrutura de Kekulé tem o nome dele, mas a de Lonsdale é com frequência citada sem menção a ela. ▪

Kathleen Lonsdale em 1948, no laboratório do University College de Londres, onde lecionou cristalografia em 1946 e química em 1949.

August Kekulé

Nascido em Darmstadt, na Alemanha, em 1829, Friedrich August Kekulé de início pretendia estudar arquitetura na Universidade de Giessen, mas ficou fascinado com as palestras de Justus von Liebig, um dos fundadores da química orgânica, e decidiu mudar para a química. Ao longo da carreira, Kekulé deu contribuições cruciais ao estudo da estrutura química, em especial em relação a compostos baseados em carbono. Ele se apoiou no trabalho de antecessores para explicar a ligação dos átomos em termos de valência, com ênfase especial na ideia de que o átomo de carbono forma quatro ligações com outros átomos. Kekulé morreu em Bonn em 1896. Após sua morte, três de seus antigos alunos na Universidade de Bonn receberam individualmente o Prêmio Nobel de Química.

Obras principais

1858 "Sobre a constituição e metamorfoses de compostos químicos e sobre a natureza química do carbono"
1859-1887 *Compêndio de química orgânica*, edições 1 a 7

UMA REPETIÇÃO PERIÓDICA DE PROPRIEDADES
A TABELA PERIÓDICA

A TABELA PERIÓDICA

EM CONTEXTO

FIGURA CENTRAL
Dmitri Mendeleiev (1834--1907)

ANTES
1789 Antoine Lavoisier tenta agrupar os elementos em metais e não metais.

1803 John Dalton introduz sua teoria atômica, a primeira teoria realmente científica do átomo, elaborada a partir de experimentos.

DEPOIS
1904 O físico britânico J. J. Thomson desenvolve seu modelo do átomo com base na tabela periódica.

1913 Niels Bohr conclui que os elementos do mesmo grupo periódico têm configurações idênticas de elétrons em sua camada mais externa.

2002 Uma equipe de químicos russos descobre o oganessônio (Og), o elemento 118.

A tabela periódica dos elementos é um dos resultados mais reconhecíveis do saber científico. Pendurada nas paredes de laboratórios e salas de aula em todo o mundo, ela reúne um tesouro de informações sobre as propriedades dos elementos químicos e suas relações entre si. Embora o químico russo Dmitri Mendeleiev seja com frequência creditado como seu inventor, muitos cientistas contribuíram para chegar a essa organização dos elementos. A tabela periódica continua a evoluir, conforme novos elementos são descobertos e nosso conhecimento aumenta.

Teoria atômica

Os químicos do século XVIII, como Joseph Priestley e Antoine Lavoisier, tinham demonstrado com experimentos que algumas substâncias podiam se combinar para formar novos materiais, outras podiam ser quebradas em diferentes materiais e umas poucas pareciam ser "puras", não podendo ser mais quebradas. A teoria atômica de John Dalton, de 1803, uniu as descobertas anteriores num todo coerente. Ele fez

> Devemos esperar a descoberta de muitos elementos ainda desconhecidos [...] cujo peso atômico estará entre 65 e 75.
> **Dmitri Mendeleiev**
> (1869)

algumas suposições básicas sobre a natureza da matéria, como a de que toda a matéria consiste em átomos minúsculos indivisíveis e imutáveis, que não podem ser criados, destruídos ou transformados em outros átomos, e que os átomos de cada elemento têm massa e propriedades idênticas. Ele também propôs que todos os átomos do mesmo elemento têm peso idêntico – ou seja, que cada átomo de um elemento é idêntico a todos os outros átomos desse elemento – e que os átomos de elementos diferentes têm propriedades diversas.

Começando com o hidrogênio

Dmitri Mendeleiev

Nascido em 1834, em Tobolsk, na Sibéria, então no Império Russo, Dmitri Mendeleiev era o membro mais novo de uma grande família. Após a morte de seu pai, sua mãe mudou com a família para São Petersburgo, em 1848. Mendeleiev terminou o mestrado em química em 1856 e foi para Heidelberg, na Alemanha, onde montou um laboratório. Em 1860, na Conferência de Karlsruhe, fez contato com muitos dos principais químicos da Europa. Tornou-se professor de tecnologia química na Universidade de São Petersburgo em 1865. Além do trabalho mais teórico, Mendeleiev se envolveu em pesquisas sobre rendimento agrícola, produção de petróleo e indústria do carvão. Em 1893, foi nomeado diretor do novo Escritório Central de Pesos e Medidas da Rússia. Mendeleiev foi reconhecido internacionalmente por seus feitos em química e em seu funeral, em 1907, seus alunos carregaram uma cópia da tabela periódica como um tributo.

Obra principal

1871 *Princípios de química*

A ERA INDUSTRIAL   133

Ver também: A teoria atômica de Dalton 30-81 ▪ Pesos atômicos 121 ▪ Os gases nobres 154-159 ▪ O elétron 164-165 ▪ Modelos atômicos aperfeiçoados 216-221 ▪ Fissão nuclear 234-237 ▪ Elementos transurânicos 250-253 ▪ A tabela periódica está completa? 304-311

A tabela de pesos atômicos de Dalton, de 1808, mostra vinte "elementos", embora hoje se saiba que alguns (como cal e potassa) são compostos. Em 1827, a lista já tinha 36 elementos.

como 1, Dalton atribuiu pesos atômicos aos elementos conhecidos na época, com base nas proporções de massa com que se combinavam ao hidrogênio. A falha na metodologia de Dalton era que ele pensava que o composto mais simples de dois elementos deveria ter um átomo de cada. Por exemplo, acreditando que a fórmula da água fosse HO em vez de H_2O, ele atribuiu ao oxigênio um peso atômico que era metade do real. Apesar disso, a tabela de pesos atômicos de Dalton foi o primeiro passo para o desenvolvimento da tabela periódica dos elementos.

Em 1811, o químico italiano Amedeo Avogadro declarou que os gases simples não eram feitos de átomos simples, mas de moléculas compostas de dois ou mais átomos ligados. Na época, as palavras

"átomo" e "molécula" eram usadas mais ou menos de modo intercambiável. Avogadro se referia ao que hoje chamaríamos de átomo como "molécula elementar". Em essência, o que ele estava fazendo era definir o átomo como a menor parte de uma substância. Só vários anos depois as propostas de Avogadro

foram aceitas, principalmente porque os químicos pensavam que dois átomos do mesmo elemento não podiam se combinar. Por exemplo, o oxigênio ainda era considerado um átomo simples em vez de uma molécula diatômica.

A Conferência de Karlsruhe
Entre 1817 e 1829, o químico alemão Johann Döbereiner investigou a descoberta de que certos elementos podem ser colocados em grupos de três, ou tríades, com base em propriedades físicas e químicas. Quando se calculava a média dos pesos atômicos do lítio e do potássio, por exemplo, o resultado se aproximava do valor para o sódio, o terceiro membro de sua tríade. Os elementos de uma tríade também reagiam quimicamente de modo similar, então as propriedades do elemento central podiam ser previstas com base nas dos outros dois. Embora o sistema de Döbereiner funcionasse para alguns elementos, isso não ocorria para todos, e os avanços foram prejudicados por medidas »

imprecisas. Era necessária uma lista exata de pesos atômicos dos elementos.

Em meados do século XIX, várias ideias concorrentes sobre o melhor modo de obter pesos atômicos e fórmulas moleculares já causavam confusão nos círculos científicos. Isso foi em grande parte resolvido na conferência sediada em Karlsruhe, na Alemanha, em 1860, em que o químico italiano Stanislao Cannizzaro defendeu com energia a aceitação da hipótese de Avogadro, declarando que ela "concordava invariavelmente com todas as leis físicas e químicas já descobertas". A conferência também viu a publicação de uma lista de elementos com pesos atômicos revisada, em que se atribuiu o peso atômico 1 ao hidrogênio e o dos outros elementos foi definido por comparação a ele. Armados dessa nova compreensão de átomos e moléculas, os cientistas passaram à tarefa de organizar os elementos.

A volta do parafuso

Um dos primeiros a fazer uma tentativa séria de arranjo periódico de todos os elementos conhecidos foi o geólogo francês Alexandre Béguyer de Chancourtois. Em 1862, ele apresentou uma ordenação periódica à Académie des Sciences de Paris. Ela tinha a forma de um arranjo tridimensional dos elementos, num "parafuso telúrico" que dispunha os pesos atômicos na parte externa de um cilindro. Uma volta completa correspondia a um aumento de 16 vezes no peso atômico. Conforme se girava o parafuso, elementos com propriedades similares se alinhavam na vertical – o lítio com o sódio e o potássio, por exemplo –, expondo de modo visual a periodicidade das propriedades químicas nos mesmos grupos que Döbereiner tinha descoberto. Alguns elementos, porém, não se dispunham como esperado – o bromo, por exemplo, se alinhava com cobre e fósforo, elementos quimicamente muito diferentes.

No ano seguinte, 1863, o químico britânico John Newlands notou que se os elementos eram arranjados em linhas de sete, segundo seus pesos atômicos, formavam colunas de elementos com propriedades químicas similares. Ele descobriu que todo elemento tinha propriedades químicas similares às do que

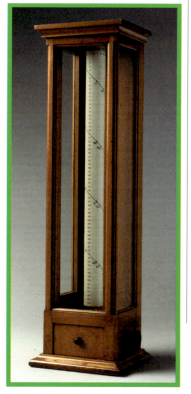

O parafuso telúrico podia mostrar a periodicidade das propriedades dos elementos. Ele ganhou esse nome porque o telúrio ficava no centro.

O oitavo elemento, começando por um determinado, é um tipo de repetição do primeiro, como a oitava nota de uma oitava na música.
John Newlands

estava oito lugares adiante dele. Newlands chamou essa periodicidade de lei das oitavas, por se assemelhar a uma escala musical. Sua tabela não era isenta de problemas. Era preciso às vezes duplicar elementos para manter o padrão e não havia espaço para elementos não descobertos.

Meyer e Mendeleiev

Por volta da mesma época, na Alemanha, o químico Julius Lothar Meyer, sem dúvida inspirado no que vira na Conferência de Karlsruhe, montou sua primeira tabela periódica, com apenas 28 elementos. A diferença era que ele os arranjara segundo sua valência, uma propriedade recém-descoberta que media o poder que um elemento tinha de se combinar com outros. Quatro anos depois, em 1868, ele apresentou uma tabela mais sofisticada, incorporando mais elementos, listados segundo o peso atômico e com aqueles da mesma valência arranjados em colunas. Havia uma notável similaridade com uma tabela publicada logo depois por Mendeleiev, que também tinha ido à Conferência de Karlsruhe.

Sentindo a falta de um manual de química inorgânica, disciplina que lecionava na Universidade de

Em sua primeira tentativa de um sistema periódico, Mendeleiev dispôs os elementos com peso atômico crescente descendo a tabela em vez de colocá-los em linhas.

São Petersburgo, Mendeleiev decidiu escrever o seu, *Princípios de química*. Enquanto estava no processo de pesquisa para o livro, nos anos 1860, ele notou que havia padrões recorrentes entre grupos diferentes de elementos, e em 1869 montou sua versão da tabela periódica. Embora se diga que ele a criou dispondo cartas para os vários elementos e suas propriedades como num jogo de paciência química, tais cartas não foram achadas em seu arquivo.

Qualquer que seja o modo com que montou sua tabela, Mendeleiev imprimiu 200 cópias dela, apresentou-as à Sociedade Química Russa e distribuiu-as entre seus colegas por toda a Europa. Meyer só publicou a dele em 1870, um ano após Mendeleiev. Embora ambos sem dúvida se conhecessem – os dois estudaram com o professor Robert Bunsen na Universidade de Heidelberg –, de início não sabiam sobre o trabalho um do outro. Meyer logo admitiu que Mendeleiev publicara sua versão antes.

Previsões periódicas

A tabela de Mendeleiev, que ele chamou de "sistema periódico", incluía todos os 56 elementos conhecidos na época. Ele os arranjou em ordem de peso crescente, divididos em linhas, chamadas períodos, de modo que os elementos em cada coluna partilhassem propriedades como valência. Uma decisão tanto de Mendeleiev quanto de Meyer foi que, se o peso atômico de um elemento parecesse colocá-lo no lugar errado, eles o moveriam para onde se ajustasse aos padrões que

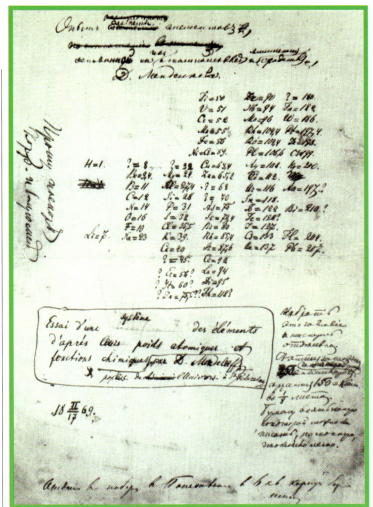

tinham descoberto – por exemplo, revertendo as posições do telúrio e do iodo. Em ordem de peso atômico crescente, o iodo deveria vir antes do telúrio, mas isso não tinha sentido em termos de propriedades químicas. Descobertas posteriores esclareceram isso.

Tanto Mendeleiev quanto Meyer deixaram espaços em branco em suas tabelas, mas só Mendeleiev previu que seriam descobertos elementos para preencher esses vazios e até antecipou o peso atômico e propriedades de cinco desses elementos e seus compostos. Nem sempre suas previsões estavam certas, mas ele chegou perto o bastante de tal forma que, quando elementos » como o gálio e o escândio foram descobertos, foram inseridos nos espaços vazios apropriados.

A descoberta do argônio, a primeira confirmada de um gás nobre, pelo físico britânico lorde Rayleigh (John Strutt) e pelo químico William Ramsay, em 1894, pareceu a princípio ser um desafio para a tabela periódica. Mendeleiev e outros afirmaram que não era um novo elemento, mas uma forma antes desconhecida de nitrogênio molecular, N_3. Após a descoberta ou isolamento subsequentes do hélio, do criptônio, do neônio e do xenônio, porém, ficou mais difícil desembaraçar-se dos gases nobres, e alguns químicos até aventaram que eles não pertenciam à tabela periódica. Em 1900, Ramsay propôs atribuir um grupo próprio aos novos elementos, entre os halogênios e os metais alcalinos. Mendeleiev declarou que era "uma gloriosa confirmação da aplicabilidade geral da lei periódica".

A tabela periódica de Mendeleiev foi organizada por peso atômico e, embora isso funcionasse bem, havia algumas anomalias que exigiam ajustes (como o iodo e o telúrio).

Há no átomo uma grandeza fundamental que aumenta em passos regulares conforme vamos de um elemento para o seguinte.
Henry Moseley

Em 1913, seis anos após a morte de Mendeleiev, uma nova descoberta fez tudo se encaixar. Na Universidade de Manchester, no Reino Unido, o físico Henry Moseley disparou feixes de elétrons sobre diversos metais e examinou o espectro de raios x produzido. Ele descobriu que as frequências dos raios x emitidos podiam ser usadas para identificar a carga positiva do núcleo atômico dos elementos. Essa carga positiva, equivalente ao número de prótons no núcleo, se tornou conhecida como número atômico do elemento.

Moseley concluiu que era o número atômico do elemento, e não o peso atômico, que definia as características do elemento. Só números atômicos inteiros se ajustavam ao padrão; não havia elementos com frações de número atômico. Moseley conseguiu reorganizar a tabela periódica, com os elementos químicos dispostos por número atômico – do hidrogênio, número atômico 1, ao urânio, 92 – em vez do peso atômico. O telúrio (número atômico 52) e o iodo (número atômico 53) podiam agora ocupar suas posições corretas na tabela periódica sem nenhum artifício. Com base nos vazios em sua tabela de frequências de raios x, Moseley previu a existência de três elementos desconhecidos: rênio, tecnécio e promécio, descobertos em 1925, 1937 e 1945, respectivamente.

A tabela moderna

Nos anos 1940, o químico americano Glenn Seaborg elaborou a versão da tabela periódica que é mais familiar aos estudantes de química hoje. Quando Seaborg e sua equipe descobriram o plutônio, em 1940, pensaram em chamá-lo ultímio, acreditando que seria o elemento final da tabela. Durante pesquisas do Projeto Manhattan para desenvolver a bomba atômica, Seaborg e equipe começaram a suspeitar que elementos ainda mais pesados estavam se formando nos reatores nucleares. O melhor modo de identificá-los e isolá-los era prever suas características pela posição que ocupariam na tabela periódica. Os esforços de Seaborg para isolar os elementos 95 e 96, hoje chamados amerício e cúrio, falharam porque a suposição de que as propriedades químicas desses elementos lembrariam as do irídio e da platina (como sugeria sua

Reelaboração periódica

Ao longo dos anos, várias tentativas foram feitas para redesenhar a tabela periódica. Em 1928, por exemplo, Charles Janet apresentou uma tabela periódica "da direita para a esquerda", baseada em como as camadas de elétrons nos átomos são preenchidas. Em 1964, Otto Theodor Benfey refez a tabela periódica em forma bidimensional, inspirada numa concha. Começando com o hidrogênio no centro, ela espirala, rodeando dois afloramentos formados pelos metais de transição e pelos lantanídeos e actinídeos. Benfey também acrescentou uma área para superactinídeos (um grupo em grande parte teórico), do elemento 121 ao 157. Em 1969, Glenn Seaborg sugeriu uma tabela periódica estendida, que incluía elementos até então desconhecidos até o número atômico 168. Em 2010 Pekka Pyykkö propôs uma extensão até o número atômico 172, levando em conta efeitos da mecânica quântica.

A ERA INDUSTRIAL

A tabela periódica de Mendeleiev foi a precursora da tabela moderna, mostrada aqui. As colunas verticais numeradas são chamadas grupos; todos os elementos do mesmo grupo têm qualidades similares. As linhas horizontais numeradas são chamadas períodos, e seu número representa o número de camadas de elétrons ocupadas.

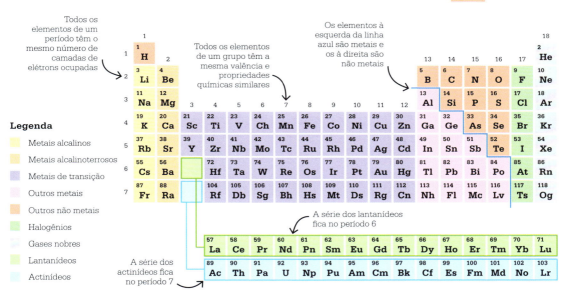

posição na tabela) se revelou errada. Seaborg concluiu que seu fracasso indicava uma falha na própria tabela periódica.

Outro grupo que se mostrou problemático foi o dos lantanídeos, ou elementos terras-raras. Até o físico dinamarquês Niels Bohr desenvolver seu modelo de camadas eletrônicas do átomo em 1913, os 14 elementos que se seguiam ao lantânio tinham sido difíceis de situar. Bohr propôs que eles formavam uma série de "transição interna", em que o número de elétrons de valência se mantinha constante como três, de modo que todos partilhavam propriedades similares. Bohr também sugeriu outra série de transição interna, formada pelos elementos a seguir do actínio.

Em 1945, Seaborg publicou uma tabela periódica reestruturada com uma série de actinídeos exatamente abaixo dos lantanídeos. Apesar do ceticismo inicial de muitos químicos, a tabela de Seaborg logo foi aceita como a versão padrão. A série dos actinídeos incluiu o urânio e os novos elementos transuranianos, como o amerício, o cúrio e o férmio, além do mendelévio (elemento 101), descoberto por Seaborg e seus colegas em 1955. Por suas contribuições à química, Seaborg foi homenageado no nome de um elemento – o seabórgio, número 106 –, o primeiro caso de nome baseado no de uma pessoa ainda viva. ∎

O acelerador de partículas cíclotron da Universidade da Califórnia que Glenn Seaborg e Edwin McMillan usaram para descobrir o plutônio, o netúnio e outros elementos transurânicos.

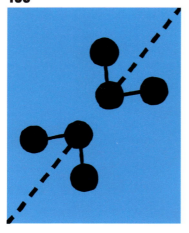

A ATRAÇÃO MÚTUA DAS MOLÉCULAS
FORÇAS INTERMOLECULARES

Num líquido, as **moléculas** são **ligadas** firmemente por **forças intermoleculares**.

→ O **calor** dá **mais energia** às moléculas, fazendo-as **se moverem**.

↓ **Ao se moverem** com mais energia, elas começam a **quebrar ligações intermoleculares**.

← **Conforme mais ligações vão se quebrando, o líquido se torna gás.**

EM CONTEXTO

FIGURA CENTRAL
Johannes van der Waals
(1837-1923)

ANTES
75 a.C. Lucrécio propõe que os líquidos são feitos de átomos redondos lisos, mas os sólidos são feitos de átomos enganchados.

1704 Isaac Newton teoriza que uma força de atração invisível mantém os átomos juntos.

1805 Thomas Young postula a tensão de superfície nos líquidos.

DEPOIS
1912 O químico holandês Willem Keesom descreve as forças dipolo-dipolo pela primeira vez.

1920 Os químicos Wendell Latimer e Worth Rodebush propõem o conceito de ligações de hidrogênio na água.

1930 Fritz London descobre a ligação quântica em gases nobres.

Em meados do século XIX, os químicos já tinham uma boa ideia do que mantinha os átomos unidos e começavam a entender que a matéria – sólidos, líquidos e gases – é feita de moléculas. Mas o que as mantinha juntas e fazia um gás se condensar em líquido? A resposta estava em forças sutis entre elas, uma ideia desenvolvida pelo professor de física holandês Johannes van der Waals em 1873.

Setenta anos antes, o físico britânico Thomas Young se perguntava por que a água formava gotas redondas e por que inchava de leve no topo de um copo – no que se chama menisco. Ele imaginou que haveria uma atração entre as moléculas da superfície, hoje chamada tensão superficial. O trabalho de Van der Waals desenvolveu essa ideia.

Ligações entre moléculas
Van der Waals estudou os momentos em que um líquido vira gás (evaporação) e um gás se torna líquido (condensação). Avanços recentes se concentravam na teoria cinética dos gases, em que a ligação entre pressão, temperatura e volume nos gases é explicada por um movimento contínuo de partículas. Essa teoria supõe que as partículas não têm atração entre si.

Van der Waal pensava que as

A ERA INDUSTRIAL

Ver também: A teoria atômica de Dalton 80-81 ▪ A lei dos gases ideais 94-97 ▪ Grupos funcionais 100-105 ▪ Química de coordenação 152-153

moléculas tinham ligações entre si e que a condensação e a evaporação não eram saltos súbitos, mas transições em que números cada vez maiores de moléculas ganhavam energia para quebrar suas ligações e se tornar gases ou perdiam energia e se atraíam, formando líquidos. Ele propôs uma camada de transição na superfície dos líquidos, em que não eram nem líquidos nem gases.

Van der Waals não conseguiu identificar a natureza dessas forças intermoleculares que mantêm as moléculas juntas, mas em 1930 cientistas confirmaram sua existência e o modo como atuam.

Identificação das forças

Hoje se conhecem três forças principais: dipolo-dipolo, ligações de hidrogênio e dispersão ou forças de London. As forças dipolo-dipolo ocorrem em moléculas "polares", em que elétrons são partilhados de modo desigual entre os átomos da molécula. Isso faz um lado dela ter mais carga negativa e ser atraído pelo lado positivo de outra, grudando-as.

As ligações de hidrogênio, como as da água, são ligações dipolo-dipolo extremas que ocorrem quando o hidrogênio encontra oxigênio, flúor ou nitrogênio. Esses três átomos atraem elétrons, enquanto o hidrogênio tende a perdê-los. Ao se combinar com o hidrogênio, eles criam uma molécula altamente polarizada, que se liga com força, e é por isso que a água (H_2O) tem um ponto de fervura tão alto para dois gases leves. A dispersão é muito fraca e ocorre entre moléculas não polares. Nelas, nenhuma parte fica mais positiva ou negativa de modo permanente. Porém, o movimento contínuo dos elétrons individuais nos átomos da molécula é suficiente para criar atrações transitórias. ∎

Johannes van der Waals

Nascido em 1837 em Leiden, nos Países Baixos, Johannes van der Waals era filho de um carpinteiro. Foi professor do ensino fundamental, estudou matemática e física em meio período e em 1873 obteve afinal o doutorado em atração molecular. Tornou-se professor universitário em 1877, quando já tinha avançado bem seus estudos sobre termodinâmica e, em especial, mudanças de fase entre líquidos e gases.

O trabalho de Van der Waals possibilitou entender que há uma temperatura crítica para um gás, acima da qual é impossível se condensar como líquido, e provou a continuidade entre os estados líquido e gasoso. Foi por esse trabalho que recebeu o Prêmio Nobel de Física de 1910. Van der Waals morreu em 1923.

Obras principais

1873 "Sobre a continuidade dos estados gasoso e líquido"
1880 "Lei dos estados correspondentes"
1890 "Teoria das soluções binárias"

As forças de Van der Waals

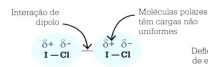

As forças dipolo-dipolo ocorrem quando os elétrons se distribuem de modo desigual numa molécula. Partes dela têm cargas parciais positivas ou negativas, que atraem seus opostos.

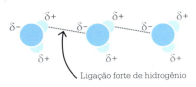

As ligações de hidrogênio são um caso especial e forte das forças dipolo-dipolo, em moléculas em que o hidrogênio se liga a átomos que atraem elétrons com vigor, como o oxigênio.

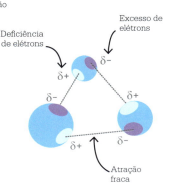

A dispersão, ou forças de London (em homenagem a Fritz London), é uma atração temporária entre átomos vizinhos, causada pelo movimento de elétrons nas moléculas.

MOLÉCULAS CANHOTAS E DESTRAS
ESTEREOISOMERIA

EM CONTEXTO

FIGURA CENTRAL
Jacobus van 't Hoff
(1852-1911)

ANTES
1669 Rasmus Bartholin descobre a polarização da luz em cristais de espato da Islândia.

1815 Jean-Baptiste Biot constata atividade óptica em sais de ácido tartárico.

1820 Philippe Kestner descobre o ácido racêmico, um gêmeo do ácido tartárico que não é opticamente ativo.

1848 Louis Pasteur atesta que os cristais de sal tartárico e racêmico são estereoisômeros.

DEPOIS
1904 Lorde Kelvin cunha o termo "quiral" para definir estereoisômeros.

1908 Arthur Robertson Crushny nota diferenças entre a adrenalina e seus estereoisômeros.

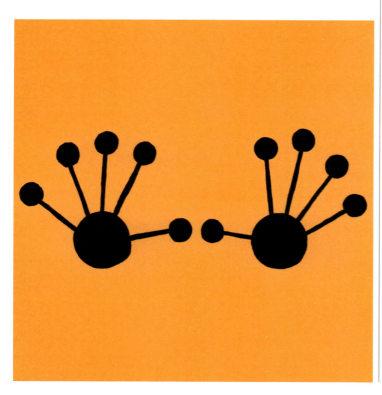

Os modelos e gráficos 3D das estruturas moleculares hoje são tão familiares que parece que sempre existiram. Mas até o trabalho dos químicos Jacobus van 't Hoff (holandês) e Joseph Achille Le Bel (francês), nos anos 1870, não se imaginava que as moléculas tivessem alguma forma.

Os compostos tinham composição química específica e se sabia que eram feitos de átomos, mas só poucos químicos pensavam que os átomos se unem para criar objetos físicos com uma forma real. As descobertas de Van 't Hoff e Le Bel abriram um novo campo na química, hoje chamado estereoquímica – o estudo de

A ERA INDUSTRIAL

Ver também: Isomeria 84-87 ▪ Fórmulas estruturais 126-127 ▪ Forças intermoleculares 138-139 ▪ Por que as reações acontecem 144-147 ▪ Desenho racional de fármacos 270-271 ▪ Microscopia de força atômica 300-301

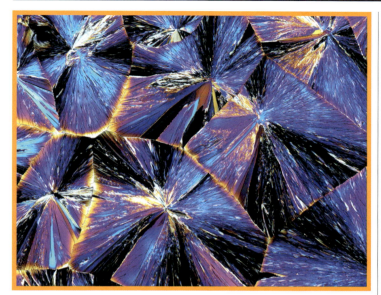

Os cristais de ácido tartárico produzidos por frutas foram a chave para a descoberta da quiralidade. Eles têm uma imagem gêmea espelhada, o ácido racêmico, que polariza a luz de outro modo.

moléculas em três dimensões –, que tem um papel-chave em muitos de nossos fármacos.

Ácidos tartárico e racêmico

As raízes da descoberta de que as moléculas têm forma estão num ácido que surge naturalmente em tonéis de vinho, chamado ácido tartárico. Os químicos há muito o conheciam, bem como aos sais que ele cria. Assim, provocou grande interesse a descoberta pelo químico alemão Philippe Kestner, em 1820, de que um ácido similar, não exatamente idêntico, era produzido em vez de ácido tartárico quando alguns tonéis ficavam quentes demais. Jöns Jacob Berzelius chamou-o de ácido paratartárico, e o químico francês Joseph Gay-Lussac lhe deu o nome de ácido racêmico. Pouco depois Berzelius designaria as substâncias que têm a mesma composição, mas propriedades diferentes como isômeros.

A diferença mais intrigante entre os ácidos tartárico e racêmico é sua resposta à luz. Já em 1669 o matemático dinamarquês Rasmus Bartholin tinha observado como os cristais de calcita conhecidos como espato da Islândia parecem dividir a luz em diferentes planos, e no início do século XIX cientistas confirmaram o fenômeno. A luz normalmente vibra em todas as direções, mas às vezes é polarizada – vibra num só plano porque as outras direções são filtradas. O físico francês Jean-Baptiste Biot tinha um fascínio especial pelo modo com que alguns cristais e líquidos polarizam a luz que passa por eles, girando no sentido horário ou anti-horário, de modo que ela sai num plano diferente daquele em que entra. Isso é designado como uma atividade óptica.

Em 1815, Biot confirmou que a solução de ácido tartárico mostrava atividade óptica – mas, segundo testes do químico alemão Eilhard Mitscherlich, isso não ocorria com o recém-descoberto ácido racêmico. Em 1848, o jovem químico francês Louis Pasteur preparava sua tese de doutorado. Com uma lente poderosa, estudava cristais dos sais do ácido (tartarato de sódio e amônio racêmico) e viu que os cristais não eram idênticos – eles se emparelhavam como dois sapatos, com um cristal virado para a esquerda e o outro para a direita.

Com uma pinça, Pasteur separou os pares em duas pilhas, segundo a orientação. Fez outra solução com os virados para a esquerda e viu que ela polarizava a luz numa direção. Preparou outra com os virados para direita e descobriu que polarizava a luz na direção oposta. Misturados por igual, eles não tinham efeito sobre a luz. Essas misturas por »

Os cristais hemiédricos direitos desviam o plano de polarização para a direita [e] os cristais hemiédricos esquerdos o desviam para a esquerda.
Louis Pasteur
(1848)

igual são hoje chamadas racêmicas. Pasteur tinha descoberto "estereoisômeros". Ele os demonstrou a Biot, que ficou encantado e disse: "Amei tanto a ciência toda minha vida que isso toca fundo meu coração".

Com essa descoberta radical, Pasteur revelou que as substâncias podem ter uma "mão dominante", mas não explicou por quê. Ele suspeitava que se relacionasse às formas da matéria, mas só isso. A resposta veio em 1874, de dois químicos que se conheciam dos laboratórios do eminente químico francês Charles Adolphe Wurtz: Van 't Hoff e Le Bel. Eles trabalharam na questão independentes um do outro, mas chegaram à mesma resposta.

Forma e estrutura

A pista, para Van 't Hoff e Le Bel, era que a maioria das substâncias conhecidas que tinham atividade óptica eram compostos de carbono. Eles afirmaram que todos os compostos opticamente ativos estudados podiam ser explicados por dois arranjos de quatro grupos diferentes ao redor de um átomo central de carbono. Eles aventaram que os quatro átomos aos quais o

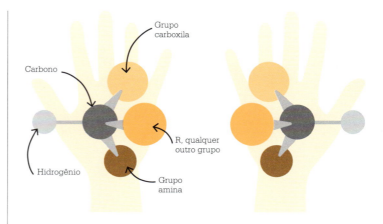

Uma molécula quiral é aquela que não pode ser sobreposta à sua imagem espelhada, como a mão esquerda não se ajustará na luva da mão direita. As moléculas quirais, porém, compartilham muitas propriedades idênticas.

carbono se liga estão nos cantos de um tetraedro regular, com o carbono no centro.

Van 't Hoff não só visualizou esse arranjo pela primeira vez usando pequenos desenhos, como fez modelos de papelão da pirâmide ou tetraedro do carbono. Essas peças – entre os mais antigos exemplos de modelo molecular – ainda existem. A ideia de que as moléculas eram entidades reais e físicas, com estrutura tridimensional, e não só uma combinação informe de elementos, parece óbvia hoje, mas revoltou alguns cientistas da época. Ironicamente, o químico alemão Hermann Kolbe, um dos pioneiros da química orgânica, se revelou um dos críticos mais ferrenhos e disse sobre o artigo de Van 't Hoff: "É impossível criticar qualquer detalhe deste

Jacobus van 't Hoff

Nascido em Rotterdam, nos Países Baixos, em 1852, Jacobus van 't Hoff era um de sete filhos e não tinha recursos para se dedicar em tempo integral às ciências. Em 1872, porém, foi para Bonn, na Alemanha, para estudar por um ano matemática e química, esta com o químico alemão August Kekulé. Após um período estudando em Paris, na França, com Charles-Adolphe Wurtz, Van 't Hoff voltou a seu país e iniciou um trabalho revolucionário sobre estereoquímica, publicado em 1874. Doutorou-se e, após a publicação de *Química no espaço*, obra que o fez conhecido, Van 't Hoff se tornou palestrante de química na Universidade de Amsterdam, onde ficou por 20 anos. Lá ele estudou taxas de reações, afinidade química e equilíbrio químico, entre outros temas. Em 1896, foi para a Universidade de Berlim, na Alemanha, e em 1901 foi o primeiro laureado pelo Nobel em química, por seu trabalho de físico-química. Van 't Hoff morreu em 1911.

Obra principal

1875 *Química no espaço*

A ERA INDUSTRIAL

```
Moléculas baseadas em carbono de compostos opticamente
ativos devem ter uma forma definida no espaço.
        ↓
Essa forma é um tetraedro, com um átomo de carbono no centro e
quatro grupos de átomo arranjados ao redor dele.
        ↓
Há dois modos possíveis para o arranjo desses átomos.
        ↓
Essas duas alternativas são imagens
espelhadas, criando duas polarizações,
horária e anti-horária.
```

artigo, em que a imaginação abandona totalmente a terra firme".

Aos poucos, porém, a verdade do que Van 't Hoff e Le Bel diziam foi assimilada. Os químicos começaram a perceber que a estrutura tridimensional das moléculas é a chave de suas características, e o único modo de entender seu comportamento é visualizar como os átomos se ligam de forma específica. Além disso, esses modelos eram táteis e intuitivos e permitiam aos químicos pegar as moléculas, que antes eram vagas e imaginárias, e se mover ao seu redor – ainda que fossem muitas vezes maiores que o real.

Estereoquímica

Nos cerca de 50 anos seguintes muitos cientistas trabalharam para instituir a ciência da estereoquímica, ou química 3D. Trata-se do estudo dos compostos que têm a mesma fórmula molecular e constitucional – ou seja, a mesma combinação de átomos, na mesma ordem –, mas com os átomos dispostos em formas diversas. Ficou claro que isso se aplica aos compostos de carbono, embora o silício e uns poucos outros elementos possam às vezes formar tais moléculas. Os cientistas também perceberam que esses tipos de compostos têm um enorme papel na química orgânica.

Em 1904, William Thomson, lorde Kelvin, introduziu o termo quiralidade, do grego para "mão", para descrever os estereoisômeros. Então, em 1908, o farmacêutico escocês Arthur Robertson Cushny notou pela primeira vez uma diferença de atividade biológica entre as duas versões quirais de uma molécula, a adrenalina, que atua como vasoconstritora (estreita os vasos sanguíneos) em uma versão, mas não em sua gêmea. Como resultado direto, nos anos 1920 as empresas farmacêuticas passaram a desenvolver novas drogas baseadas em estereoisômeros. Hoje, 40% de todas as drogas sintéticas são quirais, embora a maioria delas inclua ambas as versões da molécula, sendo por isso chamadas de racêmicas.

Nos anos 1960, a quiralidade foi associada à tragédia da talidomida. A talidomida é uma droga que foi introduzida na Alemanha em 1957 e era prescrita para tratar enjoo matinal em grávidas. Porém, ela causava danos ao feto, resultando em malformações de membros. Os clínicos Widukind Lenz (alemão) e William McBride (australiano) perceberam que a natureza quiral da talidomida era a culpada, e as 10 mil crianças vítimas se tornaram a força motriz de regulações mais estritas sobre testes de drogas.

Apesar de tudo isso, a quiralidade é fundamental para muitas de nossas drogas mais potentes e úteis, e teve um enorme papel na compreensão de como as moléculas orgânicas se comportam. ∎

Jacobus van 't Hoff e Joseph Le Bel acrescentaram uma terceira dimensão a nossas ideias sobre compostos orgânicos.
John McMurry
Química orgânica (2012)

A ENTROPIA DO UNIVERSO TENDE A UM MÁXIMO
POR QUE AS REAÇÕES ACONTECEM

EM CONTEXTO

FIGURA CENTRAL
Josiah Gibbs (1839-1903)

ANTES
Anos 1840 O físico britânico James Joule e os alemães Hermann von Helmholtz e Julius von Mayer apresentam a teoria da conservação da energia.

1850, 1854 Rudolf Clausius publica a primeira e a segunda leis da termodinâmica.

1877 O físico austríaco Ludwig Boltzmann expõe a relação entre entropia e probabilidade.

DEPOIS
1893 O químico suíço Alfred Werner introduz o conceito de química de coordenação.

1923 Os químicos americanos Gilbert Lewis e Merle Randall publicam um livro em que colocam a energia livre na vanguarda dos estudos de reações químicas.

Nos anos 1870, a química e a física eram vistas como ciências separadas. Em 1873, porém, um artigo notável do matemático e físico americano Josiah Gibbs levou a termodinâmica – a física do calor e da energia – para o centro da química e deu início à nova disciplina da físico-química, que trata da física das interações químicas.

O termo "físico-química" data de 1752, quando o polímata russo Mikhail Lermontov o usou para explicar o que ocorria em corpos complexos por meio de operações químicas – mas significava pouco antes do trabalho de Gibbs.

A ERA INDUSTRIAL 145

Ver também: Conservação da massa 62-63 ▪ Catálise 69 ▪ A lei dos gases ideais 94-97 ▪ Química de coordenação 152-153 ▪ Representação de mecanismos de reação 214-215

Numa **reação química**, há uma quantidade total de **energia** (entalpia) e energia livre – a energia disponível para **fazer a reação acontecer**.

⬇

Durante uma **reação química espontânea**, a entalpia diminui conforme a **energia** é **perdida**.

⬇

A energia **também** é **perdida** conforme a **entropia** (desordem) **aumenta**.

⬇

A mudança na energia livre disponível para continuar a reação é a diferença entre as mudanças na entalpia e na entropia.

Josiah Gibbs

Nascido em Connecticut, nos Estados Unidos, em 1839, o quarto de cinco filhos, Josiah Gibbs era vidrado em matemática quando criança. Estudou na Universidade Yale e na Academia de Artes e Ciências de Connecticut. Aos 24 anos, obteve o primeiro PhD em engenharia dos Estados Unidos. Em 1866, foi para a Europa, onde assistiu a palestras em Paris (França), em Berlim e Heidelberg (Alemanha).

Em 1869, Gibbs voltou a Yale, onde foi nomeado professor de física matemática e trabalhou o restante da vida, tornando-se o primeiro grande cientista teórico do país. Seu trabalho sobre termodinâmica teve impacto sobre a química, a física e a matemática, e Einstein o chamou de "a maior mente da história americana". Gibbs morreu em 1903.

Obras principais

1873 "Método de apresentação geométrica de propriedades termodinâmicas de substâncias"
1878 "Sobre o equilíbrio de substâncias heterogêneas"

Quando jovem, Gibbs estudou na Europa, tornando-se fluente em alemão e francês. Conheceu em primeira mão os trabalhos de destacados cientistas da época, como os físicos alemães Gustav Kirchhoff e Hermann von Helmholtz, e teve contato com ideias de ponta em matemática, química e física. A área mais excitante era a termodinâmica – duas leis importantes tinham acabado de ser instituídas, enquanto cientistas como o físico alemão Rudolf Clausius e o engenheiro escocês William Rankine buscavam entender a relação entre calor, energia e movimento. A primeira lei dizia que, embora a energia possa se mover, sempre se conserva e nunca pode ser criada nem destruída. A segunda mostrava que a energia se espalha ou dissipa naturalmente, de modo que a entropia, ou desordem, de um sistema sempre aumenta. Como Clausius disse, "a entropia do Universo tende a um máximo".

Modelo geométrico

Gibbs percebeu que a chave da termodinâmica era a matemática, mas enquanto a maioria dos físicos trabalhava com álgebra, ele usou a geometria. Num artigo crucial publicado em 1873, expandiu um famoso gráfico do engenheiro escocês James Watt que demonstrava a relação entre pressão e volume, acrescentando » uma terceira coordenada para a entropia e enfatizando sua importância. O resultado foi que a relação entre volume, entropia e energia podia ser representado graficamente como formas geométricas tridimensionais.

A abordagem de Gibbs era tão radical que foram poucos os que a entenderam. Um deles foi James Clerk Maxwell, um matemático escocês. Em 1874, ele usou as equações 3D de Gibbs para construir modelos de argamassa da superfície termodinâmica de uma substância imaginária semelhante à água, como um modo de visualizar as mudanças de fase – quando a matéria passa entre os estados sólido, líquido e gasoso.

Previsões

Em 1878, Gibbs escreveu outro artigo crucial, que criou um campo novo na ciência: a termodinâmica química. Gibbs percebeu que a termodinâmica podia ser usada para fazer previsões gerais sobre o comportamento de substâncias, suas ideias eram inovadoras por mostrar ser possível entender o comportamento de uma substância sem conhecer detalhes de sua estrutura molecular. Gibbs notou como os princípios da termodinâmica – em especial o conceito de entropia – se aplicam a tudo, de gases e misturas a mudanças de fase. As ideias dele revolucionaram o conhecimento científico sobre todos os processos que envolvem calor e trabalho, entre eles as reações químicas.

Gibbs supôs que as moléculas existem por igual em todos os estados de energia e assim chegou a uma média de propriedades dos gases como pressão e entropia. Se houver, por exemplo, três estados de energia, isso pode ser imaginado como a posição média em que três bolas de gude param numa caixa de ovos chacoalhada trilhões de vezes. Gibbs denominou essas caixas imaginárias de *"ensembles"*.

Um dos fundamentos de seu trabalho foi a "energia livre" (hoje conhecido como energia livre de

Qualquer método que envolva a noção de entropia [...] repelirá os iniciantes, como obscuro e de difícil compreensão.
Josiah Gibbs

Gibbs) – a energia termodinâmica disponível para entrar em ação. Assim como qualquer objeto acima do solo tem energia potencial gravitacional, porque pode cair, as moléculas têm energia potencial em suas ligações. Ligações fracas têm alta energia potencial. A energia livre de Gibbs é aquela disponível para fazer coisas ocorrerem, como reações químicas, então ela indica se é provável que uma reação ocorra e, se sim, com que rapidez.

Uma reação pode ser espontânea ou não espontânea. A primeira

Um processo termodinâmico: dissolução de sal

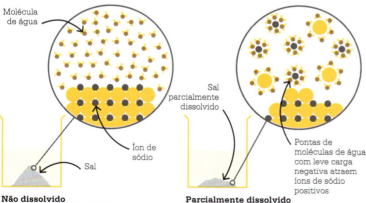

Não dissolvido
O sal (cloreto de sódio, NaCl) é um composto iônico – basicamente, um átomo doa um elétron para estabilizar o outro.

Parcialmente dissolvido
Quando o cloreto de sódio se dissolve em água, se separa em íons de sódio positivos (Na⁺) e íons de cloreto negativos (Cl⁻).

Dissolvido
A dissolução do cloreto de sódio é um processo endotérmico que resulta em queda da temperatura da solução.

ocorre por si mesma, usando sua própria energia, embora possa requerer uma pequena "energia de ativação" para se iniciar – como a do fósforo na fogueira. Em contraste, uma reação não espontânea exige uma entrada constante de energia.

Entalpia e entropia

Em uma reação química espontânea, a energia total disponível, chamada entalpia (H), se reduz com o tempo – por exemplo, o carvão perde energia ao queimar. De modo similar, a entropia (S), ou desordem, aumenta, como o açúcar se espalha de modo mais aleatório conforme um torrão se dissolve no chá. Quanto mais desordenado um sistema se torna, menos energia fica disponível. A energia que resta, a energia livre de Gibbs, é a diferença entre a entalpia e a entropia.

A equação de Gibbs mostra como elas mudam numa reação (o símbolo delta (Δ) mostra a mudança, G é a energia livre de Gibbs e T, é a temperatura em kelvins):

$$\Delta G = \Delta H - T\Delta S$$

Assim, se a entalpia for reduzida ou a entropia e a temperatura aumentarem, a energia livre de Gibbs também se reduz. Se a reação é espontânea, ΔG é menor que zero, e a energia livre de Gibbs diminui. Se a reação é não espontânea, ΔG é maior que zero, e a energia livre de Gibbs aumenta. O aumento ou redução de H ou S cria quatro classes de reações (ver gráfico). Se não há mudança – ΔG é zero – o sistema está em equilíbrio.

Com isso, os químicos podem calcular se uma reação muito provavelmente é impossível ou não. Por exemplo, cálculos mostraram que sob temperaturas e pressões extremas, o grafeno (um alótropo do carbono) poderia se converter em diamante, estimulando os cientistas a persistir em meio a muitos fracassos até afinal conseguir realizar a conversão.

Além da energia livre, Gibbs também introduziu outro conceito-chave, a regra de fase. Ela mostra o número de fases envolvidas num sistema químico, levando em conta o número de componentes (constituintes quimicamente

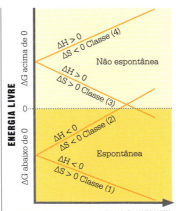

Este gráfico mostra os quatro cenários para mudanças em entalpia (H) e entropia (S) em reações espontâneas e não espontâneas, como demonstrado pela equação de Josiah Gibbs.

independentes) e todas as variáveis que afetam o modo como eles reagem – temperatura, pressão, energia e volume, descritos estatisticamente como graus de liberdade. Gibbs mostrou quantas fases podem coexistir e por que a água tem um ponto triplo, em que pode ter três formas simultâneas, enquanto se funde – como líquido, gelo e gás –, conhecido como equilíbrio das três fases.

Em 2020, uma equipe da Universidade de Tecnologia de Eindhoven e da Universidade de Paris-Saclay mostrou que um equilíbrio de cinco fases também pode ocorrer: uma fase de gás, duas fases de cristal líquido e duas fases de sólido com cristais "comuns". Apesar disso, a regra de fase de Gibbs continua em essência verdadeira e altamente valiosa em muitas atividades, como a previsão do ponto de fusão de ligas. O trabalho de Gibbs gerou um novo conjunto de ferramentas usadas para prever se reações químicas ocorrerão. Os engenheiros podem dominar regras termodinâmicas de modo prático e simples com os diagramas 3D. E para os teóricos elas são um trampolim para ciência revolucionária. ∎

Mecânica estatística

Gibbs percebeu que os cálculos em termodinâmica dependem do modo com que os átomos e moléculas são vistos. A visão newtoniana supõe que tudo se comporta de modo preciso – permitindo que velocidade e trajetórias sejam calculadas com exatidão. Porém, a interação de bilhões de átomos de movimento rápido, chocando-se uns nos outros, é tão incalculável que parece aleatória. Gibbs, com o físico austríaco Ludwig Boltzmann, percebeu que os átomos devem ser vistos como populações, usando uma abordagem estatística. Em 1884, ele cunhou o termo "mecânica estatística" para isso. Trata-se de probabilidade; um cientista não pode prever o resultado para um átomo individual, mas pode usar a mecânica estatística para prever qualquer reação como um todo. Essa abordagem liga os eventos macroscópicos – de larga escala, observáveis – aos microscópicos e ajudou a levar à criação da ciência quântica no início do século XX.

TODO SAL, DISSOLVIDO EM ÁGUA, É EM PARTE DISSOCIADO EM ÁCIDO E BASE
ÁCIDOS E BASES

EM CONTEXTO

FIGURA CENTRAL
Svante Arrhenius (1859-1927)

ANTES
1766 Henry Cavendish descobre que a reação de ácidos e metais libera hidrogênio.

1809 O polímata alemão Johann Wofgang von Goethe explora as reações iônicas em *Afinidades eletivas*.

1867 O cirurgião britânico Joseph Lister descobre que os ácidos podem matar germes e é o pioneiro da cirurgia antisséptica, usando ácido carbólico.

DEPOIS
1912 O químico holandês Willem Keesom descreve as forças dipolo-dipolo pela primeira vez.

1963 O ecologista americano Gene Likens descobre a chuva ácida.

1972 G. T. Sill e A. T. Young mostram que a atmosfera de Vênus é rica em ácido sulfúrico.

Os ácidos e bases são substâncias-chave que há muito atraem a atenção dos químicos, em parte porque causam reações extremas. Identificar o que são continua a ser um problema, mas a primeira definição moderna, centrada no papel dos íons, foi apresentada pelo químico sueco Svante Arrhenius em 1884.

Nos tempos antigos, as pessoas conheciam coisas de sabor azedo, como o vinagre, e a palavra ácido vem do latim *acere*, azedar. Elas também sabiam que alguns ácidos dissolviam metais. No Irã, em c. 800 d.C., Jabir ibn Hayyan descobriu os ácidos hidroclorídrico e nítrico e percebeu que combinados resultam em *aqua regia*, que podia dissolver até o ouro.

Em 1776, Antoine Lavoisier asseverou que é a presença de oxigênio que faz um ácido, e nomeou o oxigênio a partir de "fator do ácido" em grego. Porém, em 1810, Humphry Davy testou ácidos com metais e não metais e descobriu que muitos não tinham oxigênio. Ele propôs que a chave poderia ser o hidrogênio, e isso foi confirmado 20 anos depois por Justus von Liebig, que afirmou que um ácido é uma substância que contém hidrogênio e na qual este pode ser substituído por um metal.

O que são os ácidos?
A definição de Liebig funcionava, mas dizia pouco sobre o que eram os ácidos. A resposta veio em 1884, na dissertação de doutorado de Arrhenius, que tratava de íons – átomos que se tornam negativa ou positivamente carregados ao ganhar ou perder elétrons.

Um experimento simples, em que vinagre (ácido acético) é misturado a bicarbonato de sódio mostra uma poderosa reação ácido-base.

A ERA INDUSTRIAL

Ver também: Ar inflamável 56-57 ▪ Elementos isolados por eletricidade 76-79 ▪ Ácido sulfúrico 90-91 ▪ Forças intermoleculares 138-139 ▪ O elétron 164-165 ▪ A escala de pH 184-189 ▪ Representação de mecanismos de reação 214-215 ▪ A estrutura do DNA 258-261

A probabilidade [é] de que os eletrólitos podem assumir duas formas diferentes, uma ativa e a outra inativa.
Svante Arrhenius

Antes se pensava que os íons só apareciam num líquido quando ele era atravessado por uma corrente elétrica. Arrhenius afirmou que os íons estão sempre presentes nos líquidos. Ele também propôs que os eletrólitos – ou seja, substâncias que conduzem eletricidade – podem ter um estado ativo (que conduz) e um inativo (que não conduz).

Esse conceito era tão radical na época que Arrhenius foi difamado. Mas ele persistiu e em 1894 desenvolveu uma nova concepção sobre ácidos e bases. Os ácidos, dizia, são substâncias que acrescentam íons de hidrogênio com carga positiva (cátions) a uma solução. As bases são substâncias que acrescentam íons hidroxilas com carga negativa (ânions hidroxilas) à solução. Arrhenius também propôs que os ácidos e bases neutralizam uns aos outros, formando água e um sal.

Todas as definições modernas de ácido brotaram dessa ideia, que valeu a Arrhenius o Prêmio Nobel de Química de 1903. Em 1923, os químicos Johannes Brønsted (dinamarquês) e Thomas Lowry (britânico) aperfeiçoaram a ideia. Focando nos prótons, eles definiram ácido como a substância da qual um próton pode ser removido e base como a substância que pode ligar-se ao próton de um ácido. Os químicos hoje falam em ácidos como "doadores de prótons" e em bases como "aceptoras de prótons".

Ainda em 1923, o químico americano Gilbert Lewis desenvolveu mais o tema, centrando em pares de elétrons e ligações covalentes. As duas abordagens foram combinadas nos anos 1960, resultando no quadro moderno sobre ácidos. ∎

Na água, os **átomos** de **substâncias dissolvidas** se tornam **íons carregados**.

Em soluções ácidas, há mais **íons positivos de hidrogênio** disponíveis para se prender a **íons negativos**.

Em **soluções básicas**, há mais **íons hidroxilas negativos**.

Um ácido é uma solução com mais íons de hidrogênio que de hidroxila.

Svante Arrhenius

Nascido em 1859 em Vik, perto de Uppsala, na Suécia, Svante Arrhenius foi um garoto prodígio em matemática. Insatisfeito com o ensino na Universidade de Uppsala, ele foi para Estocolmo e iniciou o trabalho para sua revolucionária tese de doutorado explorando o papel dos íons nas soluções. Apesar da rejeição inicial a suas ideias, ele acabou tendo uma carreira científica de sucesso.

O trabalho de Arrhenius abrangia a química, a física, a biologia e a cosmologia, e ele deu contribuições cruciais a três áreas diferentes da ciência. Primeiro, sua teoria dos íons se tornou a base do conhecimento moderno sobre eletrólitos e ácidos. Depois, seu estudo de geofísica forneceu as primeiras evidências científicas da mudança climática. Por fim, ele fez investigações essenciais sobre toxinas e antitoxinas. Arrhenius morreu em Estocolmo, em 1927.

Obra principal

1884 "Pesquisa sobre a condutividade galvânica dos eletrólitos"

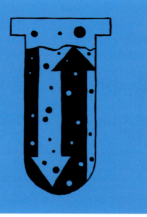

A MUDANÇA INDUZ UMA REAÇÃO OPOSTA
O PRINCÍPIO DE LE CHATELIER

EM CONTEXTO

FIGURA CENTRAL
Henry Louis Le Chatelier
(1850-1936)

ANTES
1803 O químico francês Claude-Louis Berthollet descobre que algumas reações químicas são reversíveis.

1864 Os químicos noruegueses Cato Guldberg e Peter Waage propõem a lei da ação de massas, que define a taxa das reações e explica o comportamento de soluções em equilíbrio dinâmico.

DEPOIS
1905 Fritz Haber propõe um modo de produção em massa de amônia aplicando o princípio de Le Chatelier.

1913 Começa a produção em escala industrial de amônia, após o engenheiro alemão Carl Bosch ter elaborado um método prático para aplicar as ideias de Haber – o processo Haber-Bosch.

Muitas reações químicas são reversíveis, o que significa que os produtos reagem produzindo os reagentes originais. Por exemplo, o cloreto de amônio (NH_4Cl), um sólido, forma amônia (NH_3) e cloreto de hidrogênio (ácido clorídrico, HCl) gasosos ao ser aquecido. Quando os dois gases esfriam o bastante, reagem e formam NH_4Cl de novo. Essa reação reversível se expressa como $NH_4Cl \rightleftharpoons NH_3 + HCl$. Diz-se que a reação se move para a direita quando a quantidade dos produtos cresce e para a esquerda quando é a quantidade de reagentes que aumenta. Ela está em estado de equilíbrio dinâmico quando não há mudança líquida nas quantidades de reagentes e produtos.

O químico francês Henry Louis Le Chatelier propôs em 1884 que se um sistema em equilíbrio é submetido a mudança de condições, a posição de equilíbrio se ajustará para neutralizar a mudança. Essas condições são a concentração dos reagentes e a temperatura ou pressão em que a reação ocorre. Por exemplo, se um químico aumenta a temperatura de uma reação, ela se moverá para a direita ou a esquerda para reduzir a temperatura.

O químico alemão Fritz Haber aplicou o princípio de Le Chatelier ao elaborar um método para maximizar a produção de amônia a partir de nitrogênio e hidrogênio, na reação $N_2 + 3H_2 \rightleftharpoons 2NH_3$. Ele calculou que a reação deveria ser conduzida a alta pressão e baixa temperatura. Na prática, só conseguiu isso usando um catalisador, mas a descoberta de Le Chatelier foi crucial para seu trabalho. ∎

Deixei a descoberta da síntese de amônia escorregar por entre meus dedos.
Henry-Louis Le Chatelier

Ver também: Catálise 69 ▪ Por que as reações acontecem 144-147 ▪ Fertilizantes 190-191 ▪ Guerra química 196-199

À PROVA DE CALOR, QUEBRA E RISCO
VIDRO BOROSSILICATO

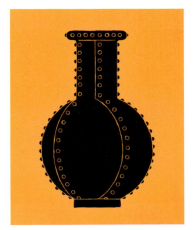

EM CONTEXTO

FIGURA CENTRAL
Otto Schott (1851-1935)

ANTES
Século I a.C. As técnicas do vidro soprado são desenvolvidas na província romana da Síria.

1830 O químico francês Jean-Baptiste-André Dumas descobre a melhor proporção de soda, cal e sílica para maior durabilidade do vidro.

DEPOIS
1915 Começa a produção em massa de assadeiras Pyrex de borossilicato, resistentes ao calor.

1932 O físico norueguês-americano William Zachariasen explica a estrutura química do vidro, distinguindo-a da dos cristais.

Até o fim do século XIX, só havia vidro "soda-cal-sílica", feito com dióxido de silício (SiO_2), carbonato de sódio (Na_2CO_3) e óxido de cálcio (CaO), muitas vezes com a adição de óxidos de magnésio e alumínio (MgO e Al_2O_3) para maior durabilidade. Chamado em geral de "soda-cal", esse vidro funciona bem para janelas e garrafas, mas tem limitações: distorce a luz e se expande e estilhaça a altas temperaturas. O químico alemão Otto Schott era fascinado pela relação entre a composição química do vidro e suas características físicas e de 1887 a 1893 fez experimentos com os ingredientes, revolucionando o material.

Uso em laboratório

Schott descobriu que acrescentando lítio podia produzir vidro com refrações ópticas mínimas, permitindo avanços importantes na qualidade de lentes para microscópios e telescópios. Ele também verificou que a adição de trióxido de boro (B_2O_3) ao dióxido de silício criava vidros muito mais tolerantes ao calor e à exposição química. Essas características do novo vidro borossilicato derivam da estrutura química firmemente ligada.

O processo de manufatura foi aperfeiçoado no século XX, mas ainda hoje é usado vidro borossilicato muito similar ao de Schott em laboratórios e cozinhas. Ele pode ser aquecido a cerca de 500 °C sem se estilhaçar. ∎

O vidro borossilicato suporta diferenciais de temperatura de até 165 °C, o que o torna inestimável para uso em experimentos científicos.

Ver também: Produção de vidro 26 ▪ Cristalografia de raios x 192-193

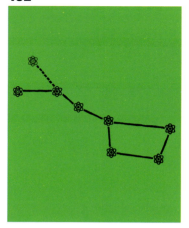

A NOVA CONSTELAÇÃO ATÔMICA
QUÍMICA DE COORDENAÇÃO

Nos anos 1880, o conceito de "poder de combinação" dos átomos ficou conhecido como valência (o número de átomos de hidrogênio com que um átomo se ligará). Esse foi um passo importante para entender como as moléculas se formam, mas se chocou com problemas em moléculas complexas, que pareciam ter múltiplas valências. Então, em 1893, o químico suíço Alfred Werner propôs uma explicação radical, que abriu um novo ramo na química: a química de coordenação.

Desde os anos 1860, a maioria dos grandes avanços no conhecimento da estrutura molecular tinham ocorrido na química orgânica, mas Werner estava estudando compostos de metais e, em especial, os compostos de coordenação – complexos em que um átomo de metal é cercado por átomos ou grupos de átomos de não metais. Tais compostos eram conhecidos há séculos (o pigmento azul da Prússia, introduzido em 1706, é um composto de coordenação), mas era difícil descobrir sua estrutura química. Muitos eram descritos como "sais duplos", pois pareciam combinar dois sais, e assim suas fórmulas eram escritas com um ponto. Para fluoreto de alumínio (AlF_3) e fluoreto de potássio (KF), por exemplo, que se combinam na proporção 1:3, escrevia-se $AlF_3 \cdot 3KF$.

Valência secundária
Por que os elementos se combinam em proporções específicas e não em outras? Werner estava obcecado pelo problema e certa noite acordou às duas da manhã com uma inspiração. Às cinco da manhã já tinha escrito um artigo essencial para explicar sua teoria, publicado em 1893. Werner via os complexos metálicos como um átomo de metal central combinado a "ligantes" – íons, átomos ou moléculas que se ligarão a ele. Os ligantes podem ser moléculas

EM CONTEXTO

FIGURA CENTRAL
Alfred Werner (1866-1919)

ANTES
1832 Friedrich Wöhler e Justus von Liebig apresentam os grupos funcionais de átomos nas moléculas.

1852 Edward Frankland propõe a ideia de "poder de combinação" para explicar as ligações nas moléculas.

1861 August Kekulé e Josef Loschmidt desenvolvem o conceito de fórmulas estruturais.

1874 Jacobus van 't Hoff e Joseph Achille Le Bel afirmam que as moléculas têm estruturas tridimensionais.

DEPOIS
1916 O químico americano Gilbert Lewis propõe que as ligações químicas se formam pela interação de dois elétrons compartilhados.

1931-1932 Linus Pauling publica a teoria da ligação de valência.

>
> Este conceito [de número de coordenação] se destina a servir de base para a teoria da constituição de compostos inorgânicos.
> **Alfred Werner**
>

Ver também: Isomeria 84-87 ▪ Grupos funcionais 100-105 ▪ Fórmulas estruturais 126-127 ▪ Estereoisomeria 140-143 ▪ Ligações químicas 238-245

A ERA INDUSTRIAL

simples como a de amônia (NH$_3$) ou água (H$_2$O), ou muito mais complexas.

Observando em seu trabalho um complexo de amônia com cloreto de platina (PtCl$_2$.2NH$_3$), Werner propôs dois tipos de valência para um íon metálico: a valência primária, dada pela carga positiva do íon, e a secundária, ou "número de coordenação", que é o número de ligantes a ligações metálicas que o metal pode adquirir. Esse conceito lhe permitiu explorar como os compostos de coordenação eram ligados. Enfrentando ceticismo, ele decidiu trabalhar na criação de uma nova série de complexos metálicos previstos pela teoria. Em 1900, uma aluna de Werner de doutorado, a britânica Edith Humphrey, conseguiu realizar a tarefa, preparando cristais de um dos complexos de cobalto previstos.

Geometria composta

Como Jacobus van 't Hoff, que tinha visualizado as moléculas de carbono em três dimensões como tetraedros, Werner pensou os complexos metálicos em 3D. Ele calculou as configurações de certos complexos para o número e tipo de seus isômeros – compostos feitos dos mesmos componentes, mas com arranjos diversos. Por exemplo, ele supôs que complexos de cobalto (III), com número de coordenação 6, eram octaédricos. Passou anos analisando esses compostos e obteve evidências de sua teoria, mas faltavam algumas essenciais. Então, em 1907, com a ajuda de Victor King, conseguiu sintetizar as altamente instáveis tetraminas *violeo* – [Co(NH$_3$)$_4$Cl$_2$]X – com seus dois isômeros. Os críticos aceitaram a derrota, e a química de coordenação começou a ter impacto.

Quase todos os metais formam complexos e são importantes em diversas áreas. A indústria depende muito deles, em especial dos catalisadores, e os complexos de metais de transição são cruciais em processos biológicos. A hemoglobina, que transporta o oxigênio no sangue, é um complexo de ferro, e outros complexos de metais de transição têm um papel-chave nas enzimas, que são catalisadores biológicos. Drogas com complexos metálicos – metalodrogas – são usadas no tratamento de câncer. ∎

Alfred Werner

Filho de um operário fabril, Alfred Werner nasceu em 1866 na Alsácia, na França, numa cidade anexada pela Alemanha quatro anos depois. Interessado por química desde menino, ele fazia experimentos em seu quarto. Em 1889, foi para a Suíça estudar química, onde se graduou na Universidade de Zurique em 1890 e após dois anos se doutorou.

Em 1895, aos 29 anos, foi nomeado professor de química da universidade e no mesmo ano se tornou cidadão suíço. Era um professor muito querido e fez várias pesquisas pioneiras com seus alunos, entre os quais muitas eram mulheres, o que era incomum na época. Algumas delas se tornaram químicas bem--sucedidas, como Edith Humphrey, que consta ter sido a primeira mulher britânica a obter um PhD em química. Werner recebeu o Prêmio Nobel de Química em 1913 e morreu seis anos depois.

Obra principal

1893 *Contribuição sobre a constituição de compostos inorgânicos*

Um complexo metálico de coordenação 6 pode ter a forma de um hexágono, um prisma trigonal ou um octaedro. Se o metal M tiver quatro ligantes do tipo A e dois do tipo B (MA$_4$B$_2$) e é um hexágono ou prisma trigonal, terá três isômeros; se for um octaedro, só terá dois.

Legenda
- Metal
- Ligante A
- Ligante B

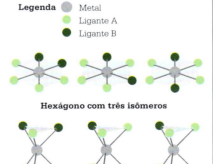

Hexágono com três isômeros

Octaedro com dois isômeros

Prisma trigonal com três isômeros

UM BRILHO AMARELO GLORIOSO

OS GASES NOBRES

OS GASES NOBRES

EM CONTEXTO

FIGURA CENTRAL
William Ramsay (1852-1916)

ANTES
1860 Robert Bunsen e Gustav Kirchhoff aventam que novos elementos podem ser identificados por análise espectral.

1869 Dmitri Mendeleiev arranja os 64 elementos conhecidos numa tabela periódica e prevê que outros serão descobertos.

DEPOIS
1937 Os físicos Piotr Kapitsa (russo), John Allen e Don Misener (britânicos) produzem hélio super-resfriado, o primeiro superfluido com viscosidade zero.

1962 O químico britânico Neil Bartlett sintetiza hexafluoroplatinato de xenônio, o primeiro composto químico a incluir um gás nobre.

A tabela periódica de Dmitri Mendeleiev, de 1869, organizou os elementos segundo seu peso atômico e mostrou como características recorrentes dos elementos ocorriam a intervalos regulares, ou períodos. A tabela de Mendeleiev parecia tão solidamente embasada que a maioria dos cientistas sentia que se manteria verdadeira quaisquer que fossem as novas descobertas. Mendeleiev tinha até deixado vazios a preencher com novos elementos quando afinal viessem à luz; de fato, o gálio e o escândio se encaixaram de modo exato quando foram descobertos nos anos 1870. Porém, alguns novos elementos seriam mais desafiadores.

Primeiras pistas

Em 1783, o químico britânico Henry Cavendish publicou um relato de sua tentativa de determinar a composição da atmosfera. Seu método consistia em adicionar óxido nítrico (NO) – que combinado a oxigênio forma dióxido de nitrogênio (NO_2), que é solúvel – ao ar e depois medir a redução em volume. Cavendish também conseguiu remover o nitrogênio de sua amostra, mas surpreendeu-se ao ver que restara uma pequena bolha de gás, de cerca de 0,8% da amostra original. Ele não soube explicar o que era, e o enigma ficou sem solução por quase um século.

Em agosto de 1868, o ano anterior à publicação da primeira versão da tabela de Mendeleiev, o astrônomo francês Pierre Janssen examinou a coroa solar com um espectroscópio durante um eclipse total na Índia. Ele observou uma linha brilhante amarela que não correspondia a nenhum elemento conhecido. Dois meses depois, e de modo independente de Janssen, o astrônomo britânico Norman Lockyer também viu a mesma linha amarela. Lockyer não hesitou em anunciar a descoberta de um novo elemento e chamou-o de hélio, por causa de Hélio, o deus grego do Sol. Outras análises químicas do hélio eram impossíveis na época; era a primeira vez que se descobria um elemento num corpo extraterrestre antes de encontrá-lo na Terra.

Rayleigh e Ramsay

Em 1892, o químico escocês William Ramsay, professor no

William Ramsay

Nascido em Glasgow, na Escócia, em 1852, William Ramsay, o filho único de um engenheiro civil, estudou na Universidade de Glasgow, mas deixou-a em 1870 sem se diplomar. Em 1871, tornou-se aluno de doutorado do químico alemão Rudolf Fittig, na Universidade de Tübingen. Após se formar, em 1872, Ramsay voltou a Glasgow. Foi nomeado professor de química do University College, em Bristol, em 1879 e, em 1881, seu diretor. Ele obteve a cadeira de química do University College de Londres (UCL) em 1887 e foi lá que fez suas descobertas mais notáveis.

O fato de ter isolado e identificado os gases nobres exigiu o acréscimo de uma nova seção à tabela periódica. Ele recebeu o Prêmio Nobel de Química em 1904 por esse trabalho. Em 1912, Ramsay se aposentou de seu cargo no UCL. Morreu em 1916.

Obra principal

1896 *Os gases da atmosfera*

A ERA INDUSTRIAL

Ver também: Espectroscopia de chama 122-125 ▪ A tabela periódica 130-137 ▪ Modelos atômicos aperfeiçoados 216-221 ▪ Ligações químicas 238-245

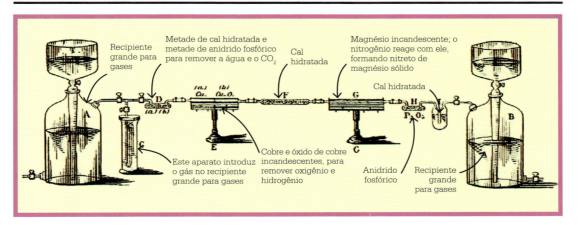

University College de Londres, soube de uma descoberta intrigante de lorde Rayleigh (John William Strutt), ex-professor de física dos Laboratórios Cavendish, em Cambridge, mas então pesquisador independente. Rayleigh tinha verificado que o nitrogênio atmosférico era 0,5% mais denso que o nitrogênio obtido de compostos químicos. Rayleigh soube depois que Cavendish – que dera nome ao laboratório de Cambridge – tinha obtido um resultado similar muitos anos antes, mas não conseguira explicá-lo.

Ramsay propôs que a amostra poderia conter um gás desconhecido que não fora afetado pelos métodos usados para remover outros gases. Ele isolou esse gás usando magnésio incandescente para remover o oxigênio e o nitrogênio do ar. Os experimentos revelaram que o gás misterioso tinha de ser, como disse Ramsay, "um corpo incrivelmente indiferente", que não poderia reagir com nenhuma outra substância. Nem o flúor, altamente reativo, se combinaria com ele.

Em 1894, Rayleigh e Ramsay anunciaram a descoberta de um novo elemento numa reunião da Associação Britânica para a Ciência, em Londres. Eles o chamaram argônio, da palavra grega para "inativo". Embora a análise espectroscópica do químico britânico William Crookes confirmasse que o novo gás tinha um padrão de linhas distinto, alguns críticos, entre eles Dmitri Mendeleiev, contestaram sua condição de elemento, supondo que deveria ser uma forma de nitrogênio triatômico, N_3. A principal razão

Quero voltar da química para a física assim que puder. Os homens de segunda categoria parecem conhecer muito melhor seu lugar.
Lord Rayleigh (1924)

Ramsey usou este aparato para isolar o argônio. O nitrogênio era bombeado para a frente e para trás, até ser absorvido. O minúsculo resíduo de argônio que restava era então coletado.

para a rejeição era que o argônio não se ajustava facilmente à tabela periódica de Mendeleiev, embora Ramsay tivesse escrito a Rayleigh em 24 de maio de 1894, perguntando: "Já lhe ocorreu que há espaço para elementos gasosos no fim da tabela periódica?".

Hélio na Terra
Enquanto isso, em 1882, ao analisar lava do monte Vesúvio, o físico italiano Luigi Palmieri viu a mesma linha espectral amarela que Janssen e Lockyer tinham observado no espectro solar. Era a primeira indicação da presença de hélio na Terra – mas Palmieri não levou a pesquisa além.

Em 1895, o mineralogista britânico Henry Miers informou Ramsay das descobertas feitas pelo químico americano William Hillebrand em 1888. Hillebrand tinha verificado que aquecer » cleveíta, um mineral que contém urânio, com ácido sulfúrico gerava um gás não reativo que ele pensara ser nitrogênio, mas que Miers suspeitava que fosse na verdade argônio.

Ramsay repetiu os experimentos e coletou o gás. A análise espectroscópica confirmou que não era nem nitrogênio nem argônio. Na verdade, ele se mostrava ao espectroscópio como um "brilho amarelo glorioso", nas palavras de Lockyer, a quem Ramsay tinha mandado uma amostra para verificação. Seu espectro correspondia ao do hélio. De modo independente, no mesmo ano, os químicos suecos Per Teodor Cleve e Nils Abraham Langlet, em Uppsala, na Suécia, também recuperaram hélio de cleveíta, coletando gás suficiente para medir com precisão seu peso atômico.

A busca continua

As propriedades físicas e químicas do hélio e do argônio eram tão similares que parecia que deviam pertencer ao mesmo grupo de elementos. Seu peso atômico diverso

> Como um nobre pode considerar indigno se misturar a pessoas comuns, os gases nobres tendem a não reagir com outros elementos.
> **Anne Helmenstine**
> Cientista biomédica americana (2020)

(hélio, 4; e argônio, 40) convenceu Ramsay de que era provável que houvesse pelo menos um elemento a ser encontrado entre eles. Após dois anos de buscas infrutíferas em minerais, ele decidiu procurar no ar. Isolar outros gases atmosféricos exigiria instalações de grande escala para a liquefação e destilação fracionada do ar. Ramsay procurou o engenheiro britânico William Hampson, que tinha patenteado um processo inovador de liquefação de gases, e, em 1898, ele lhe forneceu cerca de 0,75 litro de ar líquido.

Em junho de 1898, Ramsay e seu assistente, o químico britânico Morris Travers, evaporaram e destilaram sua amostra de ar líquido. Após a remoção do nitrogênio, do oxigênio e do argônio, restou um resíduo minúsculo de gás. A análise espectral confirmou que eles tinham achado um novo elemento, mas com peso atômico estimado de 80. Em vez de ser mais leve que o argônio, na verdade era mais pesado. Ele foi chamado de criptônio, da palavra grega para "oculto".

Dez dias depois, Ramsay e Travers conseguiram isolar mais um gás, que coletaram de uma amostra de argônio. O peso atômico desse gás era 20, que estava entre o hélio e o argônio, como Ramsay tinha especulado. A análise espectral desse gás, que foi nomeado neônio, do grego "novo", revelou uma luz carmesim brilhante. Em setembro de 1898, Ramsay e Travers tinham separado um terceiro gás do criptônio, que chamaram de xenônio, do grego "estrangeiro".

Identificação do radônio

Em 1899, o físico britânico Ernest Rutherford e outros relataram que uma substância radiativa era emitida pelo tório. No mesmo ano, os físicos franceses Pierre e Marie Curie notaram que um gás radiativo emanava do rádio, e em 1900 o físico alemão Friedrich Ernst Dorn viu a acumulação de um gás dentro de recipientes com rádio. Em todos os casos, a substância se revelou ser o que depois se chamou radônio. Em 1908, Ramsay coletou radônio suficiente para determinar suas propriedades e afirmou que era o gás

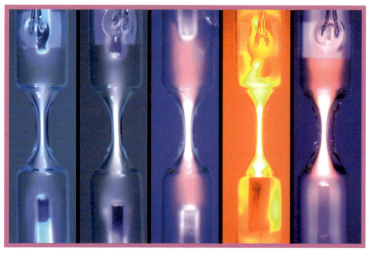

Estas ampolas de descarga de gás (tubos de vidro vedados) mostram as cores brilhantes produzidas por diferentes gases nobres. Da esquerda para a direita: xenônio, criptônio, argônio, neônio e hélio.

Propriedades nobres

Os gases nobres são elementos de estabilidade única e aparentemente só participam de reações químicas em condições incomuns. Isso ajuda a explicar como as ligações químicas funcionam. Em 1913, Niels Bohr propôs que os elétrons ocupavam "camadas" de energia ao redor do núcleo atômico. As capacidades de elétrons nas camadas determinavam o número de elementos nas linhas (períodos) da tabela periódica. Nos átomos dos gases nobres a camada mais externa sempre contém oito elétrons (O hélio, com só dois, é uma exceção). Gilbert Lewis e Walther Kossel propuseram que esse octeto de elétrons era o arranjo mais estável para a camada externa de um átomo, e era isso que os átomos buscavam ao formar ligações químicas, cedendo, tomando ou partilhando elétrons com outros átomos. Os gases nobres já têm uma camada externa completa, com oito elétrons, então não precisam participar de reações químicas para ter estabilidade.

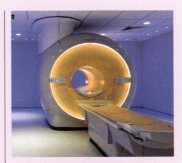

Os ímãs supercondutores de aparelhos de ressonância magnética são resfriados com uma grande quantidade de hélio líquido.

mais pesado conhecido até então. Assistido pelo químico britânico Robert Whytlaw-Gray, Ramsay mediu a densidade do radônio com precisão suficiente para determinar que seu peso atômico diferia do de seu elemento pai, o rádio, pelo peso de um átomo de hélio.

Posição periódica

Quando se tratou de inserir os gases na tabela periódica, a sequência de pesos atômicos levou a pensar em dispô-los entre os halogênios e os metais alcalinos, talvez no grupo 8. Mas o fato de esses gases inertes ou nobres, como ficaram conhecidos, não reagirem nem formarem nenhum composto era um problema. William Crookes sugeriu, em 1898, que fossem colocados numa só coluna, entre o grupo do hidrogênio e o do flúor. Em 1900, Ramsay e Mendeleiev se encontraram para discutir os novos gases e sua posição na tabela. Ramsay propôs um novo grupo entre os halogênios e os metais alcalinos. Em 1902, por sugestão do botânico belga Léo Errera, Mendeleiev colocou os gases nobres hélio, neônio, argônio, criptônio e xenônio num novo grupo 0 (hoje grupo 18), disposto na extrema direita da tabela periódica.

Hoje, os gases nobres são usados no dia a dia em soldagem, iluminação, mergulho e até na medicina. ■

MOL: O NOVO NOME DO PESO MOLECULAR
O MOL

- Os **números de moléculas** envolvidos em cálculos químicos são **enormes e complicados**.
- Para fazer **cálculos**, os cientistas podem usar **uma unidade simples** para cada substância: **o mol**.
- Um mol de qualquer substância é seu **peso molecular** expresso em **gramas**.
- **Os cálculos ficam mais fáceis porque se multiplicam ou dividem os mols em vez do número de átomos.**

EM CONTEXTO

FIGURA CENTRAL
Wilhelm Ostwald (1853-1932)

ANTES

1809 O cientista francês Joseph Gay-Lussac publica a lei dos volumes combinados, que diz que os volumes dos gases reagem entre si em proporções de números inteiros pequenos.

1865 Josef Loschmidt calcula o número de partículas de 1 cm^3 de gás em condições-padrão (constante de Loschmidt).

DEPOIS

1971 O Comitê Internacional de Pesos e Medidas define 1 mol como o número de átomos de ^{12}C em 12 g de ^{12}C.

1991 O americano Maurice Oehler, professor de química aposentado, institui a Fundação do Dia Nacional do Mol; os estudantes de química o celebram todo ano em 23 de outubro.

Os átomos e as moléculas estão no cerne de todo cálculo químico, mas são minúsculos e estão em número enorme em qualquer volume de uma substância. Lidar com tais extremos ficou muito mais possível com o conceito de mol, introduzido pelo químico alemão Wilhelm Ostwald em 1894.

As origens da ideia repousam no trabalho do físico italiano Amedeo Avogadro com gases, no início do século XIX. Em 1811, ele supôs que dois volumes iguais de gás à mesma temperatura e pressão sempre continham o mesmo número de partículas (que hoje sabemos serem átomos e moléculas). Essa postulação foi chamada de lei de Avogadro, mas os cientistas só entenderam sua real importância depois de meio século. No Congresso de Karlsruhe, na Alemanha, em 1860, o químico italiano Stanislao Cannizzaro explicou as implicações da hipótese de Avogadro, relacionando os pesos atômicos aos das moléculas, o que gerou um conjunto de pesos atômicos para os elementos mundialmente aceito.

Por volta da mesma época, o desenvolvimento da teoria cinética dos gases por James Clerk Maxwell destacou a importância do número de moléculas. Em 1865, o

Ver também: Proporções dos compostos 68 ▪ Catálise 69 ▪ Elementos isolados por eletricidade 76-79 ▪ A teoria atômica de Dalton 80-81 ▪ A lei dos gases ideais 94-97 ▪ Pesos atômicos 121

professor de ciências austríaco Josef Loschmidt estimou o número de partículas em 1 cm³ de gás em condições-padrão como 2,6867773 × 10²⁵ m⁻³. Em 1909, o físico francês Jean Baptiste Perrin refinou esse número para 6 × 10²³ e chamou-o de número de Avogadro.

O químico alemão August von Hoffman já tinha introduzido a palavra "molar" para descrever mudanças no nível das partículas, pequenas demais para serem vistas a olho nu. Em 1894, Ostwald percebeu que podia unir os pesos e os números atômicos e moleculares numa só unidade, que chamou de mol. Ele propôs que quando o peso atômico ou molecular de uma substância é expresso em gramas, sua massa é 1 mol. Em contrapartida, 1 mol é a quantidade de gás em 22 l de ar a temperatura e pressão comuns. Perrin depois ligou isso ao número de Avogadro, propondo que o número de unidades num mol é o número de Avogadro.

O mol é a unidade básica para contar partículas – átomos, moléculas, íons ou elétrons. Uma vintena de partículas são 20 partículas, uma dúzia são 12, e assim por diante, mas os químicos lidam com números muito maiores: 1 mol é pouco mais de 6 × 10²³ partículas.

Para saber a massa de 1 mol de moléculas de qualquer elemento ou composto, some as massas de 1 mol de cada átomo envolvido. Na água, por exemplo, como a massa de 1 mol de átomos de hidrogênio é 1 g e a de 1 mol de átomos de oxigênio é 16 g, 1 mol de moléculas de água tem massa de 18 g – ou seja, 1 + 1 + 16.

He 4 g — Hélio
H_2O 18 g — Água
O_2 32 g — Oxigênio
Fe 55,9 g — Ferro
NaCl 58,4 g — Sal de mesa
Au 197 g — Ouro

Cálculos simplificados

O uso do mol simplificou os cálculos. Um mol de átomos de carbono, por exemplo, sempre pesa 12 g, e 12 g de carbono sempre contêm 1 mol de átomos de carbono. De modo similar, como os átomos de magnésio são duas vezes mais pesados que os de carbono, 1 mol de magnésio deve pesar 24 g. O mesmo ocorre com os compostos. Um mol de átomos de oxigênio pesa 16 g, então 1 mol de dióxido de carbono (CO_2) deve ter 44 g (12 + 16 + 16).

O número 6 × 10²³ serve como aproximação, mas os químicos hoje o definiram com mais precisão. Em 1909, os cientistas americanos Robert Millikan e Harvey Fletcher calcularam experimentalmente a carga de um só elétron. Dividindo a carga de 1 mol de elétrons por essa carga, foi possível obter o número de Avogadro com maior precisão: 6,02214154 × 10²³ partículas por mol. ∎

Wilhelm Ostwald

Nascido em Riga, na Letônia, em 1853, Wilhelm Ostwald estudou química na Universidade de Dorpat (hoje Tartu, na Estônia), onde depois trabalhou sob direção dos eminentes cientistas Arthur von Oettingen e Carl Schmidt. Em 1881, tornou-se professor de química em Riga e anos depois de físico-química em Leipzig, na Alemanha. Em Leipzig, ensinou os futuros ganhadores do Prêmio Nobel Jacobus van 't Hoff e Svante Arrhenius. O próprio Ostwald recebeu o Prêmio Nobel de Química de 1909 por seu trabalho sobre catálise. Ele era fascinado pela afinidade química e por reações que formavam compostos. Além de ter sido um pioneiro da físico-química e instituído o conceito de mol, contribuiu para a lei da diluição, explicando como os eletrólitos ficam mais fracos, e realizou uma análise revolucionária das cores. Ostwald morreu em 1932.

Obras principais

1884 *Compêndio de química geral*
1893 *Manual de medidas físico-químicas*

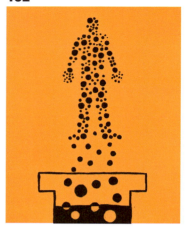

PROTEÍNAS RESPONSÁVEIS PELA QUÍMICA DA VIDA
ENZIMAS

EM CONTEXTO

FIGURA CENTRAL
Eduard Buchner (1860-1917)

ANTES
1833 Anselme Payen e Jean-François Persoz descobrem a primeira enzima conhecida, a diástase.

1878 O fisiologista alemão Wilhelm Kühne cunha a palavra enzima, do grego "levedado" (feito com levedura).

DEPOIS
1926 James B. Sumner cristaliza a urease, levando a provar que as enzimas são proteínas.

1937 O biólogo britânico nascido na Alemanha Hans Krebs descobre o ciclo do ácido cítrico – crucial para a produção de energia nos seres vivos – e o papel das enzimas nele.

1968 Equipes de pesquisadores das universidades Harvard e Johns Hopkins identificam enzimas "de restrição", que reconhecem e cortam seções de DNA.

Os catalisadores são substâncias que acionam reações químicas ou as aceleram sem se envolver de modo direto. Nos organismos vivos, eles se chamam enzimas. Inúmeros processos nos seres vivos – da digestão à produção de energia – dependem delas. Nos anos 1890, os químicos alemães Eduard Buchner e Emil Fischer fizeram grandes avanços na compreensão de como elas funcionam.

Identificação das enzimas

As enzimas já eram usadas há milhares de anos – como o coalho, para fazer queijo –, sem um entendimento total do que eram. Em 1833, porém, quando trabalhavam numa fábrica de açúcar de beterraba, Alselme Payen e Jean-François Persoz identificaram uma nova enzima envolvida na conversão de amido em malte. Eles a chamaram de diástase, do grego para "separação". Pouco depois, Theodor Schwann descobriu outra enzima, a pepsina, envolvida na digestão, e Eilhard Mitscherlich descobriu a invertase, que ajuda a quebrar os açúcares das frutas em frutose e glicose.

Em 1835, Jöns Jacob Berzelius identificou a catálise em reações químicas inorgânicas, propondo a seguir que as enzimas poderiam ser o equivalente orgânico. Porém, não estava claro se elas eram só catalisadores químicos ou se dependiam de organismos vivos.

Mesmo nos anos 1850, enquanto Louis Pasteur mostrava que a fermentação de açúcar em álcool por

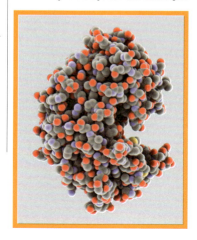

A pepsina é uma enzima digestiva que quebra proteínas. Sua molécula, neste modelo com o oxigênio em vermelho, é formada por 5.053 átomos. As proteínas se prendem ao sítio ativo, na direita.

Ver também: Catálise 69 ▪ A síntese da ureia 88-89 ▪ Cristalografia de raios x 192-193 ▪ Enzimas customizadas 293

leveduras ao fazer cerveja era catalisada por "fermentos", os cientistas ainda acreditavam que processos como fermentação, decomposição e putrefação dependiam de minúsculos organismos vivos.

O grande avanço veio em 1897, quando Buchner usou líquido de células de levedura amassadas e mostrou que esse líquido poderia fermentar açúcar e fazer álcool, sem nenhuma levedura viva. O suco de fruta fermentava da mesma forma. Buchner afirmou que a fermentação era causada por substâncias dissolvidas, que chamou de zimases. As enzimas, assim, apesar de produzidas por organismos vivos, podem operar sem uma célula viva.

Teoria da chave-fechadura

As enzimas parecem ter efeito só em substâncias específicas, ou "substratos", e em 1895 Fischer aventou a razão. Uma enzima, ele afirmou, tem um sítio ativo. Esse sítio, ele propôs, é como uma fechadura, e o substrato afetado é como uma chave. Só a chave do substrato com forma correta se ajusta à fechadura da enzima. A teoria foi modificada desde então, mas fornece um bom ponto de partida para o entendimento.

Muitas novas enzimas foram descobertas, cada uma em geral nomeada a partir do substrato, mas com -ase no fim. Por exemplo, a lactase é a enzima que quebra a lactose. Ninguém, no entanto, sabia de fato o que as enzimas eram até 1926, quando James B. Sumner conseguiu cristalizar uma enzima, que chamou de urease. Sua análise indicava que as enzimas eram proteínas – algo logo comprovado por John Howard Northrop e Wendell Meredith Stanley com a pepsina, a tripsina e a quimotripsina. Outros exames, usando cristalografia de raios x, mostraram que a maioria das enzimas eram bolas de proteína – só algumas eram relacionadas ao ácido ribonucleico (RNA). Avanços em biotecnologia tornaram possível manipular e melhorar o poder das enzimas em processos industriais e medicinais. ▪

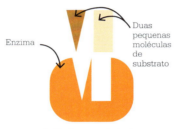

1. Enzima e substrato — Duas pequenas moléculas de substrato / Enzima

2. A reação acontece — As moléculas se ajustam no sítio ativo da enzima

3. Separação — Os substratos se conectam, às vezes como uma nova molécula / A enzima fica inalterada

A teoria chave-fechadura de Emil Fischer propõe que as enzimas e substratos têm formas geométricas complementares que se ajustam.

Eduard Buchner

Nascido em Munique, na Alemanha, em 1860, Eduard Buchner era filho de um médico. Tinha só 11 anos quando o pai morreu, e mais tarde, para pagar os estudos na Universidade de Munique, teve de trabalhar numa fábrica de enlatados. Após obter o doutorado, Buchner ficou fascinado pela química da fermentação, e seu trabalho o levou a ser conhecido como o "pai da bioquímica em um tubo de ensaio". Buchner concluiu seu estudo crucial sobre enzimas na Universidade de Tübingen, onde detinha uma cadeira de química analítica e farmacêutica. Grande parte de sua vida acadêmica entre 1898 e 1909, porém, ocorreu na Academia Real de Agricultura de Berlim. Major do exército na Primeira Guerra Mundial, Buchner foi morto em ação, em 1917.

Obras principais

1885 "Sobre a influência do oxigênio na fermentação"
1888 "Uma nova síntese de derivados de trimetileno"
1897 "Sobre a fermentação alcoólica na ausência de células de leveduras"

PORTADORES DE ELETRICIDADE NEGATIVA
O ELÉTRON

EM CONTEXTO

FIGURA CENTRAL
J. J. Thomson (1856-1940)

ANTES
1803 John Dalton apresenta sua teoria atômica, em que os elementos são feitos de partículas minúsculas chamadas átomos.

1839 Michael Faraday acredita que a estrutura do átomo deve se relacionar de algum modo à eletricidade.

DEPOIS
1909 O físico americano Robert Millikan mede a carga de um elétron num experimento famoso em que usa gotas de óleo.

1911 Niels Bohr propõe que os elétrons orbitam o núcleo central do átomo.

1916 O físico-químico americano Gilbert Lewis percebe que as ligações químicas são formadas por pares de elétrons partilhados entre átomos.

Os anos 1820 viram uma enxurrada de pesquisas sobre o recém-descoberto fenômeno do eletromagnetismo. O físico francês André-Marie Ampère propôs a existência de uma nova partícula responsável tanto pela eletricidade quanto pelo magnetismo, a que chamou de "molécula eletrodinâmica" – o que hoje sabemos ser o elétron, a partícula atômica responsável pela reatividade química.

Raios misteriosos
Em 1858, o físico alemão Julius Plücker fez experimentos aplicando uma voltagem alta entre placas de metal dentro de um tubo de vidro do qual a maior parte do ar tinha sido tirada. Ele descobriu que isso criava um brilho fluorescente. Johann Hittorf, aluno de Plücker, confirmou em 1869 que o cátodo era a fonte dos misteriosos raios verdes. Uma década depois, o físico e químico britânico William Crookes descobriu que os raios podiam ser recurvados por um campo magnético e pareciam ser feitos por partículas de carga negativa.

Em 1883, o físico alemão Heinrich Hertz tentou desviar raios catódicos usando um campo elétrico, mas fracassou. Ele concluiu (erroneamente) que os raios não eram partículas carregadas, mas ondas que podiam ser curvadas por campos magnéticos.

A descoberta de Thomson
O físico britânico J. J. Thomson iniciou uma série de experimentos

Experimentos com um tubo de vidro demonstram que os raios catódicos viajam em linhas retas do cátodo (esq.) até o ânodo, na outra ponta.

A ERA INDUSTRIAL

Ver também: Corpúsculos 47 ▪ A teoria atômica de Dalton 80-81 ▪ Radiatividade 176-181 ▪ Modelos atômicos aperfeiçoados 216-221

> São cargas de eletricidade negativa, transportadas por partículas de matéria.
> **J. J. Thomson**

em 1894 que definiriam de vez a natureza dos raios catódicos. Usando um tubo de raios catódicos com placas defletoras dentro (em vez de fora) do tubo de vidro, ele verificou que os raios catódicos podiam ser desviados por um campo elétrico.

A configuração do experimento de Thomson também lhe permitiu determinar a proporção entre a carga da misteriosa partícula e sua massa. Ele descobriu que ela permanecia a mesma a despeito do metal dos eletrodos ou da composição do gás usado para encher o tubo e deduziu que as partículas que constituíam o raio catódico deviam ser algo presente em todas as formas de matéria.

Em 1897, Thomson já tinha determinado que as partículas de carga negativa do raio catódico tinham massa de menos de mil vezes a do átomo de hidrogênio. Isso significava que elas não podiam ser átomos carregados nem nenhuma outra partícula conhecida no campo da física. Thomson se referiu a elas como "corpúsculos", mas o nome "elétron", proposto pelo físico irlandês George Stoney em 1891 para a unidade fundamental de carga elétrica foi adotado. Em 1906, Thomson recebeu o Prêmio Nobel de Física por essa descoberta.

O átomo divisível

A questão seguinte a responder era como exatamente os corpúsculos de Thomson se ajustavam à estrutura do átomo. Sabia-se que os átomos são eletricamente neutros, então, para compensar a carga negativa dos elétrons, Thomson propôs que estavam incrustados numa nuvem

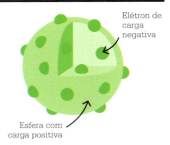

O **modelo atômico** do pudim de passas de Thomson propunha que elétrons de carga negativa estavam incrustados numa nuvem de carga positiva.

de carga positiva, como passas num bolo — uma imagem que levou seu átomo a ser apelidado de "modelo do pudim de passas".

O modelo de Thomson foi importante por descrever, pela primeira vez, o átomo como algo divisível, que continha forças eletromagnéticas. Isso abriu caminho para o novo modelo que seria proposto alguns anos depois, quando se revelou que a carga positiva do átomo se concentrava num volume minúsculo em seu centro. ▪

J. J. Thomson

Filho de um livreiro, Joseph John Thomson nasceu num subúrbio de Manchester, no Reino Unido, em 1856. Ele ingressou no Owens College (hoje Universidade de Manchester) com a idade incomum de apenas 14 anos e obteve uma bolsa para a Universidade de Cambridge em 1876.

Thomson trabalhou em Cambridge o restante da vida, fazendo pesquisa experimental no Laboratório Cavendish, palco de sua descoberta revolucionária do elétron em 1897. Thomson também foi um professor excepcional: sete futuros ganhadores do Prêmio Nobel trabalharam com ele, entre eles Ernest Rutherford. Além de física, tinha grande interesse por plantas e buscava espécimes raros ao redor de Cambridge. Em 1918, tornou-se reitor do Trinity College, posto que manteve até a morte, em 1940.

Obras principais

1893 "Notas de pesquisas recentes sobre eletricidade e magnetismo"
1903 "Condução de eletricidade por meio de gases"

A ERA DA MÁQUINA
1900-1940

168 INTRODUÇÃO

Marie e Pierre Curie isolam o rádio do minério de urânio, provando que o **decaimento radiativo** pode dar origem a **novos elementos**.

1902

Fritz Haber e **Carl Bosch** desenvolvem o **processo Haber-Bosch** para obtenção de amônia, vital na produção de fertilizantes para cultivar alimentos suficientes para a crescente população mundial.

1909

Fritz Haber lidera o primeiro **uso em larga escala de armas químicas**, em Ypres, na Primeira Guerra Mundial – a primeira guerra química com mortes.

1915

1909

O químico dinamarquês **Søren Sørensen** cria **a escala de pH** para indicar a acidez ou alcalinidade de uma solução.

1913

O químico britânico **Frederick Soddy** fornece a evidência de que existem **isótopos** – átomos do mesmo elemento com número diferente de nêutrons.

A primeira metade do século XX foi um período de caos e conflito. Porém, o contexto das duas guerras mundiais, longe de prejudicar o avanço científico, o catalisou. As inovações químicas romperam fronteiras consideradas intransponíveis apenas décadas antes. Alguns desses avanços criaram campos totalmente novos na química, enquanto outros colocariam em foco a ética de certos processos químicos.

Um salto quântico

O início dos anos 1900 viu uma proliferação de modelos atômicos. Novas descobertas sobre a sua composição exigiam o desenvolvimento de modelos cada vez mais complexos para explicar com acurácia a estrutura dos átomos. O modelo simples do "pudim de passas" proposto por J. J. Thomson em 1904 foi abandonado com a descoberta de Ernest Rutherford, em 1911, de que os átomos têm um núcleo no qual a massa se concentra. Seguiu-se o modelo de Rutherford-Bohr do átomo, em 1913, que então foi substituído pelo modelo quântico de Erwin Schrödinger, em 1926, no qual as posições dos elétrons eram definidas como regiões de probabilidade em vez de pontos definidos.

Esses modelos deram nova clareza à estrutura atômica, ajudando a entender outras áreas da química. Um quadro mais detalhado das ligações que mantêm as substâncias coesas no nível atômico foi elaborado, culminando em 1939 com o trabalho de Linus Pauling sobre a natureza das ligações químicas. E com o cruzamento de química e física, modelos atualizados do átomo auxiliaram a compreensão teórica do decaimento radiativo.

A química na guerra

A descoberta da radiação na virada para o século XX revelou a possibilidade de um elemento se transformar em outro. Isso não era bem a feitiçaria da transmutação que os alquimistas almejavam; nos anos 1970, os químicos descobriram que o chumbo poderia mesmo ser transformado em ouro – mas só muito fugazmente, em aceleradores de partículas e em escala atômica. Esse processo, porém, indicava a possibilidade de descobrir elementos de vida ainda mais curta – o que se tornaria o domínio dos caçadores de elementos anos mais tarde.

O potencial da radiação para criar também podia ser explorado para

Alexander Fleming descobre a **penicilina**, antibiótico de ocorrência natural cujo uso como droga transformaria o tratamento de infecções bacterianas e salvaria milhões de vidas.

1928

A descoberta da **fissão nuclear** mostra que os núcleos podem se dividir em reações em cadeia, produzindo enormes quantidades de energia – o princípio subjacente aos reatores e armas nucleares.

1938

1920

Hermann Staudinger propõe que moléculas enormes podem se formar por reações de polimerização. Isso estabeleceu o campo da **ciência dos polímeros** e permitiu a criação dos plásticos.

1934

Dorothy Hodgkin e **J. D. Bernal** registram a **primeira imagem por difração de raios x** de uma proteína cristalizada, permitindo que sua estrutura seja determinada.

---

causar destruição. A descoberta da fissão nuclear pouco antes da Segunda Guerra Mundial mostrou que certos núcleos podem ser divididos ao bombardeá-los com nêutrons, deflagrando reações em cadeia que liberam uma quantidade colossal de energia. Essas reações em cadeia seriam depois usadas para fornecer energia nuclear – mas também foram usadas como armas nucleares pelos Aliados para causar morte e destruição sem precedentes no conflito.

A química também teve sua função na Primeira Guerra Mundial, e o químico alemão Fritz Haber personificou seu papel polêmico melhor que ninguém. Haber, com o compatriota Carl Bosch, passou anos antes da guerra desenvolvendo um processo para fixar nitrogênio do ar sob a forma de amônia, que era um precursor químico vital dos fertilizantes. O processo Haber-Bosch permitiu à indústria produzir enormes quantidades de fertilizantes numa época em que a demanda disparava.

Não seria exagero dizer que a agricultura convencional hoje não se sustentaria sem o processo Haber-Bosch. Porém, embora Haber tenha conquistado um Prêmio Nobel por esse feito, e devesse ser celebrado como um dos grandes nomes da química, envenenou seu legado ao desenvolver armas químicas na Primeira Guerra.

Plástico fantástico

Em 1907, foi inventado o primeiro plástico sintético produzido em massa, a baquelite. Na época, a estrutura dos plásticos – materiais compostos de moléculas muito grandes denominadas polímeros – era tema de debates acalorados, pois os químicos não conseguiam concordar sobre a constituição dos polímeros. Em 1920, Hermann Staudinger os definiu como longas cadeias de unidades moleculares repetidas; seu trabalho formou a base da ciência dos polímeros como um ramo da química.

O conhecimento sobre os polímeros acelerou a busca por novos materiais. A descoberta do náilon, em 1935, levou à criação de uma gama de tecidos artificiais, enquanto os polímeros fluorados, descobertos por acaso, encontraram usos que vão de utensílios de cozinha antiaderentes a equipamentos médicos. Também foram criados plásticos super-resistentes nos anos 1960, que hoje em dia são indispensáveis. ∎

COMO OS RAIOS DE LUZ NO ESPECTRO, DETERMINAM-SE OS DIFERENTES COMPONENTES

CROMATOGRAFIA

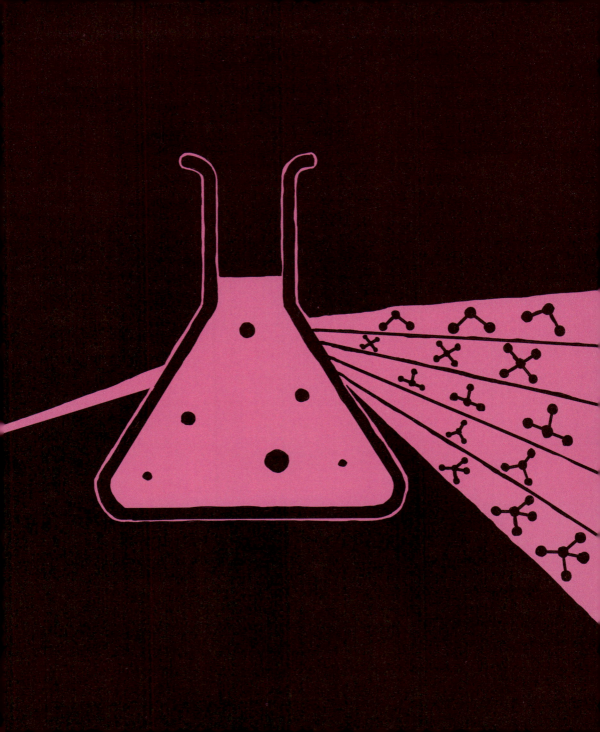

CROMATOGRAFIA

EM CONTEXTO

FIGURA CENTRAL
Mikhail Tsvet (1872-1919)

ANTES
1556 O alemão Georg Bauer publica o estudo *Sobre a natureza dos metais*, no qual descreve a análise de minérios e métodos para extrair e separar metais.

1794 Joseph Proust demonstra a lei da composição constante mostrando que o carbonato de cobre de fonte natural ou artificial tem a mesma proporção de elementos.

1814 O toxicologista espanhol Mathieu Orfila escreve *Tratado dos venenos*, em que defende a análise química em casos de morte por causa desconhecida.

DEPOIS
1947 Erika Cremer, uma físico-química alemã, constrói o primeiro cromatógrafo a gás.

1953 O flavorista americano Keene Dimick constrói um cromatógrafo a gás para analisar a essência de morangos e melhorar o sabor de comidas processadas.

Cromatografia em papel

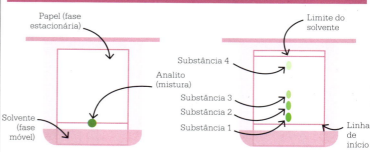

Uma amostra pontual da mistura a ser analisada – o analito – é posta perto da ponta de um pedaço de papel (fase estacionária). O papel é então suspenso, de modo que a ponta de baixo toque um solvente (fase móvel).

O solvente aos poucos sobe pelo papel, levando a mistura com ele. Os componentes da mistura se separam com base em sua atração pelo papel, permitindo que cada um seja analisado individualmente e identificado.

A análise química é a ciência de separar, identificar e quantificar compostos químicos. Do antigo uso metalúrgico de uma pedra de toque para testar ligas de metais preciosos aos impressionantes laboratórios forenses de hoje, a química analítica é a base sobre a qual assentam todas as disciplinas químicas.

Normalmente, a análise química envolve processos de separação, seguidos pela identificação das substâncias purificadas. O desafio é separar os componentes de uma mistura sem destruir sua identidade química. Os alquimistas medievais europeus e islâmicos refinaram muito métodos para isso, como filtragem, sublimação e destilação. Porém, a ferramenta estratégica de separação não destrutiva só seria descoberta na virada para o século XX, quando o botânico e químico russo Mikhail Tsvet desenvolveu a cromatografia – termo que vem do grego *chroma* (cor) e *graphein* (escrever).

Cromatografia em papel

O princípio fundamental da cromatografia pode ser explicado em termos do dia a dia. Quando uma toalha de papel toca a água, ela sobe gradualmente pelo papel. O mesmo ocorre com o óleo – mas não tão rápido. Se uma caneta hidrográfica verde fica úmida e toca uma toalha de papel, o componente amarelo da tinta se espalha mais que os demais. Assim, as tintas combinadas para fazer o verde se separam. Materiais com atração intermolecular maior pelo papel são puxados para fora da mistura primeiro e aderem à toalha de papel, enquanto os que têm atração intermolecular menor se espalham mais. Observações como essas formaram a base da técnica de separação cromatográfica de Mikhail Tsvet.

A cromatografia qualitativa em papel pode definir quantos pigmentos são usados numa cor. As quantidades de cada componente podem ser identificadas pela cromatografia quantitativa moderna.

A ERA DA MÁQUINA

Ver também: Isomeria 84-87 ▪ Espectroscopia de chama 122-125 ▪ Forças intermoleculares 138-139 ▪ A escala de pH 184-189 ▪ Espectrometria de massas 202-203

Separai a terra do fogo, o sutil do bruto, docemente, com grande cuidado.
Hermes Trismegistus
A tábua de esmeralda
(c. 800 d.C.)

No início do século XX, físicos e químicos, entre eles Tsvet, se interessavam por processos naturais e encontraram terreno promissor. Eles descobriram que as plantas continham pigmentos ligados a importantes funções biológicas. Por exemplo, o pigmento verde clorofila é parte central da fotossíntese, absorvendo luz e criando energia. Na época, pensava-se que só havia dois pigmentos nas plantas – a clorofila verde e a xantofila amarela –, mas Tsvet acreditava que existiam outros. Usando as técnicas-padrão de separação da época, baseadas em solubilidade e precipitação, Tsvet pôde separar a clorofila em duas partes: alfa e beta. Ele conseguiu purificar a clorofila alfa, mas a forma beta resistiu teimosamente à purificação.

Os experimentos de Tsvet

Talvez inspirado nos métodos dos artesãos para separar pigmentos ao fazer tintas e corantes, Tsvet decidiu tentar a adsorção no caso da clorofila beta. No processo de adsorção, o analito – a mistura a ser separada – é colocado como uma mancha numa fase estacionária – um suporte sólido, como uma toalha de papel –, que por sua vez é posta em contato com uma fase móvel, como água ou óleo. A fase móvel se move pelo suporte sólido e leva o analito. O composto do analito mais atraído pelo suporte deixa a mistura primeiro, seguido pelos demais compostos, por ordem de capacidade de adsorção.

Após muitas tentativas e erros, Tsvet definiu uma coluna de giz como fase estacionária e usou óleos leves como fase móvel. Ele colocou materiais vegetais sobre o giz, verteu os óleos no topo da coluna e observou os componentes coloridos dos pigmentos vegetais se separarem conforme os óleos desciam pelo suporte sólido. Então, Tsvet cortou as áreas diferentes do suporte e extraiu os pigmentos separados para análise. Ele descobriu que tanto a clorofila quanto a xantofila tinham compostos antes desconhecidos.

Tsvet apresentou seu método de separação no Congresso de Naturalistas e Médicos de 1901, mas só nomeou o processo de "cromatografia" em 1906.

A cromatografia evolui

Tsvet usou a cromatografia para separar um grupo de pigmentos vegetais de cores complexas que chamou de carotenoides. Descobriu-se que os compostos dessa família contêm vitaminas e antioxidantes. Infelizmente, o »

CROMATOGRAFIA

Mikhail Tsvet

Nascido como cidadão russo em 1872, Mikhail Tsvet foi criado em Genebra, na Suíça. Ele estudou química, física e botânica na Universidade de Genebra e concluiu um doutorado. Mudou-se para a Rússia em 1896, mas não conseguiu um posto acadêmico, pois suas credenciais suíças não eram reconhecidas. Voltou a estudar e graduou-se na Universidade de Kazan, na Rússia, em 1901. Na época, a química e a física estavam só começando a ser aplicadas a processos naturais, e Tsvet se engajou nessas pesquisas em todas as oportunidades. Quando trabalhava como assistente de laboratório em São Petersburgo, desenvolveu a cromatografia. A técnica não foi aclamada como merecia, e Tsvet morreu em 1919, aos 47 anos, antes que o impacto de sua descoberta fosse totalmente percebido.

Obras principais

1903 "Sobre uma nova categoria de fenômenos de adsorção e sua aplicação à análise bioquímica"

trabalho de Tsvet foi interrompido várias vezes pela Primeira Guerra Mundial, e quando a cromatografia foi explorada em outros laboratórios, o resultado nem sempre foi favorável. Porém, nos anos 1930, o bioquímico austríaco Richard Kuhn retomou a técnica de Tsvet para estudar carotenoides e vitaminas.

Nos anos 1940, o químico Archer Martin e o bioquímico Richard Synge, ambos britânicos, também estudaram a cromatografia. Reconhecendo o trabalho de Tsvet como ponto de partida, eles elaboraram um método em que a fase estacionária e a móvel eram ambas líquidas. Eles demonstraram, sob condições estritamente controladas, que a distância do composto separado da mistura inicial podia ser usada para identificar o composto – por exemplo, drogas como heroína e cocaína podiam ser identificadas pela distância que subiam numa coluna cromatográfica. Isso significava que a cromatografia podia ser usada como ferramenta analítica, além de método de separação. Usando o processo descrito por Martin e Synge, o bioquímico britânico Frederick Sanger pôde desvelar em 1955 a estrutura da insulina, algo crítico

Inventou a cromatografia separando moléculas, mas uniu pessoas.
Mikhail Tsvet
Epitáfio (1919)

Os compostos na urina se separam conforme sobem em tiras de teste para diferentes drogas. Os anticorpos para uma droga específica no topo de cada tira produzem uma mudança de cor, indicando a presença da droga.

na luta contra o diabetes. A partir dos esforços desses cientistas, desenvolveu-se uma miríade de técnicas cromatográficas.

Cromatografia em camada delgada

Na cromatografia em camada delgada (CCD), uma camada fina de absorvente estacionário, como sílica gel ou celulose, é colocada num suporte como vidro, alumínio ou plástico. Isso evita o problema de vazamentos laterais entre líquidos que pode ocorrer na cromatografia com papel e tem a vantagem adicional de permitir que várias amostras sejam analisadas ao mesmo tempo, com melhor separação. Essa técnica é útil em especial em testes de drogas e de pureza da água.

Cromatografia de troca iônica

Usada nas indústrias farmacêutica e de biotecnologia, a

cromatografia de troca iônica (CTI) é um método em que partículas carregadas podem ser separadas. Muitos compostos biologicamente ativos, como nucleotídeos, aminoácidos e proteínas, podem ter uma carga elétrica em pH normal do corpo. Partículas de cargas opostas postas em suportes sólidos de troca iônica se atraem e prendem os compostos separados. As partículas carregadas podem ser removidas seletivamente do suporte sólido trocando o pH da fase móvel.

Cromatografia líquida de alta eficiência

Na cromatografia líquida de alta eficiência (CLAE), a coluna é preenchida com partículas adsorventes, o que aumenta a área de superfície do suporte sólido e força a fase móvel através da coluna. Desse modo, as separações podem ser feitas com rapidez e eficácia. A CLAE pode ser usada, por exemplo, para determinar os níveis de hemoglobina A1c no sangue e no diagnóstico de diabetes e pré-diabetes.

Cromatografia gasosa acoplada ao espectrômetro de massas

Em química analítica, com o composto separado, as substâncias devem ser identificadas. Técnicas como a espectrometria – o uso da luz para investigar substâncias químicas – e a análise de chama podem ser usadas para avaliar os compostos separados que deixam um suporte cromatográfico, mas a espectrometria de massas, em que as partículas são separadas por massa, em geral é a escolhida. Quando esse método é combinado à cromatografia gasosa – na qual um gás, em geral hélio, é usado como fase móvel –, recebe o nome de cromatografia gasosa acoplada ao espectrômetro de massas (CG-EM). Essa técnica é usada em praticamente todo laboratório de pesquisa ou análise.

Na CG-EM, uma amostra do composto é injetada numa coluna cromatográfica e levada através dela por um gás. A amostra deve estar na fase gasosa – ou facilmente volatilizável –, mas muitas misturas atendem o critério. A coluna da cromatografia gasosa é preenchida com pequenos grãos de suporte sólido, criando de novo uma grande área de superfície. A coluna pode ter vários metros de comprimento, o que aumenta a resolução (a separação dos compostos). Se a resolução for fraca, o sinal dos compostos separados pode se sobrepor, tornando difícil dizer quanto de cada composto está presente. A coluna é enrolada dentro de uma câmara a temperatura constante para garantir que os materiais permaneçam na fase gasosa. Quando as substâncias separadas saem da coluna, são imediatamente analisadas por um espectrômetro de massas, e o espectrograma resultante pode ser comparado em segundos por computador com compostos conhecidos.

Além da pesquisa química, a CG-EM é usada por especialistas forenses para detectar aceleradores químicos em casos de suspeita de incêndio criminoso. Também é empregada em testes de aditivos e contaminantes em alimentos, bem como de compostos flavorizantes e aromatizantes. As empresas farmacêuticas usam a CG-EM em controle de qualidade e na síntese de novas drogas. ∎

Certamente não é por acaso que [...] os principais avanços [...] coincidiram com o surgimento da cromatografia [...]
Lorde Alexander Todd
Discurso no Prêmio Nobel (1957)

Detecção de mercúrio por cromatografia em camada delgada

A presença de mercúrio na água e nos alimentos pode causar câncer, danos ao cérebro e deficiências congênitas, e pode também perturbar e até destruir sistemas ecológicos, então é imperativo que sua origem seja identificada e sua presença no ambiente detectada nos níveis mais baixos possíveis. Em 2007, os toxicologistas indianos Rakhi Agarwal e Jai Raj Behari usaram CCD para criar um método de detecção de mercúrio a níveis tão baixos quanto 0,00002 g/l de analito. Eles verificaram que podiam detectar mercúrio em amostras de sistemas naturais ou complexos – como fluidos corporais, habitats aquáticos e fluxos de resíduos – e na presença de outros metais pesados, como chumbo e cádmio. Os testes CCD de Agarwal e Behari são baratos, fáceis de transportar e – como eles elaboraram uma resposta colorida à presença de mercúrio – podem ser usados por técnicos de pesquisa com treinamento mínimo.

A NOVA SUBSTÂNCIA RADIATIVA CONTÉM MAIS UM ELEMENTO

RADIATIVIDADE

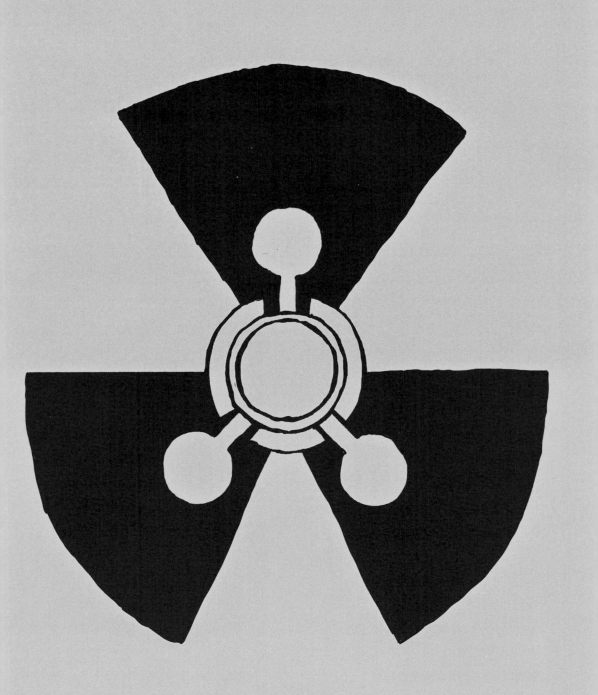

178 RADIATIVIDADE

EM CONTEXTO

FIGURAS CENTRAIS
Marie e Pierre Curie
(1867-1934, 1859-1906)

ANTES
1858 O físico alemão Julius Plücker descobre os raios catódicos, que se mostram como um brilho verde quando uma alta voltagem passa entre placas de metal inseridas num tubo de vidro evacuado.

1895 Wilhelm Röntgen descobre os raios x ao investigar os raios catódicos.

DEPOIS
1909 O físico britânico Ernest Marsden e Hans Geiger, trabalhando com Ernest Rutherford, realizam um experimento que indica pela primeira vez a existência do núcleo atômico.

1919 Ernest Rutherford "divide o átomo" transformando nitrogênio em oxigênio ao bombardeá-lo com partículas alfa.

Revelei as placas fotográficas [...] esperando encontrar imagens muito fracas. Em vez disso, surgiram silhuetas de grande intensidade.
Henri Becquerel

Os **elementos radiativos** decaem liberando partículas **alfa (α)** ou **beta (β)**, além de raios **gama (γ)**.

⬇ ⬇ ⬇

O **decaimento alfa** é a emissão de **dois prótons** e **dois nêutrons** (um núcleo de hélio).

O **decaimento beta** é a emissão de um **elétron**.

A **radiação gama** é uma **onda eletromagnética** de alta energia.

⬇ ⬇ ⬇

O decaimento radiativo leva à formação de um novo elemento.

Na mesma época em que J. J. Thomson revelava o elétron, o físico francês Henri Becquerel fazia suas próprias descobertas. Em 1896, ele estudou as propriedades dos raios x, descobertos no ano anterior pelo engenheiro e físico alemão Wilhelm Röntgen. Trabalhando com um tubo de raios catódicos em seu laboratório, Röntgen notou que uma tela fluorescente próxima começou a brilhar. Ele concluiu que um raio desconhecido estava sendo emitido do tubo. Outros experimentos mostraram que essa "radiação x", como a chamou, podia atravessar muitas substâncias, entre elas os tecidos moles dos humanos, mas não materiais mais densos como ossos ou metal. Essa descoberta valeu a Röntgen o primeiro Prêmio Nobel de Física, concedido em 1901.

Radiação do urânio
Becquerel pensava que o urânio absorvia a energia do Sol e, depois, a emitia como raios x. Ele planejou expor um composto com urânio à luz solar e, então, colocá-lo sobre placas fotográficas envoltas em papel preto. Quando reveladas, ele previu que as placas mostrariam uma imagem do composto de urânio. O tempo encoberto frustrou seu experimento, mas Becquerel decidiu revelar as placas fotográficas mesmo assim, esperando encontrar só uma imagem fraca, se houvesse alguma. Para sua surpresa, os contornos

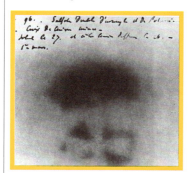

O desenho de uma cruz na parte de baixo desta placa fotográfica resultou de uma cruz de Malta de metal colocada entre o urânio e a placa, no experimento de Becquerel em 1896.

deixados pelo composto eram fortes e claros, provando que o urânio emitia radiação sem precisar de uma fonte externa de energia como o Sol. A energia emitida pelo composto de urânio parecia não diminuir com o tempo, mesmo após vários meses, e o urânio metálico puro funcionava ainda melhor.

As descobertas dos Curies

Apesar de ter descoberto a radiatividade, Becquerel não tinha ideia de sua natureza. A palavra, na verdade, foi cunhada pela física franco-polonesa Marie Curie em 1898. Pesquisas posteriores de Becquerel, Marie Curie, seu marido Pierre e de outros demonstraram que a quantidade de radiatividade emitida por um mineral de urânio era proporcional à quantidade de urânio presente.

Verificou-se que outras substâncias também tinham propriedades radiativas. Por exemplo, os Curies descobriram que amostras de pechblenda, um mineral que contém urânio, pareciam produzir mais radiatividade que o próprio urânio puro. Eles deduziram que deveria haver outra substância radiativa presente na amostra. Por fim, os Curies isolaram um novo elemento químico 300 vezes mais radiativo que o urânio e o chamaram de polônio. Eles descobriram ainda que o resíduo deixado após extrair o polônio também era altamente radiativo.

Após alguns anos de trabalho árduo moendo, filtrando e dissolvendo 20 kg de amostras de pechblenda das quais o urânio já tinha sido extraído, em 1902, Marie Curie isolou uma pequena quantidade do elemento que chamou de rádio, também presente no mineral.

Curie calculou que 28 g de rádio radiativo produziriam 4 mil cal por hora, ao que parecia ilimitadamente, e ela ficou imaginando de onde vinha essa energia. A resposta teria de esperar mais alguns anos, até Albert Einstein publicar a teoria da relatividade especial, em 1905. Segundo Einstein, massa e energia

[Marie Curie tinha] dedicação e tenacidade no trabalho, sob as dificuldades mais extremas imagináveis.
Albert Einstein

são equivalentes, como sintetizado na equação icônica $E = mc^2$. Como o rádio irradiava calor, deveria também estar perdendo massa. Infelizmente, o equipamento disponível na época não era acurado o bastante para medir a quantidade minúscula de massa convertida em energia, então não havia como verificar a explicação de Einstein experimentalmente.

O Prêmio Nobel de Física de 1903 foi concedido a Marie e Pierre Curie e a Henry Becquerel, por seu trabalho sobre radiatividade. Em »

Marie Curie

Nascida Maria Skłodowska em Varsóvia, na Polônia, em 1867, Marie aprendeu ciências com o pai, um professor escolar. Seu envolvimento com uma organização revolucionária de estudantes a levou a deixar Varsóvia e se mudar para a Cracóvia, então sob domínio austríaco. Em 1891, ela foi para Paris, na França, para continuar os estudos na Sorbonne. Foi lá que, em 1894, conheceu Pierre Curie, professor da Escola de Física, e se casaram no ano seguinte. Suas pesquisas, em geral realizadas em conjunto e sob condições difíceis, os levaram a isolar os elementos polônio (1898) e rádio (1902). Após a morte de Pierre em 1906, Marie assumiu seu posto de professora de física geral – a primeira mulher a ocupar esse cargo. Ela promoveu o uso terapêutico do rádio na Primeira Guerra Mundial e desenvolveu unidades móveis de raios x para uso na linha de frente. Ela morreu em 1934 de leucemia, possivelmente causada pela exposição à radiação. Em 1935, sua filha Irène recebeu o Prêmio Nobel de Química por seu trabalho com elementos radiativos.

RADIATIVIDADE

1910, Marie Curie também ganhou o Prêmio Nobel de Química pela descoberta do rádio e do polônio, tornando-se a primeira pessoa a receber dois prêmios Nobel.

Tipos diferentes de radiação

Em 1898, usando um equipamento simples em Cambridge, no Reino Unido, o físico neozelandês Ernest Rutherford descobriu que havia diversos tipos de radiatividade. Ele usou um eletroscópio (dispositivo que detecta a presença de carga elétrica num corpo) e uma amostra de urânio como fonte radiativa, dispondo folhas de alumínio de espessura crescente entre eles. Ele mediu a intensidade da radiação anotando o tempo exigido para ativação do eletroscópio. Rutherford descobriu que havia, na verdade, pelo menos dois tipos diferentes de radiação: alfa (α) e beta (β). Ele comprovou que os raios beta eram cerca de 100 vezes mais penetrantes que os raios alfa. Outras pesquisas mostraram que os raios beta eram desviados por um campo magnético, indicando assim que eram partículas com carga negativa, similares aos raios catódicos.

Em 1903, Rutherford descobriu que os raios alfa eram desviados levemente na direção oposta, o que demonstrava que eram partículas massivas com carga positiva. Mais tarde, em 1908, ele provou que os raios alfa eram, na verdade, núcleos de átomos de hélio. Ele conseguiu isso detectando o acúmulo de hélio num tubo evacuado no qual foram coletados raios alfa por um período de dias.

Alguns anos antes, em 1900, o químico francês Paul Villard tinha identificado um terceiro tipo de radiação. Chamada de radiação gama, era ainda mais penetrante que a radiação alfa. Revelou-se depois que os raios gama eram uma forma de radiação eletromagnética de alta energia, similar aos raios x, mas com um comprimento de onda muito menor.

Cadeias de decaimento

Enquanto estudava a radiatividade do elemento metálico tório, em 1902, Rutherford e o químico britânico Frederick Soddy descobriram que um elemento radiativo pode decair em outro. Essa descoberta valeu o Prêmio Nobel de Química de 1908 a Rutherford.

O interesse pela radiatividade cresceu com a descoberta do polônio e do rádio pelos Curies. Muitas outras substâncias isoladas a partir do urânio e do

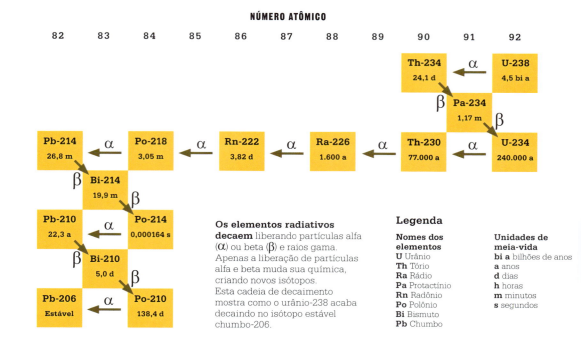

Os elementos radiativos decaem liberando partículas alfa (α) ou beta (β) e raios gama. Apenas a liberação de partículas alfa e beta muda sua química, criando novos isótopos. Esta cadeia de decaimento mostra como o urânio-238 acaba decaindo no isótopo estável chumbo-206.

Legenda

Nomes dos elementos
U Urânio
Th Tório
Ra Rádio
Pa Protactínio
Rn Radônio
Po Polônio
Bi Bismuto
Pb Chumbo

Unidades de meia-vida
bi a bilhões de anos
a anos
d dias
h horas
m minutos
s segundos

A ERA DA MÁQUINA

Decaimento radiativo

Os elementos da tabela periódica podem existir em mais de uma forma, algumas mais estáveis que outras. Não é de surpreender que a forma mais estável de um elemento em geral seja a mais comum na natureza. Todos os elementos têm uma forma instável, que é radiativa e emite radiação ionizante. Alguns elementos, como o urânio, não têm forma estável e são sempre radiativos. Esses elementos instáveis decaem, tornam-se elementos diferentes, denominados produtos de decaimento, e emitem radiação como partículas alfa, partículas beta e raios gama no processo. Se o produto de decaimento também é instável, o processo continua até ser atingida uma forma estável, não radiativa. Apenas 28 dos 38 elementos radiativos ocorrem naturalmente. Os outros foram criados em laboratório. Um deles – o oganessônio – foi sintetizado pela primeira vez em 2002 e acredita-se que tem meia-vida de menos de 1 milissegundo.

tório pareciam ser novos elementos. Vários pesquisadores notaram que a radiatividade dos sais de tório parecia variar de modo aleatório e, o que era muito estranho, essa variação aparentemente se relacionava ao arejamento do laboratório. Era evidente que havia alguma "emanação do tório" que uma brisa podia expulsar de sua superfície. Rutherford especulou que fosse um vapor de tório e mediu várias vezes sua capacidade de ionizar o ar para avaliar sua radiatividade. Ele ficou surpreso ao descobrir que havia um decréscimo exponencial da radiatividade com o tempo.

Rutherford também notou que as paredes dos vasos usados ficaram radiativas. Essa "atividade intensa" diminuiu regularmente com o tempo, e caiu pela metade depois de 11 h. Sem saber, Rutherford estava testemunhando uma cadeia de decaimento e o medindo de uma forma radiativa de chumbo, resultante do decaimento do isótopo radônio-220.

Rutherford e Soddy aventaram que os elementos estavam sofrendo "transformação espontânea", uma expressão que hesitaram em usar, sentindo que evocava a alquimia. Parecia claro que a radiatividade resultava de mudanças em nível subatômico, embora uma explicação completa tivesse de esperar a chegada da mecânica quântica. Segundo Rutherford e Soddy, um elemento radiativo se transforma em outro elemento no sentido de que muda de um "elemento pai" num "elemento filho" diferente. Os átomos da substância mudam aleatoriamente, mas a uma taxa que depende do elemento envolvido. Esse processo de mudança de um elemento radiativo foi denominado meia-vida – o tempo que leva para metade de uma amostra radiativa decair. Rutherford tinha avaliado a meia-vida da "emanação do tório" em 60 s – o que se mostrou notavelmente próximo dos 55,6 s para a meia-vida do radônio-220, comprovados depois pelos cientistas. ∎

Ernest Rutherford (dir.), após as descobertas do decaimento radiativo, trabalhou com o físico alemão Hans Geiger (esq.) no desenvolvimento de um contador elétrico para detectar partículas ionizadas.

Os melhores velocistas nessa trilha da pesquisa são Becquerel e os Curies.
Ernest Rutherford
Carta à mãe dele (1902)

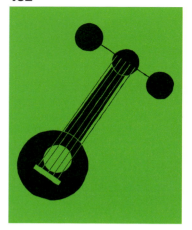

AS MOLÉCULAS, COMO CORDAS DE VIOLÃO, VIBRAM A FREQUÊNCIAS ESPECÍFICAS
ESPECTROSCOPIA DE INFRAVERMELHO

EM CONTEXTO

FIGURA CENTRAL
William Coblentz (1873-1962)

ANTES
1800 O astrônomo alemão William Herschel detecta luz fora do espectro visível e a chama de luz infravermelha.

c. 1814 O físico alemão Joseph von Fraunhofer constrói um espectrômetro e descobre linhas escuras no espectro visível.

1822 O físico francês Joseph Fourier cria uma ferramenta matemática usada para obter informação de espectros.

DEPOIS
1969 Uma equipe de engenheiros do Digilab, no Reino Unido, constrói o primeiro espectrômetro no infravermelho por transformada de Fourier.

1995 A Agência Espacial Europeia cria o Observatório Espacial de Infravermelho, que descobre água na atmosfera de planetas do Sistema Solar e na Nebulosa de Órion.

A espectroscopia no infravermelho – que analisa a absorção, emissão ou reflexão de luz infravermelha basicamente por moléculas orgânicas – ainda estava no início quando William Coblentz começou seu trabalho na Universidade Cornell, em 1903. Para investigar a absorção de luz infravermelha por compostos orgânicos, ele construiu um espectrômetro no infravermelho com um braço móvel que lançava luz através de uma célula transparente que continha o composto. A luz descia pelo braço até um prisma, que a separava em diferentes comprimentos de onda. Dependendo da posição do braço, comprimentos de onda específicos eram focados num dispositivo, que media a luz e informava a quantidade absorvida por comprimento de onda.

Os dados de Coblentz, publicados em 1905, revelaram que certos grupos funcionais absorvem de modo consistente luz infravermelha de comprimentos de onda característicos. Isso deu aos pesquisadores um método poderoso para identificar os compostos conhecidos e discernir a estrutura dos novos. Com os computadores, a espectroscopia no infravermelho por transformada de Fourier (ETFI) tornou-se possível. Com instrumentos de ETFI, uma gama completa de comprimentos de onda infravermelhos é exibida na amostra de uma vez e separada em absorção por comprimento de onda no computador. Os espectros podem, assim, ser coletados em segundos. Hoje, a ETFI é usada para identificar com rapidez dinheiro e documentos falsificados. ■

Se os mesmos elementos químicos existentes na Terra estão presentes em todo o Universo, foi respondido satisfatoriamente com um sim.
Sir William Huggins
Astrônomo britânico (1824-1910)

Ver também: Grupos funcionais 100-105 ■ Espectroscopia de chama 122-125

UM MATERIAL COM MILHARES DE USOS
PLÁSTICO SINTÉTICO

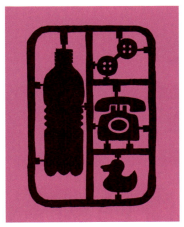

EM CONTEXTO

FIGURA CENTRAL
Leo Baekeland (1863-1944)

ANTES
1872 O químico alemão Adolf von Baeyer mistura fenol e formaldeído, formando um sólido negro insolúvel semelhante ao alcatrão.

1899 Após descobrir que o formaldeído transforma leite num material sólido, o químico bávaro Adolf Spitteler patenteia o plástico baseado em leite para fazer botões e fivelas.

DEPOIS
1926 Outra resina fenol-formaldeído, a Catalin, é patenteada. Diferente da baquelite, é incolor e transparente, o que implica que pode ser produzida em cores vivas.

Anos 1940 Outros plásticos sintéticos, como o polietileno e o policloreto de vinil (PVC), substituem a baquelite na maioria das aplicações.

Na virada para o século XX, os plásticos moldáveis eram pouco mais que um desejo. Os químicos pesquisavam várias combinações de fenol e formaldeído, mas sempre obtinham massas negras insolúveis e duras. Um dos envolvidos era o belga Leo Baekeland. No início, ele focou na busca de um substituto mais barato e durável para a goma-laca, usada na época para isolar fios elétricos. Ele produziu uma goma-laca solúvel chamada Novolak, mas não foi um sucesso comercial.

Sem desanimar, Baekeland passou a buscar uma resina sintética para fortalecer madeira. Aquecendo fenol e formaldeído na presença de um catalisador e controlando a pressão e a temperatura, ele produziu em 1907 um plástico termofixo moldável, a que chamou de "baquelite", com base em seu próprio nome.

Material de mil usos
Embora já houvesse plásticos feitos a partir de materiais existentes – como o celuloide –, a baquelite foi o primeiro totalmente sintético. Mais importante, era resistente ao calor e podia ser modelado em formas úteis. Baekeland obteve mais de 400 patentes de sua invenção, que logo se tornou onipresente. Mas a baquelite era cara e de produção complexa, além de quebradiça. Após duas décadas, começou a ser substituída por novos plásticos com propriedades mais favoráveis, como o polietileno ou o policloreto de vinil (PVC). Hoje, a baquelite mantém alguns usos automotivos e elétricos. ∎

A **baquelite** era usada numa enorme gama de itens domésticos e bens de consumo – de relógios, telefones e rádios até luminárias e utensílios de cozinha.

Ver também: Polimerização 204-211 ▪ Polímeros antiaderentes 232-233 ▪ Polímeros superfortes 267 ▪ Plásticos renováveis 296-297

O PARÂMETRO QUÍMICO MAIS MEDIDO

A ESCALA DE pH

A ESCALA pH

EM CONTEXTO

FIGURA CENTRAL
Søren Sørensen (1868-1939)

ANTES
c. 1300 Arnaldus de Villa Nova usa tornassol para estudar ácidos e álcalis.

1852 O químico britânico Robert Angus Smith usa o termo "chuva ácida" pela primeira vez num relatório sobre a química da chuva ao redor da cidade de Manchester.

1883 Svante Arrhenius propõe que os ácidos produzem íons hidrogênio e os álcalis produzem íons hidróxido em solução.

DEPOIS
1923 O químico americano G. N. Lewis apresenta a teoria de que um ácido é qualquer composto que se prenda a um par de elétrons não compartilhados numa reação química.

A medida do pH muitas vezes é enganosamente fácil [...] mas também pode ser exasperantemente difícil.
G. Mattock
"Medida de pH e titulação" (1963)

Os ácidos e os álcalis são substâncias familiares e bem compreendidas, tanto em laboratório quanto em casa. A escala de pH – conhecida por químicos, jardineiros e cervejeiros, e muito usada na indústria de alimentos e na fabricação de fertilizantes – é o meio para medir a acidez ou a alcalinidade. Ela foi desenvolvida por um químico que pesquisava sobre a produção de cerveja em 1909.

O teste de ácido

Os alquimistas tinham testes para ácidos e álcalis séculos atrás. Em c. 1300, o alquimista espanhol Arnaldus de Villa Nova descobriu que um corante púrpura extraído de líquens podia ficar vermelho quando combinado com um ácido – quanto mais forte o ácido, mais escuro ficava. O tornassol, como ficou conhecido, ficava azul ao entrar em contato com um álcali, e tornou-se o primeiro indicador ácido-álcali. No século XVII, Robert Boyle descobriu que ácidos e álcalis também faziam outras substâncias derivadas de plantas mudarem de cor. Esses compostos forneceram aos químicos um modo de determinar a força relativa de ácidos e álcalis comparando as proporções com que cada um neutralizava o outro.

Essência isolada

No fim do século XVIII, os químicos em geral aceitavam a definição de álcalis como substâncias que poderiam neutralizar ácidos. Em

A ERA DA MÁQUINA

Ver também: Fermentação 18-19 ▪ Ar inflamável 56-57 ▪ Eletroquímica 92-93 ▪ Ácidos e bases 148-149 ▪ Representação de mecanismos de reação 214-215

O **papel de tornassol** foi o primeiro indicador para distinguir se uma solução era ácida ou alcalina. Ele é feito de um corante extraído de líquens.

1776, Antoine Lavoisier tentou isolar a "essência" que dava aos ácidos propriedades únicas e concluiu erroneamente que era o oxigênio. Por volta de 1838, Justus von Liebig descobriu que os ácidos reagiam com metais produzindo hidrogênio e deduziu que o hidrogênio era comum a todos os ácidos. Então, 45 anos depois, em 1883, Svante Arrhenius propôs que as propriedades dos ácidos e álcalis resultavam da ação dos íons em solução. Os ácidos, declarou, são apenas substâncias que liberam íons hidrogênio, H^+, em solução. Por sua vez, os álcalis liberam íons hidróxido, OH^-. Os ácidos e álcalis neutralizam uns aos outros, pois os íons $H+$ e $OH-$ se combinam formando água.

Em 1923, os químicos Thomas Lowry (britânico) e Johannes Brønsted (dinamarquês) propuseram separadamente uma forma modificada das definições de Arrhenius, concordando que os ácidos liberam prótons (íons hidrogênio), mas apenas definindo álcalis como substâncias capazes de se ligar a prótons. Isso consolidou a ideia de que a força de um ácido poderia ser determinada pela quantidade de íons hidrogênio que ela libera em solução.

Em busca da melhor cerveja

Em 1893, o químico alemão Hermann Walther Nernst desenvolveu uma teoria para explicar como compostos iônicos se quebram na água. Ele aventou que os íons positivo e negativo do composto perdem contato um com o outro, o que lhes permite mover-se livremente pela água e conduzir corrente elétrica. Na mesma década, o químico letão Wilhelm Ostwald inventou um equipamento de condutividade elétrica que podia determinar a quantidade de íons hidrogênio numa solução medindo a corrente gerada por eles que migrava para eletrodos de cargas opostas. Não havia, porém, um modo aceito por todos para expressar as concentrações de íons hidrogênio.

Em 1909, o químico dinamarquês Søren Sørensen, diretor do departamento químico do Laboratório Carlsberg, em Copenhague – criado pelo cervejeiro de mesmo nome –, estudou a fermentação e o efeito da concentração de íons. Ele descobriu que o conteúdo de íons hidrogênio tinha um papel central nas reações enzimáticas essenciais à produção de cerveja, uma das indústrias químicas mais antigas do mundo.

Sørensen precisava de um »

Søren Sørensen

Filho de agricultores, Søren Sørensen nasceu em Havrebjerg, na Dinamarca, em 1868. Aos 18 anos entrou na Universidade de Copenhague planejando estudar medicina, mas optou depois por química. A maioria de seus estudos foram de química inorgânica. Quando preparava o doutorado, participou de um levantamento geológico na Dinamarca, foi assistente de química no laboratório do Instituto Politécnico Dinamarquês e consultor do estaleiro naval. Em 1901, tornou-se diretor do departamento químico do Laboratório Carlsberg, em Copenhague, onde permaneceu o restante da vida. Lá começou a abordar problemas bioquímicos e, em 1909, criou a escala de pH. Sua esposa, Margrethe Høyrup Sørensen, foi sua assistente em grande parte dos trabalhos. Após um período doente, Sørensen se aposentou em 1938 e morreu no ano seguinte.

método para medir concentrações extremamente baixas de H^+ sem afetar quimicamente as enzimas estudadas. Os químicos conheciam desde o século XVIII a técnica para determinar a acidez de uma solução por titulação – adicionar aos poucos uma solução de um álcali de concentração conhecida até o ácido ser neutralizado –, mas ela era inadequada para os fins de Sørensen. Ele decidiu, então, fazer suas medidas usando eletrodos e não quimicamente, baseando sua abordagem nos métodos desenvolvidos por Nernst e Ostwald.

A prática original de Sørensen para medir valores de pH era um processo demorado e tedioso. Exigia uma fonte de gás hidrogênio e vários equipamentos, como um potenciômetro de resistência e um galvanômetro muito sensível. Calcular o conteúdo de íons hidrogênio a partir dos resultados era um processo longo, que envolvia equações bastante complexas desenvolvidas por Nernst.

Sørensen introduziu o termo pH num artigo de 1909, no qual discutiu o efeito dos íons de H^+ em enzimas. Ele definiu o pH como $-\log[H^+]$, ou o logaritmo negativo do conteúdo de íons hidrogênio. (O logaritmo de um número é a potência a que 10 deve ser elevado para dar esse número.) O toque genial dessa abordagem era que a escala logarítmica eliminava a difícil necessidade de expressar quantidades muito pequenas de íons hidrogênio, que variam num grande intervalo, transformando-as em algo de compreensão fácil e rápida. Em vez de dizer, por exemplo, que para água pura a concentração de íons hidrogênio é igual a $1{,}0 \times 10^{-7}$ M (mols por litro), Sørensen usava apenas o negativo do logaritmo (neste caso, -7), resultando num pH 7. Uma solução

> A fabricação de cerveja e a ciência, em especial a química, estiveram entrelaçadas por toda a história.
> **Maria Filomena Camões**
> "Um século de medidas de pH" (2010)

de conteúdo de íons hidrogênio de $1{,}0 \times 10^{-4}$ M (concentração mil vezes maior que a da água pura), tem pH 4. Cada passo para cima (ou para baixo) na escala de pH significa um aumento (ou diminuição) na concentração de íons hidrogênio por um fator de 10.

Cálculos com pH

Em 1921, uma calculadora especial – semelhante a uma régua de cálculo circular – foi produzida pela empresa Leeds & Northrup, da Filadélfia, nos EUA, para o cálculo de pH. A partir do fim dos anos 1920, eletrodos de vidro sensíveis a H^+ aos poucos substituíram os eletrodos de hidrogênio de Sørensen, eliminando a necessidade de uma fonte de gás hidrogênio. No fim dos anos 1930, foi possível encaixar todos os componentes eletrônicos necessários num medidor compacto que fazia uma leitura de pH imediata. Hoje, o modo mais comum de tomar medidas no laboratório é com um medidor de pH.

A escala dos valores de pH é dada, em geral, entre 0 e 14, onde 0 é o valor de ácido hidroclorídrico concentrado, 7 o de água pura (pH neutro), e 14 o de hidróxido de sódio

A **respiração eficiente** ajuda os corredores a manter os níveis de ácido carbônico, expirando o resíduo de CO_2 produzido pela atividade muscular.

Tampões biológicos

A maioria das enzimas de que as células do corpo humano dependem para funcionar operam num intervalo de pH típico de 7,2 a 7,6. (Uma exceção é a protease do estômago, de pH entre 1,5 e 2.) Afastar-se dessa faixa estreita seria muito danoso e até fatal. O corpo mantém um pH seguro por meio de um sistema de amortecedores, dos quais o principal é o tampão bicarbonato. Quando o bicarbonato de sódio reage com um ácido forte, forma ácido carbônico (um ácido fraco) e sal. E quando o ácido carbônico reage com um álcali forte, formam-se bicarbonato e água. Em condições normais, os íons de bicarbonato e o ácido carbônico estão presentes no sangue na proporção 20:1, o que significa que o sistema de tampões é muito eficiente para lidar com ácido em excesso. Isso tem sentido, pois a maior parte dos resíduos metabólicos do corpo são ácidos, como o ácido lático e as cetonas. O ácido carbônico no sangue é controlado expirando CO_2 pelos pulmões. O nível de bicarbonato no sangue é controlado pelo sistema renal.

A **escala de pH** mostra que uma variedade de substâncias de uso diário tem uma ampla gama de níveis ácidos e alcalinos. O pH é uma propriedade de uma solução, então diferenças de concentração de uma substância levam a diferentes valores de pH.

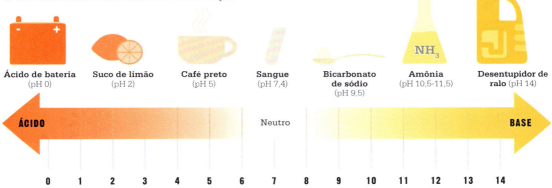

| Ácido de bateria (pH 0) | Suco de limão (pH 2) | Café preto (pH 5) | Sangue (pH 7,4) | Bicarbonato de sódio (pH 9,5) | Amônia (pH 10,5-11,5) | Desentupidor de ralo (pH 14) |

ÁCIDO ← Neutro → BASE

0 1 2 3 4 5 6 7 8 9 10 11 12 13 14

concentrado. Com concentrações muito altas, é possível chegar ao pH -1, que parece ser o limite de acidez, e a 15, o limite de alcalinidade. Em água pura, a concentração de íons de H^+, 10^{-7} M, é contrabalançada pela de íons OH^-, também de 10^{-7} M.

Jardineiros e outros que não precisam de valores tão precisos como os de um medidor podem usar papel de tornassol ou corantes indicadores, que são, na verdade, ácidos fracos que mudam de cor conforme a quantidade de íons hidrogênio que produzem. Em geral, eles são específicos para certos intervalos de valores de pH. Por exemplo, a fenolftaleína reage num intervalo de cerca de 8 a 10, e o vermelho de metila reage de 4,5 a 6.

Poder, potência, potencial

Ninguém sabe dizer ao certo o que o "p" de pH significa. O próprio Sørensen nunca esclareceu isso. Algumas fontes, como a Fundação Carlsberg, dizem que representa o poder (energia) do hidrogênio. Fontes alemãs dizem que é *potenz* (que também quer dizer "poder"), químicos franceses aventaram que fosse *puissance* (também "poder") e outros defendem que vem do latim *potentia hydrogenii* (capacidade do hidrogênio). Em suas notas de laboratório, Sørensen usou p e q subscritos para distinguir os dois eletrodos de seu sistema; q era um eletrodo de referência e p era o eletrodo do hidrogênio positivo, então ele poderia estar apenas se referindo à concentração de íons hidrogênio no eletrodo p.

A escala de pH fez nosso mundo avançar de muitos modos. Na agricultura, indica se as plantas crescerão em certos solos; na medicina, pode diagnosticar males como problemas nos rins; e na indústria de alimentos auxilia todas as etapas de processamento. ∎

Um **medidor de pH** é útil para testar a acidez do solo quando as plantas precisam de condições específicas. Os jardineiros podem ajustar a acidez com aditivos como compostagem, húmus ou fertilizantes.

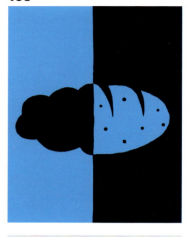

PÃO A PARTIR DO AR
FERTILIZANTES

Além de água, dióxido de carbono do ar e luz solar, as plantas precisam de nutrientes minerais do solo, em especial nitrogênio (N), fósforo (P) e potássio (K). Os fertilizantes fornecem esses nutrientes, ajudando as culturas a crescer mais e rápido e a aumentar seu rendimento. Como as raízes das plantas absorvem os nutrientes da água no solo, os compostos químicos nos fertilizantes devem ser solúveis em água. Os fertilizantes naturais têm uma história tão antiga quanto a civilização: é provável que os povos neolíticos usassem esterco para estimular o crescimento das plantas.

Até o início do século XIX, os agricultores só podiam usar o estrume (contém N, P, K e traços de magnésio/Mg), farinha de ossos (N, P e cálcio/Ca) e cinzas (P, K e Mg) para fertilizar as culturas. Então, nos anos 1830, empresas começaram a minerar os enormes depósitos de guano (esterco de aves), ricos em nitrato, nas ilhas costeiras do Peru, para abastecer fazendas dos EUA. Depois, agricultores europeus usaram guano da costa da Namíbia, no sudoeste africano. Os primeiros fertilizantes sintéticos foram produzidos no início do século XIX tratando ossos com ácido sulfúrico, que aumenta o nível de fósforo solúvel em água. Depois, em 1861, Adolph Frank obteve a patente pela criação de fertilizantes de potássio a partir da potassa, um tipo de sal rochoso.

Com populações crescentes na América do Norte e na Europa, a demanda por fertilizantes era incessante. Em 1908, ao estudar como altas temperaturas e pressões afetavam as reações químicas, Fritz Haber conseguiu fixar nitrogênio do ar em amônia – um composto de nitrogênio que as plantas podem absorver. Em 1909, Carl Bosch, também alemão, conseguiu converter o processo à escala industrial. O processo Haber-Bosch produz com

EM CONTEXTO

FIGURAS CENTRAIS
Fritz Haber (1868-1934),
Carl Bosch (1874-1940)

ANTES
1861 Fertilizantes de potássio são fabricados na Alemanha.

1902 Wilhelm Ostwald cria um processo para fazer ácido nítrico por uma série de reações que inicia com a oxidação de amônia a alta temperatura.

DEPOIS
1913 A produção em larga escala de fertilizante de nitrato de amônia começa na Alemanha.

Anos 1920 Fabricantes franceses, britânicos e americanos começam a produzir amônia.

1968 William Gaud, da Agência dos Estados Unidos para o Desenvolvimento Internacional (USAID) cunha o termo "Revolução Verde" para designar o aumento na produção de alimentos em parte viabilizado pelos fertilizantes sintéticos.

A civilização como a conhecemos hoje não poderia ter evoluído nem sobrevivido sem um suprimento adequado de alimentos.
Norman Borlaug
Discurso no Prêmio Nobel (1970)

Ver também: Ácido sulfúrico 90-91 ▪ Química explosiva 120 ▪ O princípio de Le Chatelier 150 ▪ Guerra química 196-199 ▪ Pesticidas e herbicidas 274-275

rapidez grandes quantidades de amônia, usando nitrogênio do ar e hidrogênio de gás natural. A reação acontece a 400-550 °C e à pressão de 150-300 atm, com um catalisador de ferro. Depois, usando o processo de Ostwald, a amônia (NH_3) e o oxigênio (O_2) passam sobre um catalisador de platina, resultando em óxido nítrico (NO) e dióxido de nitrogênio (NO_2). O NO_2 é então dissolvido em água (H_2O), produzindo ácido nítrico (HNO_3). O ácido nítrico é o componente principal do fertilizante nitrato de amônio (NH_4NO_3), um sólido branco em condições temperadas, de fácil transporte e armazenamento.

A fabricação decola

A empresa química alemã BASF iniciou a produção de fertilizantes com o processo Haber-Bosch em 1913. Com o início da Primeira Guerra Mundial, porém, a produção se voltou temporariamente, em 1915, para o ácido nítrico, o principal reagente de partida para explosivos nitrobaseados.

A produção de fertilizantes sintéticos aumentou desde o fim dos anos 1940 e foi um componente central da "Revolução Verde", que objetivava abolir a fome. Os fertilizantes de nitrogênio ainda são os mais usados e sua demanda continua a crescer, mas a produção de fertilizantes de fosfato e potássio também subiu. Os minerais fluorapatita e hidroxiapatita são tratados com ácido sulfúrico ou fosfórico para criar fosfatos solúveis; minerais com potássio minerados, como a silvita, são as matérias-primas dos fertilizantes de potássio.

A produção de fertilizantes de nitrogênio polui as águas subterrâneas, aumenta os gases de efeito estufa e consome muita energia (5% da produção natural global de gás). Graças aos fertilizantes, milhões de pessoas foram alimentadas no fim do século XX. Porém, em 2015, cientistas da ONU alertaram que esses métodos são insustentáveis; eles projetaram que dentro de décadas o solo superficial erodirá e a terra ficará estéril. ∎

Carl Bosch

Nascido em Colônia, na Alemanha, em 1874, Bosch estudou química na Universidade de Leipzig. Ele desenvolveu o processo Haber-Bosch quando estava na empresa química BASF. Na Primeira Guerra Mundial, ajudou a desenvolver uma técnica de produção em massa de ácido nítrico, usado em geral para fazer munições. Em 1923, inventou um processo de conversão de monóxido de carbono e hidrogênio em metanol para produção de formaldeído. Dois anos depois, cofundou a I. G. Farben, que se tornou uma das maiores corporações químicas mundiais. Bosch dividiu o Prêmio Nobel de Química de 1931 com o químico alemão Friedrich Bergius, pelo trabalho de ambos com química de alta pressão. Embora sua empresa tenha ajudado a financiar os nazistas, Bosch criticava suas políticas antissemitas e caiu em desgraça com o governo. Sofreu de depressão e morreu em 1940.

Obra principal

1922 "A elaboração do método químico de alta pressão no estabelecimento de uma nova indústria de amônia"

A produção de fertilizantes de nitrogênio sintéticos cresceu de 13 milhões de toneladas em 1961 para 113 milhões em 2014. No mesmo período, a população global aumentou de 3 bilhões para 7,2 bilhões. Em 2020, os fertilizantes já sustentavam cerca de 48% da população humana.

O PODER DE MOSTRAR ESTRUTURAS INESPERADAS E SURPREENDENTES
CRISTALOGRAFIA DE RAIOS X

EM CONTEXTO

FIGURAS CENTRAIS
William Bragg (1862-1942),
Lawrence Bragg (1890-1971)

ANTES
1669 O cientista dinamarquês Nicolas Steno mostra que os ângulos entre as faces são constantes em cada tipo de cristal diferente.

1895 Wilhelm Röntgen descobre os raios x.

DEPOIS
1934 J. D. Bernal produz a primeira imagem por difração de raios x de uma proteína cristalizada.

1945 Dorothy Hodgkin mapeia a estrutura molecular da penicilina, tornando mais fácil fabricá-la.

1952 Rosalind Franklin obtém a "Foto 51", a imagem em CRX usada depois para determinar a estrutura 3D do DNA.

2012 O *Curiosity*, da Nasa, realiza análises de solo marciano por difração de raios x.

Em 1912, por sugestão de Max von Laue, um físico alemão que investigava a estrutura dos cristais, os pesquisadores alemães Walter Friedrich e Paul Knipping dirigiram um feixe fino de raios x a um cristal de sulfato de zinco e obtiveram um padrão regular de manchas numa placa fotográfica. Isso demonstrou que os raios x eram difratados ao passar por um cristal, mas teve também implicações de maior alcance.

Ainda em 1912, o químico britânico William Bragg discutiu o então chamado "efeito Laue" com seu filho Lawrence. Eles acreditavam que os padrões refletiam a estrutura subjacente do cristal, mas ficaram imaginando por que – quando havia tantas direções em que o feixe de raios x poderia ser difratado – só um número limitado de manchas aparecia na placa fotográfica. Lawrence pensava que isso resultava de propriedades do cristal e realizou experimentos com cristais de vários tipos de sal de rocha, calcita, fluorita, piritas de ferro e blenda de zinco. Ele encontrou padrões de difração diversos e propôs que eram causados por diferentes arranjos de átomos.

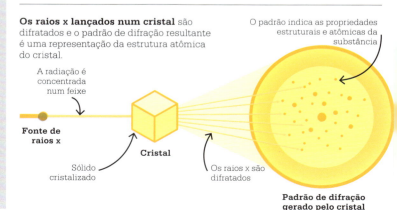

Os raios x lançados num cristal são difratados e o padrão de difração resultante é uma representação da estrutura atômica do cristal.

A radiação é concentrada num feixe

Fonte de raios x

Sólido cristalizado

Cristal

Os raios x são difratados

O padrão indica as propriedades estruturais e atômicas da substância

Padrão de difração gerado pelo cristal

A ERA DA MÁQUINA   193

Ver também: O elétron 164-165 ▪ Espectrometria de massas 202-203 ▪ Modelos atômicos aperfeiçoados 216-221 ▪ Ligações químicas 238-245 ▪ A estrutura do DNA 258-261 ▪ Cristalografia de proteínas 268-269 ▪ Microscopia de força atômica 300-301

Eu não gostaria de deixar a impressão de que todos os problemas estruturais podem ser resolvidos pela análise de raios x ou de que todas as estruturas de cristais são fáceis de descobrir.
Dorothy Hodgkin
Discurso no Prêmio Nobel (1964)

A equação de Bragg

Em 1913, Lawrence formulou uma equação (depois denominada lei de Bragg) que previa os ângulos em que um cristal difrataria os raios x quando se conheciam o comprimento de onda dos raios x e a distância entre os átomos do cristal. Em outras palavras, se o comprimento de onda e o ângulo de difração fossem conhecidos, a distância entre os átomos poderia ser calculada. Isso fundamentou a nova disciplina da cristalografia de raios x (CRX): o uso de raios x para determinar a estrutura atômica e molecular de cristais.

Muitos materiais, entre eles os sais, metais e minerais, podem formar cristais. Os átomos de todos têm arranjo regular, mas cada um tem uma geometria única. Ao serem disparados num cristal, os raios x se espalham conforme interagem com os elétrons dos átomos. Um raio x que atinge um elétron produz uma onda secundária esférica, que se espalha em todas as direções a partir do elétron. Como o cristal tem um arranjo regular de átomos e elétrons, a passagem de raios x produz uma sequência de ondas secundárias. Isso cria arranjos complicados de padrões de interferência construtivos e destrutivos. Nos destrutivos, as ondas cancelam umas às outras, e nos construtivos, se reforçam. Uma imagem deste último tipo é registrada em fotografia.
Os computadores modernos podem converter uma série de imagens 2D num modelo 3D, mostrando a densidade dos elétrons dentro do cristal. A partir disso, um cristalógrafo pode determinar a posição dos átomos e a natureza de suas ligações químicas.

Este cristalógrafo de raios x moderno mostra um difratômetro, que compreende uma fonte de radiação, um monocromador a, uma amostra, um detector e uma tela.

Complexidade maior

O químico irlandês J. D. Bernal tinha sugerido em 1929 que, uma vez que macromoléculas biológicas como as proteínas têm organização estrutural regular, a CRX poderia interpretá-la. Em 1934, trabalhando com Dorothy Hodgkin, sua aluna na Universidade de Cambridge, ele registrou a primeira imagem por difração de raios x de uma proteína cristalizada. Mais tarde, Hodgkin fez várias descobertas revolucionárias com CRX. Por exemplo, ela usou a técnica para confrontar a complexidade da vitamina B12. Nunca antes a CRX tinha sido aplicada com sucesso a uma substância tão complexa, mas Hodgkin venceu, revelando os segredos da vitamina B12 em 1954.

A descoberta em 1953 da estrutura em dupla hélice do DNA (ácido desoxirribonucleico) se baseou na imagem em CRX do DNA da química Rosalind Franklin. Isso foi crucial para entender que o DNA podia produzir cópias exatas dele mesmo e carregar a informação genética. ■

Diamante e grafite

A composição química do diamante e da grafite é idêntica – carbono puro –, mas eles têm aparência muito diversa. O diamante é a substância mais dura de ocorrência natural; já a grafite logo se parte ao longo de planos paralelos. A explicação para isso foi revelada por Bernal em 1924, usando cristalografia de raios x. Ele mostrou que os átomos no diamante formam uma estrutura tetraédrica, unida por ligações covalentes (em que os átomos partilham elétrons), o que a torna muito forte. Na grafite, os átomos estão dispostos em folhas empilhadas com ligações covalentes entre átomos da mesma folha, mas não entre elas. Assim, há linhas de fragilidade entre as folhas, o que torna a grafite fácil de quebrar.

GÁS À VENDA
CRAQUEAMENTO DO PETRÓLEO BRUTO

EM CONTEXTO

FIGURA CENTRAL
Eugene Houdry (1892-1962)

ANTES
1856 Ignacy Łukasiewicz constrói a primeira refinaria de petróleo moderna do mundo em Ulaszowice, na Polônia.

1891 Vladimir Shukhov patenteia o primeiro processo de craqueamento térmico do mundo.

1908 Henry Ford inventa o carro Modelo T, chamado popularmente de Tin Lizzie, que acelerou a demanda por combustível.

DEPOIS
1915 Almer M. McAfee desenvolve o primeiro processo de craqueamento catalítico, mas o custo do catalisador impede seu uso amplo.

1942 A primeira instalação para craqueamento catalítico fluido comercial inicia operações na refinaria da Standard Oil Company em Baton Rouge, em Louisiana (EUA).

Em 1913, foi patenteado um processo químico que mudaria as batalhas aéreas na Segunda Guerra Mundial. O craqueamento permitiu aos Aliados produzir quantidades suficientes de combustível superior para aviões, dando a eles uma distinta vantagem sobre as forças do Eixo.

Destilação fracionada
Em meados do século XIX, as primeiras refinarias de petróleo usavam a destilação fracionada para aumentar as quantidades de produtos úteis obtidos. Aquecendo o petróleo bruto até o ponto de evaporação e condensando os vapores resultantes em temperaturas variadas para separar produtos com pontos de fervura diversos, podiam-se obter frações (grupos) de hidrocarbonetos com usos específicos.

No início, a maior demanda era por querosene, para uso em lâmpadas. Porém, a invenção do carro no fim do século XIX aumentou de modo drástico a necessidade por diferentes frações do petróleo bruto, como a gasolina e o diesel, antes considerados resíduos. A demanda

A destilação fracionada é o processo usado para separar as moléculas do petróleo bruto. Moléculas maiores têm ponto de fervura mais alto. A coluna de fracionamento é mais quente embaixo, onde há a condensação das maiores moléculas, e mais fria no topo, onde ocorre a condensação das mais leves.

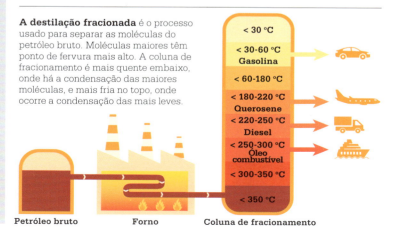

Petróleo bruto — **Forno** — **Coluna de fracionamento**

< 30 °C
< 30-60 °C **Gasolina**
< 60-180 °C
< 180-220 °C **Querosene**
< 220-250 °C **Diesel**
< 250-300 °C **Óleo combustível**
< 300-350 °C
< 350 °C

A ERA DA MÁQUINA **195**

Ver também: Catálise 69 ▪ O efeito estufa 112-115 ▪ Polimerização 204-211 ▪ Gasolina com chumbo 212-213 ▪ Captura de carbono 294-295

logo superou a oferta, exigindo métodos para produzir mais dessas frações do petróleo bruto.

Craqueamento térmico

O craqueamento é um processo de quebra de hidrocarbonetos maiores, de cadeia longa, em outros menores, de cadeia mais curta. A princípio, isso era feito com calor e foi chamado de "craqueamento térmico". O primeiro processo desse tipo foi patenteado em 1891 por Vladimir Shukhov, mas só quando William Burton e Robert E. Humphreys patentearam um procedimento similar nos Estados Unidos, em 1913, que o uso comercial decolou.

Problemas do craqueamento térmico limitavam sua aplicação. As enormes quantidades de energia exigidas para atingir as altas temperaturas requeridas e o fato de que sobravam muitos hidrocarbonetos de cadeia longa menos úteis levaram os químicos a continuar buscando um processo melhor. Assim, no início dos anos 1920, Eugene Houdry introduziu catalisadores no procedimento.

Craqueamento catalítico

Os catalisadores aumentavam a taxa das reações químicas sem serem consumidos. No início, Houdry trabalhou num processo para fazer gasolina de alta qualidade com linhito, mas, como a tentativa não deu certo, voltou-se para o petróleo bruto. Ele identificou um catalisador de aluminossilicato eficaz até com frações difíceis de craquear. Sua colaboração com empresas de petróleo nos anos 1930 fez com que, em 1937, uma instalação comercial que podia produzir 15 mil barris de gasolina

Três unidades de craqueamento catalítico de petróleo na primeira instalação comercial própria para isso, na refinaria de Baton Rouge, em 1944.

por dia começasse a operar em Marcus Hook, na Pensilvânia (EUA).

A iniciativa se revelou presciente. A Segunda Guerra Mundial começou dois anos depois, e o combustível de aviação produzido pelo processo de Houdry era vantajoso, pois tinha propriedades superiores contra a pré-ignição, um problema do motor que ocorre quando a combustão não está em sincronia com o ciclo do motor. As taxas de octanagem indicam quanto o combustível evita esse problema, com os compostos de n-heptano (0, que logo causa pré-ignição do motor) e isoctano (100, que resiste à pré-ignição) usados como referência. O combustível para aviação de Houdry era de 100 octanas, comparado aos de 87 a 90 das forças do Eixo.

Hoje, o processo de Houdry foi substituído por um craqueamento catalítico fluido mais econômico – método, porém, criado com base nos princípios de Houdry e que ainda usa catalisadores de aluminossilicato. ▪

Impacto ambiental

O suprimento de combustíveis mais confiável viabilizado pelo processo de Houdry não é isento de problemas. Em 2016, o transporte respondia por cerca de um quinto das emissões globais de CO_2, só atrás das produzidas pela geração de energia e pela indústria. Houdry também reconhecia a poluição do ar como um problema. Em 1950, ele montou uma empresa – a Oxy-Catalyst – para testar e produzir soluções preventivas catalíticas para o declínio da qualidade do ar e os problemas de saúde causados pelas emissões dos carros. Ele inventou o primeiro conversor catalítico, e obteve sua patente em 1956. Embora sua invenção não tenha sido muito usada, devido ao chumbo tetraetila adicionado à gasolina que envenenava o catalisador, seu trabalho precedeu os conversores catalíticos de três vias que chegaram ao mercado em 1973. Esses dispositivos hoje estão instalados em todos os carros a gasolina para reduzir as emissões de óxidos de nitrogênio e de monóxido de carbono.

Poucos de nós têm a visão para antecipar as necessidades da indústria e buscar com determinação satisfazê-las como Eugene Houdry.
Heinz Heinemann
Discurso no Prêmio Houdry (1975)

COMO SE ALGUÉM ESTIVESSE APERTANDO A GARGANTA

GUERRA QUÍMICA

EM CONTEXTO

FIGURA CENTRAL
Fritz Haber (1868-1934)

ANTES
1812 John Davy descobre o fosgênio, usado para fazer corantes.

1854 A proposta de Lyon Playfair de usar obuses de artilharia com cianeto de cacodilo na Guerra da Crimeia é rejeitada.

1907 A Convenção de Haia proíbe o uso de "veneno ou armas envenenadas" em guerras.

DEPOIS
1925 Dezesseis países assinam o Protocolo de Genebra, para não usar agentes químicos em guerras.

1993 A Convenção sobre Armas da ONU bane a fabricação de muitas armas químicas.

2003 Os EUA invadem o Iraque para achar "armas de destruição em massa", mas nada encontram.

Na primavera de 1915, na Primeira Guerra Mundial, houve um impasse no front ocidental. Perto de Ypres, na Bélgica, soldados canadenses, belgas e franco-argelinos estavam entrincheirados e as barricadas alemãs estavam logo adiante. Em 22 de abril, os alemães abriram as válvulas de mais de 5 mil tanques de pressão, liberando cerca de 150 toneladas de gás cloro tóxico. Uma enorme nuvem amarelo-esverdeada logo se formou. Mais pesado que o ar, o cloro se espalhou perto do chão, soprado pela brisa através da "terra de ninguém", até as linhas aliadas.

Quando inalado, o gás cloro

A ERA DA MÁQUINA

Ver também: A pólvora 42-43 ▪ Gases 46 ▪ Por que as reações acontecem 144-147 ▪ O princípio de Le Chatelier 150 ▪ Fertilizantes 190-191

Há muitas **substâncias químicas tóxicas**.

Para usar uma delas numa arma, é preciso que esteja numa forma que **não prejudique** as forças do **atacante**.

As **substâncias tóxicas** devem ser transportáveis com segurança, passíveis de serem lançadas numa grande área inimiga e de **neutralização relativamente** rápida.

Um gás nocivo poderia ser usado para fazer esse tipo de arma.

Fritz Haber

Nascido em Breslau, na Prússia (hoje Wroclaw, na Polônia) em 1868, Fritz Haber era filho de um importador de corantes judeu. Após obter o doutorado em química na Universidade de Berlim, em 1891, ele aplicou altas temperaturas e pressões a reações químicas, o que viabilizou a produção em massa de fertilizantes. Na Primeira Guerra Mundial, Haber trabalhou no Instituto Kaiser Wilhelm de Físico-Química e Eletroquímica (hoje, Instituto Fritz Haber), em Berlim. O Exército Alemão lhe pediu que desenvolvesse armas químicas, como chefe da Seção de Química do Ministério da Guerra. Recebeu o Prêmio Nobel de Química de 1918 por sintetizar a amônia a partir de seus elementos. Os cientistas sob sua direção depois desenvolveram o Zyklon-B. Os nazistas atacaram Haber, apesar de sua conversão ao cristianismo, além do Instituto, por abrigar cientistas judeus. Haber fugiu da Alemanha em 1933 e morreu um ano depois.

Obras principais

1913 "A produção de amônia sintética"
1922 "Guerra química"

(Cl_2) reage com a água nos pulmões, produzindo ácido hidroclorídrico (HCl), o que comprime o peito e a garganta, causando asfixia. Uma parte em mil no ar pode causar a morte em minutos; muitos soldados inalaram concentrações maiores. Alguns morreram ali, e vários fugiram em pânico. Poucos escaparam totalmente: cerca de 15 mil foram atingidos, com 1,1 mil mortes. Uma nova era para as guerras.

Substâncias mortais

Em 1914, os franceses tinham atirado obuses cheios de um gás lacrimogêneo (bromoacetato de etila, $C_4H_7BrO_2$) nas linhas alemãs, mas com pequeno impacto. O ataque em Ypres foi o primeiro uso de um gás venenoso em larga escala num conflito a resultar em mortes. Depois, os combatentes receberam máscaras de proteção contra gases, mas eles não conseguiam colocá-las em tempo nos ataques de surpresa.

Em 1916, todas as principais nações em combate usavam gás venenoso e os químicos tinham inventado armas químicas ainda mais mortíferas. Cerca de 120 mil toneladas de gás venenoso foram produzidas na guerra, causando pelo menos 91 mil mortes e 1,3 milhão de baixas. O efeito em geral dependia do vento, então era impossível controlar o caminho do gás. Com frequência ele flutuava sobre assentamentos, resultando em mais de 260 mil civis atingidos.

O cérebro por trás do ataque com cloro em Ypres foi Fritz Haber, que em 1908 tinha desenvolvido um processo para fixar o nitrogênio atmosférico num fertilizante à base de amônia. Seu processo para »

Ouvimos as vacas mugindo e os cavalos relinchando.
Willi Siebert
Soldado alemão, Ypres (1915)

GUERRA QUÍMICA

O químico alemão Fritz Haber (segundo à esquerda) orienta o lançamento de gás cloro pelas forças alemãs no front ocidental, em Ypres, na Bélgica, em 22 de abril de 1915.

acelerar a produção de fertilizantes também podia ser aplicado a explosivos. Durante a guerra, Haber estimulou políticos, líderes industriais, generais e cientistas a unir forças para desenvolver novos processos de produção em massa de armamentos tradicionais e armas químicas para ganhar vantagem.

Após o ataque com cloro, Haber trabalhou em armas químicas ainda mais mortíferas. Ele desenvolveu a lei de Haber: a gravidade do efeito tóxico depende da exposição total, que é a concentração da exposição (c) multiplicada pela duração de tempo (t), de modo que (c ξ t). Uma exposição maior a uma concentração fraca pode ter o mesmo efeito que uma exposição curta a uma concentração alta.

Outros gases venenosos

Em dezembro de 1915, os alemães usaram gás fosgênio como arma em Ypres. Esse gás incolor, difícil de perceber e com cheiro de feno, é produzido pela reação de monóxido de carbono (CO) e cloro (Cl), formando $COCl_2$. O exército conseguiu lançar o fosgênio em quantidades menores e concentradas em obuses de artilharia, em vez de confiar nos ventos. Era difícil para os soldados detectar o gás em baixas concentrações e os sintomas graves muitas vezes demoravam. O gás reage com proteínas nos alvéolos dos pulmões, perturba a oxigenação, de modo que um fluido se amontoa nos pulmões e causa asfixia. Alguns estimam que o fosgênio foi responsável por até 85% das 91 mil mortes por gás venenoso na Primeira Guerra Mundial.

O gás mostarda ($C_4H_8Cl_2S$), sintetizado pela primeira vez no início do século XIX, foi a arma química mais usada no conflito. Como o fosgênio, era lançado em obuses de artilharia. Ele difere do cloro e do fosgênio por ser um aerossol e não um gás, mas os aerossóis tóxicos são em geral classificados como gases nocivos. Com cheiro de alho e cor de mostarda, o gás mostarda causava queimaduras químicas. As taxas de mortalidade, de 2% a 3%, eram muito menores que as do cloro e do fosgênio, mas as vítimas ficavam hospitalizadas por muito tempo.

Apesar dos horrores da Primeira Guerra Mundial, alguns signatários do Protocolo de Genebra continuaram a desenvolver armas químicas em segredo, enquanto outras nações simplesmente o ignoraram. O Japão usou armas químicas, entre elas fosgênio, gás mostarda e levisita, contra soldados e civis chineses na Segunda Guerra Sino-Japonesa (1937-1945). A levisita foi desenvolvida em 1918, mas não a tempo de ser usada na Primeira Guerra Mundial. Esse líquido, que com frequência se dispersa como um gás pesado e incolor, é produzido pela reação de tricloreto de arsênio ($AsCl_3$) com acetileno (C_2H_2). A levisita ($C_2H_2AsCl_3$) danifica a pele, os olhos e o trato respiratório.

Em 1916, a França usou gás de cianeto de hidrogênio (HCN), antes utilizado por agricultores americanos para fumigar árvores cítricas contra pragas de insetos. Após a Primeira Guerra, ele foi vendido como Zyklon-B para fumigar roupas e trens de carga. A partir do início de 1942, após matar milhares de prisioneiros de guerra russos com o Zyklon-B, os nazistas o utilizaram em escala industrial nos campos de concentração, no Holocausto, o genocídio de 6 milhões

As armas químicas simplesmente não têm lugar no século XXI.
Ban Ki-moon
Secretário-geral das Nações Unidas (2007-2016)

de judeus e de outros grupos raciais. Mais de 1 milhão de pessoas foram executadas só pelo Zyklon-B.

Agentes nervosos

Em 1938, ao tentar desenvolver pesticidas mais fortes, químicos alemães fabricaram um composto líquido insípido, incolor, puro e extremamente tóxico: o sarin, que evaporava, formando um gás igualmente tóxico mais pesado que o ar. Suas implicações militares logo foram reconhecidas, mas os nazistas nunca o usaram. O sarin ($C_4H_{10}FO_2P$) é um agente nervoso, uma toxina que desativa a enzima acetilcolinesterase (AChE), responsável por "desligar" os músculos e glândulas, de modo que eles são estimulados sem parar. Uma pequena gota de sarin líquido na pele humana causa suor e contração muscular. A exposição ao aerossol ou vapor leva à perda de consciência, convulsões, paralisia e insuficiência respiratória. Em sua forma pura, o sarin é 500 vezes mais mortífero que o gás cloro e muito mais potente que o fosgênio ou o Zyklon-B. Em 1988, o Iraque atacou a cidade de Halabja, de etnia curda, com bombas químicas, entre elas de sarin, matando até 5 mil civis. Terroristas deixaram pacotes vazando sarin no metrô de Tóquio em 1995, mataram 12 passageiros e atingiram mais de 5 mil. A Síria usou-o em vários ataques entre 2013 e 2018 – de novo com consequências fatais entre civis – durante a guerra civil síria. Vários gases nervosos novichok foram desenvolvidos na União Soviética e na Rússia a partir dos anos 1970. Um deles foi usado na tentativa de matar um ex-espião russo e sua filha no Reino Unido, em 2018.

Gás lacrimogêneo

Os halogênios são um grupo de elementos altamente reativos não encontrados em forma pura na natureza. Alguns são usados para fazer duas formas de gás lacrimogêneo – os halogênios orgânicos sintéticos cloroacetofenona (C_8H_7ClO) e clorobenzilideno malononitrilo ($C_{10}H_5ClN_2$). Nenhum deles é gás, mas sólidos ou líquidos finos, lançados por sprays ou granadas por agentes policiais para controlar manifestações ou rebeliões. O gás lacrimogêneo causa uma irritação temporária dos olhos e uma queimação no trato respiratório e é usado quase todos os dias em algum lugar do mundo. ∎

Classes de armas químicas

As armas químicas em geral são usadas na forma de gás (como o ar, nem sólidas nem líquidas) ou como um aerossol (partículas líquidas muito finas, que se espalham no ar), mas algumas podem ser dispersadas como líquido ou pó. Elas são classificadas em vários grupos.

Agente asfixiante
Absorvido por: pulmões
Ataca principalmente: tecido pulmonar
Efeitos: edema pulmonar – fluido em excesso inunda os pulmões e "afoga" a vítima
Exemplos: cloro, fosgênio
Toxicidade: alta mortalidade

Agente vesicante
Absorvido por: pulmões, pele
Ataca principalmente: pele, olhos, membranas mucosas e pulmões
Efeitos: queimaduras e bolhas que podem causar cegueira e danos respiratórios
Exemplos: gás mostarda, levisita
Toxicidade: pouco provável que seja fatal sem alta exposição

Agente asfixiante/sanguíneo
Absorvido por: pulmões
Ataca principalmente: todos os órgãos vitais
Efeitos: interfere na capacidade das células, em geral sanguíneas, de absorver oxigênio, e o corpo sufoca, danificando órgãos vitais
Exemplos: cianeto de hidrogênio, como no Zyklon-B
Toxicidade: rapidamente fatal

Agente nervoso
Absorvido por: pulmões e pele
Ataca principalmente: sistema nervoso
Efeitos: hiperestimulação dos músculos, glândulas e nervos, causando convulsões, paralisia e insuficiência respiratória
Exemplos: sarin, novichok
Toxicidade: grande probabilidade de morte

Agente lacrimogêneo
Absorvido por: pulmões, pele e olhos
Ataca principalmente: olhos, boca, garganta, pulmões e pele
Efeitos: efeitos temporários de cegueira, ardência nos olhos, dificuldade para respirar
Exemplos: gás lacrimogêneo, spray de pimenta
Toxicidade: muito raramente fatal

SEUS ÁTOMOS TÊM EXTERIOR IDÊNTICO, MAS INTERIOR DIFERENTE
ISOTOPES

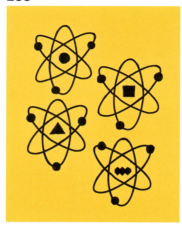

Todos os elementos têm **isótopos**.

Os isótopos de um elemento **não se distinguem** quimicamente.

Os **isótopos de um elemento** têm o mesmo número de **prótons**, mas número diferente de **nêutrons**.

Os isótopos podem ser estáveis ou instáveis (radiativos).

EM CONTEXTO

FIGURA CENTRAL
Frederick Soddy (1877-1956)

ANTES
1896 O físico francês Henri Becquerel faz as primeiras observações de radiatividade de ocorrência natural.

1899 Ernest Rutherford descobre que a radiatividade assume ao menos duas formas: raios alfa e raios beta.

DEPOIS
1919 Rutherford bombardeia gás nitrogênio com partículas alfa e obtém prótons e átomos de um isótopo de oxigênio. É a primeira reação nuclear induzida artificialmente.

1931 O químico americano Harold Urey descobre o deutério, um isótopo do hidrogênio de massa atômica 2, que mais tarde se verifica ser um próton e um nêutron.

A descoberta pelo físico Ernest Rutherford e pelo químico Frederick Soddy, ambos britânicos, no início do século XX, de que a radiatividade envolve o decaimento de um elemento radiativo em outro foi um passo enorme em nosso conhecimento. Porém, esse grande avanço também suscitou novas questões. Rutherford, Soddy e outros, como o químico alemão Otto Hahn e a física austríaca Lise Meitner, registraram quase 40 novos elementos nas duas primeiras décadas do século, definindo as conexões em três cadeias de decaimento: a série do rádio, que se inicia com o urânio, a série do tório e a série do actínio. Esses novos elementos existiam em geral como traços minúsculos, pequenos demais para medir, e só podiam ser identificados pela diferença de sua meia-vida (o tempo até metade da amostra decair).

Encaixa na tabela?

Decidir onde esses novos elementos se encaixavam na tabela periódica foi um desafio. Só havia 11 espaços entre o urânio e o chumbo, em que quase 40 novos elementos tinham de ser espremidos. Esses novos radioelementos, cada um com meia-vida diversa, receberam nomes como radiotório, rádio A, B, C, D, E e F, e urânio X. Os químicos que tentaram separar o radiotório do tório não conseguiram achar uma

Ver também: A tabela periódica 130-137 ▪ O elétron 164-165 ▪ Radiatividade 176-181 ▪ Modelos atômicos aperfeiçoados 216-221

A ERA DA MÁQUINA 201

técnica para isso. O mesmo ocorreu com o mesotório, que não se mostrava quimicamente distinguível do rádio.

Em 1910, Soddy observou que era impossível separar esses novos elementos quimicamente, pois muitos deles, apesar da massa atômica um pouco diferente, eram na verdade o mesmo elemento. O rádio D e o tório C, por exemplo, eram de fato duas formas diversas do chumbo e se comportavam quimicamente como o chumbo; portanto, pertenciam à mesma posição na tabela periódica que o chumbo. A médica britânica Margaret Todd propôs que esses elementos similares fossem designados por "mesmo lugar" em grego – *iso-topos* –, e Soddy concordou. O que antes era uma característica definidora de um elemento – sua massa atômica – seria visto agora como uma quantidade variável. O físico britânico James Chadwick depois descobriu o nêutron, em 1932, responsável por essas variadas massas atômicas.

A lei de Fajans e Soddy

Em 1913, Soddy apresentou as regras de transmutação – ao mesmo tempo que os químicos Kazimierz Fajans e Alexander Russell também as descobriam, todos

> A descoberta [do nêutron] é do maior interesse e importância.
> **Ernest Rutherford**

Stefanie Horovitz realizou um trabalho minucioso que ajudou a confirmar a existência dos isótopos, separando, purificando e medindo com precisão o chumbo, e preparando-o para análise.

separadamente. Quando um átomo emite uma partícula alfa, volta dois espaços na tabela periódica (assim, o urânio-238 se torna tório); quando um átomo emite uma partícula beta, avança um espaço (carbono-14 se torna nitrogênio). Essas regras, também chamadas de lei do deslocamento radiativo, determinavam a progressão das cadeias de decaimento até o ponto final como chumbo estável.

Uma das previsões dessa lei era que o chumbo resultante do decaimento de urânio teria um peso atômico diverso do chumbo de ocorrência natural. Fajans e Soddy pediram ao químico tcheco-austríaco Otto Hönigschmid que realizasse uma pesquisa para provar isso. Ele recrutou então Stefanie Horovitz para a tarefa de obter uma amostra não contaminada de cloreto de chumbo ($PbCl_2$) do mineral pechblenda, rico em urânio. As análises da amostra provaram que o chumbo resultante de decaimento radiativo tinha um peso atômico menor que o chumbo típico. Foi a primeira prova física de que os isótopos existem. ▪

O nêutron

O número atômico de um elemento – ou seja, o número de prótons em seu núcleo – é o que o define. Um átomo com seis prótons, por exemplo, é sempre carbono. A descoberta dos isótopos, porém, mostrou que a massa atômica de um elemento podia variar. Parecia que devia haver algo mais além de prótons no núcleo.

Ernest Rutherford imaginou que poderia ser uma partícula formada por um par próton-elétron, que chamou de nêutron, com massa similar à do próton, mas sem carga. Enquanto isso, os químicos franceses Frédéric e Irène Joliot-Curie, que tinham estudado a radiação de partículas do berílio, acreditavam tratar-se de prótons de alta energia. Os experimentos de James Chadwick, em 1932, estabeleceram que a radiação emitida pelo berílio era, na verdade, de uma partícula neutra similar em massa ao próton. Chadwick recebeu o Prêmio Nobel de Física de 1935 por provar a existência dos nêutrons.

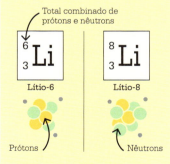

O lítio sempre tem o número atômico 3, indicando quantos prótons há nele. O número de nêutrons pode variar: o isótopo lítio-6 tem três, e há cinco no lítio-8.

CADA LINHA CORRESPONDE A CERTO PESO ATÔMICO
ESPECTROMETRIA DE MASSAS

EM CONTEXTO

FIGURA CENTRAL
Francis Aston (1877-1945)

ANTES
1820 O químico dinamarquês Hans Christian Ørsted descobre que os campos magnético e elétrico interagem.

1898 O físico alemão Wilhelm Wien verifica que um feixe de partículas de carga positiva pode ser desviado por campos magnético e elétrico.

1913 Frederick Soddy descobre formas radiativas do mesmo elemento (isótopos), em que os átomos são idênticos quimicamente, mas têm massa atômica diversa.

DEPOIS
Anos 1930 O físico americano Ernest Lawrence usa a espectrometria de massas para identificar novos isótopos e elementos.

1940 Alfred Nier separa urânio-238 de urânio-235 usando espectroscopia de massas.

No início do século XIX, a proposta de John Dalton de que todos os átomos de um elemento individual têm massa igual foi relevante para a compreensão da matéria. Em 1897, J. J. Thomson fez uma descoberta radical ao encontrar a evidência de elétrons, partículas de carga negativa que pareciam ser parte dos átomos, abrindo a possibilidade de que houvesse outras partes dentro do átomo. Ele se concentrou em elaborar um modelo do átomo e em outras pesquisas, mas quando Francis Aston se juntou ao grupo de Thomson, em 1910, as investigações sobre o desenvolvimento da espectrometria de massas – técnica usada hoje em análise qualitativa para determinar os compostos presentes numa mistura – decolaram.

Faça mais, mais e ainda mais medidas.
Francis Aston

Espectrômetros e isótopos

Em 1912, Thomson e Aston construíram seu primeiro espectrômetro de massas, um instrumento que criava íons numa ampola de descarga de gás e os lançava através de campos magnético e elétrico paralelos. Os campos criavam feixes parabólicos, com forma dependente de massa, carga e velocidade. De início, Aston esperava que o espectrômetro de massas confirmasse a teoria de Dalton de que todos os átomos de um elemento têm a mesma massa, mas quando eles o usaram para medir a massa do neônio, encontraram duas parábolas diferentes: 22 e 20 unidades de massa.

Thomson supôs a existência de um novo tipo de neônio e começou a examinar as perspectivas. Aston foi incumbido das opções menos prováveis de que houvesse um novo composto de neônio ou que o elemento fosse formado de duas partículas de massa diversa, os isótopos.

Aston construiu uma balança que podia pesar massas muito pequenas e verificou que todas as amostras de neônio de ocorrência natural que ele media tinham a mesma massa: 20,2. Aston foi então convocado pelo

A ERA DA MÁQUINA

Ver também: A teoria atômica de Dalton 80-81 ▪ Pesos atômicos 121 ▪ A tabela periódica 130-137 ▪ O elétron 164-165 ▪ Radiatividade 176-181 ▪ Isótopos 200-201

Escritório do Almirantado de Invenção e Pesquisa, na Primeira Guerra Mundial, mas continuou a pensar sobre o problema. Ele voltou ao laboratório de Thomson após a guerra e, em 1919, construiu um novo espectrômetro de massas, que usava um campo magnético para dispersar partículas ionizadas como um prisma dispersa a luz. A posição dos íons numa placa fotográfica depende de sua massa: quanto menor a massa de um íon, ou maior sua carga elétrica, mais é desviado, então ele pode ser focalizado mudando a força do campo magnético. Esse esquema removeu a dependência da velocidade, permitindo também medir intensidades.

Aston mediu as intensidades de dois feixes de íons, de 20 e de 22 unidades de massa. Ele verificou que a proporção entre elas (assim a proporção entre as abundâncias), era de 10:1. Isso significava que a massa média do neônio, corrigida por abundância, seria de 20,2 unidades de massa – como registrado na tabela periódica.

Aston encontrou uma evidência da existência de isótopos em elementos estáveis. Ele acabou identificando outros 212 isótopos, praticamente promovendo o início da Era Atômica.

Padrões de fragmentação

Em 1935, os químicos já tinham identificado os principais isótopos, com abundâncias relativas, da maioria dos elementos. Eles buscaram outras aplicações para a espectrometria de massas na química analítica, mas o instrumento usado parecia tão delicado que a maioria pensava que havia pouca possibilidade de analisar moléculas grandes em solvente. Tais moléculas teriam de ser gaseificadas e se quebrariam em muitos pedaços logo que o feixe de elétrons as tocasse.

Nos anos 1950, químicos como William Stahl conseguiram volatilizar moléculas flavorizantes de frutas e identificá-las, comparando-as a padrões de fragmentação conhecidos de moléculas individuais. Esse trabalho abriu as portas para a aplicação da espectrometria de massas à análise química. ■

Francis William Aston

Nascido em Birmingham, no Reino Unido, em 1877, Francis William Aston se interessou cedo por química. Ainda na casa de sua família, pesquisou compostos orgânicos família e realizou estudos orientados sobre ácido tartárico. Estudou também a fermentação e trabalhou por três anos numa cervejaria. Em 1903, Aston assumiu um posto de pesquisador na Universidade de Birmingham e seu interesse se voltou para a física. Trabalhando com o físico britânico John Poynting, construiu equipamentos para estudar o espaço escuro entre o cátodo e o ânodo em ampolas de descarga. Em 1910, foi trabalhar em Cambridge com J. J. Thomson no Laboratório Cavendish. Sua pesquisa foi interrompida pela Primeira Guerra Mundial, mas, em 1922, ele recebeu o Prêmio Nobel de Química em parte por sua descoberta dos isótopos em grande número de elementos não radiativos. Morreu em 1945.

Obras principais

1919 "Um espectrógrafo de raios positivos"
1922 *Isotopes* [Isótopos]
1933 *Mass-spectra and isotopes*

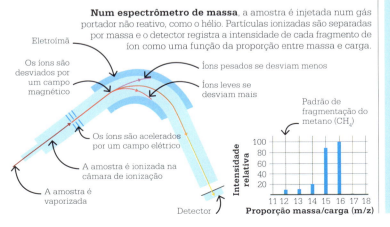

Num espectrômetro de massa, a amostra é injetada num gás portador não reativo, como o hélio. Partículas ionizadas são separadas por massa e o detector registra a intensidade de cada fragmento de íon como uma função da proporção entre massa e carga.

A MAIOR REALIZAÇÃO DA QUÍMICA

POLIMERIZAÇÃO

POLIMERIZAÇÃO

EM CONTEXTO

FIGURA CENTRAL
Hermann Staudinger
(1881-1965)

ANTES
1832 Jöns Jacob Berzelius usa o termo "polímero", mas não no sentido atual.

1861 Thomas Graham propõe que os amidos e a celulose são formados por moléculas pequenas que se juntam em agregados.

1862 Alexander Parkes cria a Parkesine, depois chamada de celuloide, a partir de celulose.

DEPOIS
1934 Wallace Carothers inventa o náilon.

1935 O químico canadense Michael Perrin desenvolve a síntese de polietileno em escala industrial.

1938 O químico americano Roy Plunkett inventa o Teflon, o primeiro fluoropolímero.

Os compostos macromoleculares incluem as substâncias mais importantes que ocorrem na natureza.
Hermann Staudinger
Discurso no Prêmio Nobel (1953)

Os **monômeros** são moléculas pequenas que podem **se unir**, formando **moléculas** longas, **semelhantes a cadeias**, ou **macromoléculas**.

Os **polímeros** são macromoléculas formadas por **milhares de monômeros**.

Dois processos diferentes – **polimerização por adição** e **polimerização por condensação** – podem criar polímeros.

As propriedades dos polímeros variam de acordo com sua estrutura.

Os plásticos são uma realidade da vida moderna. Usamos roupas de fibras plásticas, compramos comida e outros artigos envoltos em plástico, pagamos as compras com cartões plásticos e as levamos para casa em sacolas plásticas. Hoje, devido a uma descoberta crucial em 1920, sabemos que todos os plásticos são polímeros: moléculas longas, semelhantes a cadeias feitas de unidades menores repetidas, ou monômeros.

Os polímeros são muitas vezes comparados a uma corrente de clipes: cada um representa um monômero, e uma corrente com um grande número de clipes é um polímero. Os plásticos são polímeros sintéticos ou semissintéticos, mas os polímeros também são comuns na natureza. Entre eles estão a borracha, ou látex, de plantas como a seringueira (*Hevea brasiliensis*); a celulose, a principal fibra estrutural das plantas; o DNA, em que o material genético de todos os seres vivos é codificado; e as proteínas construídas com as instruções do DNA.

No início do século XX, a palavra "polímero" era usada havia quase 70 anos, mas não no sentido em que a entendemos hoje. Quando Jöns Jacob Berzelius introduziu o termo "polímero" em 1832, usou-o para designar compostos orgânicos com os mesmos átomos, nas mesmas proporções, mas de fórmulas moleculares diferentes. Hoje, nós os descreveríamos como parte da mesma série homóloga dos compostos. Por exemplo, o etano (C_2H_6) e o butano (C_4H_{10}) são ambos membros da série homóloga dos alcanos: têm a mesma fórmula geral – o número de seus átomos de

A ERA DA MÁQUINA

Ver também: Grupos funcionais 100-105 ▪ Forças intermoleculares 138-139 ▪ Plástico sintético 183 ▪ Craqueamento de petróleo bruto 194-195 ▪ Polímeros antiaderentes 232-233 ▪ Polímeros superfortes 267

hidrogênio é o dobro dos de carbono mais dois –, mas de fórmulas moleculares diversas.

Produção de polímeros

Em meados do século XIX, certos polímeros já tinham sido descobertos, sintetizados e comercializados. Em 1839, o engenheiro americano Charles Goodyear descobriu que a borracha natural podia ser endurecida com enxofre, permitindo seu uso em aplicações que iam de máquinas a pneus de bicicleta. Um ano antes, o químico francês Anselme Payen tinha identificado e isolado a celulose a partir de madeira e, em 1862, o químico britânico Alexander Parkes usou nitrato de celulose para fazer um material plástico que chamou de Parkesine.

A criação de Parkes é considerada por muitos o marco do nascimento da indústria moderna de plásticos. Embora não tenha obtido sucesso comercial – seu material era caro e não muito resistente –, outros a aprimoraram, renomeando-a de celuloide, e a usaram em produtos

que iam de filmes fotográficos a bolas de bilhar. Décadas depois, em 1907, Leo Baekeland inventou a baquelite, o primeiro plástico totalmente sintético produzido em massa. Porém, apesar do amplo uso dos produtos de polímeros, os químicos ainda não concordavam sobre a estrutura exata desses materiais.

A maioria dos principais químicos da época aceitava a teoria da agregação, proposta pelo químico escocês Thomas Graham em 1861. Ele afirmava que substâncias como a borracha e a

A baquelite, uma resina dura criada com fenol e formaldeído, foi o primeiro plástico totalmente sintético de produção comercial. Os produtos de baquelite ainda têm um apelo "retrô" hoje.

celulose eram feitas de aglomerados de pequenas moléculas presas por forças intermoleculares. A ideia de que essas substâncias pudessem ser constituídas por moléculas maiores foi descartada, pois a maioria dos químicos pensava que isso era impossível: moléculas muito grandes não poderiam ser estáveis.

Macromoléculas

Uma pessoa, o químico orgânico alemão Hermann Staudinger, decidiu desafiar a ortodoxia sobre os polímeros. Respeitado no campo da química de pequenas moléculas, Staudinger teve a atenção chamada pelo isopreno, o componente polimérico principal da borracha. Em 1920, ele publicou um artigo propondo que substâncias naturais como a borracha tinham moléculas muito maiores do que se pensava na época, com pesos moleculares na »

Hermann Staudinger

Nascido em 1881 em Worms, na Alemanha, Hermann Staudinger estudou botânica na Universidade de Halle. Fez cursos de química para melhorar os conhecimentos e ela se tornou seu principal interesse. Uma de suas primeiras descobertas foram as cetenas – compostos altamente reativos com uma gama de aplicações em síntese orgânica. O trabalho revolucionário de Staudinger em química macromolecular o levou a montar o primeiro instituto de pesquisa europeu dedicado apenas ao estudo de polímeros, em 1940. Ele também fundou a primeira revista exclusiva de química de polímeros. Em 1953, recebeu o Prêmio Nobel de Química. Morreu em 1965. Staudinger era um defensor da paz. Nos anos 1930, questionou a autoridade dos nazistas, o que levou à rejeição de todas as suas viagens para o exterior. Em 1999, seu trabalho em química de polímeros foi declarado Marco Internacional na História da Química.

Obras principais

1920 "Sobre a polimerização"
1922 "Sobre isopreno e borracha"

casa dos milhões. Staudinger delineou a formação dessas moléculas enormes a partir de reações de polimerização que uniriam um grande número de moléculas pequenas. Ele se referiria depois a essas moléculas enormes como "macromoléculas". Seu artigo "Sobre a polimerização", de 1920, é considerado o ponto de partida do campo da ciência macromolecular.

As propostas de Staudinger não convenceram os defensores da teoria da agregação. Eles diziam que as propriedades da borracha que Staudinger atribuía a suas macromoléculas podiam ser explicadas em termos de interações intermoleculares fracas. Para refutar essas alegações, Staudinger precisava de evidências experimentais que claramente as contradissessem.

Dois outros químicos, o alemão Carl Harries e o austríaco Rudolf Pummerer, já tinham afirmado que a borracha era composta de agregados de muitas moléculas pequenas de isopreno e que isso dava ao material suas propriedades coloidais. Estas incluíam a formação de suspensão em vez de solução em solventes, já que as partículas num coloide são grandes e não se dissolvem. Harries e Pummerer pensavam que tais propriedades eram explicadas pelo fato de as ligações duplas carbono-carbono terem "valência parcial", ou seja, uma força fraca que unia as moléculas em agregados.

Para contestar essa teoria, Staudinger decidiu hidrogenar (acrescentar hidrogênio) ligações duplas carbono-carbono em borracha. Isso fez um átomo de hidrogênio se prender a cada átomo de carbono, deixando só uma ligação simples entre os átomos de carbono. Se a teoria de Harries e Pummerer fosse correta, isso quebraria os agregados da borracha e mudaria suas propriedades. Staudinger viu que não era o caso: a borracha hidrogenada não se comportou de modo diferente da natural.

>
> Não existem moléculas orgânicas de peso molecular acima de 5 mil.
> **Heinrich Wieland**
> Químico alemão (1877-1957)

Triunfo da teoria

Embora os experimentos de Staudinger parecessem mostrar que a teoria das macromoléculas estava certa, seus pares não se convenceram. Então, Staudinger decidiu tentar criar macromoléculas diretamente. Usando pequenas moléculas como o estireno como ponto de partida, ele e seus colegas fizeram vários polímeros diferentes. Eles identificaram uma relação entre os pesos moleculares desses polímeros e sua viscosidade (resistência a mudar de forma), o que era mais uma evidência do modelo de macromoléculas.

Por algum tempo ainda houve resistência às ideias de Staudinger. Porém, as evidências cresceram e outros cientistas puderam determinar de modo mais preciso as grandes massas das moléculas dos polímeros, e a teoria macromolecular aos poucos foi aceita. Staudinger foi recompensado anos depois, ao receber o Prêmio Nobel de Química de 1953 por "suas descobertas no

Propriedades dos polímeros

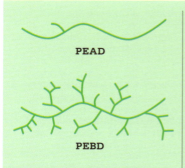

O PEAD e o PEBD são o mesmo polímero, mas com estrutura diferente. A estrutura ramificada do PEBD o torna menos denso que o PEAD.

O tamanho considerável das moléculas de polímero implica que o mesmo polímero pode ter propriedades diversas conforme sua estrutura. Um exemplo disso é o polietileno, que ocorre com alta densidade (PEAD) e baixa densidade (PEBD). A estrutura do PEAD é como uma cadeia longa, com poucos ramos. Isso permite que as moléculas fiquem bem juntas, com forças intermoleculares fortes. O PEAD é um plástico duro e rígido, usado em garrafas e canos. O PEBD tem estrutura mais ramificada, com moléculas menos apertadas. Forças intermoleculares mais fracas levam a um plástico mais mole, em geral, usado em sacolas.

O comportamento do polímero também varia com a temperatura. Quando aquecidos, os polímeros acabam atingindo sua "temperatura de transição vítrea" (T_v), em que ficam moles e flexíveis. Polímeros com T_v acima da temperatura ambiente são duros e lascam; já os que têm T_v abaixo dela, são flexíveis.

A ERA DA MÁQUINA   209

Wallace Carothers é mais famoso como o inventor do náilon. Ele descobriu como se formam os polímeros e sintetizou novos exemplos com peso molecular enorme.

campo da química macromolecular". O trabalho de Staudinger foi em grande parte um triunfo da teoria, pois teve um papel pequeno no desenvolvimento dos processos de polimerização industrial, mas inspirou outros cientistas a pesquisar usos práticos da polimerização e abriu um novo mundo de possibilidades químicas. O grande tamanho das macromoléculas implicava que seu número e sua variedade potencial eram enormes. Até para a mesma molécula, as propriedades podiam variar muito com as diferenças de estrutura e as condições em que era usada.

Criação de superpolímeros

Inspirado pelas teorias de Staudinger, o químico orgânico americano Wallace Carothers dirigiu uma equipe de pesquisa, a partir de 1928, na empresa química DuPont em Delaware (EUA). Enquanto Staudinger se concentrara em analisar polímeros naturais, Carothers adotou uma abordagem mais prática ao pesquisar macromoléculas, explorando novos modos de produzir polímeros. Carothers foi o primeiro químico a definir as duas principais categorias da polimerização, a que ainda nos referimos hoje: por adição e por condensação. Os polímeros de adição são os mais diretos dos dois. Como o nome sugere, são formados pela simples união de muitas moléculas menores (monômeros). Os monômeros devem conter uma ligação dupla carbono-carbono, que se torna uma ligação simples conforme os monômeros se juntam numa reação em cadeia.

Os polímeros de condensação, por outro lado, são formados por monômeros com dois grupos funcionais diferentes. Se os monômeros são idênticos, têm um grupo em cada ponta. Esses grupos funcionais reagem uns com os outros formando a cadeia do polímero, e uma pequena molécula é perdida como resultado da reação. Era esse tipo de polimerização que Carothers »

Métodos de polimerização

Na polimerização por adição, a etapa de iniciação deflagra a reação. A seguir, nas etapas de propagação, os monômeros se adicionam à cadeia um após outro, até a etapa de terminação. Esta ocorre de modo aleatório e em diferentes pontos para cadeias diversas, o que leva os polímeros a variar em comprimento. Os monômeros usados para criar polímeros de adição podem ser idênticos, como no caso do polietileno, o que cria um homopolímero. Mas também pode ser usado mais de um tipo de monômero, produzindo um copolímero. A despeito do tipo de monômeros, o polímero é o único produto da polimerização por adição. Durante a polimerização por condensação, os monômeros se unem numa reação em que uma pequena molécula é eliminada. Esse produto secundário é em geral água – daí o nome "condensação". Nesse tipo de polimerização, são usados comumente dois monômeros diferentes.

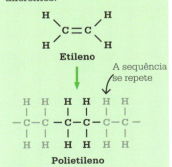

O polietileno é um polímero de adição, construído com monômeros de etileno. A ligação dupla carbono-carbono do etileno é substituída por ligações simples.

queria estudar. Começando com moléculas de peso baixo, Carothers se concentrou em reações químicas orgânicas estabelecidas, buscando uni-las uma a uma e, por fim, em produzir macromoléculas. Ele supôs que, conhecendo a estrutura das moléculas originais e a natureza das reações realizadas, seria possível prever a estrutura das macromoléculas obtidas. Seu outro objetivo era fazer uma molécula tão grande quanto possível, ultrapassando o que era considerado na época o limite de peso molecular.

Em março de 1930, a equipe de Carothers produziu um polímero de cloropreno que se comportava como borracha e chamado depois de neoprene. Então, em abril do mesmo ano, o grupo conseguiu produzir poliésteres com peso molecular de até 25 mil. Eles também notaram que esses "superpolímeros" podiam ser estendidos como fibras semelhantes a fios e que, quando resfriadas, podiam ser puxadas e esticadas ainda mais. Isso aumentava sua resistência e elasticidade.

Têxteis sintéticos

Parecia óbvio que os novos poliésteres poderiam ser usados em tecidos. Porém, era difícil conseguir isso na prática. Vários polímeros de poliéster candidatos foram produzidos, mas todos tinham problemas que os tornavam inadequados para comercialização: fundiam à temperatura muito baixa ou se dissolviam com facilidade.

Após um intervalo na pesquisa de polímeros, a equipe de Carothers mudou de rumo e se dedicou a fibras de poliamida. Em 1934, usando ácido dicarboxílico e uma diamina com seis átomos de carbono cada um, produziram uma fibra forte e elástica que não se dissolvia na maioria dos solventes e tinha ponto de fusão mais alto. Em 1935, essa "fibra 66" foi escolhida pela DuPont para uma produção em escala total. Ela seria chamada depois de náilon.

A DuPont levou três anos para inventar modos de fazer os dois reagentes. O náilon começou a ser vendido em 1940, com sucesso imediato. No primeiro ano, 64 milhões de pares de meias de náilon foram vendidos. Ele também foi usado numa ampla gama de aplicações na Segunda Guerra Mundial, como em tendas e paraquedas.

Infelizmente, Carothers não viveu para ver o sucesso do polímero que ele e sua equipe criaram. Ele lutou por anos contra a depressão e, em abril de 1937, tirou a própria vida. Se ainda estivesse vivo na época, é provável que tivesse dividido com Staudinger o Prêmio Nobel de 1953, por sua própria contribuição ao conhecimento sobre macromoléculas.

> Não só temos uma borracha sintética como algo teoricamente mais original – uma seda sintética. [...] isso é o bastante para uma vida.
> **Wallace Carothers (1931)**

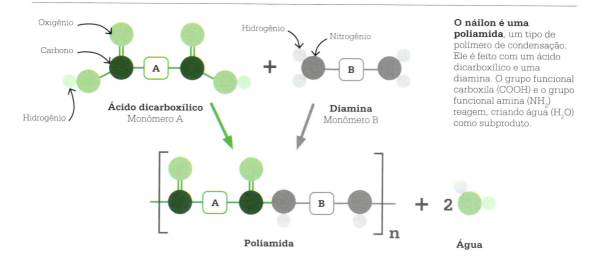

O náilon é uma poliamida, um tipo de polímero de condensação. Ele é feito com um ácido dicarboxílico e uma diamina. O grupo funcional carboxila (COOH) e o grupo funcional amina (NH_2) reagem, criando água (H_2O) como subproduto.

As meias de náilon foram lançadas em maio de 1940. Nos primeiros quatro dias, 4 milhões de pares foram vendidos. Como a seda asiática ficou indisponível durante a guerra, o náilon se tornou um símbolo da época.

Poluição por plásticos

Nas décadas seguintes ao trabalho de pioneiros como Staudinger e Carothers, os plásticos se tornaram parte da vida diária. Em 2020, o mundo produziu 367 milhões de toneladas de plástico. De muitos modos, esses materiais convenientes tornaram possível o que antes era impossível, mas desde os anos 1960, também estamos cada vez mais preocupados com seu impacto no planeta.

O primeiro problema é que as moléculas necessárias para fazer muitos plásticos são derivadas de combustíveis fósseis e seu processo de extração gera vários poluentes. Se os governos dos países pretendem de fato eliminar os combustíveis fósseis, precisamos desenvolver modos de fazer plásticos que não dependam deles. O descarte dos plásticos também tem efeitos nocivos. A falta de reciclagem e a cultura do uso único fazem uma massa cada vez maior de resíduos plásticos se acumular no mundo todo, estimando-se que atinja um total de 12 bilhões de toneladas em 2050. Os plásticos não existem há tempo suficiente para que saibamos se um dia se decomporão totalmente. Os resíduos plásticos causam a cada ano a morte de milhões de animais marinhos, que se emaranham neles ou os ingerem.

Além disso, ao quebrar, os plásticos se desintegram em partículas minúsculas denominadas microplásticos. Os cientistas os descobriram em quase todos os locais onde os procuraram, até nos recessos mais profundos do planeta. O impacto dos microplásticos é um campo de estudo emergente, e seus efeitos adversos sobre a saúde humana e o ambiente são preocupantes.

Plásticos sustentáveis

O desafio para os químicos é encontrar modos de mitigar o dano causado pelos plásticos. Algum progresso já está sendo alcançado. Quando o plástico é reciclado mecanicamente, é fundido para reúso como plástico de menor grau de qualidade. Porém, métodos de "desmonte" de plásticos talvez tornem possível quebrar polímeros em monômeros que possam ser usados para criar tipos diferentes de plástico. Pesquisas em curso pretendem criar polímeros que sejam mais fáceis de desconstruir desse modo. Se queremos ter uma chance de enfrentar o problema da poluição por plásticos, produtores e consumidores precisam se comprometer com a implementação de soluções. Os bioplásticos feitos com materiais vegetais e os plásticos totalmente biodegradáveis já existem, mas representam uma fração minúscula da produção total de plásticos. ∎

O plástico pode levar até mil anos para se decompor, e menos de 20% dele passa por reciclagem. Em geral, esta envolve fundi-lo para reúso, o que só pode ser feito um número limitado de vezes.

O DESENVOLVIMENTO DE COMBUSTÍVEIS PARA MOTORES É ESSENCIAL
GASOLINA COM CHUMBO

EM CONTEXTO

FIGURAS CENTRAIS
Thomas Midgley (1889-1944),
Clair Cameron Patterson (1922-1995)

ANTES
Século I a.C. O engenheiro civil romano Vitrúvio alerta para os perigos de envenenamento por canos de chumbo para água.

1853 O químico alemão Carl Jacob Löwig sintetiza o chumbo tetraetila.

1885 Os engenheiros alemães Karl Benz e Gottlieb Daimler inventam veículos motorizados movidos a gasolina.

DEPOIS
1979 O pediatra americano Herbert Needleman reporta um vínculo entre níveis altos de chumbo em crianças e mau desempenho escolar e problemas de comportamento.

2000 A venda de gasolina com chumbo, que foi gradualmente eliminada desde os anos 1980, é proibida no Reino Unido.

Após a Primeira Guerra Mundial, a demanda por carros disparou: havia cerca de 15 milhões nos EUA em 1924. Seus motores de combustão interna funcionavam por ignição da gasolina misturada com ar para produzir energia, com a emissão de dióxido de carbono e água como subprodutos. Porém, um problema chamado de "pré-ignição", quando parte da mistura combustível explode antes da hora, fazia barulho, estragava o motor e reduzia sua eficiência.

Em 1921, empregado na General Motors Corporation (GM), Thomas Midgley descobriu uma solução acrescentando chumbo tetraetila (TEL) à gasolina. Quando ocorre a

Pré-ignição em um motor a gasolina

- Mistura de combustível e ar inserida no cilindro
- Vela
- Pistão
- Cilindro
- O virabrequim empurra o pistão
- A centelha acende a mistura combustível
- A mistura combustível queima por igual ao longo da frente de chama
- A chama primária avança pelo cilindro
- Uma onda de pressão causa a ignição de um bolsão de mistura mais adiante no cilindro, formando uma chama secundária
- A mistura combustível aquecida se expande, empurrando o pistão para baixo
- O pistão empurrado para baixo roda o virabrequim, que gira o eixo
- As frentes de chama colidem, criando um som de pancada

1. Uma mistura nova de combustível e ar entra no cilindro e é comprimida pelo pistão que sobe.

2. A vela faz a ignição da mistura combustível comprimida, criando uma chama primária.

3. Se uma chama secundária descontrolada surge, as frentes das chamas primária e secundária colidem.

A ERA DA MÁQUINA

Ver também: A nova medicina química 44-45 ▪ Gases 46 ▪ Craqueamento de petróleo bruto 194-195 ▪ O buraco na camada de ozônio 272-273

Onde há chumbo, algum caso de envenenamento por ele cedo ou tarde se desenvolve.
Alice Hamilton
Especialista americana em medicina industrial (1869-1970)

combustão do TEL, ele produz dióxido de carbono, água e chumbo. As partículas de chumbo previnem a pré-ignição elevando a temperatura e a pressão em que essa ignição prematura ocorre. Elas também reagem com o oxigênio, formando óxido de chumbo.

Um veneno conhecido

Embora a toxicidade do TEL fosse bem conhecida, a GM e a Standard Oil Company criaram a Ethyl Gasoline Corporation em 1921 para fabricar e vender gasolina com chumbo. Cinco operários morreram e 35 sofreram envenenamento grave; em outra, os trabalhadores tiveram alucinações. Apesar disso e dos alertas de autoridades de saúde pública dos EUA sobre os perigos do chumbo na atmosfera, o primeiro tanque foi vendido em 1923. Práticas melhores tornaram a produção de gasolina com chumbo mais segura, mas os ativistas continuaram convencidos dos perigos do chumbo emitido pelo escapamento dos carros.

Em 1964, Clair Cameron Patterson analisou amostras de gelo da Groenlândia e verificou uma elevação de 200 vezes nos depósitos de chumbo desde o século XVIII; a maior parte nas três décadas anteriores. As amostras de gelo antártico deram resultados similares em 1965. Patterson tinha certeza de que a maior parte do chumbo vinha da gasolina e que níveis tão altos eram perigosos. Em 1966, ele submeteu as evidências ao subcomitê de poluição do ar e da água do Congresso dos EUA. A Lei do Ar Limpo de 1970 instruiu a recém-formada Agência de Proteção Ambiental dos EUA a regular o TEL na gasolina. Ele foi limitado a 0,1 g/galão em 1986 e banido totalmente em 1996.

Em 1997, o Centro de Controle e Prevenção de Doenças dos EUA verificou que a média dos níveis de chumbo no sangue de crianças e adultos caiu mais de 80% nos 20 anos anteriores. Em 2002, só 82 países permitiam a venda de gasolina com chumbo. A ONU estimou que, em 2011, a eliminação global evitou mais de 1,2 milhão de mortes prematuras. Em 2021, a Argélia foi o último país do mundo a bani-lo. ∎

Apesar de ciente de sua toxicidade, a Ethyl Gasoline Corporation divulgava as vantagens da gasolina com chumbo nos anos 1950.

Thomas Midgley

Filho de um inventor, Midgley nasceu na Pensilvânia em 1889. Ele se formou em engenharia mecânica na Universidade Cornell e começou a trabalhar na General Motors Corporation em 1919. Pioneiro da gasolina com chumbo pela descoberta do aditivo TEL em 1921, mais tarde ele ficou gravemente doente devido a envenenamento por chumbo. Porém, isso não o impediu de promovê-lo entre o público e os agentes reguladores dos EUA. Em 1928, Midgley liderou uma equipe de pesquisa que desenvolveu o diclorofluorometano – um clorofluorcarboneto (CFC), chamado de Freon 12 – como alternativa não inflamável aos gases refrigerantes inflamáveis em uso na época. Os efeitos danosos do CFC sobre a camada de ozônio só seriam descobertos nos anos 1980. Midgley, que recebeu vários prêmios de prestígio por sua descoberta, contraiu pólio em 1940 e ficou com graves sequelas. Morreu em 1944.

Obras principais

1926 "Prevenção da pré-ignição"
1930 "Fluoretos orgânicos como refrigerantes"

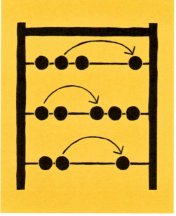

SETAS CURVAS SÃO UMA BOA FERRAMENTA PARA DESCREVER ELÉTRONS
REPRESENTAÇÃO DE MECANISMOS DE REAÇÃO

EM CONTEXTO

FIGURA CENTRAL
Robert Robinson (1886-1975)

ANTES
1857-1858 A teoria da estrutura química de August Kekulé ajuda a determinar a ordem de ligação das moléculas.

1885 O químico alemão Adolf von Baeyer contribui com a teoria de tensão de ligações triplas e pequenos anéis de carbono para a química orgânica teórica.

DEPOIS
1928 Linus Pauling propõe a ressonância como modelo para a aparente oscilação das ligações de simples a múltiplas.

1934 Christopher Ingold apresenta as reações como uma sequência de etapas, ou mecanismos das reações.

1940 O físico-químico americano Louis Hammett identifica um novo campo de estudo: a físico-química orgânica.

Desde que o químico alemão Friedrich Wöhler sintetizou a ureia em 1828, refutando a noção de que os materiais orgânicos só podem ser feitos num corpo vivo, o objetivo de muitos químicos orgânicos tem sido achar métodos para sintetizar materiais para fármacos, plásticos, combustíveis e pesquisa. As ligações químicas se formam ou quebram por movimento de elétrons, então saber onde eles estão, ou onde são necessários, é importante para entender – e prever – as reações químicas.

Os mecanismos das reações – diagramas esquemáticos teóricos de como uma reação pode se dar – são críticos para uma síntese bem-sucedida. Porém, esses mecanismos eram pouco claros até 1922, quando o químico britânico Robert Robinson criou o símbolo da seta curva.

Setas curvas

Em 1897, o físico britânico Joseph John Thomson comprovou que o elétron é parte do átomo, e os químicos perceberam ser muito provável que rearranjos desses elétrons fossem parte integral dos mecanismos de produção de novos compostos por meio da reação de outras substâncias. Porém, era difícil entender os movimentos dos elétrons sem uma visualização. Para resolver isso, em 1922, num artigo em coautoria com o químico britânico William Ogilvy Kermack, Robinson introduziu setas curvas para mostrar como os elétrons – representados por pontos – poderiam se mover numa reação de compostos orgânicos e as estruturas moleculares resultantes.

Mal passa um dia sem que um químico orgânico moderno use as setas curvas para explicar um mecanismo de reação ou planejar uma rota de síntese.
Thomas M. Zydowsky
Chemistry explained (2021)

Esse método de visualização ajudou os químicos a entender os

A ERA DA MÁQUINA

Ver também: A síntese da ureia 88-89 ▪ Fórmulas estruturais 126-127 ▪ Benzeno 128-129 ▪ Forças intermoleculares 138-139 ▪ Por que as reações acontecem 144-147 ▪ Modelos atômicos aperfeiçoados 216-221 ▪ Ligações químicas 238-245

Como as setas curvas funcionam

Dois traços na ponta dianteira da seta mostram para onde o par de elétrons está indo

A ponta de trás mostra a origem do par de elétrons

A seta com dois traços na frente mostra a direção em que um par de elétrons se move numa reação química.

Uma seta com um só traço na ponta dianteira mostra onde um elétron único irá acabar

A ponta de trás mostra de onde o elétron vem

A seta com só um traço na frente é usada para mostrar o movimento de um só elétron numa reação.

mecanismos das reações e a projetar novos caminhos de reação potencialmente úteis com base na reatividade prévia dos compostos.

De início, porém, as setas curvas confundiram os químicos em vez de esclarecer, em parte porque a teoria eletrônica da química orgânica – o papel dos elétrons nas ligações orgânicas – era muito nova e estava em desenvolvimento. Além disso, os primeiros artigos de Robinson nem sempre deixavam claro se a seta mostrava o movimento de um ou dois elétrons.

Pioneiros do novo campo da físico-química orgânica, como os químicos americanos Linus Pauling e Gilbert N. Lewis, resolveram muitos dos problemas conceituais do uso de setas curvas mostrando que todas as ligações químicas consistem em dois elétrons. Levando isso em conta, em 1924, Robinson aperfeiçoou o método usando uma seta para descrever o movimento de dois elétrons, como visto a seguir.

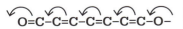

Embora hoje se entenda que as reações químicas não precisam ocorrer em etapas separadas, as setas curvas ainda são usadas e ensinadas a estudantes de química como um recurso visual para ajudá-los a entender as forças que movem a síntese química. A validade das setas curvas foi contestada pela mecânica quântica, que representa as estruturas moleculares em termos de teoria ondulatória. Porém, em 2018, os químicos australianos Timothy Schmidt e Terry Frankcombe, da Universidade de Nova Gales do Sul, conectaram ambas por meio de uma série de inspirados cálculos de química quântica. ∎

Antes, sabíamos que as setas curvas funcionavam, mas não por quê.
Timothy Schmidt

As setas curvas representam pares de elétrons que se movem de uma ligação para outra num mecanismo de reação que usa etileno (C_2H_4) e ácido bromídrico (HBr) para fazer bromoetano (C_2H_5Br).

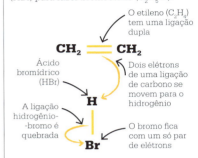

O etileno (C_2H_4) tem uma ligação dupla

Ácido bromídrico (HBr)

Dois elétrons de uma ligação de carbono se movem para o hidrogênio

A ligação hidrogênio--bromo é quebrada

O bromo fica com um só par de elétrons

1. Um par de elétrons na ligação dupla de carbono passa para o hidrogênio. Isso quebra a ligação entre hidrogênio e bromo, e cria uma carga positiva no carbono não reativo.

A seta curva mostra como dois elétrons se movem e criam uma nova ligação com o carbono

Uma nova ligação conecta o carbono e o hidrogênio

2. Os dois elétrons restantes no íon de bromo – agora representados por pontos – são atraídos pelo carbono de carga positiva. Isso cria uma nova ligação entre o carbono e o bromo.

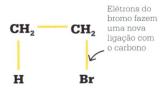

Elétrons do bromo fazem uma nova ligação com o carbono

3. A estrutura do bromoetano (C_2H_5Br) – também chamado de brometo de etila –, o produto final do mecanismo de reação.

FORMAS E VARIAÇÕES NA ESTRUTURA DO ESPAÇO

MODELOS ATÔMICOS APERFEIÇOADOS

MODELOS ATÔMICOS APERFEIÇOADOS

EM CONTEXTO

FIGURA CENTRAL
Erwin Schrödinger
(1887-1961)

ANTES
1803 A teoria atômica da matéria de John Dalton une processos químicos a realidade física, permitindo-lhe calcular pesos atômicos.

1896 A radiação nuclear é descoberta pelo físico francês Henri Becquerel, forçando os cientistas a mudar suas ideias sobre a estrutura atômica.

1900 Max Planck modela com precisão a distribuição da radiação de um corpo negro assumindo que a luz tem propriedades de partícula.

DEPOIS
1927 Niels Bohr, Werner Heisenberg e outros desenvolvem a interpretação de Copenhague da mecânica ondulatória, que modela as ondas de Schrödinger como ondas de probabilidade.

1932 O físico britânico James Chadwick descobre o nêutron, uma partícula no núcleo que tem massa, mas sem carga.

1938 Os químicos alemães Otto Hahn, Fritz Strassmann e Lise Meitner dividem o núcleo atômico.

A descoberta, na virada do século XX, de que o átomo poderia ser dividido em fragmentos menores revolucionou as ideias sobre a estrutura atômica. A sequência de modelos atômicos resultante levaria à criação do modelo quântico por Erwin Schrödinger em 1926; esse modelo é aceito até hoje.

Em 1897, quando Joseph John Thomson identificou os elétrons pela primeira vez, surgiu a questão de onde situá-los na estrutura do átomo. Em 1904, Thomson propôs que os elétrons – de carga negativa – poderiam estar inseridos no núcleo, de carga positiva, num modelo apelidado de pudim de passas. Essa ideia, porém, logo foi abandonada.

Em 1911, o físico e químico britânico nascido na Nova Zelândia Ernest Rutherford propôs que os elétrons existiam fora de um núcleo muito denso e que a maior parte do volume do átomo era um espaço vazio. Rutherford baseou sua ideia nos resultados de experimentos dos físicos Hans Geiger (alemão) e Ernest Marsden (britânico) em 1909, na Universidade de Manchester. Ao disparar partículas alfa radiativas numa folha de ouro ultrafina, eles viram que a maioria dessas partículas pesadas atravessavam diretamente a folha ou eram desviadas em ângulos pequenos, mas algumas eram rebatidas em direção à fonte. Com base nesse fenômeno de retorno, Rutherford propôs que o átomo continha um núcleo pequeno, denso e com carga positiva, ao redor do qual os elétrons orbitavam.

A interpretação de Rutherford não foi bem recebida até 1913, quando um jovem estudante dinamarquês, Niels Bohr, aplicou uma fórmula matemática obscura

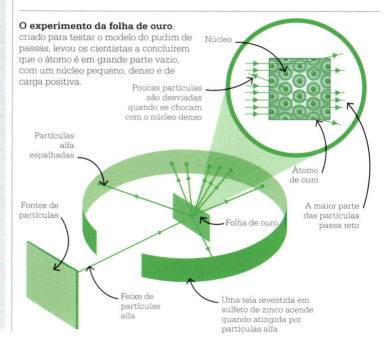

O experimento da folha de ouro, criado para testar o modelo do pudim de passas, levou os cientistas a concluírem que o átomo é em grande parte vazio, com um núcleo pequeno, denso e de carga positiva.

- Núcleo
- Poucas partículas são desviadas quando se chocam com o núcleo denso
- Partículas alfa espalhadas
- Átomo de ouro
- A maior parte das partículas passa reto
- Fontes de partículas
- Folha de ouro
- Feixe de partículas alfa
- Uma tela revestida em sulfeto de zinco acende quando atingida por partículas alfa

Ver também: O universo atômico 28-29 ▪ A teoria atômica de Dalton 80-81 ▪ Química de coordenação 152-153 ▪ O elétron 164-165 ▪ Ligações químicas 238-245

ao conceito quântico do físico alemão Max Planck, e as peças subatômicas se encaixaram.

Órbitas fixas

A fórmula obscura era de Johann Balmer, um professor palestrante alemão da Universidade de Basileia, na Suíça. Em 1885, Balmer criou uma fórmula que previa as posições de quatro linhas no espectro visível de emissão do átomo de hidrogênio. As linhas apareciam a intervalos específicos e não continuamente, mas a razão para o modelo matemático funcionar continuava sem explicação.

Em 1900, Planck apresentou um modelo para explicar a distribuição da luz de um corpo negro aquecido. Para isso, porém, teve de assumir que a energia da luz existia em pacotes, hoje chamados quanta ou fótons. Até então, a luz era em geral vista como contínua; agora, ele propunha que ela podia sob certas circunstâncias ser entendida como uma onda, mas em outras era mais bem modelada como partícula. O som também se comporta como partícula ou onda. Quando ele está na frequência e intensidade certas, pode quebrar vidro como uma bala.

Acreditamos até mesmo ter um conhecimento íntimo dos constituintes dos átomos individuais.
Niels Bohr
Discurso no Prêmio Nobel (1922)

Neste exemplo de dualidade onda-partícula, os elétrons são disparados sobre uma barreira com duas fendas. Com o tempo, são produzidos padrões de interferência com bandas claras e escuras, como aconteceria com ondas de luz. Isso mostra que as partículas têm propriedades e comportamento semelhantes aos de onda.

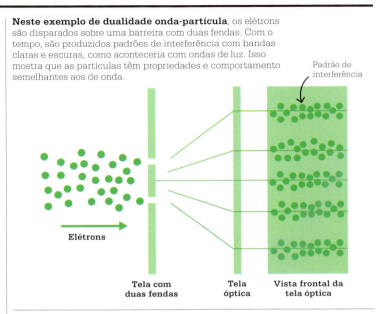

Mesmo assim, o som se comporta como uma onda ao rodear cantos e passar de um cômodo a outro.

Nas mãos de Niels Bohr, a ideia quântica mostrou como um modelo atômico em que os elétrons só orbitariam a certas distâncias fixas do núcleo podia concordar com a equação de Balmer que previa a posição das linhas espectrais de emissão do hidrogênio. Ao absorver um quantum de luz com a energia certa exata, o elétron podia "saltar" de uma órbita mais baixa para uma mais alta; ou, ao cair de uma órbita mais alta para uma mais baixa, ele podia liberar a mesma quantidade de energia luminosa. Essas mudanças de energia condiziam com o padrão previsto na fórmula de Balmer.

O modelo de Bohr explicava muitas medidas, mas havia vários problemas, talvez o maior dos quais fosse que os elétrons no modelo de Bohr estavam se movendo, e um elétron em movimento perderia energia e espiralaria rumo ao núcleo positivo. Além disso, o modelo de Bohr não podia prever linhas espectrais para nenhum átomo neutro – com número igual de elétrons e prótons – além do hidrogênio, nem as intensidades das linhas do hidrogênio, nem podia ser usado para fazer previsões para nenhuma molécula – mesmo a mais simples, de hidrogênio (H_2).

A dualidade onda-partícula

Em 1923, o físico francês Louis de Broglie propôs que a matéria se comporta como partículas – e também como ondas. A dualidade onda-partícula para a luz já tinha sido difícil de aceitar; aplicar a mesma condição à matéria, para muitos cientistas, era ir longe » demais. Mas não para Schrödinger. Numa série rápida de quatro artigos em 1926, coletivamente chamados de "A quantização como um problema de autovalor", ele apresentou uma teoria ondulatória da mecânica quântica. Esta é um sistema de mecânica que descreve o comportamento físico de partículas de escala atômica, como elétrons, átomos e moléculas, assim como a mecânica clássica descreve o comportamento de objetos macroscópicos, como bolas de futebol, carros e planetas. A diferença é que as propriedades das partículas de escala quântica só podem ser inferidas e não diretamente medidas.

No primeiro artigo, Schrödinger apresentou o que ficaria conhecido como equação de Schrödinger para descrever o comportamento de um sistema mecânico quântico:

$$i\hbar \frac{\partial}{\partial t} \Psi = \hat{H}\Psi$$

Basicamente, a equação de Schrödinger descreve o comportamento das funções de onda (Ψ). Quando aplicada à forma da função de onda que melhor descreve um sistema, ela resulta nas energias mensuráveis para aquele sistema. Schrödinger usou sua equação para analisar um sistema semelhante ao do hidrogênio e reproduzir os níveis de energia do hidrogênio. No ano anterior, os físicos alemães Werner Heisenberg, Max Born e Pascual Jordan tinham elaborado um sistema para descrever a estrutura eletrônica do átomo com base em matemática matricial bastante complicada, mas a teoria ondulatória de Schrödinger era mais intuitiva e fácil de apresentar visualmente.

Ondas de probabilidade

Mal o conceito de Schrödinger foi digerido, Heisenberg propôs, em 1927, o princípio da incerteza. Este, em linhas gerais, diz que a posição e o *momentum* de um elétron não podem ser conhecidos ao mesmo tempo.

Essa conclusão tem a ver com o tamanho do instrumento de medida comparado ao do objeto medido. Por exemplo, dispositivos a laser ou radares podem medir a velocidade de um carro mandando feixes de luz que refletem no carro e rebatem no instrumento. Porém, quando a luz é usada para medir a velocidade de um elétron, ela o tira de seu caminho. Seria como tentar medir a velocidade de um carro com uma bala de canhão. Para resolver o problema, Heisenberg basicamente rejeitou a possibilidade de localizar elétrons no espaço e tempo como se fossem objetos macroscópicos.

Assim, a questão passou a ser: se o elétron não pode ser localizado fisicamente, o que eram as ondas na mecânica ondulatória de Schrödinger? Em 1926, Max Born ofereceu uma explicação: eram ondas de probabilidade. As ondas mostravam onde a probabilidade de

O fenômeno ondulatório forma o "corpo" real do átomo.
Erwin Schrödinger
"A quantização como um problema de autovalor" (1926)

Erwin Schrödinger

De ascendência austríaca e britânica, Schrödinger nasceu em Viena, em 1887. Ele estudou física teórica na universidade local e também se apaixonou por poesia e filosofia. Após servir na Primeira Guerra Mundial, foi para a Alemanha e, depois, para a Universidade de Zurique, na Suíça.

Em 1927, mudou-se para Berlim, então um centro da física. Em 1933, foi embora, em protesto contra o regime nazista, e assumiu um posto na Universidade de Oxford, no Reino Unido. Naquele ano, dividiu o Prêmio Nobel de Física com o físico teórico britânico Paul Dirac. Voltou à Áustria, mas teve de fugir de novo dos nazistas em 1938. Amigos conseguiram um salvo-conduto para Dublin, na Irlanda, onde passou 17 anos como diretor da Escola de Física Teórica do Instituto de Estudos Avançados de Dublin. Ao se aposentar, foi para a Áustria em 1956 e morreu em 1961.

Obras principais

1926 "A quantização como um problema de autovalor"
1926 "Uma teoria ondulatória da mecânica dos átomos e moléculas"

encontrar um elétron numa certa posição era grande, pequena ou inexistente. O princípio da incerteza de Heisenberg acabou se tornando uma ferramenta essencial para explicar e prever muitos fenômenos quânticos. As órbitas dos elétrons agora eram referidas como "orbitais", para refletir sua natureza nebulosa. Em contraste com as bem definidas órbitas do modelo de Bohr, as orbitais eram visualizadas como "nuvens" eletrônicas, e postulou-se que a probabilidade de haver um elétron ali era mais alta onde a nuvem estivesse mais densa.

Porém, o conceito de ondas de probabilidade de Born não recebeu o apoio de Schrödinger. Foi para ridicularizar a ideia que ele criou o famoso experimento mental do gato de Schrödinger, que explicou a seu amigo Albert Einstein. Ele imaginou um gato fechado numa caixa onde há um frasco de veneno ligado a uma fonte radiativa. Se a fonte decair e emitir uma partícula de radiação, um mecanismo soltará um martelo que quebrará o frasco, liberando o veneno e matando o gato. Há uma probabilidade igual de que o átomo decaia ou não. O único modo de saber se o gato está vivo ou morto é olhar dentro da caixa. Schrödinger concluiu que enquanto o sistema não fosse observado, o gato estaria vivo e morto ao mesmo tempo. Ironicamente, essa analogia hoje é usada para explicar as ondas de probabilidade de Born, não para ridicularizá-las.

O modelo da mecânica quântica do átomo logo se tornou uma ferramenta poderosa para explicar fenômenos atômicos. Em 1926, a Lucy Mensing conseguiu modelar moléculas diatômicas, como a do hidrogênio, usando mecânica quântica, um feito impossível com o modelo atômico de Bohr. E, em 1927, a química entrou no processo quando Walter Heitler mostrou que uma ligação covalente, formada quando dois átomos partilham um par de elétrons, seria um resultado das equações de onda de Schrödinger. Hoje, quase todos os estudantes de química aprendem mecânica quântica em termos da equação de onda de Schrödinger. ∎

Evolução dos modelos atômicos

Modelo nuclear de Rutherford
Em seu modelo de 1911, Rutherford colocou os elétrons fora de um núcleo denso e os de carga positiva no centro do átomo, mas não em órbitas específicas.

Modelo planetário de Bohr
Em 1913, Bohr modificou o modelo de Rutherford, colocando os elétrons em órbitas fixas ao redor do núcleo de carga positiva.

Modelo quântico de Schrödinger
Em 1926, Schrödinger descreveu as órbitas dos elétrons como ondas 3D, e não se movendo ao redor do núcleo em trajetos fixos.

- **Partículas alfa** disparadas sobre átomos às vezes passam **reto**, às vezes **se desviam** e às vezes **refletem** de volta.
- Isso significa que o átomo deve ter um **núcleo** central **pequeno, denso e com carga positiva**.
- Os **elétrons** se movem ao redor do núcleo em órbitas específicas, mas sua **localização exata** é **incerta**.
- **"Nuvens de probabilidade"** mostram onde é mais provável que os elétrons se encontrem.

A PENICILINA SURGIU POR ACASO

ANTIBIÓTICOS

ANTIBIÓTICOS

EM CONTEXTO

FIGURA CENTRAL
Alexander Fleming (1881-1955)

ANTES
Anos 1670 O microbiologista holandês Antonie van Leeuwenhoek vê bactérias, ou "animálculos", no microscópio.

1877 O químico francês Louis Pasteur verifica que bactérias do ar podem tornar inofensiva a bactéria de solo do antraz.

1909 Paul Ehrlich desenvolve a primeira droga antibacteriana sintética, o Salvarsan.

DEPOIS
1943 Começa a produção em massa de penicilina.

1960 No Reino Unido, a empresa farmacêutica Beecham lança a meticilina, um antibiótico novo para patógenos resistentes à penicilina.

2020 A OMS alerta que o abuso de antibióticos causará mortes por infecções comuns.

O bacteriologista escocês Alexander Fleming estudava estafilococos (um gênero de bactérias) no Hospital St. Mary, em Londres, em 1928, quando descobriu o primeiro antibiótico de ocorrência natural, que mais tarde seria produzido para uso terapêutico e transformaria o tratamento de infecções. Os estafilococos vivem comumente e sem causar mal na pele humana, mas são patogênicos ao entrar na corrente sanguínea, pulmões, coração ou ossos.

As bactérias são responsáveis por uma gama de doenças, algumas graves e até fatais. Os problemas vão de pequenas bolhas ou erupções na pele e inflamações na garganta a infecções mais sérias na derme, intoxicação alimentar, septicemia (envenenamento do sangue, potencialmente fatal) e infecções de órgãos internos. No início do século XX, vários estafilococos e estreptococos (outro gênero de bactérias) foram responsáveis por milhões de mortes todos os anos. Até pequenos arranhões podiam ser fatais se infeccionassem, e a pneumonia e a diarreia – de tratamento

Não negligenciei a observação e [...] me aprofundei no tema como bacteriologista.
Alexander Fleming
Discurso no Prêmio Nobel (1945)

considerado relativamente simples hoje – eram as principais causas de morte no mundo desenvolvido.

Uma descoberta por acaso

Ao voltar de férias em 1928, Fleming notou que os estafilococos que tinha cultivado em uma de suas placas de Petri foram invadidos por um fungo – sem nenhuma bactéria crescendo na zona ao redor do fungo invasor. Ele isolou o mofo e descobriu que era *Penicillium notatum* (hoje chamado de *Penicillium chrysogenum*). Fleming estava em busca de um "antisséptico perfeito"; tinha razões para crer que a penicilina não funcionaria como um antibiótico, e a usou em vez disso para outro fim.

Alexander Fleming

Nascido na área rural de Ayrshire, na Escócia, em 1881, Alexander Fleming foi morar com o irmão em Londres aos 14 anos. Lá, mais tarde, estudou medicina na Escola Médica e Hospital St. Mary, e interessou-se por imunologia. Quando servia no Corpo Médico do Exército, na Primeira Guerra Mundial (1914-1918), percebeu que os antissépticos usados para combater infecções com frequência faziam mais mal que bem, pois prejudicavam o sistema imune.

De volta a St. Mary, tornou-se professor de bacteriologia em 1928, mesmo ano em que descobriu a penicilina. Por esse trabalho, recebeu o Prêmio Nobel de Fisiologia ou Medicina de 1945, com Howard Florey e Ernst Chain. Em 1946, tornou-se diretor do departamento de inoculações de St. Mary. Fleming recebeu diplomas honorários de várias universidades. Morreu devido a um ataque cardíaco em 1955.

Obra principal

1929 "Sobre a ação antibacteriana de culturas de um *Penicillium*"

A ERA DA MÁQUINA

Ver também: Anestésicos 106-107 ▪ Corantes e pigmentos sintéticos 116-119 ▪ Enzimas 162-163 ▪ Polimerização 204-211 ▪ Desenho racional de fármacos 270-271 ▪ Novas tecnologias em vacinas 312-315

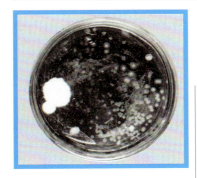

A colônia de penicilina é visível na esquerda da placa de cultura original em que Alexander Fleming observou pela primeira vez o crescimento do fungo *Penicillium notatum*, em 1928.

Ele publicou sua descoberta no ano seguinte, mas suas tentativas de isolar e purificar o composto num "suco de mofo" responsável pelo efeito antisséptico falharam. Ele mandou o fungo para outros bacteriologistas na esperança de que tivessem mais sucesso, mas dez anos se passaram até outro grande avanço, quando a penicilina começou a ser produzida em massa.

Bactérias gram-positivas

Doenças perigosas como pneumonia, meningite e difteria eram todas causadas por bactérias gram-positivas, que o bacteriologista dinamarquês Hans Christian Gram descobriu em 1884. Essas bactérias têm fora da parede celular uma membrana de peptidoglicano, um polímero (uma molécula complexa) de aminoácidos e açúcares que cria uma estrutura emaranhada ao redor da membrana plasmática da célula bacteriana, fortalecendo as paredes celulares e impedindo que partículas e fluidos externos entrem.

Em bactérias gram-negativas responsáveis por doenças como tifo e paratifo, a camada de peptidoglicano fica sob a membrana externa protetora. No início de 1929, Fleming demonstrou que a penicilina poderia matar bactérias gram-positivas, mas não espécies gram-negativas. A diferença estrutural entre os dois tipos era crucial para a eficácia da penicilina.

Antiga e sintética

Os antibióticos naturais são conhecidos há milênios, desde o Egito Antigo, onde se aplicava pão mofado a ferimentos para deter infecções. O tratamento geralmente funcionava, embora não pudessem explicar por quê. Os médicos antigos de outros lugares usavam uma gama de remédios naturais, mas sua eficácia era imprevisível. Só com os avanços da microscopia nos anos 1830 progressos importantes puderam ocorrer.

No início dos anos 1880, Gram descobriu que certos corantes químicos tingiam algumas células bacterianas, mas não outras. O cientista médico alemão Paul Ehrlich concluiu que, assim, seria possível separar células-alvo. Em 1909, ele desenvolveu uma droga sintética baseada em arsênio, a Salvarsan, para matar a bactéria *Treponema* »

Uma **infecção bacteriana** invade o corpo.

⬇

Linfócitos do sistema imune **atacam a infecção**.

⬇

Às vezes, o **sistema imune** é vencido pela infecção e **precisa de ajuda**.

⬇   ⬇

Antibióticos bactericidas como a penicilina **matam as bactérias**.

Antibióticos bacteriostáticos **impedem que as bactérias** se multipliquem.

⬇   ⬇

A infecção é combatida – a menos que as bactérias sejam resistentes ao antibiótico.

pallidum, que causa sífilis. No início dos anos 1930, o químico alemão Gerhard Domagk e sua equipe faziam pesquisas sobre o potencial de combate a infecções de compostos relacionados a corantes sintéticos. Eles logo fizeram uma descoberta histórica para o controle de infecções bacterianas. Domagk testou centenas de compostos e, em 1931, descobriu que um – KL 730 – mostrava fortes efeitos antibacterianos sobre ratos de laboratório doentes. O composto era uma sulfa, ou sulfonamida ($C_6H_8N_2O_2S$), e uma empresa farmacêutica alemã o patenteou como Prontosil no ano seguinte. Os médicos o usaram para tratar com eficácia pacientes com infecções por estafilococos e estreptococos. Domagk curou a própria filha, que tinha uma grave infecção no braço que poderia levar à amputação. Ele recebeu o Prêmio Nobel de Fisiologia ou Medicina em 1939.

De Oxford aos Estados Unidos

Em 1939, uma equipe de bioquímicos da Universidade de Oxford, no Reino Unido, dedicou-se a tentar transformar penicilina numa droga para salvar vidas, algo que ninguém antes tinha conseguido. Liderada pelo patologista australiano Howard Florey e pelo bioquímico britânico Ernst Chain, a equipe precisava isolar e purificar a substância e processar até 500 l de filtrado de mofo a cada semana. O espaço de estocagem era escasso e foram forçados a usar latas de comida, vasilhames de leite, banheiras e até urinóis. A equipe processou o filtrado num composto químico derivado de um ácido – o acetato de n-amila – e água, e o purificou antes dos testes clínicos. Florey mostrou, então, que a penicilina protegia ratos de infecção. O desafio seguinte era o teste em pessoas. A oportunidade para isso surgiu com Albert Alexander, um policial britânico de 43 anos, com abscessos potencialmente fatais no rosto e nos pulmões devidos a arranhões na boca ao podar rosas. Em 1941, ele foi o primeiro a ser tratado com penicilina. Alexander teve boa melhora após as injeções, mas havia pouco suprimento da droga. Como foi insuficiente para continuar o tratamento, ele acabou morrendo.

Com o setor químico do Reino Unido totalmente ocupado com a produção de guerra, Florey buscou ajuda nos Estados Unidos para produzir penicilina em massa. O Laboratório de Pesquisa Regional do Norte, do Departamento de Agricultura dos Estados Unidos, em Peoria, em Illinois, aceitou o desafio. Seus químicos descobriram que substituir o composto de açúcar lactose pela sacarose usada pela equipe de Oxford no meio de cultura aumentava a taxa de produção. Então, o microbiologista americano Andrew Moyer constatou que acrescentando xarope de milho

> Fleming publicou seu artigo clássico [...] em 1929, mas só em 1939 Florey seguiu suas pistas.
> **Waldemar Kaempffert**
> Escritor científico americano
> (1877-1956)

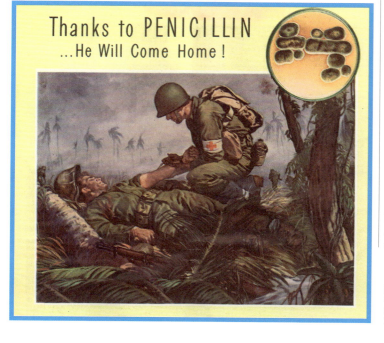

"Graças à penicilina ... Ele voltará para casa!". Na Segunda Guerra, além de penicilina, as tropas levavam kits médicos com Prontosil em pó para tratar infecções bacterianas como a sepse.

A penicilina ataca a camada de peptidoglicano das bactérias. Em bactérias gram-positivas, essa camada faz parte da parede celular, então é fácil para a penicilina atacá-la. Em bactérias gram-negativas, ela é interna e seu acesso é difícil.

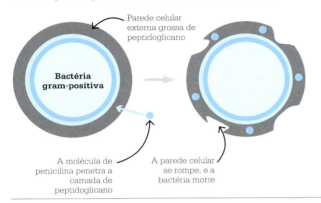

(uma mistura viscosa de aminoácidos, vitaminas e minerais) à cultura do fungo, o rendimento podia ser acelerado em dez vezes.

Após uma série de reuniões, Florey convenceu a indústria farmacêutica dos Estados Unidos a apoiar o projeto da penicilina. Em março de 1942, uma americana, Anne Miller, contraiu uma infecção grave após um aborto e estava quase morrendo. Os médicos lhe injetaram a droga e ela se tornou a primeira pessoa a se recuperar totalmente graças ao tratamento.

A produção em massa de penicilina começou em 1943 e se acelerou exponencialmente. Na época, a droga se mostrou eficaz contra a sífilis, doença comum entre soldados. O objetivo imediato era aumentar drasticamente a produção antes do Dia D, na França, em junho de 1944, que inevitavelmente resultaria num grande número de feridos. Cerca de 21 bilhões de unidades foram fabricadas em 1943, subindo para 6,8 trilhões em 1945 e 133 trilhões em 1949. No mesmo período, os custos por 100 mil unidades caíram de 20 dólares para 10 centavos. Em 1946, pela primeira vez a penicilina ficou disponível ao público, sujeita a receita médica, no Reino Unido.

Como a penicilina funciona

Hoje se sabe que as drogas de penicilina funcionam fazendo as paredes das células bacterianas se romperem. As moléculas de penicilina atuam diretamente nas paredes externas de peptidoglicano das células das bactérias gram-positivas. As células bacterianas são como bolhas salgadas num ambiente menos salgado, então se um fluido passar pela parede celular, a osmose – movimento de um fluido através de uma membrana – o faria entrar na célula, nivelando a salinidade entre ela e seu ambiente. Se isso ocorre, o influxo faria a célula estourar e morrer.

O peptidoglicano reforça as paredes da célula, impedindo que os fluidos externos entrem nela. Porém, quando uma célula bacteriana se divide, pequenos buracos se abrem em sua parede. O peptidoglicano recém-produzido preenche os buracos, refazendo a parede, mas se houver moléculas de penicilina presentes, elas bloquearão a estrutura proteica que liga o peptidoglicano. Isso evita que os buracos se fechem, permitindo que a água flua para dentro e rompa a célula.

Em células gram-negativas, a camada de peptidoglicano é protegida por uma membrana externa, então é mais difícil para a penicilina atuar sobre ela. E a penicilina não rompe células humanas saudáveis, pois elas não têm uma capa externa de »

A penicilina produzida hoje salvará a vida de alguém daqui a alguns dias ou curará [...] alguém hoje incapacitado.
Albert Elder
Diretor do programa de penicilina dos Estados Unidos (1943)

peptidoglicano. Como mata o patógeno-alvo, a penicilina é chamada de antibiótico bactericida.

Uma era de ouro

Em 1945, a química britânica Dorothy Hodgkin revelou a estrutura química da penicilina, publicando seus estudos quatro anos depois. Contestando a visão de muitos cientistas da época, ela mostrou que havia um anel beta-lactâmico em sua estrutura molecular. A descoberta permitiu aos cientistas modificar a estrutura molecular do composto e criar toda uma família de antibióticos bactericidas derivados. Isso marcou o início de uma era de ouro do desenvolvimento de antibióticos, nos anos 1950 e 1960.

Os bioquímicos criaram uma gama de novos compostos antibióticos baseados em fungos, alguns derivados da penicilina, além de outros, como o ácido fusídico e a cefalosporina. O bioquímico russo-americano Selman Waksman, que definiu um antibiótico como "um composto feito por um micróbio para destruir outros micróbios", foi pioneiro na pesquisa do potencial antibiótico de actinobactérias anaeróbicas, em especial as do gênero *Actinomyces*. Tetraciclinas, glicopeptídeos e estreptograminas são antibióticos derivados dessas bactérias.

As tetraciclinas são usadas para tratar pneumonia, algumas formas de intoxicação alimentar, acne e certas infecções oculares. Elas funcionam de modo diferente da penicilina, inibindo o crescimento bacteriano ao impedir a síntese de proteína dentro da célula bacteriana patogênica. Esse processo ocorre em estruturas celulares denominadas ribossomos. As tetraciclinas podem atravessar a parede celular, acumular-se dentro do citoplasma da célula e fixar-se num ponto de um ribossomo, evitando que as cadeias de proteínas se alonguem. Como elas previnem a multiplicação dos patógenos, esses antibióticos são chamados de bacteriostáticos.

Os químicos também criaram muitos antibióticos sintéticos novos, entre eles sulfonamidas, quinolonas e tioamidas. O primeiro grupo funciona inibindo a enzima di-hidropteroato sintase. Diferente das células humanas, as bacterianas precisam dessa enzima para produzir ácido fólico, necessário a todas as células para crescer e se dividir.

Superbactérias

Os antibióticos não matam vírus – como os responsáveis por resfriados, gripe, catapora ou covid-19 –, pois estes têm uma estrutura diferente das bactérias e se multiplicam de modo diverso. Mesmo assim, os especialistas estimam que os antibióticos salvaram mais de 200 milhões de vidas no mundo todo ao derrotar uma vasta gama de patógenos bacterianos e curar inúmeras infecções. A ampla adoção de antibióticos criou seus próprios problemas. Em 1942, os cientistas notaram a resistência à penicilina em *Staphylococcus aureus*. Essa bactéria gram-positiva é responsável por algumas infecções de pele, sinusite e certas intoxicações alimentares. A resistência significava que o antibiótico nem sempre era eficaz. Os bioquímicos perceberam uma tendência crescente de resistência conforme mais antibióticos eram tomados. A vancomicina, um antibiótico derivado de actinomicetos, foi introduzida em 1958, mas depois foram descobertas formas de *Enterococcus faecium*, que causa meningite neonatal, e de *Staphylococcus aureus* resistentes à vancomicina.

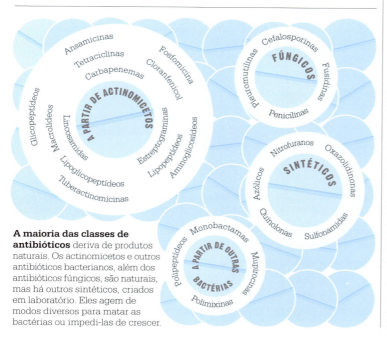

A maioria das classes de antibióticos deriva de produtos naturais. Os actinomicetos e outros antibióticos bacterianos, além dos antibióticos fúngicos, são naturais, mas há outros sintéticos, criados em laboratório. Eles agem de modos diversos para matar as bactérias ou impedi-las de crescer.

A ERA DA MÁQUINA

Uma espécie de "corrida armamentista" se desencadeou. Não muito depois que, em 1960, um derivado da penicilina (meticilina) foi introduzido para resolver o problema da resistência à penicilina, surgiu o *Staphylococcus aureus* resistente à meticilina (MRSA). Ela ficou clinicamente inútil e a "superbactéria" MRSA se tornou um problema sério que logo se espalhou pelos hospitais. Em 2004, 60% das infecções por *Staphylococcus* nos Estados Unidos já eram causadas por MRSA, milhares delas fatais. Os epidemiologistas suspeitam que dezenas de milhões de pessoas no mundo todo sejam portadoras de MRSA.

Causas da resistência a antibióticos

Prescrição excessiva: Quanto mais os antibióticos são usados, mais as bactérias se adaptam para sobreviver.

Pacientes que não terminam o tratamento: Isso pode permitir que algumas das bactérias que causam a infecção sobrevivam.

Uso excessivo de antibióticos na criação de gado e peixes: Isso aumenta o risco de transmitir a humanos bactérias resistentes a drogas.

Mau controle de infecções em hospitais: As bactérias podem se espalhar se espaços para equipe e pacientes infectados não forem mantidos limpos.

Falta de higiene e mau saneamento: Má higiene leva à propagação de infecções e ao uso de mais antibióticos.

Falta de pesquisa para novos antibióticos: É caro desenvolver novos antibióticos, então nem sempre isso é considerado rentável.

Resistência a antibióticos

As bactérias evoluem de vários modos para reagir ao ataque de antibióticos. Quando se tornam resistentes, multiplicam-se, tornando os antibióticos menos eficazes. Elas podem restringir o acesso dos antibióticos tornando a capa de peptidoglicano mais eficiente. Algumas mudam de modo a bombear o antibiótico de suas células; isso ocorreu com compostos beta-lactâmicos como a penicilina. Outras alteram a química do antibiótico. Por exemplo, a *Klebsiella pneumoniae*, uma das responsáveis pela pneumonia, pode produzir enzimas beta-lactamase para quebrar beta-lactâmicos. Para vencer essa resistência, os bioquímicos fabricaram antibióticos beta-lactâmicos com inibidores de beta-lactamase, como o ácido clavulânico. Há ainda bactérias que se reproduzem invadindo outras células e que também desenvolvem novos processos celulares para não serem afetadas pelos pontos visados pelos antibióticos. A *Escheria coli* (*E. coli*), que causa intoxicação alimentar crônica, pode acrescentar um composto a sua parede celular impedindo que o antibiótico colistina se agarre a ela.

Futuras pesquisas

A OMS informou em 2019 que 750 mil pessoas morrem todo ano de infecções resistentes a drogas, com projeções de aumento para 10 milhões anuais em 2050. Assim, não basta confiar nos antibióticos já desenvolvidos. A pesquisa tem de continuar, apesar dos enormes gastos envolvidos. Os químicos procuram sem cessar novas drogas sintéticas e, como a maioria dos antibióticos em uso corrente são derivados de organismos vivos, os bioquímicos continuam a examinar bactérias, fungos, plantas e animais em busca dos "sucos de mofo" do século XXI que possam ser usados para desenvolver a nova geração de drogas de combate a patógenos. ∎

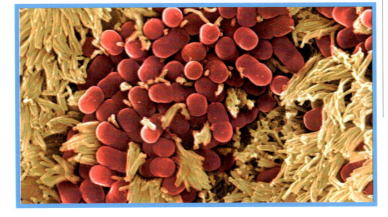

As bactérias *E. coli*, em vermelho, ficam comumente na barriga de animais e humanos. A maioria das cepas são inofensivas, mas algumas podem causar doenças. Os antibióticos não são recomendados para tratá-las.

A PARTIR DO DESINTEGRADOR DE ÁTOMOS
ELEMENTOS SINTÉTICOS

EM CONTEXTO

FIGURA CENTRAL
Emilio Segrè (1905-1989)

ANTES
1869 A tabela periódica de Dmitri Mendeleiev prevê vários elementos não descobertos.

1875 O químico francês Paul Lecoq de Boisbaudran isola o elemento previsto 68 (depois chamado de gálio) em minério de zinco.

1909 Masataka Ogawa afirma ter descoberto o elemento 43, embora seus achados não possam ser reproduzidos.

1925 Walter Noddack, Otto Berg e Ida Tacke anunciam ter descoberto o elemento 43 e o chamam de masúrio.

DEPOIS
1940 Emilio Segrè e Carlo Perrier criam o segundo elemento sintético, o astato.

2009 Uma colaboração Rússia-Estados Unidos cria o elemento sintético 117, o tenesso.

A tabela periódica de Mendeleiev, de 1869, é famosa pelos espaços deixados para elementos previstos e não descobertos. Alguns – como o germânio, o gálio e o escândio – foram encontrados nas duas décadas seguintes, provando que ele estava certo. Mas quando Mendeleiev morreu, em 1907, um marcador de posição, chamado eka-manganês, ainda não tinha sido isolado.

Sua descoberta foi cheia de falsos começos. Em 1909, o químico japonês Masataka Ogawa encontrou um elemento novo num mineral de óxido de tório raro. Acreditando que fosse o elemento faltante 43, nomeou-o de nihônio, mas ninguém conseguiu reproduzir sua descoberta. Pesquisas posteriores indicaram que Ogawa havia, na verdade, identificado outro elemento faltante – o número 75 (rênio) –, mas como não percebeu isso, perdeu a oportunidade de nomeá-lo.

Em 1925, pareceu que os químicos alemães Walter Noddack, Otto Berg e Ida Tacke conseguiram o feito. Ao analisar minérios de platina e columbita, eles declararam ter obtido evidências por espectroscopia de raios x de dois elementos desconhecidos, 43 e 75. Eles confirmaram a descoberta do elemento 75 – o que Ogawa descobrira antes sem perceber – isolando maiores quantidades dele a partir de minério de molibdênio. Eles o chamaram de rênio. Embora tenham tentado isolar o elemento 43, que chamaram de masúrio, não tiveram sucesso. Ele continuava a se esquivar.

Esforço colaborativo

Em 1936, o professor de física italiano Emilio Segrè visitou os EUA, onde passou algum tempo no laboratório do físico Ernest Lawrence em Berkeley, na Califórnia. Lá, ele viu o cíclotron, um acelerador de partículas usado

Para mim, complicações experimentais são mais um mal inevitável a ser tolerado para obter resultados do que um desafio estimulante.
Emilio Segrè

Ver também: Isomeria 84-87 ▪ A tabela periódica 130-137 ▪ Isótopos 200-201 ▪ Elementos transurânicos 250-253 ▪ A tabela periódica está completa? 304-311

para bombardear átomos de vários elementos com partículas de alta velocidade, criando diferentes isótopos de elementos mais leves.

Alegações em disputa

Intrigado com a gama possível de produtos radiativos gerados, ele convenceu Lawrence a mandar o material descartado no cíclotron a seu laboratório em Palermo, na Itália. Em 1937, Segrè e o mineralogista italiano Carlo Perrier analisaram algumas lâminas de molibdênio radiativo do cíclotron e isolaram dois isótopos. Após excluir o nióbio e o tântalo como possíveis fontes da radiação, eles concluíram que parte dela era produzida pelo elemento 43 – mas ainda não conseguiram isolá-lo.

Pouco depois, Segrè voltou a Berkeley, onde trabalhou com o químico americano Glenn Seaborg. Segrè descobriu outro isótopo do que pensava ser o elemento 43 e um de seus isômeros nucleares (um átomo com o mesmo número de prótons e nêutrons, mas com energia e decaimento radiativo diferentes).

O câncer nos ossos – mostrado em vermelho nestes escaneamentos – pode ser identificado injetando o isótopo radiativo tecnécio-99m. Esse material traçador se concentra nos tecidos cancerosos.

Isso era a confirmação final necessária ao anúncio da descoberta do elemento 43. Como Noddack, Berg e Tacke não haviam retirado sua alegação de ter encontrado o elemento 43, Segrè e Perrier adiaram a sugestão de um nome para ele. Por fim, em 1947, propuseram que se chamasse tecnécio.

Em 1961, um único nanograma de tecnécio foi isolado de pechblenda, um minério de urânio, encontrado onde é hoje a República do Congo. Essa minúscula amostra foi produzida pela fissão de urânio-238 no minério. A descoberta mostrou que o tecnécio não é um elemento totalmente artificial, embora tenha sido o primeiro elemento desconhecido a ser elaborado em laboratório.

Hoje, o tecnécio não é só uma curiosidade. O isômero nuclear descoberto por Segrè e Seaborg, o

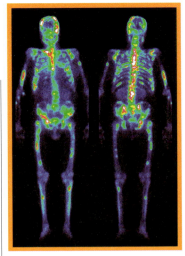

tecnécio-99m, é usado comumente como traçador radiativo em medicina nuclear para gerar imagens de partes do corpo. A descoberta do tecnécio anunciou o início da era dos elementos sintéticos. Nos anos seguintes, muitos elementos novos seriam criados e identificados em laboratório. ∎

Emilio Segrè

Nascido numa família judia em Tivoli, na Itália, em 1905, Emilio Segrè ingressou na Universidade de Roma para estudar engenharia, mas se transferiu para a física. Como diretor do laboratório de física da Universidade de Palermo, descobriu o tecnécio com o colega Carlo Perrier. Em 1938, ao visitar Berkeley, na Califórnia, para realizar mais pesquisas sobre o tecnécio, leis antissemitas aprovadas na Itália o forçaram a permanecer nos Estados Unidos. Segrè depois descobriu outro elemento "faltante" na tabela periódica, o astato. Trabalhou ainda no Projeto Manhattan e obteve evidências conclusivas da existência dos antiprótons, pelas quais ele e o físico americano Owen Chamberlain receberam o Prêmio Nobel de Física de 1959. Segrè morreu em 1989.

Obras principais

1937 "Algumas propriedades químicas do elemento 43"
1947 "Astato: o elemento de número atômico 85"
1955 "Observação de antiprótons"

O TEFLON TOCA CADA UM DE NÓS QUASE TODOS OS DIAS
POLÍMEROS ANTIADERENTES

EM CONTEXTO

FIGURA CENTRAL
Roy Plunkett (1910-1994)

ANTES
1920 O químico alemão Hermann Staudinger propõe que substâncias como a borracha são feitas de moléculas enormes formadas por reações de polimerização, inspirando tentativas de obter mais polímeros artificiais.

Anos 1930 O químico americano Wallace Carothers inventa os polímeros náilon e neoprene.

DEPOIS
1967 Após o incêndio fatal na cabine da Apollo 1, a Nasa incorpora tecido revestido de PTFE nos trajes espaciais para torná-los mais duráveis e não combustíveis.

2015 O uso de ácido perfluoro-octanoico (PFOA) é eliminado nos Estados Unidos devido a preocupações com a persistência ambiental de fluoroquímicos de cadeia longa.

A ciência dos polímeros e a descoberta do politetrafluoroetileno (PTFE) devem muito à sorte. Em 1938, o químico americano Roy Plunkett trabalhava na produção de gases refrigerantes de clorofluorocarbono na empresa química DuPont fazendo reações de tetrafluoroetileno (TFE) gasoso e ácido hidroclorídrico. Plunkett e seu assistente de pesquisa, Jack Rebok, armazenavam o TFE em pequenos cilindros com válvulas que o liberavam somente o necessário, mas quando Rebok abriu a válvula de um dos cilindros não saiu nenhum gás. Após confirmar, pelo peso, que o cilindro não estava vazio, Plunkett e Rebok sacudiram o cilindro e saíram pequenos flocos de uma substância cerosa branca. Perplexos, eles cortaram o cilindro e viram seu interior revestido por um sólido branco. Plunkett percebeu que o tetrafluoroetileno tinha se polimerizado – ou seja, as moléculas individuais tinham reagido, criando longas cadeias – e que o material branco era o polímero formado.

Plunkett fez uma série de testes com o sólido branco para determinar suas propriedades e comprovou que ele tinha um ponto de fusão alto (327 °C), resistia a reações com quase tudo e era incrivelmente escorregadio. Plunkett obteve a patente para os polímeros TFE em 1941, mas não se envolveu mais em seu desenvolvimento. Ele não era um químico de polímeros e foi transferido para outros projetos da DuPont.

De início, os custos de produção do PTFE impediam qualquer aplicação potencial, mas isso mudou na Segunda Guerra Mundial. Lançado nos Estados Unidos em

A descoberta acidental do Teflon em 1938 é reencenada por Jack Rebok, Robert McHarness e Roy Plunkett (da esquerda para a direita).

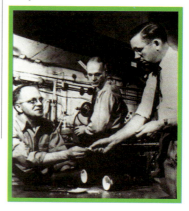

Ver também: Forças intermoleculares 138-139 ▪ Polimerização 204-211 ▪ Polímeros superfortes 267 ▪ O buraco na camada de ozônio 272-273

Quando o tetrafluoroetileno é polimerizado, a ligação dupla carbono-carbono se quebra, criando politetrafluoroetileno (PTFE). Essa modificação química permite ao PTFE se ligar à superfície de metais, tornando-os antiaderentes.

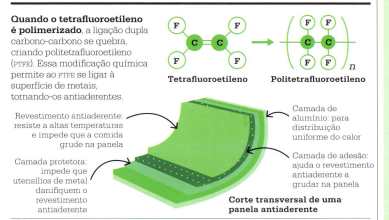

Tetrafluoroetileno → Politetrafluoroetileno

Revestimento antiaderente: resiste a altas temperaturas e impede que a comida grude na panela

Camada protetora: impede que utensílios de metal danifiquem o revestimento antiaderente

Camada de alumínio: para distribuição uniforme do calor

Camada de adesão: ajuda o revestimento antiaderente a grudar na panela

Corte transversal de uma panela antiaderente

O que torna o Teflon antiaderente?

As propriedades antiaderentes do Teflon se devem, em parte, à ligação entre o carbono e os átomos de flúor, que é, na verdade, a mais forte possível para um átomo de carbono. Isso torna os fluoropolímeros como o Teflon incrivelmente não reativos. É simplesmente impossível às moléculas da comida formar ligações com os átomos de carbono nas cadeias de Teflon. Nem o gás flúor, que é muito reativo, reage com o polímero. A alta eletronegatividade do flúor também torna difícil às moléculas grudar no Teflon, pois elas são facilmente repelidas. Nem as lagartixas, com dedos aderentes que lhes permitem se prender a qualquer superfície, conseguem se agarrar ao Teflon; as forças intermoleculares de Van der Waals, das quais elas dependem, não são fortes o bastante com o Teflon. Embora o Teflon seja inerte, ele pode degradar a temperaturas acima das comumente usadas para cozinhar, decompondo-se e liberando compostos com flúor tóxicos.

Ficou imediatamente óbvio para mim que o tetrafluoroetileno tinha se polimerizado e que o pó branco era um polímero de tetrafluoroetileno.
Roy Plunkett

1942, o Projeto Manhattan recrutou milhares de cientistas na corrida contra a Alemanha nazista para produzir a primeira arma nuclear funcional. O enriquecimento do urânio era crucial, mas esse processo usava hexafluoreto de urânio, que corroía vedações feitas de praticamente qualquer material. O PTFE poderia ser usado para resistir a esse ataque químico.

Na cozinha e além

Após a Segunda Guerra, o PTFE iniciou sua transição da guerra para a cozinha, patenteado pela DuPont com o famoso nome "Teflon" em 1946. O desafio, porém, era fazer a substância antiaderente aderir em algo. Várias abordagens foram testadas, entre elas, o uso de altas temperaturas, aplicação de resinas, jatos de areia ou entalhes para tornar as superfícies mais ásperas. Hoje, o Teflon é modificado quimicamente para liberar alguns átomos de flúor de sua estrutura, o que permite se ligar facilmente a superfícies de metal.

A DuPont usou o ácido perfluoro--octanoico (PFOA) para polimerizar o TFE. Estudos submetidos como provas numa ação judicial coletiva concluíram que a exposição ao PFOA estava associada a efeitos na saúde, entre eles, cânceres. A DuPont hesitou em usar o Teflon em utensílios de cozinha, mas, enquanto isso, um casal francês, Marc e Colette Grégoire, tomou a iniciativa. Em 1956, iniciaram seu próprio negócio – a Tefal – e milhões de suas panelas foram vendidas em todo o mundo.

Hoje, o PTFE é usado em produtos à prova d'água, lubrificantes, cosméticos, embalagens de alimentos, isolamento de fiação, entre outros. Sua descoberta abriu as portas para a criação de outros fluoropolímeros com propriedades similares, com diversas aplicações na fabricação de materiais à prova de água, calor e manchas. Infelizmente, as propriedades que tornam os fluoropolímeros úteis também apresentam um problema. Eles são tão inertes que não se decompõem no ambiente por milhares de anos. Há uma preocupação crescente com seu acúmulo no ambiente e no corpo humano. Por isso, os fluoroquímicos de cadeia longa estão sendo eliminados para uso não essencial. ■

NÃO TEREI NADA A VER COM UMA BOMBA!

FISSÃO NUCLEAR

EM CONTEXTO

FIGURA CENTRAL
Lise Meitner (1878-1968)

ANTES
1919 O físico britânico nascido na Nova Zelândia Ernest Rutherford introduz a técnica do bombardeio de núcleos atômicos com partículas menores.

DEPOIS
1945 Em 16 de julho, a primeira explosão atômica é realizada no deserto do Novo México (EUA). Três semanas depois, em 6 de agosto, uma bomba atômica é lançada sobre Hiroshima, no Japão.

1954 Obninsk, na URSS, se torna a primeira usina nuclear a gerar eletricidade para uma rede elétrica.

1997 O meitnério, o elemento mais pesado conhecido, com número atômico 109, é nomeado em homenagem a Lise Meitner.

Quando o físico britânico James Chadwick descobriu a existência de nêutrons em 1932, não poderia imaginar o enorme impacto que isso teria sobre a humanidade.

O físico italiano Enrico Fermi percebeu que os nêutrons eram poderosas ferramentas novas para fazer sua própria pesquisa sobre estrutura atômica avançar. Ele deduziu que, como os nêutrons não têm carga, deviam atravessar núcleos atômicos sem resistência (ao contrário dos prótons, de carga positiva). Ele e sua equipe bombardearam 63 elementos estáveis com nêutrons, produzindo 37 elementos radiativos – elementos

A ERA DA MÁQUINA 235

Ver também: Pesos atômicos 121 ▪ Radiatividade 176-181 ▪ Isótopos 200-201 ▪ Modelos atômicos aperfeiçoados 216-221 ▪ Elementos transurânicos 250-253

A **fissão** é iniciada pelo **bombardeamento de um núcleo de urânio-235** com **nêutrons**.

⬇

O **núcleo se divide** em núcleos menores, ou **produtos de fissão**.

⬇

A **fissão** produz quantidades enormes de **energia**.

⬇

A **fissão** também **libera nêutrons extras**, que podem então dividir **outros núcleos**.

⬇

Uma reação em cadeia é iniciada, produzindo mais energia e mais nêutrons.

---

cujos núcleos eram instáveis e que dissipavam o excesso de energia excessiva como radiação. Fermi, sem perceber, descobriu a fissão nuclear. Na verdade, ele pensava que o bombardeio que fez de nêutrons no metal urânio (o elemento mais pesado conhecido na época, de número atômico 92) podia ter produzido os primeiros elementos transurânicos (os de número atômico maior que 92). Porém, a química alemã Ida Noddack aventou uma explicação alternativa que hoje sabemos ser a correta: o urânio na verdade tinha se dividido em elementos mais leves.

Em Berlim, os radioquímicos alemães Otto Hahn e Fritz Strassmann fizeram experimentos similares, disparando nêutrons no núcleo de vários elementos. No fim de 1938, a dupla descobriu traços do elemento bário, mais leve (número atômico 56), quando bombardeou urânio. Os núcleos de urânio tinham se dividido em duas partes mais ou menos iguais. Era notável que elas tinham menos da metade da massa do núcleo original.

Esforço de equipe

Hahn decidiu buscar o conselho da antiga colega Lise Meitner. No Natal de 1938, o sobrinho de Meitner, Otto Frisch, também físico nuclear, visitou-a, e os dois ponderaram sobre os achados de Hahn e Strassmann. Frisch aventou considerar o núcleo como uma gota de líquido – uma »

Lise Meitner

Nascida em Viena, na Áustria, em 1878, Lise Meitner se interessou por ciências desde cedo. Ela estudou na universidade de sua cidade, onde, em 1905, tornou-se uma das primeiras mulheres do mundo a doutorar-se em física. Mudando-se para Berlim, Meitner pesquisou radiatividade com os físicos Max Planck e Otto Hahn no Instituto Kaiser Wilhelm de Química. Em 1938, por ser judia, foi forçada a fugir da Alemanha e continuou seu trabalho em Estocolmo, na Suécia, mas manteve o contato em segredo com Hahn para planejar os experimentos que demonstrariam a fissão nuclear. Apesar disso, foi deixada de lado quando o Prêmio Nobel de Química de 1944 foi dado a Hahn e Strassmann pela pesquisa que fizeram. Ao se aposentar, Meitner foi para Cambridge, no Reino Unido, onde morreu em 1968.

Obras principais

1939 "Desintegração do urânio por nêutrons: Um novo tipo de reação nuclear"
1939 "Evidência física da divisão de núcleos pesados sob bombardeamento por nêutrons"

ideia proposta antes pelos físicos George Gamow (ucraniano) e Niels Bohr (dinamarquês).

Após um bombardeio de nêutrons, o núcleo-alvo seria esticado, comprimido no meio e se dividiria em duas gotas, separadas pela força de repulsão elétrica. Como se sabia que os dois núcleos "filhos" tinham menos massa que o núcleo de urânio original, Frisch e Meitner fizeram alguns cálculos.

Segundo a famosa equação de Albert Einstein, $E = mc^2$ (em que E é energia, m é massa e c é a velocidade da luz), a perda de massa resultante do processo de divisão deveria ter se convertido em energia cinética, que por sua vez poderia ser convertida em calor. Esse, Meitner e Frisch pensaram, era o processo realizado por Hahn e Strassmann – Frisch cunhou o termo fissão para designá-lo –, e perceberam que ele tinha enormes implicações sobre a produção de energia. Hahn e Strassmann tinham feito a descoberta, mas Meitner e Frisch forneceram a explicação teórica.

Potencial explosivo

A fissão nuclear tinha o potencial para emitir grandes quantidades de energia – e para liberar mais nêutrons conforme os dois fragmentos principais do átomo de urânio se dividiam. Os cientistas começaram a investigar como esses nêutrons secundários poderiam criar uma reação em cadeia que, se controlada, poderia fornecer energia para eletricidade e calor. Mas com o mundo às vésperas da Segunda Guerra Mundial, a descoberta ganhou uma importância maior: a reação em cadeia tinha o potencial de gerar as explosões mais poderosas já criadas.

As notícias sobre os experimentos de Hahn e Strassmann e os cálculos de Meitner e Frisch se espalharam rápido. Os cientistas que buscavam explorar a fissão nuclear precisavam saber mais sobre a estrutura atômica do urânio, um metal muito pesado, 18,7 vezes mais denso que a água, e que ocorre em três isótopos: U-238 (com 92 prótons e 146 nêutrons no núcleo), U-235 (92 prótons e 143 nêutrons) e U-234 (92 prótons e 142 nêutrons).

O físico americano John Dunning e sua equipe na Universidade de Colúmbia, em Nova York, descobriram que só o U-235 era passível de fissão. Quando o núcleo de um átomo de U-235 captura um nêutron em movimento, divide-se em dois – ou se fissiona –, liberando energia térmica. Dois ou três nêutrons são descartados. O desafio para os cientistas era que o urânio consiste em 99,3% de U-238, só 0,7% de U-235 e só um traço de U-234. De algum modo, era preciso separar U-235 suficiente de U-238 para chegar à massa crítica necessária e produzir uma reação em cadeia. A separação química seria impossível, já que os isótopos são quimicamente idênticos, e a

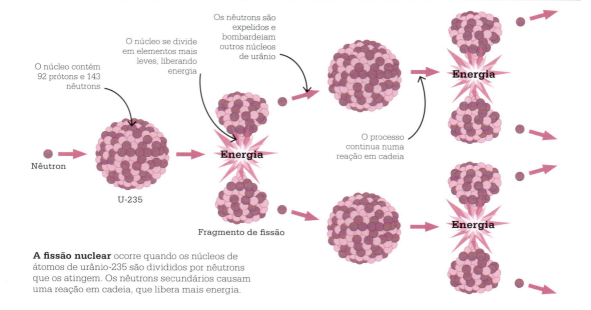

A fissão nuclear ocorre quando os núcleos de átomos de urânio-235 são divididos por nêutrons que os atingem. Os nêutrons secundários causam uma reação em cadeia, que libera mais energia.

A ERA DA MÁQUINA 237

separação física seria extremamente difícil, porque suas massas diferem por menos de 1%.

O Projeto Manhattan

No início de agosto de 1939, Einstein escreveu ao presidente dos EUA, Franklin D. Roosevelt, alertando que a Alemanha nazista planejava desenvolver uma bomba atômica. Einstein não teve participação direta na reação americana, mas seu aviso foi ouvido. Roosevelt instituiu o Projeto Manhattan em 1942, a fim de criar uma bomba de fissão viável.

Milhares de cientistas foram empregados para descobrir modos de enriquecer urânio para aumentar a porcentagem de U-235. Diferentes equipes inventaram três processos: difusão gasosa, difusão térmica líquida e separação eletromagnética. Os três foram empregados para enriquecer urânio para a bomba atômica que, após vários anos de desenvolvimento, foi lançada em Hiroshima em 1945.

Aplicação pacífica

Embora várias nações tenham construído bombas atômicas após a Segunda Guerra Mundial, elas nunca foram usadas em conflitos, e as pesquisas se voltaram ao desenvolvimento da fissão nuclear para produção de energia de uso mais amplo. Para melhorar o urânio para uso numa usina nuclear, os engenheiros em geral adotam o processo de enriquecimento gasoso, muito similar ao que forneceu U-235 para as primeiras bombas atômicas.

O processo envolve converter óxido de urânio (U_3O_8) em gás de hexafluoreto de urânio (UF_6). Este é colocado então em centrífugas com milhares de tubos que giram rápido, separando os isótopos U-235 e U-238. Dois fluxos são produzidos – um de urânio enriquecido, outro de urânio empobrecido –, um processo que aumenta a proporção de U-235 de seu nível natural de 0,7% para 4% a 5% do total. No centro de um reator nuclear, o U-238 é "fértil", o que significa que pode capturar nêutrons descartados por núcleos de U-235. No processo, ele se torna plutônio 239, que (como o U-235) é físsil e pode produzir energia.

A energia nuclear continua a ser um tema controverso devido aos riscos da fissão e aos problemas no descarte do lixo radiativo, mas, em 2020, ela forneceu cerca de 10% da eletricidade mundial. Como a energia nuclear é uma das várias alternativas aos combustíveis fósseis, sua contribuição talvez cresça como parte do esforço para descarbonizar a produção de energia, em face da mudança climática. ∎

Acredita-se que as bombas atômicas lançadas sobre as cidades japonesas de Hiroshima e Nagasaki (acima) em 1945 mataram entre 129 mil e 226 mil pessoas.

Sempre que massa desaparece, energia é criada [...] Então ali estava a fonte daquela energia; tudo se encaixava!
Otto Frisch (1979)

A QUÍMICA DEPENDE DE PRINCÍPIOS QUÂNTICOS

LIGAÇÕES QUÍMICAS

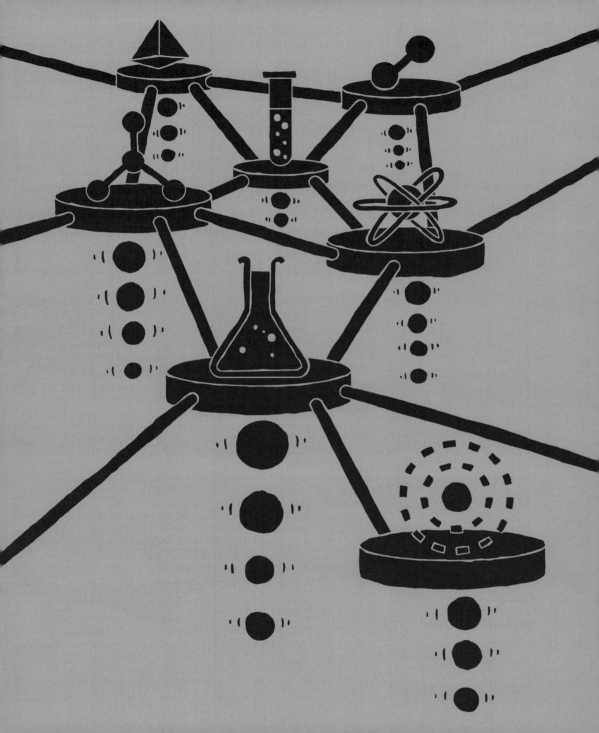

240 LIGAÇÕES QUÍMICAS

EM CONTEXTO

FIGURA CENTRAL
Linus Pauling (1901-1994)

ANTES
1794 Joseph Proust mostra que os elementos sempre se combinam em proporções fixas nos compostos, indicando que o processo deve seguir regras.

1808 John Dalton começa a apresentar as propriedades dos átomos que determinam como se combinam em compostos.

DEPOIS
1964 Nos EUA, os físicos teóricos Walter Kohn e Pierre Hohenberg desenvolvem a teoria do funcional da densidade para resolver equações da mecânica quântica que mostram as ligações em substâncias complexas.

2021 Os químicos Artem Oganov (russo) e Christian Tantardini (italiano) aperfeiçoam a fórmula de Pauling para eletronegatividade.

Meu trabalho sobre ligações químicas provavelmente foi muito importante para mudar as atividades dos químicos em todo o mundo.
Linus Pauling

Os **átomos** partilham elétrons para se conectar por meio de **ligações covalentes**.

Os **elétrons se movem** entre átomos ligados de modo covalente, então as moléculas **podem ressoar** entre diferentes estruturas, o que **as torna mais estáveis**.

Os **átomos podem partilhar elétrons** de modo desigual, causando uma atração semelhante à de um ímã e **ligações covalentes**, o que os prende com mais força.

A ressonância permite aos elétrons se misturar e formar orbitais híbridos que determinam as formas das moléculas.

Um dos principais objetivos da química é estabelecer do que as substâncias são feitas. No início do século XIX, ficou claro que eram de átomos. Depois, a questão se tornou: como esses átomos se unem para formar estruturas químicas? Um grande avanço se deu em 1939, com o trabalho do químico americano Linus Pauling sobre a natureza da ligação química, após cem anos de lento progresso. Um passo inicial ocorreu em 1852, quando o químico britânico Edward Frankland propôs que um átomo de um elemento só se conecta a certo número de átomos de outros elementos. Ele chamou de valência o número de ligações possíveis de um elemento.

Entender as ligações químicas exigiu a descoberta por J. J. Thomson, em 1897, de minúsculas partículas de carga elétrica, que ele chamou de elétrons. Então, em 1900, o físico teórico alemão Max Planck propôs tratar a energia como se ela só viesse em pequenos pacotes de tamanho padronizado chamados quanta (singular: quantum), que explicavam a quantidade de energia produzida quando objetos brilham com luz ultravioleta, o que antes os físicos não compreendiam.

Momentos dipolos
Em 1911, o físico e físico-químico holandês-americano Peter Debye começou a trabalhar na Universidade de Zurique e fez a descoberta que o ocuparia por 40 anos e lhe valeria o Prêmio Nobel de Química de 1936. Ele se baseou em descobertas prévias de que era possível fazer as moléculas atuarem como ímãs colocando-as num campo eletromagnético formado por elétrons fluindo através de fios. Em 1905, o físico francês Paul Langevin propôs que isso ocorria porque o

campo eletromagnético mudava temporariamente, ou polarizava, os elétrons das moléculas. Com esse desequilíbrio de carga elétrica, as moléculas se comportavam como ímãs, chamados dipolos elétricos. Em 1912, Debye aventou que poderia haver polarizações permanentes na maneira com que os elétrons se distribuíam ao redor de moléculas, chamadas de momentos dipolos.

Ideias compartilhadas

Enquanto isso, na Universidade da Califórnia, o químico americano Gilbert Lewis propôs que as ligações químicas surgem de átomos que partilham pares de elétrons. Tome-se, por exemplo, a ligação simples entre dois átomos de carbono ou um átomo de carbono e um átomo de hidrogênio, representadas por linhas simples nas fórmulas estruturais. Lewis propôs que essa ligação consistia em um par de elétrons mantidos conjuntamente pelos dois átomos ligados. Os átomos ligados partilhando elétrons são mais estáveis que os átomos individuais.

Ligações no modelo atômico cúbico de Lewis

As ligações simples se formam quando dois átomos partilham uma aresta. Isso resulta no compartilhamento de dois elétrons numa ligação covalente.

As ligações duplas se formam quando dois átomos cúbicos partilham uma face. Isso resulta no compartilhamento de quatro elétrons numa ligação covalente.

Num artigo de 1916, ele retratou átomos como cubos com elétrons nos cantos e afirmou que eles acumulam um elétron em cada canto, partilhando arestas com outros átomos. O químico americano Irving Langmuir ajudou a popularizar a ideia, chamando esse tipo de ligação de "covalente".

O que Lewis propôs era uma mudança radical em relação à ideia prevalecente de que a ligação química surgia de atrações eletromagnéticas entre íons de cargas elétricas opostas. A palavra íon designa um átomo com carga, que ganhou ou perdeu um ou mais elétrons. Nem todos gostaram da ideia de covalência em vez de ligação iônica, mas ela fascinou o estudante de química americano Linus Pauling.

Contribuições de Pauling

Nas duas décadas seguintes, Pauling mostrou como elétrons compartilhados poderiam ser descritos pela teoria quântica, tornando a visão de Lewis axial para a teoria moderna das ligações químicas. Pauling iniciou esse »

Linus Pauling

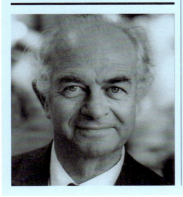

Nascido em Portland, no Oregon (EUA), em 1901, Linus Pauling teve uma criação desfavorecida, pois seu pai morreu em 1910. Ele se formou primeiro em engenharia química no Oregon State College em 1922 e tornou-se tutor e graduando no Instituto de Tecnologia da Califórnia (Caltech). Trabalhou com o químico americano Roscoe G. Dickinson até 1925 para determinar estruturas de cristais e desenvolver teorias sobre a natureza das ligações químicas. Continuou a pesquisa nos anos 1930 e sintetizou suas descobertas numa publicação famosa em 1939. Recebeu o Prêmio Nobel de Química de 1954 por seu trabalho sobre ligações químicas.

Mais tarde, tornou-se ativista pela paz e, em 1962, recebeu o Prêmio Nobel da Paz. Morreu em 1994.

Obras principais

1928 "A ligação química do elétron compartilhado"
1939 *The nature of the chemical bond and the structure of molecules and crystals*
1947 *General chemistry*

242 LIGAÇÕES QUÍMICAS

estudo logo após começar a trabalhar como pós-graduando no Instituto de Tecnologia da Califórnia, em 1922. A partir de 1929, esse cargo lhe permitiu passar várias semanas a cada ano, por cinco anos, em Berkeley, na Califórnia, como conferencista visitante de física e química, e conversar a fundo com Lewis.

Na época, os cientistas levaram a teoria quântica de Planck além. Em 1913, o físico dinamarquês Niels Bohr propôs que os elétrons orbitavam o núcleo no centro do átomo com energias definidas por níveis quânticos específicos. Em cada nível só podia haver uns poucos elétrons, mas ninguém sabia ainda porque eles não podiam ficar todos no mesmo nível.

Pares de elétrons

Em 1924, o físico teórico austríaco Wolfgang Pauli propôs uma propriedade quântica dos elétrons antes desconhecida que explicava a separação em níveis diferentes. A nova propriedade tinha coisas em comum com o momento angular que os objetos do dia a dia têm ao rodar, então os cientistas a chamaram de *spin* (giro, em inglês). Os elétrons tinham de adotar um de dois valores quânticos opostos de *spin*. Eles podiam existir em pares, com valores de *spin* opostos, mas depois que se pareavam, nenhum outro elétron poderia se juntar ao par. Essa foi uma das importantes descobertas que, em 1925, deram origem à mecânica quântica – em especial, à equação de onda criada pelo físico austríaco Erwin Schrödinger que descrevia matematicamente as propriedades quânticas das partículas.

Logo ficou claro que a equação de Schrödinger poderia ser aplicada a átomos e, assim, a mecânica quântica seria uma base confiável para a teoria da estrutura molecular. Em 1927, o físico alemão Walter Heitler mostrou como duas funções de onda do átomo de hidrogênio se juntavam para formar uma ligação covalente. Porém, logo também ficou óbvio que a equação de Schrödinger era complicada demais para descrever de modo simples moléculas mais complexas.

Com isso, químicos como Pauling tiveram de criar suas teorias sobre estrutura molecular e ligações químicas baseadas nas próprias observações experimentais e relacionando-as a princípios da mecânica quântica. Esses princípios mostravam que uma ligação covalente exige mais que meros dois

As anotações manuscritas de Linus Pauling indicam como ele derivou o conjunto tetraédrico de orbitais híbridos usando funções s, p e d. Essas letras se vinculam ao comportamento dos elétrons em cada orbital.

Pauling percebeu que se uma molécula pode ser desenhada com mais de um arranjo de suas ligações, como o benzeno, então ela poderia continuamente mudar, ou ressoar, entre os diferentes arranjos.

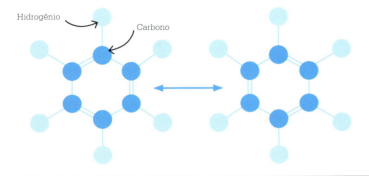

O espectro das ligações químicas

Uma ligação entre dois átomos do mesmo elemento é basicamente covalente. Cada átomo partilha um ou mais de seus elétrons com seu vizinho por igual. Os dois elétrons partilhados se juntam num orbital que ajuda a manter os átomos unidos. Quando átomos de dois elementos se juntam, suas eletronegatividades relativas determinam a extensão com que compartilham elétrons. O átomo de um elemento com eletronegatividade muito baixa tende a perder um ou mais elétrons para átomos de elementos com eletronegatividade muito alta. Os dois átomos acabam com cargas elétricas opostas, que se atraem e os mantêm unidos. Isso ocorre com o sódio, de baixa eletronegatividade, e o cloro, de alta eletronegatividade. Quando átomos de elementos diferentes têm eletronegatividades similares, podem formar ligações em parte covalentes e em parte iônicas. Isso pode ocorrer em ligações entre hidrogênio e cloro, por exemplo. Às vezes, ter ambas as formas de interação atrativa leva essas ligações a serem ainda mais fortes.

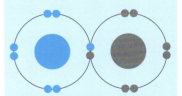

Esta ligação covalente ilustra que os elétrons da ligação são partilhados por igual entre os dois átomos, que não têm carga.

átomos com um elétron cada um para partilhar. Os elétrons devem ter *spins* opostos, e os átomos também precisam ter um nível estável de energia, denominado orbital eletrônico, a ser ocupado pelos elétrons.

Teoria da ligação de valência

Pauling usou a ideia de ligações pareadas de Lewis e a mecânica quântica para desenvolver três outros conceitos centrais da teoria da ligação de valência. Para o primeiro, em 1928, ele introduziu a ideia de que os elétrons em ligações podiam se mover entre os vários átomos de uma molécula. Isso era significativo quando havia dois modos possíveis de desenhar as ligações numa estrutura e permitiu aos químicos fazer cálculos para prever como moléculas se comportariam.

Um exemplo crucial é o benzeno, substância com seis átomos de carbono arranjados em um anel hexagonal. Ele é formado por três ligações covalentes simples e três ligações covalentes duplas. Em cada ligação dupla, dois átomos de carbono partilham quatro elétrons. As ligações simples e duplas se alternam, e há dois modos de desenhar o arranjo. Se os elétrons podem se mover, é possível pensar no benzeno existindo em ambas as estruturas, ressoando de uma para a outra e de volta. Assim, Pauling chamou o efeito de ressonância. O compartilhamento estendido de elétrons implica que as ligações nas quais a ressonância é possível são mais estáveis que as mesmas ligações sem ressonância.

Orbitais híbridos

Para o segundo conceito, certa noite de dezembro de 1930, Pauling descobriu como explicar alguns dos problemas de química mais intrigantes da época. As ideias de Bohr sobre elétrons orbitando átomos em níveis específicos não permitiam que os átomos partilhassem tantos elétrons como faziam nas moléculas reais. Talvez o enigma mais importante fosse por que os átomos de carbono podiam com frequência formar quatro ligações covalentes simples, igualmente espaçadas numa forma tetraédrica. Se um átomo de carbono central é ligado a quatro átomos que são todos iguais, as ligações são todas equivalentes. Isso não condizia com as ideias da época. »

O problema surgiu do modo com que os cientistas haviam desenvolvido a ideia de orbitais eletrônicos, que eles distinguiam por meio de três propriedades quânticas: carga, *spin* e momento angular orbital. Os níveis de energia orbital começavam no valor mínimo de 1 e subiam. Diferentes valores de momento angular podiam ser designados pelas letras s, p, d e f. As letras se relacionam a linhas vistas quando a luz produzida por alguns metais aquecidos é espalhada por um prisma; elas vêm das palavras em inglês *sharp* (agudo), *principal*, *diffuse* (difuso) e *fundamental*. As linhas se conectam ao modo com que os elétrons de cada orbital se comportam. Os átomos de carbono deveriam ter dois elétrons no orbital 2s, já pareados e aparentemente indisponíveis para ligações, e dois elétrons isolados nos orbitais 2p. Esses elétrons isolados indicam que o carbono deveria ser capaz de formar duas ligações. Os químicos tentavam imaginar de onde vinham as outras duas ligações do carbono.

Em dezembro de 1930, Pauling percebeu que a ressonância implicava que os dois elétrons 2s do carbono poderiam ser partilhados com seus orbitais 2p. Ele elaborou um modo matemático de tratar os orbitais como se eles tivessem se misturado e formado quatro novos orbitais equivalentes e arranjados num tetraedro. Pauling chamou os novos orbitais de híbridos e, assim, o processo de mistura era uma hibridização. Outros orbitais híbridos poderiam explicar formas igualmente intrigantes, como os quadrados planos e octaedros, vistos em outros átomos.

Escala de eletronegatividade

Em 1932, Pauling revelou o terceiro conceito, que conectava ligações iônicas e covalentes, ajudando a explicar os momentos dipolos de Debye. Ele notou que, em compostos químicos, as ligações entre elementos similares não eram tão fortes quanto as de elementos não similares. Pauling propôs que isso ocorria porque essas ligações eram em parte covalentes e em parte iônicas. A força das ligações dependia de quanto os átomos de um elemento atraem elétrons de seu ambiente – basicamente, a medida da "avidez" por elétrons. Em 1811, como parte de sua teoria eletromagnética, Jöns Jacob Berzelius chamou essa propriedade de eletronegatividade.

Embora químicos como Berzelius tivessem estudado a eletronegatividade antes, suas ideias eram limitadas. Parte do problema é que não há um valor constante mensurável para a eletronegatividade, tornado difícil comparar os diferentes elementos. Num artigo publicado em 1932, Pauling baseou valores relativos de eletronegatividade na energia liberada quando moléculas se formam e queimam, o que por sua vez se vincula à força de suas ligações. Ele determinou que a ligação entre o lítio e o flúor era quase 100% iônica, então colocou o lítio na ponta menos eletronegativa de sua escala e o flúor, na mais eletronegativa. Refinando depois seus métodos, Pauling estimou cada valor de eletronegatividade como a contribuição covalente a uma ligação de um elemento subtraída da energia de ligação medida. Muitos tentaram melhorar isso, mas a escala de 1932 de Pauling ainda é a de uso mais amplo.

A escala de eletronegatividade de Pauling era muito menos sustentada pela teoria do que a ressonância ou os orbitais híbridos, mas foi uma de

>
> A eletronegatividade é provavelmente a propriedade química mais importante dos elementos.
> **Artem Oganov**
> Químico russo (2021)

Pauling descobriu que a mistura de um orbital s com três orbitais p resultava em quatro orbitais híbridos, denominados orbitais sp³. Eles ficam todos no mesmo nível de energia e precisam se distribuir tão simetricamente ao redor do átomo quanto possível, o que significa que criam formas tetraédricas. Esse processo é a hibridização.

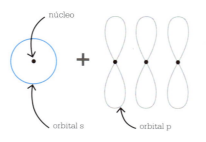

Linus Pauling foi pioneiro no uso de modelos físicos para revelar estruturas químicas, como usar folhas de papel para mostrar que as moléculas de proteína podem formar uma estrutura de alfa-hélice.

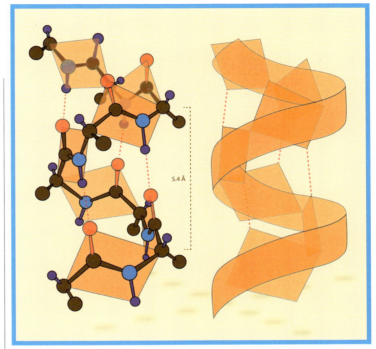

suas ideias mais influentes. Com a eletronegatividade, os químicos podem fazer previsões sobre ligações e moléculas sem recorrer à complicada equação de onda das ligações. Por exemplo, Pauling previu que o flúor era tão eletronegativo que poderia formar compostos com o gás xenônio, que de outro modo é não reativo. Em 1933, um dos colegas de Pauling decidiu testar a previsão, mas não teve sucesso. A prova de que ele estava certo só veio em 1962, quando duas equipes separadas, americana e alemã, conseguiram com meses de diferença obter difluoreto de xenônio.

Desenhos de átomos

Os três conceitos de Pauling – de ressonância, orbitais híbridos e uma escala de eletronegatividade –, além de suas muitas outras ideias, transformaram o modo como os químicos entendiam a estrutura molecular. Pauling continuou elaborando essas ideias, e seu manual *General chemistry*, de 1947, se tornou um *best-seller*. Era um novo modo de ensinar química a estudantes de graduação, combinando física quântica, teoria atômica e exemplos do mundo real ao explicar princípios básicos da química. Essa obra referencial incluiu também as figuras mais claras até então sobre átomos e ligações moleculares, representando de modo direto esses objetos invisíveis. Um grande número de desenhos foi feito por Roger Hayward.

Criação de modelos

O uso de ilustrações e modelos para visualizar moléculas foi um passo transformador não só para Pauling, mas também para outros. Por exemplo, quando era conferencista visitante em Oxford, em 1948, Pauling teve uma súbita inspiração sobre um problema cuja solução lhe escapava havia mais de uma década. As proteínas são as moléculas de cadeia longa que dão às células sua estrutura e formam o maquinário dentro delas que impulsiona a vida. Sabia-se que as proteínas eram feitas de moléculas, denominadas aminoácidos, ligadas, mas ninguém ainda tinha descoberto os detalhes da estrutura das proteínas. Certa noite, Pauling enrolou uma folha de papel como uma cadeia de proteína, dobrando-a de acordo com evidências experimentais e os princípios de ligações que ele ajudara a estabelecer. Ele chamou a espiral resultante de seu modelo de papel de alfa-hélice, e experimentos logo mostraram que as proteínas de fato se enrolam daquele modo exato.

Pauling desenvolveu mais seus métodos de modelagem com um colega do Caltech, Robert Corey. Em 1952, a dupla publicou detalhes de como fazer kits de madeira para construir modelos tridimensionais. Esses métodos logo se mostraram influentes e, em 1953, ajudaram James Watson e Francis Crick a descobrirem a icônica espiral dupla hélice da molécula de DNA. Pauling não só mergulhou fundo na física mais complexa de como os átomos se conectam, como também apresentou de modo mais claro que nunca, com imagens e modelos impressionantes. Outros aperfeiçoaram suas descobertas e técnicas, mas foi ele quem abriu as possibilidades que eles iriam explorar. ∎

A ERA NUCLEAR
1940-1990

248 INTRODUÇÃO

O primeiro elemento transurânico, o netúnio, é isolado pela primeira vez por cientistas americanos, deflagrando uma série de descobertas de elementos sintéticos que ampliam a tabela periódica.

1940

Elias James Corey revoluciona a síntese orgânica ao desenvolver o conceito de **retrossíntese**, desconstruindo moléculas-alvo passo a passo para descobrir como fazê-las.

1957

O químico suíço **Richard Ernst** desenvolve a **espectroscopia por ressonância magnética nuclear (RMN)**, uma ferramenta analítica crucial para determinar a estrutura de moléculas orgânicas.

1966

1953

Rosalind Franklin, Maurice Wilkins, James Watson e Francis Crick determinam a **estrutura química** do DNA.

1960

Os Estados Unidos aprovam a **primeira pílula anticoncepcional oral** do mundo, que libera hormônios sintéticos para dar às mulheres controle sobre sua própria fertilidade.

Em 1900, a média mundial da expectativa de vida era só de 32 anos. Em 1990, já tinha dobrado para 64 anos. Embora não sejam o único fator, os avanços na medicina, entre eles o desenvolvimento de novas drogas para tratar doenças antes incuráveis, tiveram um papel significativo. Mas enquanto os medicamentos propiciavam vida mais longa por meio da aplicação de novas técnicas da química, essas décadas também presenciaram o exame crítico das consequências de outros avanços químicos sobre a saúde e o ambiente.

Desenho de fármacos

A descoberta dos antibióticos nos anos 1920 pode ser considerada por muitos o marco do início da medicina química moderna. Porém, foi na segunda metade do século XX que o progresso da química orgânica de fato revolucionou o modo como tratamos uma série de doenças.

Em 1957, o desenvolvimento da retrossíntese – processo que retrocede passo a passo a partir de uma molécula-alvo para identificar rotas potenciais para obtê-la – mudou a abordagem da química à síntese molecular, possibilitando a feitura de versões sintéticas de moléculas naturais complexas a partir de reagentes comumente disponíveis.

A criação de análogos sintéticos dos hormônios naturais do corpo humano produziria uma mudança ainda maior. Em 1960, a Food and Drug Administration (FDA) dos EUA aprovou a primeira pílula anticoncepcional oral; isso marcou o momento em que as mulheres ganharam autonomia reprodutiva, um avanço libertador que transformou a sociedade. Hoje, cerca de 151 milhões de mulheres em todo o mundo usam a pílula.

Outro avanço ocorreu na análise de substâncias naturais, para que pudessem ser fabricadas e usadas com mais facilidade. Dorothy Crowfoot Hodgkin foi responsável por vários desses desenvolvimentos, usando difração de raios x para mapear as estruturas moleculares da penicilina, da vitamina B12 e, por fim, da insulina. Com o arsenal dos químicos orgânicos aprimorado, o desenho racional de fármacos foi o próximo passo para medicamentos melhores. Em geral, a criação de novas drogas envolvia antes pouco mais que tentativa e erro, mas nos anos 1960 os químicos já começavam a pensar como visar seletivamente mecanismos bioquímicos

A ERA NUCLEAR

1974 — O químico mexicano **Mario Molina** revela que os propelentes e gases refrigerantes de clorofluorcarboneto reagem com o ozônio na estratosfera, causando danos à camada de ozônio.

1980 — **John Goodenough** desenvolve as **primeiras baterias recarregáveis** utilizando como eletrodo o óxido de cobalto litiado. Descendentes dessa bateria acionam muitos de nossos equipamentos eletrônicos hoje.

1969 — **Dorothy Crowfoot Hodgkin** determina a estrutura 3D da insulina usando **cristalografia de raios x**, permitindo compreender melhor as causas do diabetes e desenvolver a insulina sintética.

1978 — A primeira **droga quimioterápica com platina**, a cisplatina, é aprovada para tratamento de câncer. Hoje ela é parte central dos esquemas de quimioterapia combinada.

1983 — **Kary Mullis** cria a reação em cadeia da polimerase (PCR), que rapidamente **copia o DNA** e teria aplicações em diagnósticos e investigações forenses.

específicos dentro das células, o que leva ao desenvolvimento mais eficiente de drogas para uma ampla gama de doenças.

Consequências químicas

Com a proliferação das aplicações da química, ficou difícil ignorar os seus benefícios. Porém, ao olhar atentamente certas substâncias de uso comum, uma variedade de problemas de saúde e ambientais começaram a ser revelados. Em alguns casos, esses problemas eram conhecidos, mas foram acobertados. Os efeitos adversos potenciais do chumbo tetraetila, um aditivo da gasolina que aumentava a eficiência dos motores de carros, já eram admitidos pouco após sua introdução nos anos 1920, mas só nos anos 1970 iniciou-se sua eliminação depois que pesquisas dos anos 1960 mostraram de modo definitivo sua toxicidade para humanos. Mesmo assim, só em 2021 os últimos estoques de combustível com chumbo se esgotaram na Argélia. Os níveis de chumbo atmosférico nas cidades pelo mundo ainda estão acima do esperado. Outros problemas causaram uma reação mais urgente. Em 1974, mostrou-se que os clorofluorcarbonetos (CFCs), usados em propelentes e gases refrigerantes, eram a causa do esgotamento do ozônio na estratosfera. A preocupação de que isso levasse a um buraco permanente na camada de ozônio nos polos da Terra impulsionou um acordo em 1987 para eliminar o uso de CFC em todo o mundo, e, hoje, a camada de ozônio está se recuperando.

Após o desenvolvimento de fertilizantes no início do século XX, os pesticidas e herbicidas sintéticos melhoraram o rendimento das culturas. Esses compostos também são controversos. O herbicida mais vendido, o glifosato, aprovado em 1974, enfrenta uma batalha jurídica desde 2019 por seu potencial cancerígeno, e pesquisas de 2017 mostraram que os pesticidas neonicotinoides podem ser tóxicos para as abelhas.

Baterias melhores

Alguns avanços do fim do século XX atraíram melhor publicidade. As baterias recarregáveis, que foram a base da bateria de íon-lítio, de John Goodenough, definiu o curso dos avanços tecnológicos neste século. Quase todos os eletrônicos que usamos hoje dependem de descendentes das baterias de Goodenough, e é difícil imaginar o mundo moderno sem elas. ■

CRIAMOS ISÓTOPOS QUE NÃO EXISTIAM ONTEM
ELEMENTOS TRANSURÂNICOS

EM CONTEXTO

FIGURA CENTRAL
Glenn Seaborg (1912-1999)

ANTES
1913 Frederick Soddy e outros percebem que os elementos podem ter formas diversas, denominadas isótopos. Antes, alguns eram confundidos com novos elementos.

1937 Emilio Segrè descobre o elemento 43, tecnécio, no molibdênio descartado de um cíclotron. É o primeiro elemento criado desse modo.

DEPOIS
1977 As naves *Voyager 1* e *Voyager 2* iniciam sua jornada para Júpiter, Saturno, Urano e Netuno, movidas a decaimento radiativo de plutônio.

1981-2015 Equipes nos EUA, Rússia, Alemanha e Japão criam os elementos 107 a 118, usando métodos introduzidos por Seaborg e Albert Ghiorso.

Em 9 de agosto de 1945, um bombardeiro americano lançou a bomba atômica "Fat Man" sobre Nagasaki, no Japão, a fim de agilizar a rendição japonesa e terminar a Segunda Guerra Mundial. Ela matou 22 mil pessoas instantaneamente, e quatro vezes mais morreram até o final do ano com a radiação. Esse evento terrível foi também um marco científico, pois a bomba continha cerca de 6 kg de plutônio enriquecido, um elemento cuja existência era segredo até então.

O plutônio marcou a história e moldaria a política nas décadas seguintes – principalmente devido ao trabalho dos químicos liderados

A ERA NUCLEAR

Ver também: Elementos terras-raras 64-67 ▪ A tabela periódica 130-137 ▪ Radiatividade 176-181 ▪ Isótopos 200-201 ▪ Elementos sintéticos 230-231 ▪ Fissão nuclear 234-237

> Os **elementos** sempre têm o mesmo número de prótons, mas podem existir como **isótopos**, com números diferentes de nêutrons.

> A **invenção do cíclotron** permite aos cientistas criar novos isótopos **pela colisão de átomos**.

> A colisão de átomos em cíclotrons também pode criar **novos elementos**.

> **Os novos elementos sintéticos se encaixam na tabela periódica depois do urânio.**

Glenn Seaborg

Nascido em 1912 em Michigan (EUA), Glenn Seaborg se graduou em química na Universidade da Califórnia em Los Angeles (UCLA), em 1933, obtendo depois o PhD na UC de Berkeley, em 1937. O renomado decano de química de Berkeley, Gilbert Lewis, convidou Seaborg a ser seu assistente de laboratório pessoal e juntos publicaram muitos artigos. Mais famoso pela descoberta de elementos transurânicos e por seu papel crucial no Projeto Manhattan, Seaborg também contribuiu para a descoberta de mais de cem isótopos de elementos, alguns dos quais se tornaram essenciais à medicina. Em 1980, ele transmutou uma quantidade minúscula de bismuto-209 em ouro – o antigo sonho dos alquimistas. Seaborg escreveu ou coescreveu mais de 500 artigos e foi conselheiro científico de dez presidentes dos Estados Unidos. Morreu em 1999.

Obras principais

1949 "Um novo elemento: o elemento radiativo 94, a partir de dêuterons sobre urânio"
1949 "Propriedades nucleares de $^{238}94$ e $^{238}93$"

---

por Glenn Seaborg no Laboratório Metalúrgico do Projeto Manhattan, em Chicago (Estados Unidos). Seaborg criou o plutônio em 1940 e descobriu mais nove elementos transurânicos (de números atômicos mais altos que o do urânio). Em 1951, suas descobertas o levaram a receber, com o físico Edwin McMillan, de Berkeley, o Prêmio Nobel de Química.

Separação de isótopos

O trabalho de Seaborg com isótopos radiativos começou na Universidade da Califórnia, em Berkeley. Em 1937, o físico ítalo-americano Emilio Segrè isolou o novo elemento tecnécio a partir do molibdênio exposto à radiação de alta energia num cíclotron, um tipo de acelerador de partículas. No ano anterior, o físico Jack Livingood, de Berkeley, tinha pedido a Seaborg que o ajudasse a separar e a identificar os isótopos de diferentes elementos que o cíclotron estava produzindo. Na época, eles só queriam descobrir novos isótopos de elementos existentes. Muitos deles acabariam sendo úteis para diagnósticos e tratamentos médicos. Como Seaborg lembrou depois, "Demonstrei a utilidade de um químico nessa área dominada por físicos". A colaboração, segundo ele, "orientou todo trabalho de minha vida".

Fissão nuclear

As pesquisas em curso em Berlim, na Alemanha, em 1938, também ajudariam a guiar a carreira de Seaborg. Os químicos alemães Otto Hahn e Fritz Strassmann estavam, pela primeira vez, medindo a radiatividade que emanava do núcleo de átomos de urânio ao se dividir em outros menores – o »

252 ELEMENTOS TRANSURÂNICOS

processo da fissão nuclear. Porém, eles haviam excluído a fissão como uma explicação. No início de 1939, uma ex-colega de Hahn, a física austro-suíça Lise Meitner, e seu sobrinho, Otto Frisch, interpretaram as evidências, mostrando que esse resultado inacreditável tinha de fato ocorrido. Aos poucos, os cientistas mundiais se conscientizaram do potencial da fissão. Ela libera grandes quantidades de energia, que poderiam ser aproveitadas para fins pacíficos – ou em armas.

A corrida armamentista nuclear

A princípio, os cientistas estavam principalmente curiosos para entender como a fissão funcionava. Edwin McMillan, um colega de Seaborg, começou a fazer testes com urânio no cíclotron de Berkeley. Em 1940, ao bombardear urânio-238 – seu isótopo mais comum – com nêutrons, McMillan descobriu o primeiro elemento transurânico, o netúnio. Logo depois, ele iniciou uma pesquisa militar sobre radares, deixando Seaborg, de só 28 anos, no comando da equipe de pesquisa.

Com os colegas químicos Arthur Wahl e Joseph Kennedy, Seaborg mudou a abordagem, bombardeando urânio-238 com partículas de deutério, que contêm um próton e um nêutron. Em 1940, eles descobriram minúsculas quantidades de outro novo elemento, que chamaram de plutônio. Apesar da pequena amostra, eles logo estabeleceram que, se usado numa bomba, ele explodiria com força inconcebível. Com a Segunda Guerra já em curso, eles decidiram manter a descoberta em segredo. Em 1941, em resposta ao ataque do Japão a Pearl Harbor, os Estados Unidos entraram na guerra, e em 1942, Seaborg foi encarregado pela Universidade de

O plutônio para a bomba atômica foi produzido na Hanford Engineer Works (acima), no estado de Washington (EUA), durante a Segunda Guerra Mundial.

Chicago de desenvolver uma bomba atômica para o Projeto Manhattan. Ele convidou o cientista nuclear Albert Ghiorso, com quem trabalhara em Berkeley, a juntar-se à equipe. Ghiorso foi essencial na pesquisa de elementos transurânicos, criando modos de isolar e identificar elementos pesados átomo a átomo – uma escala que Seaborg descreveu como "ultramicroquímica". Para desenvolver armas, porém,

O cíclotron de Berkeley usava dois enormes ímãs para criar uma força eletromagnética que fazia partículas girar num trajeto circular.

O cíclotron

Quando Ernest Rutherford dividiu pela primeira vez núcleos de nitrogênio em 1919, abriu-se uma porta para um novo campo. Mas para dividir outros átomos, os físicos precisavam aplicar-lhes mais energia. Muitas máquinas foram construídas para acelerar partículas com carga, a mais famosa delas foi o cíclotron, uma criação de Ernest Lawrence, na Universidade da Califórnia. Ele percebeu que, com um desenho circular, as partículas poderiam acelerar mais de uma vez. Em seu cíclotron, elas eram injetadas num espaço formado por duas peças ocas semicirculares de metal, separadas por um intervalo. Em cima e embaixo desse espaço ficavam dois poderosos ímãs.

As peças de metal eram ligadas a uma corrente elétrica alternada de alta frequência, que energizava as partículas a cada vez que elas atravessavam o intervalo. A cada aumento de energia, o trajeto da partícula espiralava para fora. Por fim, a partícula acabava deixando o cíclotron e batendo em seu alvo, combinando-se ali com um átomo e formando um novo isótopo ou elemento.

Criamos isótopos que não existiam na véspera, com usos ainda a serem descobertos.
Glenn Seaborg

quantidades minúsculas eram mais que suficientes.

Para obter plutônio suficiente para uma arma, os cientistas do Projeto Manhattan usaram uma reação em cadeia de fissão do isótopo urânio-235 que produzia nêutrons. Além de deflagrar a fissão em outros átomos de urânio-235, os nêutrons também transformavam urânio-238 em plutônio-239 numa escala maior.

A equipe de Seaborg se especializou em isolar elementos em sua forma pura oxidando-os em sais e, depois, usando outras técnicas para separá-los do urânio altamente radiativo e de outros produtos da fissão. Para o plutônio, por exemplo, eles acrescentavam fosfato de bismuto ($BiPO_4$). Isso criava um precipitado com uma forma do sal de plutônio. Após isolar esse precipitado, os químicos podiam oxidar mais o plutônio e separá-lo do precipitado. Em 1943, os Estados Unidos montaram uma fábrica para fazer plutônio desse modo.

Ampliação da tabela periódica

Após o sucesso com o plutônio, Seaborg, Ghiorso e seus colegas passaram a buscar mais elementos transurânicos. Eles voltaram à abordagem ultramicroquímica com o cíclotron, mas verificaram que os novos elementos não se oxidavam com tanta facilidade quanto o plutônio. Foi preciso quase um ano para separar os dois elementos seguintes: o amerício, obtido bombardeando plutônio-239 com nêutrons; e o cúrio, usando íons de hélio para bombardear plutônio. A partir daí, Seaborg e os colegas acabariam obtendo o berquélio, o californio, o einstênio, o férmio, o mendelévio e o nobélio.

Seaborg propôs que o urânio e os elementos transurânicos formavam uma nova linha na tabela periódica, com o actínio, o tório e o protactínio. Essa família foi chamada de actinídeos (de *aktis*, "feixe" em grego), com base nos feixes de átomos que colidem nos cíclotrons.

Elementos superpesados

Em 1961, sem ligação com Seaborg, mas usando métodos de cíclotron, Ghiorso e outros pesquisadores de Berkeley descobriram o laurêncio, o último e mais pesado dos quinze actinídeos. Em 1969, o grupo de Ghiorso – agora com James Harris, o primeiro afro-americano a ter o crédito pela descoberta de um novo elemento – encontrou o rutherfórdio, o primeiro dos transactinídeos, ou "elementos superpesados". A ele se seguiu o dúbnio, em 1970. Seaborg se juntou depois à equipe que, em 1974, descobriu o elemento 106 e o nomeou de seabórgio em sua homenagem. O feito foi confirmado por outra química de Berkeley, Darleane Hoffman. Ela também fez outra notável descoberta. Em 1971, extraiu uma quantidade minúscula de plutônio-244 de amostras de rocha de vários bilhões de anos. Esse isótopo tem meia-vida de 80 milhões de anos, então o plutônio devia ser primordial, criado antes de a Terra se formar, por reações de fusão nuclear em explosões de supernovas. Parecia, assim, que o elemento mais pesado de ocorrência natural não era, na verdade, o urânio e, sim, o plutônio. ∎

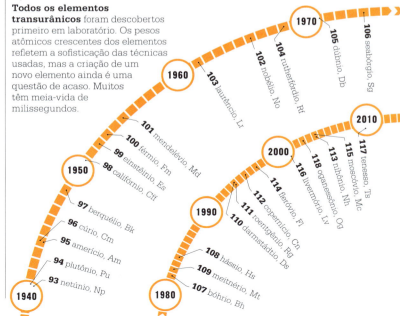

Todos os elementos transurânicos foram descobertos primeiro em laboratório. Os pesos atômicos crescentes dos elementos refletem a sofisticação das técnicas usadas, mas a criação de um novo elemento ainda é uma questão de acaso. Muitos têm meia-vida de milissegundos.

O MOVIMENTO DELICADO QUE HÁ NAS COISAS COMUNS
ESPECTROSCOPIA POR RESSONÂNCIA MAGNÉTICA NUCLEAR

EM CONTEXTO

FIGURA CENTRAL
Richard Ernst (1933-2021)

ANTES

1919 O químico e físico britânico Francis Aston divulga seu espectrógrafo de massas para identificação de elementos químicos.

1924 O austríaco Wolfgang Pauli, pioneiro da física quântica, propõe que os núcleos atômicos se comportam como ímãs em rotação.

DEPOIS

1971 O químico americano Paul Lauterbur cria a geração de imagens 3D por ressonância magnética nuclear, muito usada para ver o interior de pacientes humanos.

1989 O cientista suíço Kurt Wüthrich inventa um método de RMN para estudar estruturas de proteínas dissolvidas altamente complicadas.

Descobrir a fórmula estrutural de um composto orgânico sempre foi vital, pois fornece informações sobre suas propriedades e como ele reage com outros compostos. Porém, essa tarefa era terrivelmente difícil até Richard Ernst criar uma técnica de espectroscopia por ressonância magnética nuclear (RMN) de alta resolução em 1966.

Definição das estruturas

Normalmente, para descobrir a estrutura de uma molécula, os químicos usavam reações que a quebravam em partes menores. Depois, isolavam e identificavam as partes, vendo como reagiam e estabelecendo seu ponto de fusão, por exemplo. Quando as moléculas menores eram identificadas, os químicos tentavam descobrir como estavam ligadas originalmente. Embora um método para isso – a espectrometria de massas – fora inventado em 1913, não se tornou comum até os anos 1960.

Uma nova técnica emergiu em 1945 em dois grupos de físicos, um na Universidade Stanford, liderado por Felix Bloch, e outro em Harvard, chefiado por Edward Purcell. Separadamente, eles realizaram os primeiros experimentos bem-sucedidos de RMN – no caso, "nuclear" remete às propriedades do núcleo no centro de cada átomo, e "magnética" a como os cientistas preparam os núcleos para análise, colocando as amostras químicas em fortes campos magnéticos. O termo "ressonância" surgiu porque as amostras eram expostas a ondas eletromagnéticas de rádio fracas e, aos poucos, mudavam suas frequências. Muitos objetos têm frequências naturais e ressoam ao serem expostos a uma força externa àquela frequência. Por exemplo, é possível fazer uma taça de vinho "cantar" esfregando o dedo úmido em sua borda. Usou-se esse princípio para detectar quando a

Estamos lidando não só com uma nova ferramenta como com uma nova disciplina, que chamo simplesmente de magnetismo nuclear.
Edward Purcell

A ERA NUCLEAR

Ver também: Fórmulas estruturais 126-127 ▪ Espectroscopia do infravermelho 182 ▪ Cristalografia de raios x 192-193 ▪ Espectrometria de massas 202-203 ▪ Ligações químicas 238-245

frequência das ondas de rádio combinava com a frequência de ressonância característica dos núcleos. O rastreamento da força do sinal eletromagnético ao longo de diferentes frequências resulta no espectro por RMN.

Virada no jogo

Em 1966, Ernst fez um grande avanço, que levou a RMN para o uso diário. Quando trabalhava num importante fabricante de instrumentos de RMN, ele trocou um toque contínuo de frequência de rádio por pulsos curtos e intensos. Em seguida, mediu o sinal por algum tempo após cada pulso, com intervalos de poucos segundos entre eles. Ernst analisou as frequências de ressonância nos sinais e converteu-as num espectro de RMN, usando computadores para fazer uma operação matemática denominada transformada de Fourier. Isso ampliou a sensibilidade da RMN de dez para cem vezes, o que possibilitou estudar pequenas quantidades de material e isótopos de interesse químico que não ocorrem em grande quantidade na natureza, como o carbono-13. Hoje, toda espectroscopia química por RMN rotineira se baseia em transformadas de Fourier. Ernst e seus colegas também a usaram para desenvolver a técnica, de modo a poder detectar núcleos de hidrogênio em corpos vivos para gerar imagens por RMN para fins médicos.

Os instrumentos de RMN atuais são ainda mais sensíveis, pois usam fios supercondutores sem resistência elétrica e que conduzem correntes muito altas. Esses fios podem produzir campos magnéticos quase 600 mil vezes mais fortes que o que se forma naturalmente entre os polos da Terra. Isso permite estudar moléculas grandes, complexas e em movimento. Por exemplo, a RMN de alta sensibilidade mostrou como uma enzima envolvida na leucemia e em outros cânceres alterna os estados ativo e inativo. ▪

Richard Ernst

Nascido em 1933 em Winterhur, na Suíça, Richard Ernst interessou-se por química aos 13 anos, ao encontrar no sótão uma caixa de produtos químicos de um tio falecido. Ele estudou química na ETH de Zurique, onde o pioneiro da RMN, Felix Bloch, também fora aluno, e se graduou em 1957. Continuou na instituição para obter o PhD, e nesse período construiu importantes componentes para dois espectrômetros por RMN. Após concluir o PhD, em 1962, foi para a Califórnia trabalhar na Varian, fabricante de instrumentos de RMN, onde desenvolveu a técnica da transformada de Fourier. Ernst voltou depois à Suíça para dirigir o grupo de pesquisa sobre RMN da ETH de Zurique e fez estudos sobre o tema pelo restante da carreira. Em 1991, recebeu o Prêmio Nobel de Química. Morreu em 2021.

Obras principais

1966 "Aplicação da espectroscopia por transformada de Fourier à ressonância magnética"
1976 "Espectroscopia bidimensional: Aplicação à ressonância magnética nuclear"

Fazendo os átomos ressoarem

1. Os núcleos atômicos se comportam como ímãs em rotação, em geral, todos desordenados.

2. Num campo magnético, o *spin* dos núcleos se alinha no sentido do campo ou contra ele.

4. Depois que as ondas de rádio param, os *spins* dos núcleos se realinham com o campo magnético, e emitem sinais de rádio, que fornecem informação estrutural.

3. Quando ondas de rádio da frequência certa atingem núcleos alinhados com o campo, alguns deles invertem o alinhamento.

A ORIGEM DA VIDA É UMA COISA RELATIVAMENTE SIMPLES
AS SUBSTÂNCIAS QUÍMICAS DA VIDA

EM CONTEXTO

FIGURAS CENTRAIS
Stanley Miller (1930-2007),
Harold Urey (1893-1981)

ANTES
1828 Friedrich Wöhler faz ureia a partir de cianato de amônio.

1871 Charles Darwin propõe que a vida começou num pequeno corpo de água rico em substâncias químicas.

DEPOIS
1962 Alexander Rich propõe o conceito de "mundo de RNA", em que moléculas de RNA (ácido ribonucleico) copiaram a si mesmas antes de o DNA (ácido desoxirribonucleico) ou as proteínas evoluírem.

1971 Cientistas encontram aminoácidos no meteorito Murchison, provando que se formam antes de existir vida.

2009 John Sutherland e sua equipe mostram como os componentes do RNA se formaram sob possíveis condições da Terra primitiva.

As **substâncias inorgânicas** podem reagir formando **substâncias orgânicas**, em geral, feitas por seres vivos.

A Terra primitiva tinha água nos oceanos e **amônia, hidrogênio e metano** na atmosfera.

↓

As substâncias presentes na Terra primitiva **criaram** as condições para o aparecimento dos **componentes fundamentais da vida**.

↓

Esses componentes fundamentais poderiam ter naturalmente levado ao surgimento dos organismos vivos.

Em 1924, o bioquímico russo Alexander Oparin propôs a teoria da abiogênese, em que a vida na Terra se originou numa sopa primordial, na qual substâncias simples reagiram formando os compostos baseados em carbono necessários à vida. Dmitri Mendeleiev, também russo, aventou que, conforme a Terra primitiva esfriou, os metais se solidificaram primeiro, seguidos por outros elementos como o carbono, deixando uma atmosfera com gases leves como o hidrogênio. Oparin propôs que o carbono podia reagir com o vapor superaquecido, criando hidrocarbonetos. Os aminoácidos – componentes fundamentais da vida – poderiam então ter sido criados a partir deles?

A criação de aminoácidos
Em 1952, o químico americano Harold Urey e seu aluno de PhD Stanley Miller realizaram um experimento que testaria essa teoria. Miller tentou reproduzir a

A ERA NUCLEAR

Ver também: Elementos isolados por eletricidade 76-79 ▪ A síntese da ureia 88-89 ▪ Enzimas 162-163 ▪ Retrossíntese 262-263

Stanley Miller

Nascido em Oakland, na Califórnia, em 1930, Miller estudou química na Universidade da Califórnia em Berkeley e depois, em 1951, foi para a Universidade de Chicago, onde obteve seu PhD, orientado por Urey. No início, Miller preferiu a teoria a experimentos "bagunçados" e "demorados", mas acabou por ser mais famoso por seus experimentos inovadores sobre a origem da vida. Miller concluiu um pós-doutorado de um ano no Instituto de Tecnologia da Califórnia em 1954 e, em 1955, foi para a Universidade de Colúmbia. Em 1960, Urey o convocou para o novo campus em San Diego da Universidade da Califórnia. Ele passou o restante da carreira lá, até morrer em 2007. Embora pesquisar a origem da vida tenha permanecido seu principal foco, ele também contribuiu com outras áreas, entre elas, a de anestesia.

Obras principais

1953 "Uma produção de aminoácidos sob possíveis condições da Terra primitiva"
1972 "Síntese prebiótica de aminoácidos hidrofóbicos e de proteínas"

> A questão real é se há ou não elementos muito casuais na formação da vida.
> **Stanley Miller**

Terra primitiva num aparato de vidro vedado, com duas esferas ocas conectadas por tubos. Numa esfera havia água, como a dos oceanos da Terra. A segunda continha hidrogênio, amônia e metano – os gases que eles acreditavam haver na atmosfera. Para iniciar uma reação química, Miller simulou raios com centelhas elétricas, inserindo repetidamente energia na mistura. Após um dia, a água no frasco ficou rosa e, depois de alguns dias, um amarelo oleoso apareceu nas laterais. Analisando as substâncias obtidas, Miller encontrou cinco aminoácidos, entre eles, três dos vinte essenciais à vida na Terra.

Céticos convertidos

Quando Miller e Urey publicaram seus achados em 1953, muitos cientistas não acreditaram neles. Porém, o experimento era tão simples que os que duvidaram o testaram por si mesmos e foram silenciados.

Os resultados sustentavam a teoria de que as condições na Terra primitiva podiam fornecer as substâncias necessárias à criação de vida orgânica, mas o experimento não foi um sucesso completo. Ele não produziu outras moléculas biológicas importantes que permitiam aos organismos vivos evoluir, como os ácidos nucleicos RNA e DNA.

Ao longo de toda a carreira, Miller continuou a liderar e inovar nesse campo, mas admitiu que explicar totalmente as origens da vida era muito mais complexo que seu experimento de 1952 tinha feito parecer. Um aspecto crítico é que os cientistas nunca saberão as condições exatas da Terra quando a vida surgiu. E, mesmo que criem vida simples simulando as condições supostas, não poderão provar que foi o mesmo processo que levou às primeiras formas de vida na Terra. ■

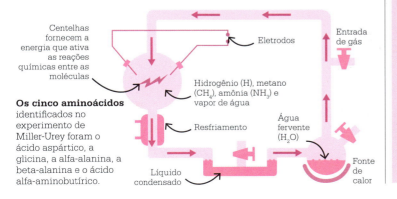

Os cinco aminoácidos identificados no experimento de Miller-Urey foram o ácido aspártico, a glicina, a alfa-alanina, a beta-alanina e o ácido alfa-aminobutírico.

Centelhas fornecem a energia que ativa as reações químicas entre as moléculas

Eletrodos

Entrada de gás

Hidrogênio (H), metano (CH_4), amônia (NH_3) e vapor de água

Resfriamento

Água fervente (H_2O)

Líquido condensado

Fonte de calor

A LINGUAGEM DOS GENES TEM UM ALFABETO SIMPLES

A ESTRUTURA DO DNA

EM CONTEXTO

FIGURAS CENTRAIS
Francis Crick (1916-2004),
Rosalind Franklin (1920--1958), **James Watson** (1928-),
Maurice Wilkins (1916-2004)

ANTES
1869 Friedrich Miescher extrai de células sanguíneas substâncias ricas em fósforo acidificado, entre elas, ácidos nucleicos.

1885-1901 Albrecht Kossel isola cinco componentes essenciais dos ácidos nucleicos: adenina (A), guanina (G), citosina (C), timina (T) e uracila (U).

DEPOIS
2000 O Projeto Genoma Humano e a Celera Genomics anunciam o primeiro esboço de toda informação do DNA humano.

2012 Jennifer Doudna e Emmanuelle Charpentier criam o sistema CRISPR-Cas9, para fácil edição do DNA.

O modo com que os organismos passam as instruções que lhes permitem desenvolver, sobreviver e reproduzir é uma das maiores maravilhas da natureza. A resposta de como isso ocorre literalmente tomou forma em 1953 como uma espiral de moléculas de ácido desoxirribonucleico (DNA), denominada dupla hélice.

Uma longa busca

Embora o DNA tenha sido descoberto pelo médico suíço Friedrich Miescher e formalmente nomeado pelo bioquímico alemão Albrecht Kossel no século XIX, os cientistas ainda pensavam que as moléculas

A ERA NUCLEAR

Ver também: Forças intermoleculares 138-139 ▪ Estereoisomeria 140-143 ▪ Cristalografia de raios x 192-193 ▪ Polimerização 204-211 ▪ Ligações químicas 238-245 ▪ A reação em cadeia da polimerase 284-285

de proteína carregavam as instruções da vida. Em 1928, Fred Griffith, um bacteriologista que trabalhava para o Ministério da Saúde Britânico, misturou bactérias vivas inofensivas com outras mortas causadoras de doenças. Ele injetou a mistura em ratos, que se infectaram com bactérias vivas causadoras de doença, hoje chamadas de patógenos. Griffith aventou que um "princípio transformador" fosse responsável pela mudança nas bactérias, como uma substância desconhecida que passasse das bactérias mortas para as vivas.

Outros cientistas acharam que Griffith teria errado. Em 1944, porém, os pesquisadores médicos canadense-americanos Oswald Avery e Colin MacLeod e sua colega americana Maclyn McCarty conseguiram repetir o experimento no Instituto Rockefeller de Pesquisa Médica, em Nova York. Eles também fizeram testes bioquímicos para encontrar a substância que passara as instruções que levaram à mudança. Após eliminar todas as outras substâncias possíveis, a

- As células **vivas** contêm DNA.
- O DNA pode transformar as **bactérias**.
- O DNA deve carregar **instruções** que determinam o que os **seres vivos se tornam**.
- A estrutura de **dupla hélice do DNA** lhe permite armazenar e **reproduzir** a **informação genética**.

equipe concluiu que o DNA era o princípio transformador.

Também no Instituto Rockefeller, o bioquímico russo-americano Phoebus Levene, que tinha trabalhado com Kossel, estudou o DNA em detalhes de 1905 a 1939. Ele revelou que as moléculas de DNA eram cadeias longas feitas basicamente de um componente de açúcar denominado desoxirribose. Cada desoxirribose se unia ao seguinte por átomos de fósforo e oxigênio num grupo fosfato. Ele também verificou

que cada desoxirribose se ligava a um dos quatro componentes fundamentais do ácido nucleico – adenina (A), guanina (G), citosina (C) e timina (T), hoje chamados de nucleobases ou bases. Porém, ninguém sabia como as moléculas de DNA se organizavam nos seres vivos.

Um depósito ideal de informação

A poderosa técnica da difração de raios x, que permitiu aos cientistas revelar a posição dos átomos a »

Rosalind Franklin

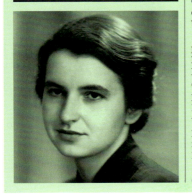

Nascida em 25 de julho de 1920, em Londres, Rosalind Franklin obteve o PhD em físico-química na Universidade de Cambridge em 1945, graças a uma bolsa de pesquisa. Ela trabalhou no Centro Nacional de Pesquisa Científica de Paris de 1947 a 1951, estudando difração de raios x, e depois foi para o King's College de Londres. Em parte devido a suas relações tensas com Maurice Wilkins e em parte a como o King's tratava as mulheres, ela se transferiu para o Birkbeck College, em Londres, em 1953. Ela também deixou o campo da pesquisa de DNA, publicando

em vez disso 17 artigos sobre a estrutura de vírus helicoidais e esféricos, cujo impacto ajudaria mais tarde a combater a pandemia de covid-19. Franklin foi diagnosticada com câncer ovariano em 1956 e morreu dois anos depois, aos 37 anos.

Obras principais

1953 "Configuração molecular do timonucleato de sódio"
1953 "Evidência de uma hélice de duas cadeias na estrutura cristalina de desoxirribonucleato de sódio"

A ESTRUTURA DO DNA

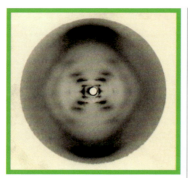

A foto 51, uma imagem de difração de raios X obtida por Rosalind Franklin em 1952, forneceu uma prova crucial de que o DNA se estruturava como uma dupla hélice.

partir do modo com que os cristais de uma substância espalham feixes de raios X, revelaria a estrutura do DNA no início dos anos 1950. Linus Pauling, do Instituto de Tecnologia da Califórnia, parecia mais perto de resolver o enigma do DNA. Ele liderava o mundo da físico-química e decifrava a estrutura de muitas moléculas biológicas usando dados de difração de raios X para construir modelos físicos. Em vez disso, a resposta começou a surgir no King's College de Londres, em maio de 1950, quando Maurice Wilkins recebeu cristais de DNA de alta qualidade de Rudolf Signer. Estudando os cristais, Wilkins e o aluno de PhD Raymond Gosling mostraram que as moléculas de DNA eram bem organizadas, o que as tornava ideais para estocar e transferir informação.

A química britânica Rosalind Franklin, especialista em coletar e analisar padrões de difração de raios X, entrou no King's College em janeiro de 1951. Ela assumiu o trabalho de Wilkins com raios X sobre a amostra de DNA de Signer e a supervisão do PhD de Gosling. Wilkins trabalhou com o DNA usando uma amostra diferente e, em maio de 1951, apresentou seus resultados numa conferência em Nápoles.

A entrada dos forasteiros

Em Nápoles, James Watson foi um dos poucos a perceber o significado dos resultados de Wilkins. No mesmo ano, Watson começou a trabalhar na Universidade de Cambridge, onde conheceu Francis Crick. Os dois se uniram para decifrar a estrutura do DNA. Watson foi a um seminário em novembro de 1951, em que Franklin mostrou que o DNA se enrolava numa espiral com pelo menos duas cadeias, com grupos fosfato na parte externa. Watson não entendeu a palestra e pouco lembrava dos detalhes da estrutura, mas ele e Crick construíram um modelo de papelão e arame, como os que tinham visto Pauling fazer de outras moléculas. Sua estrutura tinha três cadeias de DNA enroladas numa espiral, com

Os componentes fundamentais do DNA

O modelo de Crick e Watson mostrou que o DNA é uma hélice com duas cadeias, feitas de moléculas de açúcar e fosfato. Cada molécula de açúcar também se liga a uma de quatro nucleobases – adenina, timina, guanina e citosina. Cada unidade formada por um grupo fosfato, um açúcar e uma nucleobase é chamada de nucleotídeo.

Legenda:
- Açúcar (desoxirribose)
- Grupo fosfato
- Átomo de carbono
- Átomo de hidrogênio
- Átomo de nitrogênio
- Átomo de oxigênio
- Ligação de hidrogênio

Interações atrativas fortes, denominadas ligações de hidrogênio

As cadeias são antiparalelas: o topo de uma se alinha com a base da outra

A guanina (G) sempre se emparelha à citosina (C), com três ligações de hidrogênio

A adenina (A) sempre se emparelha à timina (T), com duas ligações de hidrogênio

pilares de açúcar-fosfato dentro e as bases apontando para fora. Convidado para ver o trabalho, Wilkins levou Franklin também. Ela disse que o modelo não correspondia aos dados, segundo os quais os grupos fosfato deviam estar na parte externa. Em maio de 1952, Franklin e Gosling tiraram uma foto crucial de difração de raios X, a foto 51, que mostrava que duas cadeias se enrolavam em espiral, produzindo a hoje famosa estrutura de dupla hélice. Pouco depois, Crick e Watson conheceram Erwin Chargaff, que descobrira outra pista estrutural essencial. Ele percebeu que no DNA as quantidades de adenina e timina são sempre iguais, assim como as de guanina e citosina. As quantidades relativas de cada par de bases variam de uma espécie para outra, então o DNA aparentemente diferia entre organismos, mas devia haver alguma regra subjacente que definisse a relação entre as bases.

Hélice duplamente cruzada

No fim de 1952, Crick e Watson ouviram dizer que Pauling tinha descoberto a estrutura do DNA. Mas quando os pesquisadores de Cambridge viram o modelo, perceberam que estava errado: era uma hélice de três cadeias, com os fosfatos dentro, e tinha outras falhas. Watson foi ao King's College sugerir que os grupos colaborassem para decifrar a estrutura do DNA, mas Franklin recusou. Wilkins, porém, concordou em ajudar, e mostrou a Watson a foto 51 sem a permissão de Franklin.

Watson percebeu como as duas espirais complementares do DNA se ajustavam aos achados de fevereiro de 1953 de Chargaff. As adeninas dentro de uma cadeia do DNA podiam se emparelhar com as moléculas de timina da outra, e o mesmo podia ocorrer com a guanina e a citosina. Desse modo, as bases podiam interagir, prendendo-se dentro da hélice por meio de ligações de hidrogênio. Outras moléculas, como as que copiam o DNA e leem as instruções que ele carrega para fazer proteínas, poderiam também facilmente se engatar ao DNA por meio de ligações de hidrogênio.

Crick e Watson construíram outro modelo tridimensional. Uma dupla hélice poderia espiralar em duas direções, para a direita ou a esquerda, mas seu novo modelo de dupla hélice do DNA só ia para a direita. Ele também mostrava que as cadeias de DNA não são simétricas. Uma ponta poderia ser vista como topo e outra como base. A dupla hélice era antiparalela — o topo de uma cadeia se alinhava com a base da outra. Desta vez, a estrutura convenceu Wilkins e Franklin.

Os pesquisadores de Cambridge publicaram um artigo curto sobre a estrutura da dupla hélice em abril, na revista britânica *Nature*, com um artigo de apoio separado dos cientistas do King's. Embora Franklin estivesse perto de decifrar sozinha a estrutura do DNA, como mostrado num esboço para a *Nature* de 17 de março de 1953, um dia antes ela tinha visto a estrutura de Watson e Crick.

O sistema "zíper" de cópia do DNA

Em 1953, Crick e Watson afirmaram que a estrutura do DNA se relacionava ao modo com que os organismos copiam seu material genético. Depois, descobriu-se como. Os pareamentos únicos de A com G e C com T na dupla hélice do DNA implicam que cada cadeia se liga a uma única sequência de nucleobases possível, como um zíper em que cada dente precisa de um par. Quando o "zíper" do DNA se abre, as enzimas apanham nucleobases flutuando – "dentes soltos" – para fazer uma nova cópia da cadeia faltante da dupla hélice original sobre cada cadeia desenrolada ou lado do zíper. Assim, as duas cadeias separadas de uma hélice produzem duas novas hélices. Crick também explicou que as sequências de bases do DNA formam um código, instruções de montagem bioquímica para a ordem em que os aminoácidos se juntam para criar proteínas, e que as instruções podem ser traduzidas por meio do RNA.

Wilkins, Crick e Watson receberam o Nobel de Fisiologia ou Medicina em 1962. A morte prematura de Franklin a tornou inelegível e ela perdeu o justo reconhecimento, embora Crick tenha escrito em 1961 que os dados cruciais "foram obtidos principalmente por Rosalind Franklin". Em *A dupla hélice: como descobri a estrutura do DNA*, Watson minimizou o papel de Franklin. Só com *Rosalind Franklin and DNA*, de Anne Sayre, foi dado o crédito que Franklin merecia. A história com frequência ofusca a descoberta da dupla hélice, mas não torna o segredo do código genético menos espetacular. ∎

Os ácidos nucleicos são basicamente simples. Eles estão na raiz de processos biológicos muito fundamentais: o crescimento e a herança.
Maurice Wilkins
Discurso no Prêmio Nobel (1962)

QUÍMICA AO INVERSO
RETROSSÍNTESE

EM CONTEXTO

FIGURA CENTRAL
E. J. Corey (1928-)

ANTES
1845 O químico alemão Hermann Kolbe faz ácido acético, mostrando pela primeira vez que é possível reações químicas formarem ligações entre átomos de carbono.

1957 O químico americano John Sheehan descobre um método para sintetizar penicilina.

DEPOIS
1994 O químico cipriota-americano Kyriacos Nicolaou e sua equipe obtêm o Taxol, uma droga contra o câncer muito complexa, usando um método de retrossíntese que envolve 51 etapas.

2012 O químico polonês-americano Bartosz Grzybowski e colegas criam o Chematica, um software que usa algoritmos para prever rotas de síntese de moléculas.

Desde o fim dos anos 1940, os químicos fizeram grandes incursões na síntese de moléculas. Após uma década, eles já dispunham de vários modos de juntar moléculas orgânicas complexas – para uso em agroquímicos, plásticos, têxteis e drogas medicinais. Mas decidir quais reações químicas usar para sintetizar a substância almejada dependia muito de intuição, tentativa e erro. Os químicos tomavam como material inicial uma molécula disponível comercialmente e com estrutura similar à desejada. Depois, examinavam as milhares de reações possíveis para as transformações que queriam.

Trabalho em sentido contrário

Em 1957, E. J. Corey, professor de química na Universidade de Illinois em Urbana-Champaign, teve uma ideia simples que transformou totalmente o processo de síntese orgânica, e decidiu desenvolver um método de desconstrução teórica de moléculas-alvo, retrocedendo rumo a um material inicial. Ele chamou seu método de análise retrossintética ou retrossíntese.

Corey trabalhou com uma molécula-alvo por meio de uma série de "transformadas" hipotéticas, invertendo reações sintéticas. Cada transformada separa o alvo em estruturas precursoras – partes menores, menos complicadas. A técnica destaca ligações químicas estratégicas, em geral, entre dois átomos de carbono, e (teoricamente) as quebra. O mesmo processo é, então, aplicado às estruturas precursoras. Aos poucos, os químicos constroem uma árvore de estruturas moleculares e reações entre elas, representando rotas sintéticas possíveis para a molécula-alvo. A árvore termina com

As substâncias orgânicas [...] constituem a matéria de toda a vida na Terra, e sua ciência no nível molecular define uma linguagem fundamental dessa vida.
E. J. Corey (1990)

A ERA NUCLEAR

Ver também: Grupos funcionais 100-105 ▪ Fórmulas estruturais 126-127 ▪ Por que as reações acontecem 144-147 ▪ Representação de mecanismos de reação 214-215 ▪ Ligações químicas 238-245

substâncias que são relativamente baratas ou que podem ser feitas.

A abordagem de Corey seguia regras estritas, de modo que cada etapa para trás tinha de ser o inverso exato de uma reação química. Dessa forma, ele podia ter certeza de que a próxima etapa seria bem-sucedida em laboratório. O método de retrossíntese podia também ajudar os cientistas a identificar reações químicas totalmente novas para unir átomos.

Impacto duradouro

Uma das primeiras moléculas a que Corey aplicou a abordagem, em 1957, foi o longifoleno, presente na resina do pinheiro. Apesar de não ter um uso especial, o longifoleno era um desafio de pesquisa importante, pois seus átomos de carbono se enrolavam em anéis difíceis de sintetizar. Com a retrossíntese, Corey identificou uma ligação que poderia ser obtida sinteticamente para conectar os anéis de modo correto.

Em 1959, Corey foi para a Universidade Harvard, onde ele e sua equipe acabaram aplicando a

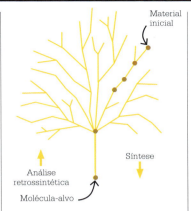

A retrossíntese se compara a subir numa árvore. A partir da molécula-alvo – a raiz –, o objetivo é achar a rota mais rápida, simples e confiável até os melhores materiais iniciais para a síntese.

retrossíntese a mais de uma centena de produtos naturais. Por exemplo, em 1967, eles isolaram estruturas moleculares de vários tipos de hormônios juvenis (HJ) de insetos para explorar o uso de um deles, o JH I, como inseticida. Era impossível obter JH I suficiente de insetos, mas, em 1968, a equipe de Corey descobriu como sintetizá-lo. No processo, eles inventaram quatro reações químicas totalmente novas, três das quais são muito usadas pelos químicos.

Vários antibióticos importantes, como os da família da eritromicina, têm estrutura complicada, que envolve um grande anel de moléculas. Em 1978, a equipe de Corey conseguiu a síntese histórica do eritronolídeo B, um precursor dos antibióticos de eritromicina. A nova rota sintética descoberta permitiu produzir facilmente essas drogas.

Tecnologia moderna

O método da retrossíntese em si continua a ser a principal contribuição de Corey à ciência. É uma ferramenta de um poder enorme, que permite determinar como construir quaisquer moléculas. Hoje, ela é realizada com computadores, que sugerem opções dentre uma enorme gama de diferentes reações químicas – mas a escolha da rota depende da perícia do químico. ∎

E.J. Corey

Nascido em 1928 de pais libaneses em Methuen, Massachusetts (EUA), Elias James Corey se chamava William, mas foi renomeado Elias em homenagem ao pai, que morreu quando ele tinha 18 meses. Aos 16 anos, Corey ingressou no Instituto de Tecnologia de Massachusetts, onde foi seduzido pela "beleza intrínseca" da química orgânica. Ao concluir seu PhD em penicilinas sintéticas, Corey foi para a Universidade de Illinois, onde se tornou professor em 1956. Em 1959, assumiu uma cadeira na Universidade Harvard. Corey permaneceu em Harvard o restante de sua carreira e ficou famoso por descobrir como fazer moléculas naturais terrivelmente complexas. Ele escreveu mais de 1.100 artigos científicos e recebeu mais de 40 prêmios. Seu trabalho sobre retrossíntese lhe valeu o Prêmio Nobel de Química de 1990.

Obras principais

1967 "Métodos gerais para a construção de moléculas complexas"
1995 *The logic of chemical synthesis*

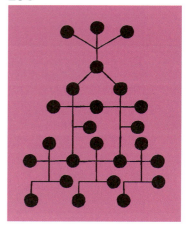

NOVOS COMPOSTOS A PARTIR DE ACROBACIAS MOLECULARES
A PÍLULA ANTICONCEPCIONAL

EM CONTEXTO

FIGURAS CENTRAIS
Gregory Pincus (1903-1967),
Min Chueh Chang (1908-1991)

ANTES
c. 1850 a.C. O primeiro registro de contracepção, no Egito Antigo.

1905 O fisiologista britânico Ernest Starling usa pela primeira vez o termo "hormônio".

1929 Willard M. Allen e George W. Corner isolam a progesterona e notam que ela afeta os ovários.

DEPOIS
1971 Lars Terenius mostra que as drogas que bloqueiam o hormônio estrógeno podem combater o câncer de mama em ratos.

1980 O cientista francês Georges Teutsch faz a mifepristona, um contraceptivo de emergência que bloqueia os receptores de progesterona no útero.

2019 A pílula é usada por 150 milhões de mulheres no mundo todo.

Criar, ou sintetizar, hormônios que as mulheres possam tomar na forma de uma pílula anticoncepcional oral para prevenir a gravidez foi um dos modos mais radicais com que a química afetou a humanidade. Os defensores de que as mulheres tenham mais controle sobre sua fertilidade se juntaram a cientistas talentosos para desenvolver e produzir a pílula.

A feminista americana Margaret Sanger acompanhou e, às vezes, financiou pesquisas científicas sobre contracepção nos anos 1940 e 1950. Como enfermeira, ela conhecia os danos à saúde das mulheres devidos à pobreza e às famílias numerosas. Sua aliada, a sufragista americana Katherine McCormick, herdou uma grande fortuna em 1950 e colocou 2 milhões de dólares (em valores atuais, mais de 18 milhões) na pesquisa da pílula anticoncepcional.

Em 1953, Sanger e McCormick se juntaram ao biólogo americano Gregory Pincus, que tinha montado a Fundação Worcester de Biologia Experimental. Lá, com o biólogo

---

A **progesterona** impede que os ovários liberem óvulos durante a **gravidez** e que o revestimento no **útero** se forme.

As mulheres poderiam usar uma droga hormonal **baseada em progesterona** como **anticoncepcional**?

Os **hormônios** são **difíceis de extrair** de fontes naturais e não podem ser absorvidos pelo estômago e intestino.

Os hormônios sintéticos podem ter produção mais barata e ser absorvidos com mais facilidade, funcionando melhor como pílula anticoncepcional.

sino-americano Min Chueh Chang, Pincus usou o hormônio progesterona em animais. Ela ajuda a preparar o corpo para a concepção, regula o ciclo menstrual e mantém a gravidez. Eles esperavam usar o hormônio para produzir sinais de gravidez em fêmeas, de modo que elas parassem de ovular.

Chegam os hormônios sintéticos

Até os anos 1940, os hormônios feitos por cientistas eram trabalhosamente extraídos de órgãos animais, mas Russell Marker descobriu que a diosgenina da raiz do inhame mexicano tinha uma estrutura similar à de um hormônio. Em 1942, ele conseguiu converter essa substância em progesterona e, em 1944, cofundou uma empresa chamada Syntex para produzi-la. Quando Marker saiu, em 1945, a Syntex contratou George Rosenkranz e depois o químico búlgaro-americano Carl Djerassi. Outro químico mexicano, Luis Ernesto Miramontes Cárdenas, se tornou parte vital da equipe.

Os cientistas da Syntex superaram um desafio que Pincus enfrentava. A própria progesterona não funcionava como anticoncepcional quando tomada por via oral, pois não ia do sistema digestivo das mulheres para a corrente sanguínea. Descobrindo na Syntex como modificar hormônios, em 1951, os pesquisadores fizeram a noretindrona, que funcionava em forma de pílula.

Pincus e Chang usaram tanto a noretindrona quanto o noretinodrel, uma modificação similar da progesterona criada pela G. D. Searle and Company em 1952, em testes clínicos da pílula em Porto Rico. As pílulas continham também outro hormônio, o mestranol, criado acidentalmente durante a síntese de noretinodrel, que parecia aumentar o efeito contraceptivo.

Após resultados promissores, Pincus, Chang, Sanger e McCormick recorreram à Searle para produzir a pílula. Em 1960, os EUA aprovaram o Enovid, pílula produzida pela Searle com noretinodrel e mestranol. Em 1964, a Syntex lançou sua pílula anticoncepcional oral de baixa dosagem, a Norinyl, com noretindrona e mestranol. Muitas mulheres usaram essa formulação.

Um legado mesclado

A pílula atraiu controvérsias que vão além da oposição ideológica à contracepção. Com seu uso amplo, efeitos colaterais um tanto raros, como coagulação do sangue, afetaram muitas mulheres. Pincus realizou os testes em Porto Rico de forma abusiva. Sanger foi acusada de racismo. Porém, onde está disponível e é acessível, a pílula anticoncepcional realmente mudou tudo. ■

>
> A contracepção e as áreas conexas da fisiologia sexual e do comportamento sexual há muito são campos de batalha dos que manifestam opiniões.
> **Gregory Pincus**
> *The control of fertility* (1965)
>

Produção de hormônios

Por bilhões de anos, os seres vivos desenvolveram modos elegantes de fazer hormônios. Já a química sintética lidou com dificuldade com suas formas complexas nos anos 1940. Com átomos de carbono agrupados em quatro ou mais anéis, e outros carbonos apontando em várias direções a partir desses anéis, a reprodução dos hormônios apresentava um enorme desafio. A descoberta de Russell Marker, de que a diosgenina tinha quatro anéis arranjados de forma similar aos da progesterona, lhe deu um atalho valioso para a produção de progesterona com cinco reações químicas. Substituindo Marker na Syntex, George Rosenkranz, Carl Djerassi e Luis Ernesto Miramontes Cárdenas se basearam em seus métodos ao pesquisar a progesterona. Eles também incorporaram outros achados sobre como fazer uma alternativa melhor à progesterona, que fosse absorvida de modo eficaz no corpo das mulheres.

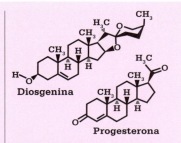

A cadeia de quatro anéis de carbono na esquerda da estrutura da diosgenina foi um bom começo para fazer hormônios de estrutura similar, como a progesterona.

LUZ VIVA
PROTEÍNA FLUORESCENTE VERDE

EM CONTEXTO

FIGURA CENTRAL
Osamu Shimomura
(1928-2018)

ANTES
1912 William e Lawrence Bragg e outros desenvolvem a cristalografia de raios X, mostrando a posição dos átomos nas moléculas.

1953 A estrutura do DNA, revelada por Rosalind Franklin, Maurice Wilkins, Francis Crick e James Watson, permite a Martin Chalfie manipular organismos geneticamente para obter GPF.

DEPOIS
1997 Eric Betzig e William Moerner criam uma GPF que eles podem ligar e desligar. Isso permite ver objetos ainda menores ao microscópio.

2007 Joshua Sanes e Jeff Lichtman, com o colega francês Jean Livet, inventam o Brainbow, que usa proteínas fluorescentes para marcar células cerebrais.

Osamu Shimomura, da Universidade Princeton, isolou pela primeira vez cinco miligramas de proteína fluorescente verde (GPF, na sigla em inglês) da água-viva bioluminescente *Aequorea victoria* em 1962. Shimomura depois passou mais de 40 anos examinando como a GPF funcionava. Ele verificou que é uma proteína relativamente pequena, composta de 238 aminoácidos.

Nos anos 1980 e 1990, os engenheiros genéticos perceberam que podiam clonar a sequência de DNA que codifica as instruções para que a água-viva produza GPF. Em 1994, Martin Chalfie, usou instruções genéticas de GPF para colorir seis células do nematódeo transparente *Caenorhabditis elegans*. A engenharia genética podia agora modificar as instruções do DNA de um organismo para adicionar GPF à ponta de qualquer proteína, mostrando aos cientistas sua localização.

Depois, Roger Tsien, da Universidade da Califórnia, passou muitos anos trocando os aminoácidos em GPF para produzir proteínas fluorescentes de cores diversas, permitindo aos cientistas marcar e identificar diferentes proteínas ao mesmo tempo. Hoje, a GPF tem uso amplo nos estudos sobre como as células dos seres vivos funcionam e permite a sistemas detectar outras substâncias, como metais e explosivos. Esses detectores usam outras proteínas para reconhecer a substância e, então, acionam a fluorescência da GPF – dando aos cientistas uma visão de processos de outro modo indetectáveis. ∎

Visualizar a GPF era essencialmente não invasivo; a proteína podia ser detectada simplesmente lançando luz azul sobre o espécime.
Martin Chalfie
Discurso no Prêmio Nobel (2008)

Ver também: A estrutura do DNA 258-261 ▪ Cristalografia de proteínas 268-269 ▪ Edição de genoma 302-303

POLÍMEROS QUE PARAM BALAS
POLÍMEROS SUPERFORTES

EM CONTEXTO

FIGURA CENTRAL
Stephanie Kwolek (1934-2014)

ANTES
1920 Hermann Staudinger descobre que polímeros como amido, borracha e proteínas são cadeias de unidades repetidas, permitindo aos cientistas criar outros novos.

1935 Cientistas da DuPont inventam o náilon, do polímero poliamida.

1938 A descoberta do Teflon por Roy Plunkett mostra a importância comercial e prática dos novos polímeros.

DEPOIS
1991 Buscando materiais cada vez mais fortes e resistentes, o físico japonês Sumio Iijima, da Nec Corporation, descobre os nanotubos de carbono.

2020 A Câmara dos Representantes dos Estados Unidos aprova a Lei dos POPs, regulando o uso dos "poluentes orgânicos persistentes".

Nos anos 1960, em meio a uma previsão de falta de gasolina nos EUA, a empresa química DuPont resolveu tornar os pneus mais duráveis e eficientes. Stephanie Kwolek assumiu o projeto, estudando polímeros denominados poliamidas, similares ao náilon, que é feito de monômeros com cadeias flexíveis de carbono.

Kwolek decidiu unir monômeros rígidos como os componentes de seu polímero, ligando átomos de carbono em anéis de benzeno. Os átomos de carbono em anéis de benzeno partilham elétrons com mais liberdade que as cadeias de carbono do náilon e se prendem com mais força. A estrutura era uma amida poliaromática, ou aramida. As forças de ligação intermoleculares do hidrogênio entre os grupos amida de diferentes cadeias mantém o polímero unido. Nuvens de elétrons ao redor dos anéis de benzeno fornecem outra força de coesão. Kwolek fez fibras do novo polímero em 1964 e viu que sua resistência à tração era cinco vezes maior que a do aço, embora fosse tão leve quanto fibra de vidro. Nos anos 1970, a DuPont já vendia o polímero como Kevlar. De início, o material foi usado para reforçar pneus, mas logo foi adotado para outros fins, como coletes à prova de balas. O Kevlar é um exemplo dos polímeros conhecidos como "poluentes orgânicos persistentes", ou POPs, que se acumulam em tecidos biológicos e estão relacionados a efeitos adversos, como o câncer. Eles nunca se decompõem e são encontrados no leite humano e em ecossistemas do monte Everest ao gelo polar. ∎

As fibras de Kevlar formam têxteis incrivelmente fortes, leves e resistentes à corrosão e ao calor. A DuPont conseguiu transformá-las numa gama de tecidos tão firmes quanto uma armadura.

Ver também: Plástico sintético 183 ▪ Polimerização 204-211 ▪ Polímeros antiaderentes 232-233

A ESTRUTURA COMPLETA SE ESTENDEU DIANTE DOS OLHOS
CRISTALOGRAFIA DE PROTEÍNAS

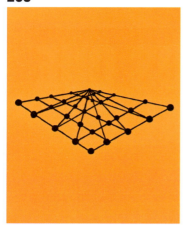

EM CONTEXTO

FIGURA CENTRAL
Dorothy Hodgkin (1910-1994)

ANTES
1913 Os físicos britânicos William e Lawrence Bragg são os primeiros a analisar estruturas de cristais usando raios x.

1922 O médico canadense Frederick Banting administra insulina a um paciente humano.

DEPOIS
1985 James Hogle determina a estrutura 3D do vírus da pólio.

1985 O físico teuto-americano Michael Rossmann participa de um grupo que publica a estrutura do rinovírus, responsável pelo resfriado comum.

2000 Uma equipe que inclui o bioquímico polonês-americano Krzysztof Palczewski publica a primeira estrutura 3D da família de receptores acoplados à proteína G, que transmitem sinais em seres vivos.

Em 1922, os médicos deram a primeira injeção salvadora de insulina num jovem de 14 anos diabético, no Hospital Geral de Toronto, no Canadá. No fim de 1923, o hormônio já tratava cerca de 25 mil pacientes na América do Norte, mas o motivo desse sucesso era um mistério. A química britânica Dorothy Crowfoot iniciou o estudo da proteína em 1934, esperando desvelar sua estrutura e resolver o enigma.

Estudos sobre proteínas
Nos anos 1930, os cientistas conheciam bastante sobre proteínas em geral, mas não sabiam explicar sua operação em detalhes. Eles tinham verificado que as proteínas eram parecidas com estruturas em cadeia de aminoácidos ligados, mas era difícil obter proteínas puras o bastante para estudar.

No início da década, o físico britânico William Astbury usou difração de raios x para estudar fibras de duas proteínas que eram de interesse da indústria têxtil: a queratina e o colágeno. Em especial, ele queria saber por que a lã, feita de queratina, era mais elástica que outros têxteis. Astbury passou feixes de raios x pelas fibras, decifrando pistas estruturais a partir dos padrões formados pelos

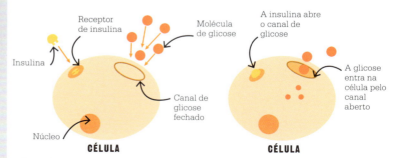

Quando a insulina se liga ao receptor na superfície de uma célula do corpo, dá um sinal à célula para que tome glicose da corrente sanguínea, que será usada então para energia.

A ERA NUCLEAR

Ver também: Benzeno 128-129 ▪ Cristalografia de raios x 192-193 ▪ A estrutura do DNA 258-261 ▪ Microscopia de força atômica 300-301

feixes ao interagir com os átomos das proteínas. Ele descobriu que as proteínas espiralavam em forma de hélice, que podia ser desenrolada ao esticar as fibras. O achado se mostrou importante não só para os têxteis, e alguns o consideram o início da biologia molecular.

Em 1934, Crowfoot trabalhou com seu orientador na Universidade de Cambridge, o químico irlandês J. D. Bernal, na produção da primeira imagem por difração de raios x de uma proteína cristalizada, a pepsina. No mesmo ano, montou seu próprio laboratório de pesquisa no Museu de História Natural da Universidade de Oxford. A insulina, uma pequena proteína com frequência conhecida como um peptídeo, foi uma das primeiras substâncias com que ela trabalhou. Ela passou feixes de raios x em amostras cristalizadas de insulina e analisou os padrões de difração resultantes. Isso estabeleceu a estrutura 2D da insulina com mais detalhes do que nunca, mas o quadro estava longe de estar completo.

Um avanço crucial ocorreu graças a uma nova técnica matemática de transformada de Fourier desenvolvida por Arthur Lindo Patterson. Ela revela mapas de densidade de elétrons que mostram onde os átomos estão, permitindo a Patterson descobrir estruturas moleculares. Em seus experimentos, ele também incluiu átomos pesados, como os dos elementos metálicos. Era mais fácil estabelecer a posição desses átomos pesados, pois eles desviavam melhor os raios x. Descobrir sua localização ajudou-o a escolher entre opções de estruturas.

Estruturas valiosas

Em Oxford, Crowfoot – trabalhando agora com o nome de casada, Hodgkin – fez mapas de Patterson de moléculas orgânicas, usando a técnica do átomo pesado. Desse modo, ela determinou a estrutura 3D da penicilina, publicando-a em 1949. Seu desafio seguinte foi a importante molécula da vitamina B12. Reunindo uma grande equipe de pesquisadores e os recursos computacionais necessários, Hodgkin conseguiu mapear os 181 átomos da vitamina B12 no início dos anos 1950. Enquanto isso, em 1951, o bioquímico britânico Frederick Sanger descobriu a sequência de aminoácidos da insulina, usando ácidos para quebrá-la em partes menores. Hodgkin voltou à sua pesquisa sobre a estrutura 3D da insulina em 1959, reunindo outra equipe de trabalho, que de novo usou a abordagem do átomo pesado. Hodgkin e sua equipe publicaram um detalhado mapa 3D dos 788 átomos da insulina em 1969. Isso ajudou os cientistas a descobrir como a insulina se prendia aos receptores nas células do corpo e a identificar as mutações no gene da insulina que causam o diabetes. Também auxiliou empresas de fármacos a elaborar versões sintéticas de insulina humana que agiam mais rápido e duravam mais, e eram bem menos passíveis de causar reações alérgicas. ∎

Parece que passei muito mais tempo de vida não resolvendo estruturas que resolvendo-as.
Dorothy Hodgkin

Dorothy Hodgkin

Nascida em 1910 no Cairo, no Egito, Dorothy Crowfoot foi à escola na Inglaterra, ingressando na Universidade de Oxford para estudar química em 1928. Em seu ano final, ela pediu ao cristalógrafo de rios x Herbert Powell que fosse seu orientador de pesquisa. Em 1932, ela se transferiu para o laboratório de J. Desmond Bernal, na Universidade de Cambridge, e escreveu com ele 12 artigos enquanto trabalhava em seu PhD. Voltou a Oxford em 1934 e se casou com o historiador Thomas Hodgkin em 1937. Ela continuou o restante de sua carreira em Oxford e teve muitos alunos, entre eles, Margaret Thatcher. Hodgkin recebeu o Prêmio Nobel de Química de 1964. Morreu em 1994.

Obras principais

1938 "A estrutura cristalina da insulina I: A investigação de cristais de insulina secos ao ar"
1969 "A estrutura de cristais de insulina 2 zinco romboédricos"

O CANTO DA SEREIA DE CURAS MIRACULOSAS E BALAS MÁGICAS
DESENHO RACIONAL DE FÁRMACOS

EM CONTEXTO

FIGURAS CENTRAIS
Gertrude Elion (1918-1999),
George Hitchings (1905-1998)

ANTES
1820 Os químicos franceses Pierre-Joseph Pelletier e Joseph-Bienaimé Caventou isolam a quinina da casca de árvores do gênero *Cinchona*. A droga foi o principal tratamento para malária até os anos 1940.

1928 Alexander Fleming descobre que uma substância produzida pelo mofo pode matar bactérias; ele a chama de penicilina.

DEPOIS
1975 Os imunologistas Georges Köhler (alemão) e César Milstein (argentino) sintetizam formas de moléculas de anticorpos, abrindo caminho para drogas altamente seletivas.

1998 Primeiro teste clínico do imatinibe, o primeiro fármaco seletivo para câncer criado por desenho racional, dirigido por Brian Druker.

Em 1906, o médico alemão Paul Ehrlich criou a "bala mágica" – uma droga química que só afeta a causa da doença, sem prejudicar o paciente. Ele usava corantes sintéticos para ver tecidos animais e bactérias ao microscópio, e notou que alguns deles tingiam tecidos ou bactérias específicos, mas outros não, e que havia uma ligação entre a estrutura química dos corantes e as células que eles coloriam.

Ehrlich raciocinou que poderia usar certas substâncias para visar com precisão células específicas – como micróbios causadores de doenças –, sem atingir outras. Com sua equipe, ele usou um corante para matar o parasita da malária, e melhorou o corante tóxico ácido arsanílico, baseado em arsênio, para tratar a doença do sono. Eles fizeram centenas de compostos similares, buscando de modo aleatório opções menos danosas. Em 1907, criaram a arsfenamina, que, em 1909, descobriram que matava a bactéria que causa sífilis.

Outros cientistas começaram a examinar corantes como fármacos potenciais, e o bacteriologista alemão Gerhard Domagk testou mais de 3 mil. Em 1935, ele reportou a primeira droga antibiótica da classe das sulfonamidas a ser eficaz contra uma variedade de infecções bacteriológicas.

Pensamento racional
Trabalhando nos Wellcome Research Laboratories em Tuckahoe (EUA), o bioquímico George Hitchings buscava um modo mais racional que peneirar entre inúmeros corantes para descobrir drogas. Ele focou nas diferenças no modo com que as células humanas normais e as que causam doenças – como células de câncer, bactérias e vírus – lidam com moléculas como o DNA.

Em 1944, Hitchings encarregou Gertrude Elion de examinar dois dos quatro componentes principais do

Minha maior satisfação é saber que nossos esforços ajudaram a salvar vidas e aliviar a dor.
George Hitchings
Biografia para o Prêmio Nobel (1988)

A ERA NUCLEAR 271

Ver também: Antibióticos 222-229 ▪ A estrutura do DNA 258-261 ▪ Quimioterapia 276-277 ▪ A reação em cadeia da polimerase 284-285 ▪ Enzimas customizadas 293

> As células **que causam doenças** têm **mecanismos bioquímicos** específicos e, às vezes, especializados.

> As **drogas seletivas** podem visar **mecanismos** específicos de células causadoras de doenças.

> **As drogas podem ser criadas para matar células causadoras de doenças e evitar as saudáveis.**

Gertrude Elion

Nascida em Nova York em 1918, Gertrude Elion foi motivada a lutar contra o câncer depois que ele matou seu avô quando ela tinha 15 anos. Ela se graduou em química no Hunter College em 1937. Empregos científicos para mulheres eram raros, então Elion aceitou um posto mal pago como assistente de laboratório e também lecionou para cobrir os custos da Universidade de Nova York. Ela se tornou mestre em 1941, antes de a Segunda Guerra Mundial criar vagas para químicos em laboratórios industriais nos Estados Unidos. Após um breve estágio na Johnson & Johnson em Nova Jersey, Elion se tornou assistente de George Hitchings nos Wellcome Research Laboratories em 1944, substituindo-o em 1967. Ela publicou 225 artigos antes de se aposentar em 1983. Em 1988, Elion e Hitchings receberam o Prêmio Nobel de Fisiologia ou Medicina. Morreu em 1999.

Obras principais

1949 *The effects of antagonists on the multiplication of vaccinia virus in vitro*
1953 *6-mercaptopurine: effects in mouse sarcoma 180 and in normal animals*

DNA, a adenina e a guanina. As bactérias precisam dessas moléculas para fazer seu DNA, e isso deu a Hitchings uma ideia. Se usassem uma substância para impedir que as moléculas iniciassem os mecanismos que as células causadoras de doenças usam para fazer DNA, poderiam impedi-las de crescer.

Em 1950, Hitchings e Elion já tinham feito a diaminopurina e a tioguanina, que se prendiam a enzimas que se ligariam à adenina e à guanina, bloqueando assim a produção de DNA. Elas impediam que células de leucemia se formassem – os primeiros tratamentos a fazer isso. Porém, elas também afetavam células do estômago, fazendo os pacientes vomitarem muito.

Elion pesquisou mais de cem compostos e criou a 6-mercaptopurina (6-MP), mais seletiva. Hoje, a 6-MP faz parte de um tratamento que cura 80% das crianças com leucemia. A tioguanina ainda é usada para tratar leucemia mielocítica aguda (LMA) em adultos. O trabalho dele com ácidos nucleicos levou ao alopurinol, para tratamento de gota, e à azatioprina, que suprime o sistema imune e é usada em transplantes de órgãos. Nos anos 1960, Hitchings e Elion desenvolveram a droga para malária pirimetamina e o antibacteriano trimetoprim, para tratar infecções urinárias e do trato respiratório, meningite e septicemia. Porém, a maioria ainda tinha efeitos colaterais.

Balas mágicas

Em 1967, Elion se voltou para os vírus. Ela desenvolveu a droga para herpes acicloguanosina, também chamada de aciclovir e Zovirax, que mostrou que as drogas de ácido nucleico podem ser de fato seletivas, tornando-as balas mágicas de Ehrlich. Isso ajudou os colegas de Elion a desenvolver depois a droga para HIV-Aids azidotimidina (AZT). Moléculas similares se tornariam as drogas para covid-19 remdesivir e molnupiravir. ∎

ESTE ESCUDO É FRÁGIL
O BURACO NA CAMADA DE OZÔNIO

EM CONTEXTO

FIGURAS CENTRAIS
Mario Molina (1943-2020),
F. Sherwood Rowland
(1927-2012)

ANTES
1930 O matemático britânico Sydney Chapman cria a primeira teoria fotoquímica da formação do ozônio pela luz solar a partir de oxigênio atmosférico e de sua quebra de volta.

1958 James Lovelock inventa o detector de captura de elétrons, capaz de revelar quantidades extremamente pequenas de substâncias, entre elas, gases no ar.

DEPOIS
2011 Uma equipe liderada pela pesquisadora científica americana Gloria Manney descobre um buraco de ozônio raro sobre o Ártico.

2021 Stephen Montzka descobre que as emissões da substância banida CFC-11 aumentaram de 2011 a 2018 e depois caíram muito.

No início dos anos 1970, os químicos Mario Molina (mexicano) e F. Sherwood Rowland (americano), da Universidade da Califórnia em Irvine, descobriram que substâncias feitas pelos humanos ameaçavam a camada de ozônio que fica de 20 a 30 km acima da superfície da Terra. Sua pesquisa considerou os dados obtidos pelo químico britânico James Lovelock, que tinha medido a abundância de gases de clorofluorcarboneto (CFC) na atmosfera usando seu instrumento de captura de elétrons. O ozônio (O_3) é um gás reativo, com três átomos de oxigênio em vez dos dois usuais. Ele absorve a radiação UV do Sol, que em altos níveis causa câncer de pele.

Os CFCs e a camada de ozônio
Em 1973, Molina e Rowland examinaram como os gases de CFC afetavam o ambiente. Eles eram muito usados como gases refrigerantes, propelentes em latas de aerossol e em espumas plásticas. Porém, Molina e Rowland descobriram que eles aos poucos

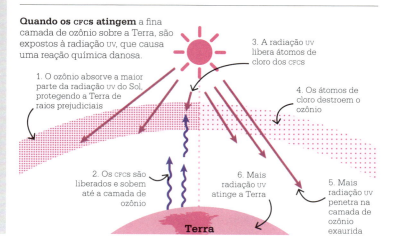

Quando os CFCs atingem a fina camada de ozônio sobre a Terra, são expostos à radiação UV, que causa uma reação química danosa.

1. O ozônio absorve a maior parte da radiação UV do Sol, protegendo a Terra de raios prejudiciais

2. Os CFCs são liberados e sobem até a camada de ozônio

3. A radiação UV libera átomos de cloro dos CFCs

4. Os átomos de cloro destroem o ozônio

5. Mais radiação UV penetra na camada de ozônio exaurida

6. Mais radiação UV atinge a Terra

Terra

Ver também: Gases 46 ▪ Primórdios da fotoquímica 60-61 ▪ O efeito estufa 112-115 ▪ Gasolina com chumbo 212-213

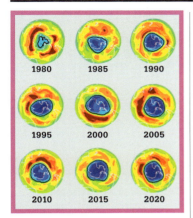

A extensão máxima anual do buraco na camada de ozônio sobre a Antártida é registrada pelo Serviço de Monitoramento Atmosférico Copérnico, dos EUA.

sobem até a alta atmosfera, onde a radiação UV é tão forte que quebra suas moléculas, liberando átomos de cloro. Estes reagem com o ozônio, removendo átomos e deixando moléculas de oxigênio (O_2).

Em 1974, Molina e Rowland previram que se o uso do gás de CFC continuasse, logo degradaria a camada de ozônio. Porém, só quase uma década depois os cientistas encontraram alguma evidência disso. Eles supunham que o cloro dos CFCs afetaria mais a camada de ozônio na alta atmosfera perto do equador, mas os níveis de ozônio ali ficaram estáveis. Em vez disso, uma combinação de medidas de solo e de satélite revelou um "buraco no ozônio" sobre a Antártida.

Um olhar dentro do buraco

Em 1983, Jon Shanklin estava se preparando para um dia aberto ao público, desenhando um gráfico destinado a mostrar níveis de ozônio inalterados ao redor do polo sul. Ao fazer isso, ele percebeu que os níveis estavam caindo drasticamente a cada primavera. Shanklin publicou esses achados com Joe Farman e Brian Gardiner, em 1985. Os valores mais baixos de ozônio, verificados em meados de outubro, tinham caído para quase a metade entre 1975 e 1984. A descoberta foi tão chocante que chamou a atenção do público e motivou governos e cientistas a agir.

Em 1986, Susan Solomon, da Agência Nacional de Oceanos e Atmosfera, foi para a Antártida estudar o buraco no ozônio. Ela mostrou que as nuvens antárticas apresentam superfícies minúsculas e geladas onde uma complexa rede de reações libera o cloro dos CFCs, que destrói o ozônio quando a radiação UV do Sol atinge o círculo antártico na primavera.

A diminuição da camada de ozônio enfraquece a proteção da Terra contra radiação perigosa, o que, por exemplo, aumenta o risco de câncer de pele e prejudica as plantas. Felizmente, a solução era clara, e os fabricantes químicos puderam prontamente apresentar alternativas aos CFCs. Em 1987, foi assinado o Protocolo de Montreal, para eliminar os CFCs e outros gases que esgotam o ozônio, com vigência a partir de 1989.

Atualmente, o tamanho do buraco de ozônio varia a cada ano, por conta das temperaturas da alta atmosfera sobre o polo sul. Um pequeno se formou em 2019, mas um vórtex antártico frio e estável levou o 12º maior buraco de ozônio já registrado a se desenvolver em 2020. Apesar disso, espera-se que os níveis de ozônio voltem aos níveis pré-1980 até 2060, mostrando que com o tempo uma ação global pode reverter danos ambientais. ■

Mario Molina

Nascido na Cidade do México, desde criança Molina queria ser químico. Em 1960, inscreveu-se na Universidade Nacional Autônoma do México para cursar engenharia química, e depois foi para a Universidade de Freiburg, na Alemanha, onde estudou físico-química. Ele iniciou seu PhD sobre reações químicas ativadas pela luz na Universidade da Califórnia, nos Estados Unidos, em 1968. Em 1973, foi para a UC em Irvine, onde trabalhou com Rowland sobre os efeitos dos CFCs no ambiente. Em 1975, tornou-se professor assistente e depois ingressou no Laboratório de Propulsão a Jato da Nasa em Pasadena, na Califórnia, onde ajudou a investigar o buraco no ozônio na Antártida. Molina se transferiu para o Instituto de Tecnologia de Massachusetts em 1989. Em 1995, recebeu conjuntamente o Prêmio Nobel de Química por seu trabalho em química atmosférica. Recebeu a Medalha Presidencial da Liberdade em 2013.

Obra principal

1974 "Escoadouro estratosférico para clorofluorometanos: a destruição do ozônio catalisada pelo átomo de cloro"

O PODER DE ALTERAR A NATUREZA DO MUNDO
PESTICIDAS E HERBICIDAS

EM CONTEXTO

FIGURAS CENTRAIS
Paul Müller (1899-1965),
Rachel Carson (1907-1964),
John E. Franz (1929-)

ANTES
c. 2500 a.C. Agricultores usam enxofre para matar insetos e ácaros na Suméria (hoje, Iraque).

1856 William Perkin põe em ação a indústria de substâncias sintéticas produzindo o primeiro corante químico de anilina púrpura.

DEPOIS
1985 A Bayer patenteia o primeiro pesticida neonicotinoide, o imidacloprido, que bloqueia sinais nervosos em insetos. Vários estudos desde então ligaram os neonicotinoides à queda no número de abelhas.

2015 A Corte de Apelação dos Estados Unidos determina que a Agência de Proteção Ambiental violou a lei federal ao aprovar o sulfoxaflor – pesticida similar aos neonicotinoides – sem estudos confiáveis.

A proteção química das plantações ajuda os agricultores há milênios a produzir colheitas melhores. Desde mais ou menos os anos 1800 eles usaram sais venenosos de metais pesados como arsênio e mercúrio para matar insetos e bactérias, mas depois se verificou que traziam riscos para a saúde e o ambiente. Em 1974, o glifosato, um novo tipo de herbicida sintético, entrou no mercado, e tornou-se a substância química para culturas mais vendida no mundo de todos os tempos.

Do natural ao sintético

Um dos inseticidas naturais mais antigos do mundo é o píretro. É provável que fosse usado em c. 1000 a.C. por agricultores chineses, que o extraíam de margaridas do píretro (*Tanacetum cinerariifolium*). A partir do século XIX, lavradores de muitos países também utilizaram a nicotina do tabaco (*Nicotiana*). O primeiro uso de rotenona como inseticida ocorreu em 1848. Ela ocorre nas raízes e caules de várias plantas tropicais, como a *Derris elliptica*, e também era usada para paralisar peixes. Essas

---

Uma população mundial **em crescimento** precisa de mais colheitas de alimentos.

Eliminar pragas de insetos e ervas daninhas torna mais fácil desenvolver **cultivos maiores** e **mais saudáveis**.

Alguns **venenos matam insetos e ervas daninhas**, mas podem ser danosos a plantas e a outros animais, entre eles, os humanos.

Substâncias químicas que visam apenas pragas e ervas daninhas podem aumentar as colheitas com mais segurança.

Ver também: A síntese da ureia 88-89 ▪ Corantes e pigmentos sintéticos 116-119 ▪ Enzimas 162-163 ▪ Fertilizantes 190-191 ▪ Cristalografia de proteínas 268-269

Os pesticidas orgânicos vêm de fontes naturais, principalmente plantas, e são usados como inseticidas no cultivo de alimentos, como nesta plantação de tomates. Podem ser tóxicos para outros animais.

Desbloqueio do alvo

Os pesticidas e herbicidas atuam prendendo suas moléculas a proteínas, como as enzimas que são parte da via bioquímica de um organismo, para desativá-las ou pô-las em ação. Em geral, a molécula interage com um alvo na via bioquímica da praga ou erva daninha. O alvo é a fechadura; a chave é o pesticida ou herbicida. Com frequência, os pesticidas bloqueiam nervos de insetos. Por exemplo, o píretro e o DDT estimulam os nervos dos insetos sem cessar, fazendo-os convulsionar até morrer. A rotenona bloqueia vias bioquímicas nas mitocôndrias, organelas nas células que produzem energia química, para fazê-las parar de funcionar. O glifosato bloqueia uma enzima de micróbios e plantas que produzem aminoácidos para moléculas de proteína cruciais à vida.

substâncias eram caras, pois eram difíceis de extrair de suas fontes naturais. No início do século XX, empresas começaram a explorar os conhecimentos de química orgânica sintética para fazer pesticidas e herbicidas melhores e mais baratos.

Em 1939, Paul Müller, buscando um inseticida de contato, descobriu que o diclorodifeniltricloroetano, ou DDT, era muito potente. Um tanque coberto de DDT e limpo de modo a só deixar rastros ainda mataria moscas. Müller recebeu o Prêmio Nobel de Fisiologia ou Medicina de 1948 pelo uso do DDT para matar insetos que espalhavam tifo, malária, peste bubônica e outras doenças.

O DDT era barato, muito eficaz e se tornou um inseticida milagroso. Era preciso muito DDT para matar animais maiores, então, de início, os cientistas julgaram seu uso seguro. Ele podia ser borrifado sobre áreas vastas e não desaparecia com facilidade, então não exigia reaplicação frequente. Porém, ele persistia no ambiente e não se decompunha ao ser ingerido. O DDT ficava mais concentrado conforme passava de um animal ao seguinte na cadeia alimentar, até atingir níveis letais.

Em 1958, Rachel Carson recebeu uma carta sobre o impacto do DDT em aves. Ela pesquisou os problemas do pesticida e publicou seus achados no famoso livro *Primavera silenciosa* em 1962, afirmando que os humanos estavam envenenando o ambiente. As empresas químicas tentaram desacreditar Carson, mas comitês científicos respeitados sustentaram as conclusões dela, tornando os pesticidas um tema controverso.

Seleção de alvo

Desde os anos 1970, os cientistas tentam desenvolver pesticidas e herbicidas mais seguros, que funcionem em quantidades minúsculas, sejam altamente seletivos – matando só os alvos – e se decomponham com facilidade, de modo a não se infiltrar no ambiente.

John E. Franz, desenvolveu em 1970 uma nova classe de herbicidas. Um deles era o glifosato, que inibe uma enzima-chave das plantas, impedindo-as de desenvolver novas células. Ele se prende com força ao solo, não devendo atingir cultivos vizinhos nem o ambiente mais amplo, e se decompõe em substâncias seguras, o que permite que novas plantas cresçam após um ou dois meses. A Monsanto logo começou a vender o glifosato sob vários nomes, em especial, Roundup®.

Em 2015, a Agência Internacional de Pesquisa do Câncer (AIPC) afirmou que o glifosato provavelmente causava câncer em humanos, mas a Food and Drug Administration (FDA) declarou que os traços em alimentos eram pequenos demais para causar riscos aos humanos. Apesar disso, pacientes com câncer processaram a Bayer, que em 2018 assumiu a Monsanto. Muitos países baniram alguns ou todos os produtos com glifosato e outros estão revendo seu uso. Os químicos continuam em busca de produtos mais seguros. ∎

SE BLOQUEIA A DIVISÃO CELULAR, É BOM CONTRA O CÂNCER
QUIMIOTERAPIA

EM CONTEXTO

FIGURA CENTRAL
Barnett Rosenberg
(1926-2009)

ANTES

1942 Dois farmacologistas americanos, Alfred Gilman e Louis Goodman, administram o primeiro tratamento quimioterápico com gás mostarda.

1947 O patologista americano Sidney Farber e o bioquímico indiano Yellapragada Subba Rao desenvolvem o metotrexato, uma das primeiras drogas aprovadas para quimioterapia.

DEPOIS

1991 O imunologista escocês Ian Frazer e o virologista chinês Jian Zhou inventam a primeira vacina contra o câncer cervical.

1994-1995 O imunologista americano James Allison percebe que as drogas podem estimular o sistema imune a visar o câncer.

Uma descoberta acidental nos anos 1960 foi responsável pela droga quimioterápica cisplatina, considerada por alguns "a mais importante droga anticancerígena já desenvolvida". As drogas quimioterápicas destroem ou inibem o crescimento de células. Em pacientes com câncer, são usadas para encolher tumores e impedi-lo de crescer e se espalhar. A cisplatina foi primeiro aprovada para uso como tratamento para câncer de testículo em 1978 nos EUA. Após ligar-se à Universidade do Estado de Michigan em 1961, Barnett Rosenberg decidiu estudar a divisão celular em bactérias colocando-as numa solução com eletrodos de platina. Com alguns equipamentos emprestados, ele pediu a sua técnica de laboratório, Loretta van Camp, que passasse corrente elétrica pela solução. Quando a energia estava ligada, Van Camp observou que as bactérias assumiam estranhas formas alongadas. Elas não morriam, mas não podiam se dividir para formar novas células.

Parecia que a corrente elétrica controlava a divisão celular das bactérias, mas Rosenberg foi cauteloso ao testar essa conclusão. Ele tentou reutilizar uma solução em que já havia passado corrente elétrica, e viu que as bactérias faziam a mesma coisa. Percebeu então que a divisão celular estava sendo bloqueada não pela corrente elétrica, mas pelos sais de platina dissolvidos na solução. Rosenberg publicou seus resultados em 1965. Ele testou depois vários sais de platina para reproduzir o efeito. O mais poderoso era o cis--diaminodicloroplatina (II) ou cisplatina, preparado primeiro pelo químico italiano Michele Peyrone em 1844.

Estruturas que salvam vidas

A cisplatina é um composto simples de platina cercado por quatro outros grupos químicos em forma de quadrado. Em cada um de dois

Eles nunca tinham visto uma resposta como essa, o total desaparecimento de tantos cânceres [...].
Barnett Rosenberg

A ERA NUCLEAR

Ver também: Química de coordenação 152-153 ▪ A estrutura do DNA 258-261 ▪ Desenho racional de fármacos 270-271 ▪ Edição de genoma 302-303

Barnett Rosenberg examina um frasco com uma droga anticâncer derivada da cisplatina na Universidade de Michigan. Hoje, tratamentos curam mais de 90% dos pacientes com câncer de testículo.

cantos adjacentes do quadrado há um átomo de cloro. Em cada um dos outros dois, um grupo amina. Cada amina compreende um átomo de nitrogênio com três de hidrogênio presos a ele. Essa estrutura simples tem formato perfeito para interferir com o DNA das células, impedindo-as de se multiplicar. Com a cisplatina como exemplo, começou-se a entender as conexões entre as estruturas moleculares das drogas e sua função biológica.

No câncer, uma ou mais mutações nos genes de uma pessoa podem fazer uma célula antes normal se dividir e depois multiplicar, criando muito mais células. Rosenberg logo percebeu que uma substância como a cisplatina poderia ser usada contra o câncer. Ele começou a trabalhar para o Instituto Nacional do Câncer dos EUA em 1968, mostrando que a cisplatina podia impedir que células de câncer se dividissem em ratos. O instituto continuou a investir na cisplatina, e testes clínicos em pacientes humanos com câncer começaram em 1972 num hospital de Nova York especializado na doença. A cisplatina funcionou bem em cânceres de testículo, ovário, cabeça e pescoço, bexiga, próstata e pulmões, mas havia efeitos colaterais tóxicos, entre eles, danos potenciais à audição, nervos e rins.

Apesar disso, em 1978, a FDA aprovou a cisplatina para tratamento de câncer de testículo, para o qual não havia droga eficaz. Seu uso foi melhorado desde então, e a cisplatina hoje é parte crucial da terapia combinada – quimioterapia, cirurgia e radioterapia, por exemplo – para muitos tipos de câncer.

Ainda se buscam alternativas menos tóxicas. A primeira veio de pesquisadores de duas organizações do Reino Unido – Johnson Matthey e Instituto de Pesquisa sobre o Câncer –, que juntas descobriram a carboplatina. A troca dos átomos de cloro da cisplatina por um grupo orgânico tornou a droga mais estável no corpo dos pacientes, e a FDA aprovou a carboplatina para uso em 1989. De modo similar, Yoshinori Kidani descobriu em 1976 a oxaliplatina, aprovada pela FDA em 2002. Hoje, milhões de pacientes curaram o câncer por esses tratamentos. ∎

Como as drogas com platina combatem o câncer

A estrutura química da cisplatina tem a forma ideal para reagir com o DNA. Os átomos de nitrogênio no DNA substituem os dois átomos de cloro presos ao átomo de platina no centro da cisplatina. Com o DNA comprometido desse modo, as células não podem repará-lo nem copiá-lo, e morrerão. Porém, como a cisplatina visa o DNA, afeta todas as células vivas, em especial as que se dividem rápido, como as do câncer. Mas há outros tipos de células que se dividem rápido e que também param de se multiplicar e morrem. Estas incluem o revestimento do estômago, a medula óssea, que produz as células sanguíneas, e os folículos pilosos, e causa enjoo, infecções e perda de cabelo. A cisplatina é eficaz para vários tipos de câncer, como algumas formas de leucemia e câncer do testículo. Em outros, ou não funciona bem ou é eficaz por um período, mas depois deixa de atuar quando as células cancerosas desenvolvem modos de expelir a droga. Esses cânceres resistentes exigem drogas diferentes, como a carboplatina ou a oxaliplatina.

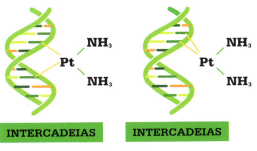

As cadeias de DNA substituem os átomos de cloro da cisplatina, mantendo seu átomo de platina (Pt) e dois grupos amina (NH_3). Ligações intercadeias, que incluem as duas cadeias do DNA, ou ligações intracadeias, numa só cadeia, matam células.

INTERCADEIAS — 1% de ligações cruzadas

INTERCADEIAS — 96% de ligações cruzadas

A FORÇA OCULTA QUE MOVE OS CELULARES

BATERIAS DE ÍON-LÍTIO

BATERIAS DE ÍON-LÍTIO

EM CONTEXTO

FIGURA CENTRAL
John Goodenough (1922-)

ANTES
1800 Alessandro Volta inventa a primeira bateria, uma pilha de discos de zinco e cobre separados por tecido ensopado com água salgada.

1817 Os químicos suecos August Arfwedson e Jöns Jacob Berzelius descobrem o lítio, purificando-o de uma amostra de mineral.

1970 O engenheiro suíço Klaus-Dieter Beccu é o primeiro a patentear baterias recarregáveis híbridas de níquel metálico, muito mais poderosas que as recarregáveis anteriores.

DEPOIS
1995 O cientista K. M Abraham supostamente descobre que um vazamento numa bateria de íon-lítio lhe dá um conteúdo de energia muito maior, levando à invenção das baterias de lítio-ar de longa duração.

O **peso leve do lítio** e sua rápida liberação de **elétrons** convêm às baterias, mas ele **pega fogo** facilmente.

Os **eletrodos positivos em camadas** criam baterias melhores, mas os **eletrodos negativos de lítio** ainda pegam fogo.

Os **eletrodos negativos** baseados em carbono ajudam a controlar o risco de incêndio e fornecem voltagens mais altas do que as **baterias de íon-lítio** precisam.

As baterias de íon-lítio são amplamente usadas em aparelhos eletrônicos de consumo.

As baterias de íon-lítio são comuns hoje, fazendo funcionar quase todo tipo de aparelho eletrônico portátil. Celulares, laptops, fones de ouvido e furadeiras sem fio funcionam graças à ação contínua de reações químicas. O cientista americano de materiais John Goodenough inventou esse tipo de bateria em 1980.

Surpreendentemente, essa energia relativamente "verde" deve sua existência a um dos maiores produtores mundiais de combustíveis fósseis. Em 1973, a Arábia Saudita provocou uma crise de petróleo ao parar de exportá-lo a vários países, entre eles Estados Unidos, Japão, Reino Unido, Canadá e Países Baixos. Num ano, os preços do petróleo quadruplicaram, e governos e cientistas também passaram a se preocupar com o esgotamento dos recursos finitos de petróleo da Terra. Com isso, aumentou o interesse por tecnologias energéticas livres de combustíveis fósseis.

Antes do início da crise do petróleo, o químico britânico M. Stanley Whittingham entrou no departamento de pesquisa e engenharia da Exxon, uma das maiores empresas de petróleo do mundo, em Nova Jersey (EUA). Ele trabalhou primeiro com materiais supercondutores, cuja resistência elétrica é tão baixa que podem fornecer eletricidade a grandes distâncias com mais eficiência.

Como parte dessa pesquisa, ele estudou materiais condutores denominados sulfetos em camadas. Ele já tinha trabalhado com baterias e percebeu que o sulfeto de titânio em camadas era adequado para armazenar energia em baterias por um processo chamado de intercalação. Os átomos em compostos iônicos como o sulfeto de titânio se arranjam em estruturas de camadas regulares. Nas baterias, íons metálicos de carga positiva podem deslizar – ou se intercalar – entre aquelas camadas e voltar a sair.

Como as baterias funcionam

A operação básica das baterias tem sido a mesma há mais de dois

A ERA NUCLEAR

Ver também: Elementos terras-raras 64-67 ▪ Catálise 69 ▪ A primeira bateria 74-75 ▪ Elementos isolados por eletricidade 76-79 ▪ Isomeria 84-87 ▪ Eletroquímica 92-93 ▪ O elétron 164-165

Como as baterias recarregáveis funcionam

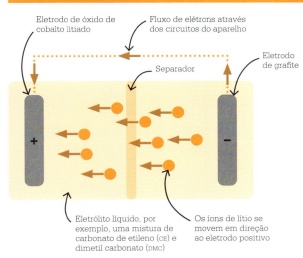

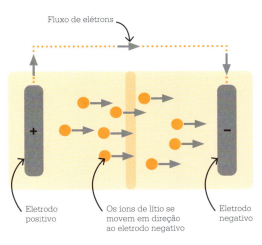

Quando um aparelho eletrônico está em uso, os elétrons e os íons de lítio fluem do eletrodo negativo para o positivo. Conforme os elétrons percorrem os circuitos do dispositivo, os íons de lítio atravessam o eletrólito para contrabalançá-los.

Quando se carrega a bateria de um aparelho, a reação é inversa. Porém, muitas outras reações indesejadas acontecem dentro da bateria ao mesmo tempo, e é por isso que baterias velhas perdem a eficiência.

séculos. Elas têm um eletrodo de carga positiva e outro de carga negativa – em baterias tradicionais, eles são denominados cátodo e ânodo. Entre os eletrodos há um meio material chamado de eletrólito, em geral ar ou um líquido como água, no qual os íons com carga elétrica podem viajar. Quando cargas elétricas se movem, criam corrente elétrica. Usualmente, a bateria também tem um separador – uma barreira material que impede que os eletrodos se toquem, causando curto-circuito, o que rapidamente descarregaria a energia. Em vez disso, os eletrodos da bateria se ligam a fios que levam a energia aos circuitos elétricos necessários para acionar aparelhos.

Para liberar energia, um processo químico no ânodo impele elétrons para dentro do circuito. As substâncias formadas viajam através do eletrólito até o cátodo, onde causam outro processo químico, que usa elétrons que entram na bateria vindo do circuito.

As baterias de íon-lítio tornaram a sociedade atual da TI móvel uma realidade.
Akira Yoshino (2020)

A capacidade da bateria deriva de sua voltagem, da corrente que ela pode produzir e por quanto tempo. A voltagem depende da rapidez com que as substâncias no ânodo liberam elétrons, e com que presteza os que estão no cátodo são sugados. Em baterias recarregáveis, o processo precisa ser reversível. Isso significa que os projetistas de baterias devem escolher com cuidado os processos químicos para evitar causar reações secundárias, que possam consumir os materiais da bateria e diminuir sua voltagem.

Baterias descartáveis
Nos anos 1970, as baterias descartáveis, ou primárias, eram de uso corriqueiro. As recarregáveis »

BATERIAS DE ÍON-LÍTIO

de chumbo-ácido, como as que ainda existem em muitos carros, também foram comuns por décadas, mas se baseavam em reações químicas que, com o tempo, corroíam os eletrodos.

A busca por alternativas

Os químicos consideraram o potencial do lítio para eletrodos desde os anos 1950. Como é o menos denso dos metais, ele poderia reduzir o peso das baterias, tornando-as mais práticas para aparelhos pequenos. Embora não ocorra como metal na natureza, o lítio está presente em pequenas quantidades em minerais que formam muitas rochas.

Outro ponto forte do lítio, porém, é também uma fraqueza. Os átomos de lítio metálico emitem elétrons com muita facilidade e esse processo químico pode liberar muita energia. Essa característica torna o lítio metálico muito instável. Ao reagir com força em eletrólitos de ar e água típicos de bateria, ele forma hidróxido de lítio e hidrogênio altamente inflamável. Assim, por questões de segurança, os químicos estocam o lítio em óleo.

Dos anos 1950 aos 1970, aos poucos, os cientistas perceberam que alguns solventes orgânicos poderiam servir como eletrólitos numa bateria de lítio. Eles também confirmaram que o lítio metálico funcionava como ânodo, apesar de suas tendências combustíveis, mas a busca por um cátodo adequado continuou. Em 1973, o engenheiro americano Adam Heller inventou uma bateria de lítio descartável com um cátodo líquido que lhe dava longa vida, ainda muito usado hoje.

No mesmo ano, ao trabalhar com sulfeto de titânio, Whittingham percebeu que suas propriedades condutoras e o modo como o lítio podia se encaixar entre suas camadas fariam dele um excelente cátodo nas baterias de lítio. A Exxon buscou aproveitar a oportunidade, apresentando uma bateria de 2,5 V em 1976. Porém, reações secundárias faziam crescer longos dedos de lítio metálico, denominados dendritos, entre os eletrodos, causando curtos-circuitos e fogo. Enquanto isso, os preços do petróleo caíram e, por volta de 1980, a corporação deixou de lado a pesquisa de baterias.

Intercalação

Em outros locais, os cientistas pesquisavam a intercalação no ânodo, além do cátodo, para evitar dendritos, mas sem muito sucesso. Por exemplo, os átomos de lítio podiam se intercalar entre as camadas na forma grafite do carbono, mas o solvente usado no eletrólito da bateria aos poucos quebrava a grafite em flocos. Goodenough e sua equipe na Universidade de Oxford, no Reino Unido, descobriram um material melhor para o cátodo, e o patentearam em 1979. Ele sugeriu que uma bateria poderia produzir uma voltagem ainda maior se fosse feita com um cátodo de óxido metálico em vez de um sulfeto metálico. O átomo de oxigênio, menor, era mais ávido por elétrons do que o de enxofre, maior, pensou ele, e poderia deixar o lítio se

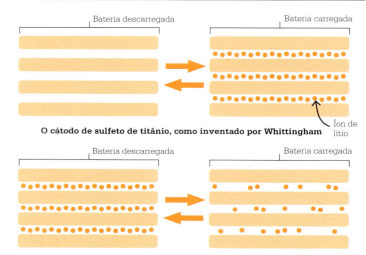

O cátodo de sulfeto de titânio, como inventado por Whittingham

Cátodo de óxido de cobalto litiado, como inventado por Goodenough

As baterias com cátodos de sulfeto de titânio se carregam quando íons de lítio deslizam entre as camadas formadas pelos átomos do cátodo. As camadas do óxido de cobalto litiado têm menos íons de lítio quando carregadas.

No futuro próximo, temos que fazer uma transição da dependência de combustíveis fósseis para a de energia limpa.
John Goodenough (2016)

intercalar com mais firmeza. Explorando essa ideia com cátodos de óxido de cobalto, ele conseguiu fazer uma bateria de 4 V, suficiente para acionar diversos aparelhos.

Pequeno é bonito

Enquanto isso, no Japão, empresas que fabricavam eletrônicos portáteis estavam se interessando por baterias de lítio para seus produtos. Por exemplo, na Asahi Kasei Corporation, o químico Akira Yoshino testou vários materiais baseados em carbono como ânodos intercalados. Um deles, chamado de coque, tinha algumas partes em camadas como a grafite e outras não. Esse arranjo impedia que lascasse, tornando-o forte o bastante para uso. Em 1985, Yoshino conseguiu fazer uma bateria eficiente e de longa duração de 4 V, que não pegava fogo e poderia ser carregada centenas de vezes antes de se esgotar.

Com base nesse projeto, as primeiras baterias comerciais recarregáveis de íon-lítio feitas pela empresa eletrônica japonesa Sony foram vendidas em 1991. As baterias de íon-lítio permitiram desde então o uso amplo de eletrônicos portáteis, em especial, computadores, tablets e celulares, tornando-se um mercado de bilhões de dólares. E elas continuam a melhorar. As versões atuais podem usar materiais novos no cátodo e solventes no eletrólito que não degradam a grafite, permitindo seu uso como ânodo. Em 2019, Whittingham, trabalhando no Departamento de Energia dos Estados Unidos, declarou que queria dobrar a densidade de energia das baterias de lítio. Para isso, os engenheiros de baterias estão substituindo o cobalto dos cátodos por níquel e buscando materiais para o ânodo que possam intercalar o lítio em densidades maiores que a grafite. A extração de lítio consome muita água e energia e contamina cursos de água e o solo. Ela também está ligada a abusos de direitos humanos e problemas graves de saúde. Melhorar a reciclagem das baterias de lítio é um importante objetivo. ∎

As baterias de íon-lítio ajudaram a impulsionar a explosão de consumo de produtos como celulares, relógios, brinquedos e câmeras. A mineração do lítio, porém, cria problemas ambientais.

John Goodenough

Nascido em 1922 em Jena, na Alemanha, e filho de pais americanos, John Goodenough estudou matemática na Universidade Yale e atuou como meteorologista no Exército dos Estados Unidos na Segunda Guerra Mundial. Foi depois aluno do pioneiro da física nuclear Enrico Fermi na Universidade de Chicago, onde se doutorou em física em 1952. Goodenough foi pesquisador científico do Instituto de Tecnologia de Massachusetts (MIT) e, em 1976, seguiu para a Universidade de Oxford, no Reino Unido, onde fez a descoberta do cátodo de óxido metálico. Em 1986, tornou-se professor da Universidade do Texas em Austin. Em 2019, Goodenough recebeu o Prêmio Nobel de Química – com M. Stanley Whittingham e Akira Yoshino – e se tornou o mais velho laureado na história do Nobel.

Obra principal

1980 "Li_xCoO_2 ($0<x≤1$): um novo material para o cátodo de baterias de alta densidade de energia"

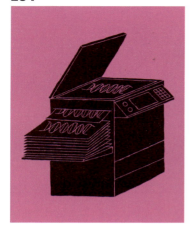

MÁQUINAS COPIADORAS MUITO PRECISAS
A REAÇÃO EM CADEIA DA POLIMERASE

EM CONTEXTO

FIGURA CENTRAL
Kary Banks Mullis (1944-2019)

ANTES
1956 Arthur e Sylvy Kornberg descobrem a polimerase do DNA, a enzima que constrói novas cadeias de DNA.

1961 Heinrich Matthaei e Marshall Nirenberg comprovam que as bases do código genético são lidas como "palavras" de três letras denominadas códons.

DEPOIS
1997 O geneticista sueco Svante Pääbo e colegas sequenciam quantidades minúsculas de DNA de neandertal amplificando o DNA até níveis detectáveis com PCR.

1997 Dennis Lo e colegas cientistas usam PCR para extrair o DNA de um bebê a partir do sangue da mãe.

2003 O Projeto Genoma Humano é declarado completo, graças em grande parte à tecnologia da PCR.

Em 2020, a reação em cadeia da polimerase (PCR, na sigla em inglês) ficou famosa devido à pandemia de covid-19, mas já era uma potência científica antes. A polimerase é uma enzima aproveitada em reações em cadeia para fazer milhões de cópias de moléculas genéticas específicas, como um trecho de DNA. Nos testes de covid-19, a PCR usa uma amostra com quantidades minúsculas do material genético do vírus e faz um número de cópias facilmente detectável. As origens da PCR remontam aos anos 1950, com a

Etapas básicas da reação em cadeia da polimerase

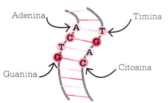

1. Numa dupla hélice de DNA, as ligações de hidrogênio mantêm unidos os pares de bases que constituem os genes.

2. Aquecer o DNA a cerca de 95 °C quebra as ligações de hidrogênio entre as bases.

3. Resfriar o DNA abaixo de 79 °C permite que cadeias de *primer* de DNA curtas e únicas se liguem às cadeias separadas.

4. A 72 °C, as polimerases Taq prolongam cada *primer*, levando a cópias idênticas das cadeias de DNA originais.

A ERA NUCLEAR

Ver também: Forças intermoleculares 138-139 ▪ Enzimas 162-163 ▪ Polimerização 204-211 ▪ A estrutura do DNA 258-261 ▪ Enzimas customizadas 293 ▪ Edição de genoma 302-303

Os *primers*

Os *primers* são trechos curtos de DNA, com cerca de 20 bases de comprimento, que concentram o esforço da polimerase Taq sobre uma localização genética específica num teste de PCR. Depois que a dupla hélice do DNA se separa, dois *primers* flanqueiam a região-alvo – a sequência de DNA a ser copiada –, um em cada cadeia. É isso o que ocorre num teste de PCR de covid-19. O material genético do vírus SARS-CoV-2 é RNA, então a PCR usa a enzima transcriptase reversa para copiar sua sequência em DNA. Depois, os *primers* localizam o gene que codifica a proteína que ajuda o vírus a entrar nas células. A polimerase Taq se baseia nisso para criar cópias de ambas as cadeias.

---

aceitação crescente de que ácidos nucleicos como o DNA e o RNA são a base física dos genes. A descoberta da dupla hélice do DNA em 1953 sugeria que a ordem de suas quatro bases químicas – representadas pelas letras A, C, T e G – é um código. Em 1961, Marshall Nirenberg e Heinrich Matthaei, dos Institutos Nacionais de Saúde dos Estados Unidos, comprovaram que as bases são lidas como "palavras" de três letras denominadas códons. Cada códon corresponde a um aminoácido específico, os componentes fundamentais das proteínas.

Em 1956, Arthur e Sylvy Kornberg descobriram a polimerase do DNA, a enzima responsável por formar novas cópias de DNA. No início dos anos 1960, outros cientistas já haviam mostrado que a polimerase do RNA usa o DNA como modelo para fazer moléculas de RNA com sequências específicas.

Em 1960, Har Gobind Khorana fez RNA quimicamente para decifrar o código com que as moléculas de RNA guiam a montagem de proteínas numa célula. Em 1970, ele sintetizou uma cadeia curta de moléculas de DNA, criando o primeiro gene sintético do mundo.

Os seres vivos copiam naturalmente o DNA separando sua dupla hélice em duas cadeias e revelando a sequência única de bases de cada cadeia, que serve de modelo para as novas bases. A enzima polimerase do DNA une as bases, e duas novas cadeias idênticas de DNA são criadas. O processo requer um *primer* – uma sequência curta de ácido nucleico que se liga a uma cadeia desenrolada do DNA. A equipe de Khorana juntou esses componentes diferentes, mas descobriu que uma enzima chamada de ligase do DNA funcionava melhor no laboratório que a polimerase do DNA.

Uma copiadora rápida

Em 1971, um norueguês da equipe de Khorana, Kjell Kleppe, propôs usar dois *primers* apropriados para copiar ambas as cadeias de uma hélice. Era rotineiro usar a polimerase para copiar pequenos trechos de material genético, mas ninguém tinha tentado copiar as duas cadeias ao mesmo tempo.

Trabalhando na empresa de biotecnologia Cetus, na Califórnia, que fazia sequências de *primer*, o Kary Mullis teve uma ideia, em 1983, de um processo que copiaria rápido, ou amplificaria, genes específicos ou cadeias de DNA. Mullis aqueceu uma mistura da amostra de DNA, um pouco de polimerase de DNA e *primer*, fazendo o DNA se separar em duas cadeias. Ele resfriou a mistura para permitir a replicação das cadeias em duas cópias e depois começou o processo de novo. Em poucas horas, com 20 a 60 repetições do processo – que Mullis chamou de PCR –, podiam-se obter bilhões de cópias do DNA. Bastava ter um tubo de testes e um pouco de calor.

A Cetus estava em busca de novos modos para testar doenças genéticas, como a anemia falciforme, e a PCR podia aumentar com rapidez a quantidade de DNA para uso nos testes. Mas aquecer a dupla hélice para dividi-la destruía a polimerase do DNA, então Mullis tinha de acrescentar mais a cada vez, o que encarecia o processo. Após a saída de Mullis da empresa, em 1986, a Cetus mudou para a polimerase de DNA do *Thermus aquaticus*, uma espécie de bactéria que vive em fontes termais. Conhecida como polimerase Taq, essa enzima sobrevive aos ciclos da PCR, reduzindo muito os custos. Embora Mullis tenha saído da Cetus dois anos antes dessa inovação, em 1993 ele recebeu sozinho o Prêmio Nobel de Química pela invenção da PCR. ■

Apenas mudamos as regras da biologia molecular.
Kary Banks Mullis

UMA PANCADA DE 60 ÁTOMOS DE CARBONO NA CARA
BUCKMINSTERFULERENO

EM CONTEXTO

FIGURA CENTRAL
Harry Kroto (1939-2016)

ANTES
1913 Francis Aston inventa o espectrógrafo de massas.

DEPOIS
1988 Cientistas encontram C_{60} em fuligem da chama de velas.

1991 O físico japonês Sumio Iijima inventa nanotubos de carbono.

2004 Os físicos britânicos nascidos na Rússia Andre Geim e Konstantin Novoselov confirmam a existência do grafeno, um alótropo do carbono feito de lâminas simples e planas de átomos arranjados em hexágonos.

2010 Os astrônomos descobrem moléculas de fulereno numa nebulosa planetária.

2019 O Telescópio Espacial Hubble, da Nasa, detecta C_{60} no meio interestelar – gás e poeira no espaço entre as estrelas.

Moléculas misteriosas ao redor de estrelas gigantes vermelhas absorvem **radiação em micro-ondas**.

→ Essas moléculas podem ter se formado na **atmosfera das gigantes vermelhas**.

↓

Evidências do espaço confirmam depois que moléculas de C_{60} absorvem radiação em micro-ondas. ← Ao tentar **simular** as **condições de formação** revela-se a existência de moléculas de C_{60}.

A versatilidade química do carbono é a base dos processos da vida na Terra, mas, apesar de comum e muito estudado, ele ainda surpreende os pesquisadores. Uma das maiores surpresas na ciência do século XX ocorreu em 1985, quando Harry Kroto buscava entender um mistério do espaço.

Na Universidade de Sussex, Kroto estava tentando explicar sinais que chegavam à Terra de estrelas gigantes vermelhas ricas em carbono. Os sinais vinham na forma de radiação de micro-ondas, que está entre a luz visível e as ondas de rádio no espectro eletromagnético. Toda radiação eletromagnética tem forma de ondas, e a distância entre seus picos, chamada de comprimento de onda, é uma característica definidora. Em 1919, Mary Lea Heger detectou pela primeira vez linhas espectrais em comprimentos de onda muito específicos que estavam mais fracas. Substâncias desconhecidas nas nuvens interestelares, com comprimentos de onda determinados por sua estrutura molecular, estavam absorvendo radiação de micro-ondas das estrelas.

Inspiração na arquitetura
Por volta de 1975, Kroto descobriu evidências de que algumas linhas detectadas nas atmosferas de

A ERA NUCLEAR 287

Ver também: A síntese da ureia 88-89 ▪ Grupos funcionais 100-105 ▪ Fórmulas estruturais 126-127 ▪ Benzeno 128-129 ▪ Espectrometria de massas 202-203 ▪ Nanotubos de carbono 292 ▪ Plásticos renováveis 296-297 ▪ Materiais bidimensionais 298-299

gigantes vermelhas podiam ser de moléculas de cadeia alongada de carbono e nitrogênio denominadas cianopolinos. Ele queria saber como poderiam ter se formado. Em 1985, Kroto visitou Richard Smalley na Universidade Rice. Smalley tinha construído seu próprio instrumento, que usava um laser para vaporizar material em átomos, e depois arrancava seus elétrons para criar uma forma de matéria chamada de plasma. Robert Curl, um colega de Smalley, estudava as estruturas dos átomos vaporizados formados.

Ao longo de 11 dias, Kroto, Smalley, Curl e dois doutorandos vaporizaram carbono na forma de grafite e permitiram que seus átomos formassem agregados. Eles usaram um espectrômetro para analisar os agregados de carbono para descobrir quantos átomos se uniam. Os agregados mais abundantes tinham 60 átomos. Rotulados como C_{60}, eles eram especialmente estáveis. Alguns tinham 70 átomos e foram chamados de C_{70}. Essas formas (alótropos) do carbono nunca tinham sido vistas antes. Para explicar a estabilidade do C_{60}, Kroto, Smalley e Curl perceberam que 60 átomos eram suficientes para criar uma forma muito forte, o icosaedro truncado. Eles nomearam a nova estrutura como buckminsterfulereno, em homenagem ao arquiteto americano R. Buckminster Fuller, que projetou o icônico domo geodésico da Expo 67.

Evidência convincente

As duas formas de carbono, grafite e diamante, eram bem conhecidas, mas ninguém esperava que o carbono assumisse essa estranha forma de *buckyball* ("bola de Bucky"). Quando Kroto, Curl e Smalley publicaram sua pesquisa, alguns os criticaram, mas outros foram entusiásticos. Eles continuaram a reunir evidências e, em 1990, já podiam fazer *buckyballs* – também denominadas fulerenos – em quantidades grandes o bastante para testes. Eles também descobriram outros agregados de carbono menos estáveis, como C_{72}, C_{76}, C_{78} e C_{84}.

A *buckyball* suporta temperatura e pressão altas e pode atuar como um semicondutor – e até um supercondutor. É também um dos maiores objetos a exibir as propriedades tanto de partícula quanto de onda.

Em 2010, uma equipe liderada por Jan Cami, descobriu moléculas de fulereno no espaço pela primeira vez – C_{60} e C_{70} –, na nebulosa planetária Tc 1, a 6 mil anos-luz da Terra. Kroto ficou encantado pela clareza da evidência, e disse: "Pensei que nunca estaria mais convicto do que estou". ∎

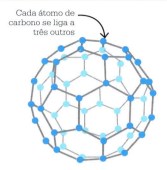

Cada átomo de carbono se liga a três outros

Uma molécula *buckyball* de C_{60} tem 12 faces pentagonais e 20 hexagonais – uma forma usada em bolas de futebol.

Harry Kroto

Em outubro de 1939, Harold Krotoschiner nasceu em Wisbech, no Reino Unido, dois anos após seus pais terem imigrado como refugiados da Alemanha nazista. Seu pai abreviou o nome de família para Kroto em 1955, quando montou uma fábrica de balões em Bolton. Em 1958, ingressou no curso de química da Universidade de Sheffield. Após concluir o PhD em 1964, estudou pequenas moléculas usando um espectroscópio de micro-ondas no Conselho Nacional de Pesquisa, em Otawa. Em 1966, transferiu-se para os Bell Labs, nos EUA, e voltou ao Reino Unido em 1967 para trabalhar na Universidade de Sussex. Lá, começou a usar laser e espectroscopia de micro-ondas sobre moléculas de carbono, o que levou à pesquisa sobre buckminsterfulereno que lhe valeu o Prêmio Nobel de Química, com Curl e Smalley, e a se tornar cavaleiro do reino em 1996. Morreu em 2016.

Obras principais

1981 *The spectra of interstellar molecules*
1985 C_{60}: *Buckminsterfullerene*

UM MUNDO
TRANSFO
1990 EM DIANTE

O EM
RMAÇÃO

O físico japonês **Sumio Iijima** identifica pela primeira vez **nanotubos de carbono**, que desde então são usados em equipamentos esportivos e smartphones.

1991

Começa a produção em massa do **primeiro plástico biodegradável sintético**, feito de fontes renováveis, o **ácido poliláctico** (**PLA**), que substitui a seguir, em alguns usos, os plásticos derivados de petróleo.

2001

Os físicos **Andre Geim** e **Konstantin Novoselov** isolam o **grafeno**, camadas cerradas de átomos de carbono, o primeiro material 2D do mundo.

2004

1993

A bioquímica americana **Frances Arnold** é pioneira na **evolução dirigida de enzimas**, criando catalisadores mais eficazes para a síntese de drogas, geração de biocombustíveis, detergentes e outros.

2001

Kenneth Möllersten propõe o conceito de **bioenergia com captura e armazenamento de carbono** (**BECAC**), um método para redução das emissões líquidas de dióxido de carbono em sua origem.

Desde os anos 1990, as linhas entre as disciplinas científicas se tornaram cada vez mais difusas. Sempre houve áreas comuns, com aspectos da ciência, como a estrutura atômica, transpondo os limites entre química e física, e a subdisciplina da bioquímica na interface entre química e biologia. Hoje, os avanços da ciência são cada vez mais facilitados pela fusão de conhecimentos e técnicas que desafiam essas fronteiras definidas entre as disciplinas.

A química encontra a biologia

Todos os seres vivos são feitos de moléculas baseadas em carbono, então a química orgânica sempre teve uma associação próxima com a biologia. Alguns dos avanços científicos mais significativos dos últimos anos resultaram da aplicação da química a problemas biológicos.

Nos anos 1990, os bioquímicos foram pioneiros na evolução dirigida de enzimas. Essa técnica imita o processo natural de evolução. Ela permitiu aos cientistas adaptar enzimas para catalisar reações com mais eficácia – possibilitando assim a criação de novos biocombustíveis e substâncias mais amigáveis ambientalmente – ou para fazer anticorpos mais seletivos a alvos específicos de doenças.

Uma ferramenta médica ainda mais poderosa foi desenvolvida em 2011: a edição genética CRISPR-Cas9. A técnica já foi usada em alguns métodos de teste para detectar a infecção por covid-19 e espera-se que possa levar ao tratamento de alguns cânceres e doenças genéticas. A pandemia de covid-19, iniciada no fim de 2019, dá o exemplo mais significativo dos benefícios da colaboração entre biologia e química: as vacinas aprovadas contra a doença, produzidas em tempo recorde. As vacinas de vetor viral e RNA representaram as primeiras de suas classes, mas não surgiram do nada – foram a culminação de décadas de trabalho sobre conceitos subjacentes. Embora aspectos das vacinas sejam obviamente biológicos por natureza, a química teve um papel importante em sua formulação, assegurando seu funcionamento eficaz.

Além do mundo médico, as ciências da química e da biologia se combinaram para tratar de riscos ambientais. Os exemplos incluem a elaboração de métodos baseados em bioenergia para evitar

UM MUNDO EM TRANSFORMAÇÃO

2009 — Pesquisadores usam **microscopia de força atômica (AFM)**, obtendo pela primeira vez imagens de moléculas individuais.

2011 — Jennifer Doudna e **Emmanuelle Charpentier** desenvolvem a **técnica de edição genética** CRISPR-Cas9, que permite "editar" genomas com precisão sem precedentes.

2015 — As descobertas dos **elementos 113, 115, 117 e 118** são verificadas; eles são nomeados e acrescentados à tabela periódica no ano seguinte.

2020 — Um novo tipo de vacina – **vacinas de mRNA** – e novas **vacinas de vetor viral** são aprovados para covid-19. O processo usado para criar as vacinas pode ser adotado para outras doenças no futuro.

---

emissões de dióxido de carbono de combustíveis fósseis e a criação de plásticos biodegradáveis com fontes renováveis.

A química encontra a física

A descoberta de novos elementos, antes domínio da química, hoje requer física de ponta. Os achados de elementos de ocorrência natural já se esgotaram; todos os acrescentados à tabela periódica desde o frâncio, em 1939, foram encontrados em laboratório. E, na era moderna, a descoberta de elementos não é a conquista de um cientista isolado. Vastas equipes de pesquisadores trabalham em instalações especializadas, fazendo colidir elementos, na esperança de gerar de modo fugaz uns poucos átomos de um elemento que raramente – se é que alguma vez – é produzido na natureza. O desafio tem dificuldades exponenciais. Em 2015 foi a última vez em que novos elementos foram adicionados à tabela periódica, completando sua sétima linha. Desde então, vimos o maior intervalo entre descobertas desde que as dos elementos sintéticos começaram. Embora ainda se acredite que mais elementos serão criados, o foco é cada vez maior em compreender as propriedades exóticas dos elementos sintéticos superpesados existentes.

Os físicos ajudaram os químicos não só a descobrir elementos, mas também a revelar novas formas dos que existem. Vários elementos podem assumir formas diferentes, ou alótropos, com o carbono como principal exemplo. O diamante e a grafite são substâncias bastante conhecidas que são alótropos do carbono, e em décadas recentes outros alótropos dele – fulerenos, nanotubos e grafeno – foram identificados. Os cientistas esperam que as propriedades benéficas desses alótropos mais recentes possam ter vários usos; algumas aplicações reais e potenciais já foram encontradas, indo de smartphones a armazenamento de energia e sistemas para administração de terapias por drogas.

Por fim, novas técnicas baseadas na física permitiram "ver" moléculas – um feito que teria maravilhado os primeiros químicos a especular sobre estruturas moleculares. Em particular, o uso da microscopia de força atômica produziu imagens sem precedentes de moléculas individuais, possibilitando observar diretamente seu comportamento pela primeira vez. ■

CONSTRUA COISAS COM UM ÁTOMO DE CADA VEZ
NANOTUBOS DE CARBONO

EM CONTEXTO

FIGURA CENTRAL
Sumio Iijima (1939-)

ANTES
1865 Jacobus van 't Hoff e o químico francês Joseph Achille Le Bel confirmam a estrutura tetraédrica do átomo de carbono.

1955 Os cientistas americanos L. J. E. Hofer, E. Sterling e J. T. McCartney observam minúsculos filamentos tubulares de carbono.

1985 Richard Smalley e outros descobrem os fulerenos.

DEPOIS
1997 Pesquisadores suíços demonstram as propriedades elétricas especiais dos nanotubos de carbono.

2004 Os físicos britânicos nascidos na Rússia Andre Geim e Konstantin Novoselov confirmam a existência do grafeno.

Após a descoberta da *buckyball* por Richard Smalley e Harry Kroto, os cientistas ponderaram que outros segredos haveria no carbono. Em 1991, Sumio Iijima descobriu os nanotubos de carbono – moléculas de fulereno enroladas em tubos de tamanho nanométrico. Fibras de carbono minúsculas já tinham sido observadas em 1995, mas foi Iijima quem propriamente as identificou. Com um microscópio eletrônico, ele pôde ver que as fibras de carbono eram moléculas minúsculas parecidas com um rocambole (hoje denominadas nanotubos de múltiplas paredes). Dois anos depois, ele e Donald Bethune descobriram separadamente nanotubos de uma só parede ainda mais simples, ou *"buckytubes"* – moléculas de carbono com forma de cilindro oco ligadas hexagonalmente e 100 mil vezes mais finas que um cabelo humano.

Os nanotubos conduzem eletricidade e calor melhor que o cobre, são muito leves, muito mais fortes que o aço e resistem à corrosão. Usar nanotubos para substituir cobre ou aço em materiais de fibra de carbono torna estes últimos ainda mais fortes e duráveis.

Em 2004, confirmou-se a existência do grafeno, um alótropo do carbono com uma só camada de átomos. Notou-se que ele poderia ser o mais forte de todos os nanotubos. Se for viável produzir camadas grossas deles, é possível que eles sejam usados em vez do aço e outros metais. Eles já entram em vários produtos – de equipamentos esportivos a smartphones. ■

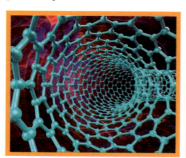

Os nanotubos de carbono são o material mais forte já descoberto, em termos de elasticidade e resistência à tração.

Ver também: Estereoisomeria 140-143 ■ Polímeros superfortes 267 ■ Buckminsterfulereno 286-287 ■ Materiais bidimensionais 298-299

UM MUNDO EM TRANSFORMAÇÃO

POR QUE NÃO APROVEITAR O PROCESSO EVOLUTIVO PARA DESENHAR PROTEÍNAS?
ENZIMAS CUSTOMIZADAS

EM CONTEXTO

FIGURA CENTRAL
Frances Arnold (1956-)

ANTES
1926 James B. Sumner prova que as enzimas são proteínas.

1968 Pesquisadores identificam enzimas "de restrição" que podem cortar seções curtas de DNA.

1985 Alexander Klibanov mostra como as enzimas podem funcionar em solventes orgânicos.

1985 Kary Mullis inventa a reação em cadeia da polimerase (PCR), que permite copiar pequenos fragmentos de DNA.

DEPOIS
1998 A evolução dirigida é usada para criar lipases em detergentes para remoção de manchas de gordura.

2018 Arnold lidera a criação de um *E. coli* mutante que converte açúcares em isobutanol – um precursor para combustíveis e plásticos.

Nos anos 1980, os cientistas aprenderam como manipular o DNA para que os organismos produzissem substâncias sob encomenda, mas era trabalhoso e nem sempre eficaz. Em 1993, a bioquímica americana Frances Arnold introduziu a ideia de dar um empurrão na natureza para obter resultados melhores. A seleção natural permite que as espécies evoluam, conforme mutações favoráveis prosperam e as desfavoráveis desaparecem. O método de Arnold, conhecido como evolução dirigida, envolve introduzir repetidamente mutações num gene de interesse, selecionando a cada vez só os que apontam na direção desejada.

O experimento crucial de Arnold focou a enzima subtilisina, que quebra a proteína do leite caseína. Pesquisando usos industriais para a enzima, ela buscou uma versão que atuava no solvente dimetilformamida (DMF) – fora do ambiente aquoso de uma célula. Ela provocou mutações na bactéria que produzia subtilisina e colocou-as em culturas com caseína e DMF. A bactéria mais bem-sucedida em produzir uma enzima para dissolver a caseína era então escolhida para mais mutações. Desse modo, Arnold criou uma enzima que era 256 vezes mais eficaz que a original em apenas três gerações.

A equipe de Arnold usou o mesmo método para obter enzimas para catalisar reações que nenhuma outra havia feito antes, e até para fazer substâncias com ligações que nunca existiram na natureza, como carbono e silício. A técnica é usada hoje para fazer de tudo, de novos biocombustíveis a drogas sintéticas, e as possibilidades futuras são enormes. ■

A biologia faz química com muita eficiência.
Frances Arnold (2018)

Ver também: Enzimas 162-163 ■ Retrossíntese 262-263 ■ Desenho racional de fármacos 270-271 ■ A reação em cadeia da polimerase 284-285

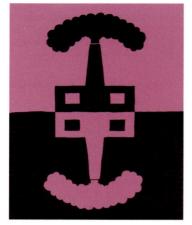

UMA EMISSÃO NEGATIVA É BOA
CAPTURA DE CARBONO

EM CONTEXTO

FIGURA CENTRAL
Kenneth Möllersten (1966-)

ANTES
1972 Uma antiga tecnologia de captura de carbono é usada para melhorar a extração de petróleo.

1996 As instalações da Sleipner começam a capturar e armazenar CO_2 num reservatório salino no mar do Norte.

2000 A Iniciativa do Sequestro de Carbono é lançada no MIT.

DEPOIS
2014 O projeto de CAC da SaskPower na Boundary Dam, começa a extrair CO_2 de usinas elétricas.

2020 O projeto de CAC da Shell Quest ultrapassa 5 milhões de toneladas de CO_2 armazenadas em depósitos de sal subterrâneos.

2020 Cerca de 40 milhões de toneladas de CO_2 são armazenadas no mundo para melhorar a extração de petróleo.

Para alcançar a meta de limitar o aquecimento global em 1,5 °C acima dos níveis pré-industriais, é preciso uma redução drástica nas emissões globais de dióxido de carbono (CO_2) por queima de combustíveis fósseis. Isso pode ser atingido melhorando a eficiência energética e trocando combustíveis fósseis por fontes de energia renováveis.

Grupos de pesquisa, entre eles, alguns ligados a empresas de combustíveis fósseis, afirmaram que essas medidas não ocorrerão rápido o bastante e que o CO_2 tem de ser capturado e estocado. Em 2001, Kenneth Möllersten explicou como a bioenergia com captura e armazenamento de carbono (BECAC) poderia em parte realizar isso. Sua ideia envolvia plantar culturas ou árvores, que ao crescerem removem o CO_2 da atmosfera. As árvores seriam cortadas e queimadas para produzir bioenergia, e as emissões de CO_2 resultantes, capturadas. Porém, as enormes áreas exigidas para esses cultivos aumentariam a pressão sobre os recursos naturais.

Opções de CAC

O conceito de captura e armazenamento de carbono (CAC) foi introduzido em 1977, mas Möllersten lhe deu novo ímpeto. O CO_2 tem de ser separado de outras emissões, comprimido e transportado para locais de estocagem, onde pode ser isolado da atmosfera. Um método para isolá-lo é bombear o CO_2 para o subsolo, onde se dissolverá em águas subterrâneas. Em 2010, engenheiros biológicos do MIT descobriram um modo de combinar CO_2 dissolvido em água com íons minerais, formando carbonatos sólidos que poderiam ser usados como material de construção. Uma terceira opção é reciclar o CO_2 capturado reutilizando-o em outros projetos industriais.

Temos de aprender como capturar e armazenar carbono, e temos de aprender isso rápido e em escala comercial.
Nicholas Stern
A blueprint for a safer planet (2009)

UM MUNDO EM TRANSFORMAÇÃO

Ver também: Gases 46 ▪ Ar fixo 54-55 ▪ O efeito estufa 112-115 ▪ Craqueamento de petróleo bruto 194-195

A conversão da Boundary Dam da SaskPower, uma usina a carvão em Saskatchewan, no Canadá, para uma instalação que captura e armazena carbono custou 1,1 bilhão de dólares.

Instalações para CAC

Em 1972, a unidade de processamento de metano da Terrell, no Texas, canalizou CO_2 para uma área próxima, onde ele foi usado para maximizar a extração de petróleo do subsolo. Essa tecnologia não era "verde", pois extraía mais combustíveis fósseis, mas mostrou o potencial da CAC.

Em 1996, um projeto em Sleipner, na costa norueguesa, começou a bombear CO_2 derivado da indústria para estratos de arenito sob o mar. A geologia de um depósito no subsolo é importante: ele precisa estar sob uma capa de rochas impermeáveis, como as de Sleipner, para prevenir que o CO_2 volte à superfície. Em 2017, as instalações já tinham estocado cerca de 16,5 milhões de toneladas de CO_2.

Em 2020, 26 projetos de CAC comerciais operavam no mundo, com outros em vários estágios de desenvolvimento. No Canadá, a usina a carvão convertida Boundary Dam captura 90% das emissões de CO_2. A mistura de vapor de água e gás produzida quando o carvão

queima borbulha através de uma solução de amina alcalina, que puxa as moléculas de CO_2 do ar para a solução. O líquido flui então para um aquecedor, onde as moléculas de CO_2 evaporam e são presas e comprimidas.

Alguns cientistas creem que, com investimento suficiente, a captura de carbono poderia chegar a 14% da redução das emissões de gás de efeito estufa requerida até 2050. Ela também poderia ser usada para extrair o CO_2 já na atmosfera, por meio da captura direta do ar (CDA). Além da melhora na eficiência da energia e do uso de uma proporção bem maior de energia renovável na indústria, casas e transportes, a CAC poderia ter um papel vital na redução do carbono. Porém, o alto custo e as incertezas sobre onde armazenar o CO_2 capturado precisam de solução. ∎

Captura direta do ar

Em vez de capturar o CO_2 quando ele deixa uma fonte, como numa chaminé de fábrica, a captura direta do ar (CDA) coleta o gás já presente na atmosfera. Uma instalação de CDA tem grandes ventiladores que puxam o ar para um compartimento onde um filtro extrai o CO_2. Este é então aquecido a 100 °C e dissolvido em água. Para a estocagem no subsolo, o ácido carbônico diluído é bombeado para dentro de formações rochosas reativas, como o basalto, onde se mineraliza em forma de carbonatos sólidos, como calcita, em dois anos. Em 2020, havia 15 instalações de CDA no mundo. A maior, na Islândia, extrai cerca do equivalente às emissões anuais de 400 pessoas. Esse método de captura de carbono é muito caro, embora a Islândia tenha a vantagem da energia geotérmica barata e abundante para mover suas instalações de CDA. Até agora, a CDA capturou apenas quantidades mínimas de CO_2, e os cientistas não acreditam que ofereça uma solução total para a crise climática, mas, com mais investimentos em tecnologia e instalações, sua contribuição pode aumentar.

Enormes ventiladores sobre o teto de uma usina de incineração de lixo na Suíça capturam CO_2 para reciclagem.

Vantagens e desvantagens da captura de carbono

Vantagens	Desvantagens
A CAC é uma técnica testada e aprovada para reduzir emissões líquidas	A capacidade de armazenamento a longo prazo é incerta
É um método eficaz para reduzir as emissões na origem	A CAC (CDA) é fraca na remoção de emissões de pessoas, gado, aquecimento e transportes
Outros poluentes podem ser removidos ao mesmo tempo	A CAC é muito cara

DE BASE BIOLÓGICA E BIODEGRADÁVEL
PLÁSTICOS RENOVÁVEIS

EM CONTEXTO

FIGURA CENTRAL
Patrick Gruber (1961-)

ANTES
Anos 1920 Wallace Carothers descobre o ácido poliláctico (PLA), um plástico biodegradável feito de fontes renováveis.

Anos 1990 Os bioplásticos feitos de fontes de biomassa renováveis são usados para produzir sacolas, capas, luvas, copos e talheres descartáveis.

DEPOIS
2010 A produção comercial de bioplásticos feitos de algas marinhas começa na França.

2018 A empresa finlandesa de petróleo Neste inicia a produção de biopolipropileno para móveis da IKEA.

2018 O primeiro protótipo de carro de bioplástico totalmente reciclável é montado em Eindhoven, nos Países Baixos.

Em 2001, uma *joint venture* entre duas corporações americanas – Cargill e Dow Chemical – foi pioneira na produção em massa de um polímero sintético a partir de fontes renováveis. Antes, os polímeros baseados em petróleo eram um ingrediente essencial na fabricação de plásticos, então esse desenvolvimento teve enormes implicações na redução da dependência de combustíveis fósseis pela indústria.

A era dos bioplásticos

O termo "bioplástico" se aplica a qualquer plástico que seja basicamente derivado de materiais orgânicos renováveis, como o amido de milho, gorduras vegetais, fécula de mandioca ou leite. O bioplástico da Cargill-Dow usava o polímero ácido poliláctico (PLA). Este não era novo – o químico americano Wallace Carothers o havia descoberto nos anos 1920 –, mas sua produção era muito cara, e assim ele não era fabricado comercialmente. Então, em 1989, Patrick Gruber, um químico da Cargill-Dow, produziu PLA a partir de milho em seu forno em casa. Em 2001, o plástico já era fabricado por uma empresa hoje chamada NatureWorks, que faz PLA como substituto para plásticos como o tereftalato de polietileno (PET) e o poliestireno para embalagens e itens para servir alimentos.

Em 2019, mais de 360 milhões de toneladas de plásticos já eram usados

Comedores de plástico

O PET é usado na maioria das garrafas plásticas e em muitas fibras sintéticas. Ele se decompõe muito devagar e se acumula no estômago de animais, e pode entrar na cadeia alimentar humana. Em 2016, cientistas japoneses relataram que a bactéria *Ideonella sakaiensis* desenvolveu a capacidade de usar duas enzimas – PETase e MHETase – para quebrar plástico PET em ácido tereftálico e etileno glicol, que ela digere e usa como fonte de carbono e energia. Um problema é a lentidão: a 30 °C, a bactéria leva cerca de seis semanas para decompor um pedaço de PET do tamanho de uma unha do polegar. Porém, em 2020, uma equipe manipulou a genética das duas enzimas criando uma "superenzima" que digere o plástico seis vezes mais rápido.

Ver também: O efeito estufa 112-115 ■ Enzimas 162-163 ■ Plástico sintético 183 ■ Craqueamento de petróleo bruto 194-195 ■ Polimerização 204-211 ■ Enzimas customizadas 293

ao ano, criando assim um enorme problema de descarte. Em 2020, cerca de 2,1 milhões de toneladas de bioplásticos foram fabricadas, com projeção de aumento para 2,8 milhões de toneladas até 2025. Cerca de 60% delas são biodegradáveis, a maior parte de PLA. Enquanto os plásticos tradicionais são duráveis e se desintegram muito devagar, os bioplásticos de PLA são compostáveis e podem ser quebrados em biomassa rica em nutrientes. Porém, isso só ocorre em condições específicas, que incluem oxigênio.

Em geral derivado de açúcares, o PLA tem características similares às do polietileno e do polipropileno, mas, como é termoplástico, pode ser aquecido repetidamente até o ponto de fusão, resfriado e reaquecido de novo sem degradação significativa. Hoje, os bioplásticos de PLA são usados numa variedade de produtos, entre eles, filme plástico, embalagens a vácuo, garrafas, material para impressão 3D e implantes médicos destinados a ser absorvidos pelo corpo.

Alternativas ao PLA

Os poli-hidroxialcanoatos (PHAS) são plásticos biodegradáveis produzidos por fermentação bacteriana de açúcares e lipídios. As bactérias são privadas dos nutrientes de que precisam para funcionar e recebem altos níveis de carbono. Elas armazenam o carbono em grânulos, que são então colhidos pelo fabricante. Os PHAS são usados na agricultura e na medicina, como em suturas, placas ósseas, *stents* e malhas cirúrgicas. Outros bioplásticos incluem tipos fabricados com celulose ou seus derivados e tipos baseados em proteína, derivados de glúten, caseína e proteína do leite. Os bioplásticos têm o potencial de substituir os plásticos baseados em petróleo. Porém, os críticos alegam que isso demandaria vastas áreas de cultivo para a sua produção, criar problemas ambientais – desmatamento para grandes plantações de milho ou cana-de-açúcar, por exemplo – elevar o preço de alimentos. Há ainda outros fatores ambientais. Ao se desintegrar, os bioplásticos emitem dióxido de carbono e metano, e aumentam a acidez do solo e da água. Além disso, um relatório da ONU de 2015 expressou preocupação em relação às pessoas reciclarem menos por pensar que o plástico que usam se desintegraria de modo inofensivo. Os bioplásticos e a reciclagem são só uma parte da solução. Em última análise, é preciso reduzir significativamente a produção e o consumo de plásticos. ■

Vantagens e desvantagens dos bioplásticos

Vantagens	Desvantagens
Reduzem a necessidade por plásticos não degradáveis de uso único	Produção mais cara
Menos problemas ambientais	Exigem umidade, acidez e temperatura adequadas para se biodegradar
Reduzem a dependência de combustíveis fósseis	É preciso terras para produzir as plantas das quais os bioplásticos são feitos
A produção gera menos emissões de gases de efeito estufa que o plástico tradicional	Liberam gases de efeito estufa ao se biodegradar

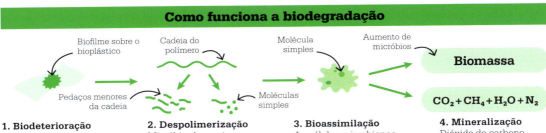

Como funciona a biodegradação

1. Biodeterioração
Um biofilme de vários fungos e bactérias do solo se forma e cresce no pedaço de bioplástico.

2. Despolimerização
Micróbios bacterianos e fúngicos secretam enzimas, que quebram as cadeias de polímeros.

3. Bioassimilação
As células microbianas ingerem as moléculas menores decorrentes da quebra.

4. Mineralização
Dióxido de carbono, metano, água e nitrogênio resultam como produtos finais.

Biomassa

$CO_2 + CH_4 + H_2O + N_2$

A MÁGICA DO CARBONO PLANO
MATERIAIS BIDIMENSIONAIS

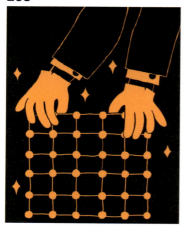

EM CONTEXTO

FIGURAS CENTRAIS
Andre Geim (1958-),
Konstantin Novoselov (1974-)

ANTES
1859 O químico britânico Benjamin Brodie expõe grafite a ácidos fortes, descobrindo o que chamou de *graphon*, uma nova forma de carbono com peso molecular 33.

1962 Os químicos alemães Ulrich Hofmann e Hanns-Peter Boehm produzem camadas da espessura de um átomo a partir de óxido de grafite, mas sua descoberta atrai pouca atenção.

DEPOIS
2017 A Samsung Electronics cria um transistor que aproveita a velocidade total dos elétrons no grafeno.

2018 O cientista de materiais suíço Nicola Marzari e sua equipe descobrem que 1.825 substâncias podem ter formas bidimensionais.

Uma das descobertas científicas mais famosas do século XXI depende dos mesmos princípios de se usar um lápis sobre papel. A grafite consiste em pilhas de camadas de carbono da espessura de um átomo unidas por ligações fracas. Quando um lápis escreve num papel, algumas camadas deslizam e escapam. As camadas individuais de grafite se chamam grafeno. Evidências da existência dessas camadas planas de grafeno foram obtidas nos séculos XIX e XX, mas depois aparentemente esquecidas. Então, em 2002, Andre Geim e Konstantin Novoselov iniciaram uma série de experimentos que chamaram muito a atenção dos cientistas.

Tudo feito com fita adesiva

Geim liderava uma equipe americana que incluía Novoselov, na Universidade de Manchester. Ele se interessava por materiais ultrafinos e seu potencial para a eletrônica, e pensou que a grafite era uma boa candidata. Colocando uma tira de fita adesiva sobre grafite, Geim e Novoselov conseguiram arrancar algumas lascas finas. Dobrando a fita e depois a separando, as lascas se dividiam de novo. A repetição do processo criava lascas cada vez mais finas. Eles dissolveram a fita em solvente, mergulharam um *wafer* de silício na solução e descobriram que lascas de menos de 10 nm de espessura se prenderam nele. Lascas tão finas são transparentes, mas ao microscópio, pareciam azul-escuras contra o silício. Então, eles pegaram uma dessas lascas ultrafinas e a usaram para fazer um transistor – o componente minúsculo no cerne dos chips de computador.

Geim e Novoselov ainda não tinham obtido uma camada 2D de

Uma camada única de átomos de carbono arranjados em estrutura de favo de abelha

Feito de uma só folha de grafite, o grafeno é incrivelmente fino e muito forte, resiste a rompimentos e pode ser enrolado em fibras.

Ver também: Benzeno 128-129 ■ Plástico sintético 183 ■ Polímeros superfortes 267 ■ Buckminsterfulereno 286-287 ■ Nanotubos de carbono 292 ■ Plásticos renováveis 296-297

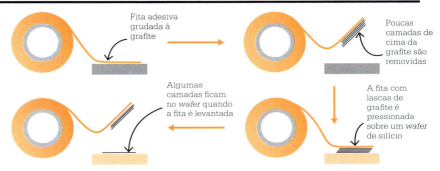

Conhecido oficialmente como clivagem micromecânica, o método mais simples de produção de grafeno requer um pouco de fita adesiva, grafite e um substrato, como o silício. Se a adesão da camada de baixo de grafeno ao substrato for mais forte que as ligações entre as camadas de grafeno, algumas lascas permanecerão no substrato.

Fita adesiva grudada à grafite

Poucas camadas de cima da grafite são removidas

Algumas camadas ficam no *wafer* quando a fita é levantada

A fita com lascas de grafite é pressionada sobre um *wafer* de silício

grafeno, que tem menos de 1 nm de espessura, mas continuaram seus experimentos e, um ano depois, conseguiram criar transistores usando duas camadas e uma só camada de grafeno, e descobriram que se comportavam de modo muito diverso. Em 2004, publicaram um artigo sobre a condutividade elétrica do grafeno e todos tomaram conhecimento. Quando Geim e Novoselov receberam o Prêmio Nobel de Física, em 2010, acadêmicos, além de várias empresas eletrônicas, já exploravam as possibilidades desse "material maravilhoso".

Fisicamente superior
Em parte por ser tão difícil de fazer, o grafeno se tornou um dos materiais mais caros, o que se deve também a suas propriedades notáveis. Apesar de extremamente leve, ele resiste a rompimento 200 vezes mais que o aço, o que o torna o material mais forte já testado. Hoje, o grafeno é acrescentado a alguns materiais para reforçá-los, como em aros de raquetes de tênis. Ele também é extremamente flexível, e pode ser enrolado em nanotubos.

Como é feito de carbono, o grafeno retém o mesmo movimento de elétrons através dos anéis hexagonais de carga positiva que tornam a grafite altamente condutora. Os valores de mobilidade dos elétrons no grafeno – a velocidade com que se movem através dele – medidos por Geim e Novoselov são cerca de 100 vezes maiores que no silício dos chips de computador. E são por volta de dez vezes maiores que nos semicondutores mais rápidos anteriores, o que estimulou o interesse pelo potencial do grafeno em eletrônicos avançados ultrarrápidos. Essa mobilidade acentuada deriva de o grafeno não ser como outros materiais, em que a velocidade dos elétrons se relaciona a sua massa. Os elétrons do grafeno se comportam como fótons – partículas de luz que se movem a uma velocidade independente de sua massa. O grafeno permitiu explorar o que ocorre ao diminuir a espessura de outros materiais até camadas de um só átomo. Por exemplo, o fosforeno, equivalente ao grafeno mas usando fósforo, tem uma mobilidade de elétrons similar, mas funciona melhor como semicondutor. Hoje, a lista de materiais 2D é longa e crescente, e as possibilidades parecem infinitas. ■

Fabricação de grafeno

Os fabricantes de chips de silício dependem muito da criação de cristais de silício a altas temperaturas, num processo denominado epitaxia. Este constrói camadas de material sobre *wafers*, depositando átomos um após o outro. Uma abordagem similar produz grafeno fazendo metano reagir com hidrogênio sobre filmes de cobre. O carbeto de silício (SiC) também é um material semicondutor, já fabricado como *wafers* e usado industrialmente, embora não tanto quanto o silício. Aquecer *wafers* de alta qualidade cristalina de carbeto de silício acima de 1.100 °C evapora seletivamente o silício da superfície de cima, fazendo do carbeto de silício ali uma camada de grafeno. Uma abordagem mais química também pode explorar as propriedades físicas do grafeno. Se colocado numa solução de hidrazina pura (N_2H_4) – usado em combustível de foguetes –, o papel de óxido de grafeno se torna uma só camada de grafeno.

IMAGENS INCRÍVEIS DE MOLÉCULAS
MICROSCOPIA DE FORÇA ATÔMICA

EM CONTEXTO

FIGURAS CENTRAIS
Leo Gross (1973-), **Gerhard Meyer** (1957-)

ANTES
1965 O engenheiro elétrico americano Harvey Nathanson inventa um sintonizador de rádio que é o primeiro sistema microeletromecânico – um aparelho eletrônico minúsculo com peças móveis.

1979 Gerd Binning e Heinrich Rohrer inventam o microscópio de varredura por tunelamento, que pode mapear objetos não visíveis em um microscópio óptico.

DEPOIS
2016 Leo Gross usa AFM para ver uma reação química reversível.

2020 O biofísico americano Simon Scheuring aumenta a resolução da AFM combinando múltiplas imagens da mesma área.

Embora não possamos ver átomos naturalmente em substâncias ao nosso redor, algumas ferramentas e técnicas podem nos ajudar a entendê-los melhor e fazer avançar o campo da química. A cristalografia de raios X é um método que funciona retrocedendo a partir dos padrões de difração que se formam quando raios X atravessam cristais. Os químicos podem também usar sinais de rádio na ressonância magnética nuclear (RMN) para deduzir como os átomos se conectam. Nos anos 1980, porém, pesquisadores acharam um modo de produzir imagens atômicas muito mais impressionantes: a microscopia de força atômica (AFM, na sigla em inglês). A técnica foi aperfeiçoada por Leo Gross e Gerhard Meyer, que depois conseguiram obter imagens com resolução atômica.

A AFM surgiu no laboratório de pesquisa da gigante de computação IBM em Zurique, na Suíça, pouco após o processo relacionado da microscopia de varredura por tunelamento (STM, na sigla em inglês). A STM foi o primeiro método de microscopia por sonda de varredura e funciona escaneando uma superfície com um sensor, ou sonda. Após atravessar toda a superfície horizontalmente, a sonda se move levemente e começa a escanear outra linha. A STM cria imagens detectando minúsculas mudanças no fluxo de eletricidade através da sonda. Ela mapeia então as alturas de detalhes muito pequenos da superfície. Gerd Binnig e Heinrich Rohrer receberam o Prêmio Nobel de Física de 1986 pela invenção da STM, mas a técnica só funciona com materiais que conduzem eletricidade.

Em busca de melhorias
Binnig queria abarcar outras substâncias com o método. Como o nome da AFM sugere, Binnig e seus

Fiquei fascinado com o método, em parte porque o pesquisador obtém uma resposta imediata.
Leo Gross

UM MUNDO EM TRANSFORMAÇÃO

Ver também: Forças intermoleculares 138-139 ▪ Cristalografia de raios x 192-193 ▪ Espectroscopia por ressonância magnética nuclear 254-255 ▪ Cristalografia de proteínas 268-269 ▪ Buckminsterfulereno 286-287 ▪ Nanotubos de carbono 292 ▪ Materiais bidimensionais 298-299

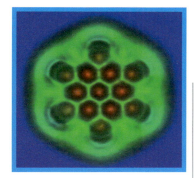

Esta imagem de uma só molécula de nanografeno, da IBM Zurich, mostra ligações de carbono de vários comprimentos, provando que ligações diferentes têm propriedades físicas diversas.

colegas Calvin Quate e Christoph Gerber superaram o problema em 1985. Eles mediram a força, o fenômeno fundamental que move as coisas, em vez da corrente elétrica. A AFM usa uma sonda extremamente fina, só com poucos átomos de largura na ponta, que fica no fim de um braço chamado de cantiléver, que pode medir pequenas mudanças na força.

Binning, Gerber e Quate fizeram cantiléveres para AFM de folha de ouro com ponta de diamante. Cantiléveres posteriores foram em geral feitos de silício – o mesmo material usado nos microchips. Porém, o silício se inclina tanto que perde detalhes menores que 20 nm. Embora ainda seja uma resolução muito alta, detectar átomos individuais envolve medir detalhes de 1 nm ou ainda menos.

Franz Giessibl achou uma solução nos anos 1990, quando percebeu que o diapasão de quartzo, que conta o tempo em relógios de pulso, tinha a firmeza exata para os cantiléveres. Em 1996, ele começou a fazer sensores de AFM com cantiléveres de quartzo.

Detalhes finos

A ponta da sonda no fim do cantiléver de quartzo de Giessibl tinha só uns poucos átomos de largura, mas não era sensível o bastante para alcançar resolução atômica. Medir um só átomo com uma sonda de alguns átomos de largura era como medir uma bola de gude com uma de tênis. Então, em 2009, uma equipe da IBM da qual participavam Gross e Meyer afixou uma só molécula de monóxido de carbono (CO) à sonda de AFM. Com um só átomo de carbono, que fica encostado na sonda, e um de oxigênio, que pende sob ela, o monóxido de carbono produz uma ponta atomicamente aguda. Ele cria uma sonda altamente sensível, capaz de detectar mudanças minúsculas na densidade dos elétrons ao redor das substâncias. Áreas de densidade eletrônica – como átomos ou até ligações entre eles – podem desviar a molécula de monóxido de carbono, criando uma força que a sonda pode detectar.

Ainda em 2009, o monóxido de carbono ajudou a IBM a produzir imagens do pentaceno – uma cadeia de cinco anéis de seis membros de carbono interligados. As imagens de AFM mostraram ligações entre os átomos tão claras como se fossem desenhadas num papel. A descoberta abriu as portas para a observação mais direta de como as substâncias se comportam. ■

Como a AFM funciona

Os microscópios de força atômica são um pouco como toca-discos. O equivalente da agulha de um toca-discos é uma sonda muito fina. Ela fica na ponta de um cantiléver, que é como o braço do toca-discos. Como os contornos de um sulco do disco que fazem a agulha vibrar e produzir som, a superfície da amostra exerce uma força sobre a sonda que os pesquisadores podem monitorar. Os elétrons na sonda e na superfície podem se atrair, bloqueando a sonda. Os cientistas fazem então a sonda vibrar. Quando a sonda se aproxima da superfície, a frequência da vibração muda; os pesquisadores a medem lançando um laser no cantiléver. Em outra opção, cantiléveres feitos de quartzo produzem uma corrente elétrica ao vibrar, e os cientistas podem monitorá-la para mapear a superfície. Com vibrações tão pequenas envolvidas, sons ao redor podem atrapalhar. Um laboratório em Viena suspendeu então o aparelho de AFM do teto para protegê-lo de vibrações causadas pelo tráfego.

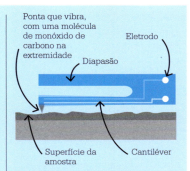

Um diapasão de quartzo, como o dos relógios de pulso, foi instalado para produzir imagens mais nítidas, permitindo a resolução atômica da AFM.

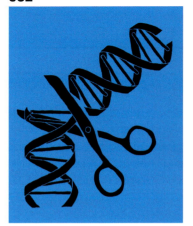

UMA FERRAMENTA MELHOR PARA MANIPULAR GENES
EDIÇÃO DE GENOMA

EM CONTEXTO

FIGURAS CENTRAIS
Emmanuelle Charpentier (1968-), **Jennifer Doudna** (1964-)

ANTES
1953 Francis Crick e James Watson descrevem a estrutura em dupla hélice do DNA.

1973 O bioquímico americano Herb Boyer usa enzimas para recombinar DNA e inserir genes em bactérias, no que muitos consideram o início da engenharia genética.

DEPOIS
2016 O bioquímico americano Douglas P. Anderson usa a reconstrução de proteína ancestral para descobrir a molécula que pode ter causado a evolução de organismos unicelulares em multicelulares.

2017 O geneticista vegetal americano Zachary Lippman faz ajustes em genes mutantes para aumentar o rendimento de tomateiros.

Em 1987, uma equipe de biólogos da Universidade de Osaka, no Japão, descobriu um padrão estranho de sequências de DNA num gene que pertencia à *Escherichia coli*, uma bactéria comum. Cinco segmentos curtos repetidos de DNA, cada um com sequências idênticas de 29 bases – os componentes fundamentais do DNA – foram separados por sequências "espaçadoras" breves e não repetidas.

No fim dos anos 1990, outras pesquisas científicas mostraram que esse padrão não era específico do *E. coli*, podendo ser encontrado em muitas bactérias diferentes. O biólogo espanhol Francisco Mojica e o microbiologista holandês Ruud Jansen nomearam o padrão de "conjunto de repetições palindrômicas curtas regularmente interespaçadas" (CRISPR, na sigla em inglês), em 2002.

Sequências CRISPR

Ainda em 2002, Jansen e sua equipe observaram que o CRISPR era sempre acompanhado por um segundo conjunto de sequências, os genes "associados ao CRISPR" (Cas, na sigla em inglês). Estes pareciam codificar enzimas para cortar o DNA. Em 2005, Mojica determinou que as sequências "espaçadoras" entre as do CRISPR tinham similaridades com o DNA de vírus. Isso o levou a supor que o CRISPR agia como um sistema imune bacteriano. Em 2005, o microbiologista russo Alexander Bolotin estava estudando o *Streptococcus thermophilus*, uma bactéria que continha alguns genes Cas antes desconhecidos, entre eles,

Jennifer Doudna e Emmanuelle Charpentier receberam o Prêmio Nobel de Química de 2020 por seu trabalho revolucionário sobre edição e correção de DNA.

Ver também: As substâncias químicas da vida 256-257 ▪ A estrutura do DNA 258-261 ▪ Proteína fluorescente verde 266 ▪ Enzimas customizadas 293

um que codificava uma enzima hoje chamada de Cas9. Ele notou que os espaçadores partilhavam uma sequência numa ponta que parecia essencial para o reconhecimento direcionado de vírus invasores.

Entendendo o Cas9

Cientistas na Dinamarca, liderados por Philippe Horvath, revelaram mais sobre a função do sistema CRISPR-Cas9 em 2007, quando infectaram bactérias *S. thermophilus* com duas cepas de vírus. Embora muitas bactérias fossem mortas pelos vírus, algumas sobreviviam. Outras investigações revelaram que as bactérias sobreviventes estavam inserindo fragmentos de DNA dos vírus em suas sequências de espaçadores, permitindo a eles combater ataques subsequentes.

Confrontada por um invasor, como um vírus, a bactéria copia e incorpora segmentos do DNA viral em seu genoma como espaçadores entre as repetições curtas de DNA no CRISPR. Os espaçadores fornecem um modelo para que a bactéria reconheça o DNA de um vírus que chegue no futuro.

Charpentier e Doudna

Em 2011, Emmanuelle Charpentier descobriu outro componente do

O CRISPR em ação

O CRISPR tem o potencial de revolucionar a biociência na medicina, na agricultura e em outros campos. O primeiro teste da terapia celular por CRISPR ocorreu em 2019, para tratar pacientes com anemia falciforme restaurando a hemoglobina fetal. Também é usado para manipular células T, do sistema imune, e torná-las mais eficazes para destruir células de câncer. Desde 2019, com a pandemia de covid-19, o CRISPR foi usado como instrumento de diagnóstico, pela função de busca do Cas9 para visar material genético viral. Ele favorece a pesquisa de células-tronco, e possibilita reprogramar e desenvolver células-tronco para criar o tipo exato de tecido desejado. Na agricultura, prevê-se que alimentos modificados por CRISPR de culturas tornadas resistentes a pragas e secas possam entrar no mercado até 2030. O CRISPR poderia estender a validade de alimentos perecíveis. Na bioenergia, bactérias, leveduras e algas estão sendo modificadas para produzir rendimento maior de biocombustíveis.

sistema CRISPR, a molécula crRNA, que identifica sequências genéticas em vírus invasores e atua com uma molécula chamada tracrRNA para guiar a Cas9 a seus alvos. No mesmo ano, Charpentier começou a trabalhar com Jennifer Doudna. Juntas, elas recriaram a tesoura genética da bactéria – sua capacidade de cortar DNA – e simplificaram os componentes moleculares para torná-la mais fácil de usar. Elas relataram suas descobertas num artigo de 2012. Além disso, Charpentier e Doudna reprogramaram a tesoura para cortar não só DNA viral, mas qualquer molécula de DNA em qualquer ponto desejado, tornando possível editar o genoma.

Doudna e Charpentier não foram as únicas envolvidas no desenvolvimento do CRISPR. Em 2012, uma equipe liderada por Virginijus Šikšnys, na Lituânia, mostrou de modo independente como a Cas9 poderia ser instruída a cortar sequências de DNA. E, nos EUA, Feng Zhang também relatou ter modificado o sistema CRISPR-Cas9. Agora havia uma ferramenta que lhes permitia modificar e reescrever genomas com acurácia sem precedentes. ∎

A técnica de edição genética CRISPR-Cas9

Gene-alvo — Sequência de DNA-alvo

Cadeia de CRISPR — Cas9 (enzima que corta genes)

O gene-alvo misturado ao sistema CRISPR-Cas9

Parte da cadeia do CRISPR se liga à sequência de DNA-alvo — A enzima corta a sequência de DNA-alvo

O CRISPR-Cas9 localiza e corta o gene-alvo

DNA manipulado geneticamente é inserido no local cortado para modificar e restaurar a função saudável do gene

Gene-alvo corrigido ou editado

SABEREMOS ONDE A MATÉRIA DEIXA DE EXISTIR

A TABELA PERIÓDICA ESTÁ COMPLETA?

A TABELA PERIÓDICA ESTÁ COMPLETA?

EM CONTEXTO

FIGURAS CENTRAIS
Yuri Oganessian (1933-)

ANTES
1933 Maria Goeppert Mayer e Hans Jensen desenvolvem o modelo de camadas da estrutura do núcleo atômico. Mayer propõe que certos números de prótons ou nêutrons são mais estáveis.

2002 O oganessônio (elemento 118) é sintetizado na Rússia.

2010 O tenesso (elemento 117) é sintetizado, e preenche um dos poucos espaços restantes na tabela periódica.

2011 Pekka Pyykkö publica uma tabela periódica ampliada com as propriedades previstas de 54 elementos acima do número atômico 172.

DEPOIS
2016-2021 Tentativas de sintetizar elementos de número atômico acima de 118 são malsucedidas.

Em 30 de dezembro de 2015, a União Internacional de Química Pura e Aplicada anunciou ter verificado as descobertas de quatro novos elementos: números 113, 115, 117 e 118. Os elementos finais faltantes na sétima linha da tabela periódica foram encontrados e, seis meses depois, tinham nomes confirmados: nihônio, a partir de Nihon, um modo de dizer "Japão" em japonês; moscóvio, de Moscou, em cuja região o Instituto Central de Pesquisa Nuclear da Rússia se situa; o tenesso, nome baseado no estado americano do Tennessee, onde fica o Laboratório Nacional de Oak Ridge; e o oganessônio, de Yuri Oganessian, o físico nuclear russo que teve papel importante em sua descoberta.

Elementos superpesados

O nihônio, o moscóvio, o tenesso e o oganessônio são membros da família conhecida como elementos superpesados, com números atômicos de 104 ou mais. Eles também são referidos como transactinídeos, pois têm números atômicos maiores que os elementos actinídeos, que vão do 89 ao 103.

> A descoberta dos elementos superpesados, às vezes, lembra a abertura da caixa de Pandora.
> **Yuri Oganessian**

Nos anos 1960, a síntese do primeiro transactinídeo foi acompanhada de um longo impasse político. Os cientistas americanos e soviéticos debatiam quem tinha descoberto antes os elementos 104, 105 e 106, e que nomes deviam ser dados a eles. Essas disputas ficaram conhecidas como guerras transfermianas, pois eram centradas nas descobertas de elementos após o férmio, de número 100. Uma solução final foi acordada em 1997.

Hoje, fazer elementos superpesados é um processo muito mais colaborativo. Embora a descoberta do nihônio seja creditada só ao instituto de pesquisa Riken, do Japão, as do moscóvio, do

Yuri Oganessian

Nascido em Rostov-na-Donu, na Rússia, em 1933, Yuri Oganessian passou a maior parte da infância em Yerevan, na Armênia, mas voltou à Rússia para estudar. Em 1956, graduou-se no Instituto de Engenharia Física de Moscou. Trabalhou depois no Instituto Central de Pesquisa Nuclear, sob a direção de Georgy Flerov. Após a aposentadoria de Flerov, em 1989, tornou-se diretor do laboratório.

Oganessian inventou dois métodos cruciais para fazer elementos superpesados. Em 1974, foi um pioneiro da fusão a frio, usada para fazer os elementos 107 a 112. Sua técnica posterior – a fusão a quente – foi usada para descobrir os elementos 113 a 118. O mais pesado destes – o oganessônio, elemento 118 – foi nomeado em sua homenagem, o que tornou Oganessian a segunda pessoa a ter um elemento batizado com seu nome ainda em vida.

Obra principal

1976 "Aceleração de íons de 48Ca e novas possibilidades de sintetizar elementos superpesados"

Ver também: A tabela periódica 130-137 ▪ O elétron 164-165 ▪ Radiatividade 176-181 ▪ Isótopos 200-201 ▪ Modelos atômicos aperfeiçoados 216-221 ▪ Elementos sintéticos 230-231 ▪ Elementos transurânicos 250-253

tenesso e do oganessônio foram atribuídas conjuntamente a equipes dos Estados Unidos e da Rússia, que trabalharam juntas, partilhando os materiais necessários para produzir os novos elementos.

Problemas práticos

No papel, fazer elementos superpesados parece descomplicado. Os cientistas combinam átomos de dois elementos que contenham juntos o número de prótons do novo elemento a ser feito, mas não é tão simples como colocar os dois átomos um ao lado do outro. Para que se fundam formando um só núcleo maior, devem ser disparados um contra o outro a uma velocidade extraordinária, a fim de haver energia suficiente para vencer as forças eletrostáticas repulsivas entre os prótons, com carga positiva. A descoberta de elementos é historicamente domínio dos químicos, mas sintetizar elementos superpesados requer o uso de uma ferramenta fundamental da física – o cíclotron, um acelerador de partículas.

Quando um feixe acelerado de íons é disparado contra um alvo num cíclotron, subprodutos indesejados são separados e, se uma colisão bem-sucedida ocorrer, o novo elemento gerado viaja até os detectores para ser identificado.

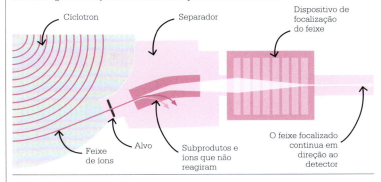

No laboratório, os aceleradores de partículas disparam núcleos de um dos elementos que os cientistas buscam combinar sobre um alvo feito de átomos do outro elemento. Os núcleos-projétil são lançados contra os núcleos-alvo a cerca de um décimo da velocidade da luz. A maioria dessas colisões de alta energia acabam com ambos os núcleos despedaçados, mas, em raras ocasiões, dois núcleos se fundem ao se chocar, formando o núcleo de um novo elemento.

Mesmo essa descrição faz a tarefa parecer muito mais fácil do que é. Às vezes, o novo elemento sofre decaimento radiativo tão rápido que não pode nem ser detectado, então identificar átomos fugazes de novos elementos obtidos nessas colisões é um processo muito demorado. Para a criação do elemento 118, o oganessônio, só »

Para criar o tenesso, os cientistas dispararam cálcio-48 num alvo de berquélio. Após a fusão, o núcleo composto recém-formado perdeu três nêutrons, criando o elemento superpesado tenesso, que tem 117 prótons e 177 nêutrons.

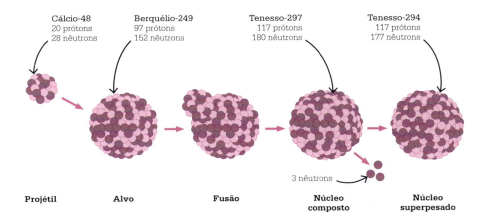

cerca de um átomo era detectado por mês.

Isótopos ricos em nêutrons

Com as probabilidades de criar e detectar um átomo de elemento superpesado tão baixas e raras, os cientistas têm de virar as chances a seu favor. Um modo de aumentar a estabilidade dos novos átomos formados é usar isótopos ricos em nêutrons como projéteis e alvos. Por exemplo, a síntese de três dos quatro elementos confirmados em dezembro de 2015 usou como projétil cálcio-48, um isótopo do cálcio com 20 prótons e 28 nêutrons. Após o impacto, os átomos recém-criados de início perderam nêutrons em vez de decair instantaneamente, tornando a detecção mais fácil. Porém a técnica não é barata: em 2022, o projétil de cálcio-48 custa mais de 250 mil dólares o grama.

Por fim, mesmo a detecção impõe desafios. Apesar de se falar em detecção de átomos de novos elementos, a realidade é que eles são fugazes demais para ser captados diretamente. Em vez disso, eles sofrem decaimento radiativo, formando uma cadeia de decaimento distinta que os cientistas podem traçar de volta, como uma trilha, para determinar a identidade do elemento original que decaiu.

As descobertas dos últimos elementos da sétima linha da tabela periódica fizeram-na parecer completa, por enquanto. Mas o trabalho dos cientistas não acabou – eles acreditam que elementos além do oganessônio serão descobertos, e até que alguns podem existir por

A descoberta de elementos superpesados

Os elementos superpesados não são detectados diretamente, mas sua presença pode ser inferida de cadeias de decaimento radiativo típicas. Primeiro, quaisquer átomos de elemento superpesado de um experimento devem ser separados de outros produtos, o que é feito com campo elétrico ou magnético. Os elementos superpesados em geral sofrem decaimento alfa, que envolve a perda pelo núcleo de uma partícula alfa (um núcleo de hélio), com dois prótons e dois nêutrons. O núcleo mais leve resultante pode ter de novo um decaimento alfa, beta, ou sofrer fissão e se dividir em dois núcleos menores. Os detectores captam os produtos de decaimento e de fissão dos átomos de elementos superpesados. Eles registram cada evento individual e permitem aos pesquisadores retraçar o caminho do decaimento, voltando até ao núcleo original. A identificação da cadeia de decaimento pode ser usada como prova de que um novo elemento foi criado.

mais tempo que a curta vida dos superpesados já conhecidos.

A estrutura do núcleo

As partes componentes dos átomos influenciam sua estabilidade. Átomos com camadas de elétrons completas, como os gases nobres, são especialmente estáveis. Nas aulas escolares de química, dá-se muita ênfase ao modo com que os elétrons se dispõem nessas camadas, mas o núcleo, que contém prótons e nêutrons, é em geral tratado como uma bola homogênea. Isso se deu também historicamente, até os cientistas notarem que, assim como números particulares de elétrons resultavam em átomos mais estáveis, o mesmo ocorria com átomos de números específicos de prótons e nêutrons.

Em 1949, a física teórica americana nascida na Alemanha Maria Goeppert Mayer e o físico nuclear alemão Hans Jensen formularam separadamente um modelo matemático da estrutura do núcleo. Este era feito de camadas nucleares individuais, com diferentes níveis de energia, em que pares de nêutrons e prótons se acoplavam. Para explicar essa junção de modo

O caminho do decaimento radiativo do isótopo oganessônio-294 mostra como ele decai em livermório-190, fleróvio-286 e copernício-282, e depois sofre fissão, formando elementos mais leves. A média da meia-vida e da energia de decaimento de cada isótopo pai e filho também são expostos.

Legenda

- MeV megaelétron-volts (energia do decaimento)
- ms milissegundos (meia-vida)
- s segundos (meia-vida)
- α partícula alfa – 2 prótons e 2 nêutrons

UM MUNDO EM TRANSFORMAÇÃO

Vencer o prêmio não foi metade da empolgação de realizar o trabalho em si.
Maria Goeppert Mayer
Laureada do Prêmio Nobel de 1963

- Os **elementos** podem ser produzidos **num laboratório**.
- Quando átomos de **certos elementos** são disparados contra alvos de outro elemento, os **átomos podem se fundir**, criando um **elemento maior**.
- O elemento maior logo sofre decaimento radiativo, mas o **modo único com que decai** permite **identificá-lo**.
- Os **cientistas** usaram cadeias de decaimento para **identificar elementos** até o **número atômico 118**.
- É **mais difícil** identificar **elementos mais pesados** porque sua **estabilidade decresce**.
- Os cientistas teorizam que pode existir uma "ilha de estabilidade" em que os elementos superpesados se tornam mais estáveis.

simples, Mayer usou a brilhante analogia de casais valsando: "Todos os pares no salão seguem no mesmo sentido, e essa é sua órbita. Além disso, cada par também roda no passo de dança, e esse é seu *spin*". Ela continuou a analogia explicando que, assim como é mais fácil para os pares valsarem numa direção, o mesmo ocorre no núcleo do átomo: "Cada partícula gira sobre si mesma na mesma direção em que todos orbitam". Isso se chama acoplamento *spin*-órbita.

Os modelos de Mayer e Jensen explicaram por que algumas configurações de prótons e nêutrons são mais estáveis que outras. Assim como os átomos com camadas de elétrons completas são mais estáveis, o mesmo ocorre com átomos com camadas nucleares completas. O físico húngaro-americano Eugene Wigner, um dos colegas de Mayer no Projeto Manhattan, cunhou o termo "número mágico" para se referir a essas camadas completas – núcleos com 2, 8, 20, 28, 50, 82 ou 126 prótons ou nêutrons. Os núcleos atômicos com um desses números são mais estáveis que quaisquer outros. Se um núcleo tem número mágico tanto de prótons quanto de nêutrons, é chamado de "duplamente mágico".

Esses números mágicos são um guia básico na pesquisa de elementos superpesados. Parte do objetivo de fazer esses elementos é o próprio processo de obtenção: a maioria existe só por segundos ou frações de segundo e, assim, nunca tem aplicações fora do laboratório. Mas os números mágicos também representam uma possibilidade tantalizante, uma chamada ilha de estabilidade, em que isótopos de elementos podem existir por minutos, horas ou até mais.

Alcançar a ilha de estabilidade é o desafio. Parte do problema está em saber como são os números mágicos para os elementos superpesados. Em geral, assumimos que os núcleos são esféricos, mas hoje se acredita que os núcleos dos elementos superpesados não sejam assim, e isso pode fazer as posições dos números mágicos mudarem – ou até levar a números mágicos adicionais. Antigamente, os cientistas previam (e esperavam) que o elemento 114, fleróvio, tivesse um número mágico de prótons e fosse assim mais estável que seus vizinhos. Porém, pesquisas posteriores acabaram frustrando essa expectativa. O candidato potencial seguinte como ilha de estabilidade é o elemento 120, mas »

310 A TABELA PERIÓDICA ESTÁ COMPLETA?

ele ainda precisa ser sintetizado.

Criar um elemento com apenas dois prótons a mais que o último elemento atual na tabela periódica, o oganessônio, pode não parecer uma tarefa tão difícil. Porém, a busca por elementos superpesados atingiu um bloqueio com os métodos de síntese hoje disponíveis. Criar elementos após o oganessônio exige um núcleo-projétil com mais prótons que o cálcio-48 usado nas descobertas dos elementos 115, 117 e 118. Requer, também, núcleos-alvo mais pesados, que podem ser mais difíceis de obter em quantidades suficientes.

Até agora, os esforços dos cientistas para criar os elementos 119 e 120 incluíram a colisão de átomos de titânio (elemento 22) com alvos de berquélio (elemento 97) ou califórnio (elemento 98). Ambos os alvos só podem ser produzidos em quantidades de miligramas em reatores nucleares especializados. Embora os pesquisadores continuem confiantes que os elementos 119 e 120 serão feitos nos próximos anos, estamos no maior intervalo entre descobertas de novos elementos desde que a era da criação de elementos sintéticos começou.

Acredita-se que a ilha de estabilidade tenha cerca de 112 prótons e 184 nêutrons. Este diagrama mostra estabilidades conhecidas e projetadas de elementos superpesados. As cores mais escuras indicam maior estabilidade.

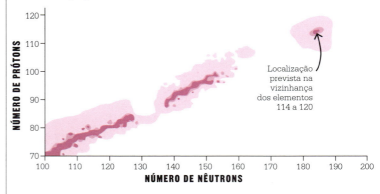

Fusão a frio e a quente

Dois métodos são usados para fazer os elementos 107 a 118. O primeiro é a fusão a frio (sem relação com o conceito fantasioso de fusão nuclear em temperatura ambiente). Ela envolve o uso de alvos e projéteis de tamanho similar, como alvos de chumbo ou bismuto, e projéteis com número de massa maior que 40. Combinar núcleos de tamanho similar reduz a quantidade de energia necessária à fusão. O núcleo resultante não precisa perder nêutrons para ficar mais estável. Isso, por sua vez, facilita detectar isótopos de novos elementos.

O outro método é a fusão a quente, que usa núcleos menos similares como alvo e projétil. O cálcio-48, que tem número mágico de prótons e nêutrons, é comumente utilizado como projétil, com os muito mais pesados elementos amerício, berquélio e califórnio como alvos. A grande diferença de massa aumenta a chance de os núcleos se fundirem. O uso recente de feixes de projéteis mais intensos tornou esta técnica possível.

Mudança de rumo

Só um pequeno número de laboratórios no mundo tem os recursos e equipamentos requeridos para participar da síntese de elementos superpesados, e em anos recentes alguns deles diminuíram suas tentativas de produzi-los. Cada vez mais, o foco da pesquisa de elementos superpesados está passando para a compreensão das propriedades incomuns dos já identificados. Em vez de ampliar a tabela periódica, essa linha de pesquisa poderia nos levar a um ponto em que as regras que regem sua estrutura se rompam totalmente.

Em geral, os átomos de elementos se comportam de acordo com o que nossos modelos simples preveem, mas, às vezes, surgem excentricidades. Conforme os átomos ficam mais pesados, seus elétrons passam a se mover cada vez mais rápido, atingindo por fim velocidades que se aproximam à da luz, e os cientistas têm de considerar a teoria da relatividade geral de Einstein ao lidar com eles. Devido aos efeitos relativísticos, a massa dos elétrons que se movem a essa velocidade é maior que a de um elétron em repouso, e isso resulta na contração dos tamanhos dos orbitais atômicos. Um exemplo corriqueiro é o ouro, em que a contração implica que a diferença de energia entre os dois orbitais atômicos de energia mais alta seja equivalente à da luz azul. Os elétrons do ouro absorvem assim a luz azul e violeta, refletindo os comprimentos de onda vermelhos e laranja e ficando com cor dourada.

Os efeitos relativísticos podem afetar não só a cor de um elemento, mas também suas propriedades. A organização da tabela periódica é regida pela periodicidade – a ideia de que as propriedades dos elementos seguem padrões previsíveis e repetidos. Os elementos de um grupo específico da tabela periódica se comportam de modo particular – por exemplo, os químicos esperam que todos os metais do grupo 1 reajam prontamente com água, e que os metais do grupo 18 se recusem a reagir com praticamente qualquer coisa. Porém, hoje há evidências de que os efeitos relativísticos a que os elementos superpesados estão sujeitos possam atrapalhar essas expectativas.

Comportamentos surpreendentes

O copernício (elemento 112) é um dos elementos superpesados sintéticos de vida mais longa, então os químicos têm conseguido testar suas propriedades em mais detalhe que a maioria dos outros, com resultados surpreendentes. Ele fica embaixo do mercúrio (elemento 80) na tabela periódica. O próprio mercúrio é sujeito a efeitos relativísticos, e é por isso que é o único metal na tabela periódica que é líquido em temperatura ambiente. Simulações de computador indicam que, contrariando sua posição na tabela periódica, o copernício deveria se comportar como um gás nobre, mas como o mercúrio ele seria líquido em temperatura ambiente.

Enquanto isso, não se espera que o oganessônio, um membro superpesado da classe dos gases nobres, se comporte nem um pouco como um gás nobre. Em vez disso, cálculos preveem que seja um semicondutor metálico e que os efeitos relativísticos a que está sujeito sejam tão fortes que sua estrutura de camadas eletrônicas desapareça. Isso é importante. O número e arranjo dos elétrons numa camada eletrônica determina a reatividade do elemento. Se sua estrutura se dissolve em nada do elemento 118 em diante, o poder da tabela periódica de prever propriedades dos elementos se torna essencialmente inútil.

Muitas questões a resolver

No caso do oganessônio, parece improvável que os cientistas algum dia consigam confirmar experimentalmente essas previsões, já que seu isótopo mais estável decai em menos de um milissegundo. Mas isso talvez acabe sendo possível com o copernício, cujo isótopo mais estável tem meia-vida de cerca de 30 s. É intrigante que previsões geradas por simulações de computador levantem questões como a possibilidade de as regiões mais pesadas da tabela periódica desafiarem os critérios pelos quais Mendeleiev a organizou mais de 150 anos atrás.

Para responder a isso de modo definitivo, os químicos precisam de mais que os poucos átomos de elementos superpesados produzidos até agora. Os cientistas russos construíram uma fábrica de elementos superpesados a fim de obter isótopos superpesados em quantidades muito maiores – até 100 átomos por dia, em vez de apenas um por semana. Considerando a estranha química que os pesquisadores de elementos superpesados revelaram com o número limitado de átomos à sua disposição até agora, quem sabe que excentricidades não descobrirão nos próximos anos? ∎

Ao longo de várias décadas, vimos que as pessoas têm criado mais ou menos um novo elemento talvez a cada três anos – até agora.
Pekka Pyykkö (2019)

Os nomes dos elementos superpesados 114 (fleróvio) e 118 (oganessônio) homenageiam os físicos nucleares russos Georgy Flerov (à esq.) e Yuri Oganessian (à dir.).

A HUMANIDADE CONTRA OS VÍRUS
NOVAS TECNOLOGIAS EM VACINAS

EM CONTEXTO

FIGURA CENTRAL
Katalin Karikó (1955-)

ANTES
1796 O médico britânico Edward Jenner inocula um garoto de 13 anos com a varíola bovina, que o protege da varíola, e dá início à ciência moderna da vacinologia.

1931 Os virologistas americanos Alice Miles Woodruff e Ernest Goodpasture cultivam um vírus num ovo de galinha embrionado. A técnica é usada depois para ampliar outras vacinações contra vírus.

1983 Kary Mullis desenvolve a reação em cadeia da polimerase, produzindo grandes quantidades de material genético.

2005 A virologista chinesa Shi Zhengli descobre que os morcegos abrigam coronavírus como os da SARS, que podem infectar pessoas.

No início de 2020, em meio à urgência de lidar com a pandemia do coronavírus SARS-CoV-2, ficou claro que a solução do problema viria principalmente de vacinas. Essa esperança parecia distante, pois o desenvolvimento mais rápido de uma vacina antes – a da caxumba – levou quatro anos, de 1963 a 1967. Porém, no início de dezembro de 2020, várias vacinas mostravam bons resultados em testes humanos de larga escala, protegendo da covid-19, a doença causada pelo SARS-CoV-2.

Com base nesses resultados, as agências reguladoras de drogas logo concederam a aprovação a três cruciais vacinas inovadoras antes

UM MUNDO EM TRANSFORMAÇÃO

Ver também: Forças intermoleculares 138-139 ▪ Enzimas 162-163 ▪ Antibióticos 222-229 ▪ As substâncias químicas da vida 256-257 ▪ A estrutura do DNA 258-261 ▪ A reação em cadeia da polimerase 284-285 ▪ Enzimas customizadas 293

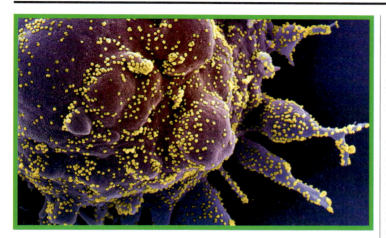

Partículas de SARS-CoV-2 numa célula do corpo são exibidas em amarelo. O vírus causa covid-19, uma infecção respiratória que pode levar a uma pneumonia fatal.

de o ano acabar. Duas usavam diretamente o RNA mensageiro (mRNA), para carregar informação genética – uma da empresa Moderna, baseada nos Estados Unidos, e a outra da alemã BioNTech e da gigante farmacêutica Pfizer, também sediada nos Estados Unidos. A terceira vacina carregava informação genética de um vírus de resfriado comum, um adenovírus, em forma modificada. Ele foi isolado de chimpanzés e não causa a doença em humanos. A vacina foi desenvolvida pela Universidade de Oxford, no Reino Unido, e feita pela AstraZeneca, uma empresa farmacêutica baseada no Reino Unido e na Suécia.

Uma das defesas do sistema imune envolve a busca que os linfócitos fazem por células reconhecíveis como infectadas. Os linfócitos só podem fazer isso se encontraram antes a bactéria ou vírus infectante – os patógenos. A vacinação expõe nosso sistema imune a versões enfraquecidas, mortas ou parciais dos patógenos. Elas instruem de modo seguro nosso sistema imune, sem causar nenhuma doença. As vacinas vivas atenuadas, inativadas e de subunidades e conjugadas usam formas desativadas ou partes inativas do patógeno contra o qual protegem.

Em contraste, as tecnologias de mRNA e de adenovírus são vacinas recombinantes que atuam com a máquina biológica que lê os genes em nossas células. Elas liberam instruções genéticas delas para a produção da proteína da vacina. Essa abordagem veio para o primeiro plano durante a pandemia de covid-19, porque seu desenvolvimento é muito mais rápido que o das vacinas tradicionais.

Formulando uma resposta
Os cientistas tiveram de reagir com urgência à rápida difusão do SARS--CoV-2. Pesquisadores chineses publicaram a sequência do material genético do RNA do vírus em 7 de janeiro de 2020. A química de síntese de ácido nucleico moderna permitiu a cientistas do mundo todo começar dali a dias a fazer cópias para uso no desenvolvimento de vacinas. A jornada para que o RNA mensageiro se tornasse um herói no combate à covid-19 começou em 1990, quando a bioquímica húngara Katalin Karikó propôs usá-lo como alternativa à terapia genética baseada em DNA. Essa terapia busca criar mudanças permanentes que possam dizer às células que produzam novas proteínas, transformando as pessoas em suas próprias "fábricas de remédios". Porém, o mRNA é o mensageiro que leva as instruções à nossa máquina de fabricação de proteínas nas células sobre o que criar a partir do DNA. Assim, o mRNA poderia construir fábricas de drogas internas sem mudar os genes das pessoas de modo permanente.

Como o mRNA funciona
Quando o mRNA é injetado em uma pessoa, em vez de deixar que seu corpo faça seu próprio mRNA, os sensores imunológicos detectores de vírus percebem e as células »

O número total de mortes globais atribuíveis à pandemia de covid-19 em 2020 é de pelo menos 3 milhões [...]
Organização Mundial da Saúde

NOVAS TECNOLOGIAS EM VACINAS

param de produzir proteínas. Em 2005, quando trabalhava com Drew Weissman, Karikó descobriu que era surpreendentemente simples evitar esse bloqueio. Como o DNA, o mRNA tem quatro componentes fundamentais, cada um representado por uma letra; o mRNA usa um diferente do DNA – a uridina, que substitui a timina. Karikó e Weissman trocaram a uridina por pseudouridina. O mRNA feito com pseudouridina podia enganar os sensores imunológicos.

Para criar uma droga ou vacina, os virologistas também tinham de impedir que o mRNA fosse quebrado no corpo dos pacientes antes de fazer seu trabalho. A solução foi

Há muito desenvolvimento de vacinas que precisamos fazer, agora que podemos fazer.
Sarah Gilbert (2021)

Katalin Karikó é uma especialista em terapia com mRNA. Foi crucial na criação das vacinas Pfizer/BioNTech e Moderna contra a covid-19.

revesti-lo com moléculas lipídicas gordurosas, formando minúsculas bolas de nanopartículas.

Nas vacinas de Covid, o mRNA codifica a proteína *spike* do SARS-CoV-2, que se prende às membranas celulares humanas e permite a invasão pelo coronavírus. Como Karikó previu, uma vez que o mRNA entra nas células, nossos corpos produzem a proteína *spike*. Esta atua como uma molécula forasteira que deflagra uma resposta imune, mas não infecta o corpo com Covid-19.

Nanopartículas lipídicas ainda são um dos maiores desafios para as vacinas de mRNA, por duas razões. Primeiro, são difíceis de fazer, o que retarda o processo. Segundo, as nanopartículas lipídicas são instáveis em temperatura ambiente. Quando a vacina BioNTech/Pfizer se tornou a primeira de mRNA a ser aprovada pela FDA, tinha de ser armazenada a -70 °C. Tanto ela quanto a vacina da Moderna hoje podem ser guardadas a -20 °C, mas

isso ainda torna difícil levá-las a áreas remotas e pobres. Tais desafios refletem o fato de que essa tecnologia mal ficou pronta para uso amplo. Fazer e distribuir bilhões de doses é, portanto, um feito enorme.

O uso de vetores virais

A vacina Oxford/AstraZeneca carrega instruções que dizem a nossas células para fazer a proteína *spike* do SARS-CoV-2. O adenovírus de chimpanzé que ela usa para carregar essas instruções para o nosso corpo é denominado vetor viral. Essa tecnologia surgiu após anos de pesquisa de vacinologistas do Instituto Jenner, da Universidade de Oxford, liderados por Sarah Gilbert e Adrian Hill. Em 2014, a equipe usou a tecnologia para desenvolver uma

Vacinas de mRNA

Este tipo de vacina aproveita a produção natural de proteínas. O processo começa com moléculas de DNA, nas quais estão nossos genes. No núcleo da célula, enzimas dividem as duas cadeias da dupla hélice do DNA. Outras enzimas usam as cadeias separadas do DNA como modelos para fazer cadeias de mRNA condizentes. Isso move do núcleo para os ribossomos das células as fábricas bioquímicas que leem o código genético do mRNA para fazer proteínas. Em laboratório, os cientistas podem criar mRNA que codifica outras proteínas e enviá-lo para os ribossomos das células. As vacinas de mRNA para Covid-19 contêm instruções genéticas para a proteína *spike* com que os vírus se prendem e entram em nossas células. Os ribossomos recebem essas instruções e fazem a proteína *spike*, que se fixa na superfície das células. A seguir, o sistema imune aprende a reconhecer a proteína *spike* e faz anticorpos contra ela, sem causar a infecção de covid-19. Ele também faz mais leucócitos que podem matar células infectadas pelo vírus.

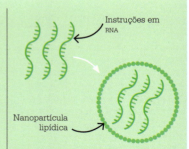

O mRNA sintético, que codifica para a proteína *spike* do vírus, é protegido por nanopartículas lipídicas que impedem que o corpo humano o quebre.

vacina potencial como uma resposta rápida à doença do vírus Ebola naquele ano na África. Eles não conseguiram concluir os testes antes de o surto terminar, mas ganharam uma experiência valiosa. Gilbert passou a pesquisar um coronavírus chamado MERS, detectado em 2012, em que metade da proteína *spike* é igual à do SARS-CoV-2.

Segurança e eficácia

Duas outras vacinas de vetor viral tiveram amplo uso antes da Oxford/AstraZeneca. A Sputnik V, do Instituto de Pesquisa Gamaleya, da Rússia, e a Convidecia, da empresa chinesa CanSino Biologics, usaram adenovírus humanos. Nos dois casos, os países onde foram desenvolvidas resolveram usá-las antes de ver os resultados de testes em larga escala, enquanto a vacina Oxford/AstraZeneca e as produzidas pela Pfizer/BioNTech e pela Moderna foram submetidas primeiro a testes extensivos. Um problema adicional foi que as pessoas poderiam ter sido infectadas antes pelos adenovírus humanos, então tinham uma resposta imune à vacina. Isso parece ter reduzido a eficácia da vacina CanSino em alguns testes.

> As **moléculas de mRNA** podem dizer às células que façam proteínas que ajudam nosso **sistema imune** a reconhecer **vírus**.
>
> Nosso **sistema imune** reconhece o **mRNA** não produzido por nossas células e desliga a **produção de proteínas**.
>
> Os cientistas **modificam o mRNA** de modo que o sistema imune **não o reconheça**.
>
> Os **vetores virais** liberam naturalmente **instruções genéticas** dentro das células.
>
> **O uso desses métodos para fazer com que células humanas produzam proteína *spike* do sars-CoV-2 viabiliza vacinas eficazes.**

Diferentemente das vacinas vivas, nenhum dos vetores virais usados nas vacinas para covid-19 pode fazer novas cópias de si mesmo. Isso significa que é preciso usar muitos vetores virais para que sejam eficazes, mas ajuda a garantir sua segurança. Elas também contornam a necessidade de distribuir vacinas em nanopartículas lipídicas, então a vacina Oxford/AstraZeneca pode ser armazenada num refrigerador comum. As agências só foram capazes de lançar rápido as vacinas contra a covid-19, pois pesquisadores como Gilbert, Hill, Karikó e Weissman já trabalhavam em tecnologias inovadoras. Isso mostra como até pesquisas cuja importância não é clara podem mudar o mundo. ∎

Vacinas de vetor viral

Como as vacinas de mRNA, as vacinas de vetor viral exploram o modo como nosso corpo naturalmente faz proteínas. Neste caso, para inserir o RNA em nossas células, os cientistas o adicionam ao material genético de outro vírus, o vetor viral. O novo vírus alterado é chamado de vírus recombinante.

Quando o RNA da proteína do vírus entra nas células, os ribossomos – que seguem instruções de onde quer que venham – seguem a orientação para fazer a proteína do vírus. Isso causa então uma resposta imune, ensinando o sistema imune do nosso corpo a reconhecer o vírus. Se depois formos infectados pelo vírus, o sistema imune terá uma resposta mais rápida.

As vacinas de vetor viral não têm tido um desempenho tão bom quanto as de mRNA contra a covid-19. Mas pode ser diferente com futuras vacinas criadas para combater infecções virais. Assim, é importante ter mais de um tipo de vacina disponível, pois os virologistas não sabem que forma a próxima pandemia assumirá.

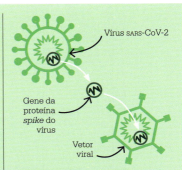

O gene da proteína *spike* do vírus é adicionado ao material genético de um vírus que foi geneticamente alterado para não poder causar a doença.

OUTROS GRANDES DA QUÍM

NOMES CA

OUTROS GRANDES NOMES DA QUÍMICA

Figuras importantes já apresentadas neste livro são só algumas que tiveram um papel na evolução da química. Esta lista cronológica contém uma seleção de outros cientistas que deram destacadas contribuições. Desde os que fizeram grandes descobertas, de Hennig Brand, a primeira pessoa conhecida a isolar um novo elemento, a Akira Suzuki, que revolucionou a química industrial com uma técnica nova de síntese de moléculas orgânicas. Outros encontraram modos de usar a química para curar doenças, como o tratamento de Alice Ball para a lepra e o medicamento de Paul Ehrlich para a sífilis. Alguns foram grandes educadores: Jane Marcet tornou a química acessível a milhões e os conhecimentos de George Washington Carver sobre química de plantas e solo ajudaram incontáveis agricultores americanos.

HENNIG BRAND
c. 1630-c. 1710

Pouco se sabe sobre os primeiros anos do alquimista alemão Brand: é provável que tenha nascido em Hamburgo, lutado na Guerra dos Trinta Anos (1618-1648) e trabalhado como médico, ainda que sem diploma. Brand também buscou a pedra filosofal, uma substância que se pensava transformar metais comuns em ouro. Num experimento, em 1669, ferveu um grande volume de urina, obtendo um resíduo sólido branco. Ele brilhava no escuro e Brand o chamou de fósforo – do grego *phos* (luz) e *phoros* (trazer). Na verdade, Brand tinha descoberto um novo elemento, e foi a primeira pessoa conhecida a fazer isso.
Ver também: Tentativas de fazer ouro 36-41

JOHANN BECHER
1635-1682

Um dos alquimistas mais influentes do século XVII, Becher era filho de um ministro luterano alemão. Em 1669, publicou *Physica subterranea*, em que investigou a natureza dos minerais e outras substâncias. Ele propôs que os materiais são compostos por três "terras" – vitrificáveis, mercuriais e combustíveis – e que todos os materiais inflamáveis contêm *terra pinguis*, ou um "elemento fogo", que é emanado, ou "liberado", durante a combustão. Essa substância foi renomeada como flogisto no século XVIII. Becher depois tentou transformar areia em ouro.
Ver também: Tentativas de fazer ouro 36-41 ▪ Flogisto 48-49 ▪ O oxigênio e o fim do flogisto 58-59

ÉTIENNE-FRANÇOIS GEOFFROY
1672-1731

O médico, químico e farmacêutico francês Geoffroy foi o primeiro cientista a considerar as afinidades químicas (*rapports*) ou atrações fixas entre diferentes substâncias. Sua tabela de afinidades de 1718 foi a primeira de muitas criadas por ele e outros químicos. Cada coluna da tabela de Geoffroy é encimada por um elemento ou composto; outras substâncias químicas com as quais o elemento ou composto principal pode reagir são listadas abaixo dele, em ordem decrescente de afinidade. As tabelas de afinidades se tornaram referências decisivas até o fim do século XVIII.

A tabela de afinidades de Geoffroy coincidiu com a transição da alquimia para a química científica como disciplina acadêmica distinta e alguns acreditam que marcou o início da revolução química. Geoffroy tornou-se professor de química no Jardin du Roi de Paris e descartou alguns aspectos da alquimia, como a crença na pedra filosofal.
Ver também: Tentativas de fazer ouro 36-41 ▪ Por que as reações acontecem 144-147

DANIEL RUTHERFORD
1749-1819

Enquanto pesquisava para seu doutorado em 1772 na Universidade de Edimburgo, no Reino Unido, o médico escocês Rutherford usou uma chama para remover "ar bom" (oxigênio) de um recipiente vedado e passou o gás que restou por uma solução para remover o "ar fixo" (dióxido de carbono). O gás

OUTROS GRANDES NOMES DA QUÍMICA

remanescente não sustentava a vida nem queimava. Ele lhe deu o nome de "ar mefítico" (venenoso), mas hoje o chamamos de nitrogênio. Foi a única descoberta notável de Rutherford, mas ele cofundou a Real Sociedade de Edimburgo em 1783 e teve uma carreira de sucesso em botânica e medicina.

Ver também: Ar fixo 54-55 ▪ O oxigênio e o fim do flogisto 58-59

JANE MARCET
1769-1858

Nascida Jane Haldimand de pais suíços em Londres, Marcet se tornou escritora científica após frequentar um curso do químico inglês Humphry Davy. Em 1805, ela publicou – de modo anônimo – *Conversations on chemistry*, uma série de diálogos ficcionais entre um professor e duas alunas que exploravam os fundamentos da ciência. Marcet o escreveu para meninas, mas seu alcance foi muito maior. O químico inglês Michael Faraday, que tinha pouca educação formal, foi inspirado pelo livro quando trabalhava como encadernador.

Conversations on chemistry foi um *best-seller* no Reino Unido e nos Estados Unidos, onde se tornou texto padrão em escolas de meninas, e foi traduzido para o francês e o alemão. Marcet também escreveu *Conversations on political economy* (1816) e *Conversations on vegetable physiology* (1829).

Ver também: Ar inflamável 56-57 ▪ O oxigênio e o fim do flogisto 58-59

JOHAN AUGUST ARFWEDSON
1792-1841

Quando o mineralogista sueco Arfwedson começou a trabalhar no Escritório Real de Minas, em Estocolmo, conheceu o colega sueco Jöns Jacob Berzelius, um dos mais eminentes químicos do início do século XIX. Berzelius deu a Arfwedson acesso a seu laboratório; lá, em 1817, este último analisou a composição do mineral petalita. Além do alumínio, silício e oxigênio, ele descobriu um elemento que formava sais similares – mas diferentes – aos do sódio e do potássio. Ele chamou o novo elemento de lítio, mas não conseguiu isolá-lo – o que foi feito pelo químico inglês William Brande quatro anos depois.

Ver também: Elementos isolados por eletricidade 76-79 ▪ Baterias de íon-lítio 278-283

CARL GUSTAF MOSANDER
1797-1858

Nascido na Suécia, de início, Mosander estudou medicina, mas acabou sendo curador de minerais da Academia Real Sueca de Ciências, em Estocolmo. Em 1832, tornou-se professor de química e mineralogia no Instituto Karolinska na cidade, onde foi orientado por Jöns Jacob Berzelius.

Em 1839, ao investigar uma amostra de óxido de cério, Mosander percebeu que, enquanto a maior parte dele era insolúvel, parte era solúvel, e deduziu que era o óxido de um novo elemento. Foi a terceira terra-rara a ser descoberta. Mosander a chamou de lantânio, do grego *lanthanein* ("estar escondido"). Quatro anos depois, isolou mais duas terras-raras – érbio e térbio – e pensou ter achando outra, mas essa (o didímio) se revelou mais tarde uma mistura de óxidos.

Ver também: A tabela periódica 130-137

CHARLES GOODYEAR
1800-1860

Autodidata, o químico Goodyear começou trabalhando na loja de ferragens do pai em Connecticut (EUA). Ele se interessou por desenvolver uma técnica para tornar a borracha (látex) mais forte, menos adesiva e menos sensível ao calor e frio extremos. Em 1839, num experimento, derrubou por acidente um pouco de borracha misturada com enxofre num forno quente e se deparou com o processo que tornou possível fabricar borracha durável, como a usada em pneus. Ele patenteou a invenção (chamada depois de vulcanização) em 1844. A patente, porém, foi tão infringida que, enquanto outros ficavam ricos com sua descoberta, Goodyear morreu endividado devido às taxas legais.

Ver também: Polimerização 204-211

CARL REMIGIUS FRESENIUS
1818-1897

Pioneiro da análise química, o químico alemão Fresenius inventou um método sistemático para identificar os componentes de uma mistura de substâncias químicas. Em 1841, publicou a primeira edição de seu *Manual de análise química qualitativa*. Ele se transferiu para a Universidade de Giessen para ser assistente de Justus von Liebig, um importante químico alemão. Em 1862, Fresenius fundou a *Zeitschrift für Analytische Chemie*, provavelmente a primeira revista especializada em química do mundo, que ele editou até morrer, quando seu *Manual* já tinha 16 edições e havia sido traduzido para vários outros idiomas.

Ver também: Cromatografia 170-175

OUTROS GRANDES NOMES DA QUÍMICA

LOUIS PASTEUR
1822-1895

De origem humilde na França, Pasteur se tornou um dos maiores cientistas do século XIX. Ele é mais conhecido por suas descobertas em microbiologia, em especial, que as bactérias causam doenças – o cerne da teoria microbiana. Inventou também o processo de pasteurização e criou vacinas para raiva e antraz.

A primeira pesquisa de Pasteur aplicou luz polarizada ao processo de análise química. Investigando a fermentação do vinho, ele mostrou que duas substâncias (ácido tartárico e ácido paratartárico) tinham a mesma composição química, mas seus átomos se dispunham de modo diverso no espaço, como imagens espelhadas uma da outra – eram isômeros ópticos. Ele demonstrou que é preciso estudar a estrutura química de uma substância além da composição para entender como ela se comporta.

Ver também: Isomeria 84-87 ▪ Estereoisomeria 140-143 ▪ Antibióticos 222-229 ▪ Novas tecnologias em vacinas 312-315

LOTHAR MEYER
1830-1895

O químico alemão Meyer começou a ensinar química em 1859. Após cinco anos, publicou *Teoria química moderna*, que propunha uma classificação periódica dos elementos. Ele dispôs 28 elementos por peso atômico e investigou a relação entre os pesos dos elementos e suas propriedades. Meyer desenvolveu mais suas ideias em 1868 e 1870, mas, nessa época, o químico russo Dmitri Mendeleiev já tinha publicado sua própria tabela periódica. Meyer foi professor de química na Universidade de Tübingen de 1876 até sua morte.

Ver também: A tabela periódica 130-137

WILLIAM CROOKES
1832-1919

Mais famoso por seu trabalho com tubos de vácuo (o tubo de Crookes tem seu nome), o físico e químico britânico Crookes foi atraído pela física óptica, possivelmente após ter conhecido Michael Faraday. Crookes era rico e trabalhou sem descanso por conta própria durante décadas em seu próprio e bem-equipado laboratório. Grande parte de sua pesquisa envolveu espectroscopia de chama, com a qual descobriu o metal pós-transição tálio em 1861. Ele viu uma linha verde no espectro de ácido sulfúrico impuro e percebeu que se tratava de um novo elemento.

Ver também: Espectroscopia de chama 122-125

HENRI MOISSAN
1852-1907

Em 1884, o químico francês Moissan, que trabalhava na Escola de Farmácia em Paris, começou a investigar compostos de flúor. Um grande problema não resolvido da química inorgânica era o isolamento do flúor – o elemento mais reativo da tabela periódica. O flúor é um gás muito tóxico; Moissan se envenenou várias vezes antes de atingir seu objetivo, em 1886, eletrolizando uma solução de bifluoreto de potássio com ácido fluorídrico. Por isolar o flúor e inventar um forno elétrico, ele recebeu o Prêmio Nobel de Química de 1906.

Ver também: Elementos isolados por eletricidade 76-79 ▪ Eletroquímica 92-93 ▪ Por que as reações acontecem 144-147

PAUL EHRLICH
1854-1915

O médico e químico alemão Ehrlich percebeu a ação seletiva dos corantes de anilina que usava para tingir células. Ele notou que revelavam tipos diferentes de células e de reações químicas e que algumas dessas substâncias podiam tratar doenças. Ele desenvolveu uma gama de corantes para distinguir diferentes células do sangue e mostrou que o consumo celular de oxigênio varia ao longo do corpo. Em 1908, recebeu conjuntamente o Prêmio Nobel de Fisiologia ou Medicina por seu trabalho sobre imunidade, usando anticorpos em células sanguíneas. Em 1907, uma substância ("composto 606") sintetizada no laboratório de Ehrlich se provou um medicamento muito eficaz para sífilis. Chamada depois de Salvarsan, foi o primeiro grande avanço na quimioterapia antibacteriana.

Ver também: Antibióticos 222-229 ▪ Quimioterapia 276-277 ▪ Novas tecnologias em vacinas 312-315

CARL AUER VON WELSBACH
1858-1929

O químico austríaco Welsbach usou a cristalização fracionada, em 1885, para separar a liga didímio (antes considerada um elemento) em suas duas terras-raras constituintes: um sal verde, que ele chamou de praseodímio, e um sal rosa – o neodímio. No mesmo ano, recebeu a patente por um manto de gás que usava lantânio, outra terra-rara. Em 1905, Welsbach foi um dos três químicos que descobriram de modo independente a terra-rara lutécio – o crédito foi afinal atribuído ao químico francês Georges Urbain.

OUTROS GRANDES NOMES DA QUÍMICA

Ver também: Elementos terras-
-raras 64-67

GEORGE WASHINGTON CARVER
c. 1864-1943

Nascido escravo um ano antes da abolição, o afro-americano Carver estudou ciências agrícolas na Faculdade de Agricultura e Fazenda-Modelo de Iowa (EUA). Em 1894, foi um dos primeiros americanos negros a se graduar em ciências. Lecionou depois na Estação Experimental de Agricultura e Economia Doméstica de Iowa e no Instituto Normal e Industrial de Tuskegee, no Alabama. Apesar de mais famoso pelo desenvolvimento de múltiplos usos para os amendoins, seu trabalho mais importante foi sobre química do solo. Ele inventou técnicas para recuperar solo exaurido por anos de monocultura do algodão cultivando, por exemplo, amendoins, soja e batata-doce, que fixam o nitrogênio.
Ver também: Fertilizantes 190-191

ALICE BALL
1892-1916

Nascida em Seattle (EUA), Ball se graduou em química farmacêutica e farmácia. Depois, na Faculdade do Havaí, tornou-se a primeira afro-americana a obter o mestrado em química, e, aos 23 anos, a primeira mulher a lecionar química na instituição. Lá, Ball desenvolveu o primeiro tratamento útil para lepra – uma injeção de solução de óleo extraído da árvore *chaulmoogra* (*Hydnocarpus spp.*) O "método Ball" foi usado com sucesso por mais de 30 anos, até a chegada das drogas de sulfonamida. Ball não chegou a ver o real impacto de seu tratamento: morreu no ano seguinte após inalar por acidente gás cloro. O reitor da escola atribuiu a si a descoberta, mas Ball foi devidamente creditada em 1922.
Ver também: Grupos funcionais 100-105 ▪ Antibióticos 222-229

IRÈNE JOLIOT-CURIE
1897-1956

Filha dos físicos franceses Marie e Pierre Curie, Joliot-Curie operou aparelhos de raios x com a mãe em hospitais de campanha móveis durante a Primeira Guerra Mundial. Depois, estudou química no Instituto Radium, de seus pais, em Paris, e escreveu sua tese de doutorado sobre radiação emitida por polônio. Com o marido Frédéric Joliot, pesquisou a radiatividade e a transmutação de elementos. Em 1935, eles dividiram o Prêmio Nobel de Química pela descoberta de que novos elementos radiativos podiam ser sintetizados a partir de elementos estáveis. Em 1938, o trabalho de Joliot-Curie sobre a ação dos nêutrons sobre elementos pesados foi um grande passo no desenvolvimento da fissão do urânio. Como a mãe, ela morreu de leucemia contraída no curso de seu trabalho.
Ver também: Radiatividade 176-181 ▪ Elementos sintéticos 230-231 ▪ Fissão nuclear 234-237

PERCY JULIAN
1899-1975

O químico afro-americano Julian foi pioneiro da síntese química de fármacos a partir de plantas. Atitudes racistas nos Estados Unidos dos anos 1920 impediram que se tornasse professor numa importante universidade, apesar de sua bolsa na Universidade Harvard. Em 1929, porém, recebeu uma bolsa da Fundação Rockefeller para estudar na Universidade de Viena, onde obteve um PhD em 1931. De volta aos Estados Unidos, trabalhou para a Glidden Company, quando Julian inventou uma técnica para sintetizar os hormônios sexuais progesterona e testosterona a partir de substâncias isoladas do óleo de soja. Desenvolveu também um substituto barato derivado de soja para a cortisona, usada para aliviar dores. Em 1953, montou sua própria empresa de pesquisa, a Julian Laboratories. Mas ainda teve de enfrentar o racismo: nos anos 1950, sua casa em Chicago foi atacada pelo menos duas vezes.
Ver também: Grupos funcionais 100-105 ▪ A pílula anticoncepcional 264-265

SEVERO OCHOA
1905-1993

A Guerra Civil Espanhola e, depois, a eclosão da Segunda Guerra Mundial limitaram as oportunidades de pesquisa na Europa e, assim, em 1941, o fisiologista e bioquímico espanhol Ochoa foi para os Estados Unidos. Ele se tornou depois cidadão americano. Ochoa pôde então concentrar a pesquisa em suas paixões: enzimas e síntese de proteínas. Em 1955, no University College of Medicine, em Nova York, ele e a colega Marianne Grunberg-Managó descobriram uma enzima que pode ligar nucleotídeos – os elementos fundamentais do RNA (ácido ribonucleico) e do DNA (ácido desoxirribonucleico). A descoberta permitiu uma melhor compreensão de como a informação genética é traduzida. Por isso, em 1959, ele recebeu conjuntamente o Prêmio Nobel de Fisiologia ou Medicina – o

primeiro hispano-americano a obter essa conquista.
Ver também: Enzimas 162-163 ▪ A estrutura do DNA 258-261

FREDERICK SANGER
1918-2013

Chamado às vezes de "pai da genômica", o bioquímico britânico Sanger é o único cientista a ter recebido duas vezes o Prêmio Nobel de Química. Na Universidade de Cambridge, no Reino Unido, ele começou em 1943 a pesquisar a proteína insulina. Em 1955, identificou a sequência única de aminoácidos que fazem a molécula de insulina, recebendo por isso o primeiro Prêmio Nobel em 1958. Seu trabalho forneceu a chave para entender o modo como o DNA codifica a produção de proteínas na célula.

Em 1977, Sanger desenvolveu um método para mapear o genoma de um organismo estabelecendo a ordem dos nucleotídeos dentro de suas moléculas de DNA. Por esse trabalho, dividiu com mais três cientistas o Prêmio Nobel de Química de 1980.
Ver também: A estrutura do DNA 258-261 ▪ A reação em cadeia da polimerase 284-285 ▪ Edição de genoma 302-303

AKIRA SUZUKI
1930-

Em 1979, quando lecionava química aplicada na Universidade de Hokkaido, no Japão, e trabalhava com o cientista Norio Miyaura, Suzuki usou paládio como catalisador para sintetizar moléculas grandes orgânicas, ligando átomos de carbono. Essa reação de acoplamento cruzado, que ficou conhecida como reação de Suzuki (ou Suzuki-Miyaura), teve enorme impacto na química orgânica, permitindo a produção de bifenilos, alcenos e estirenos, de importância nas indústrias química e farmacêutica. Os produtos da reação de Suzuki podem se tornar valiosos em nanotecnologia. Por esse trabalho, ele dividiu o Prêmio Nobel de Química de 2010 com os químicos Ei-ichi Negishi (japonês) e Richard Heck (americano).
Ver também: Catálise 69 ▪ Grupos funcionais 100-105

YOUYOU TU
1930-

Tu estudou farmacologia na Faculdade Médica de Beijing, na China, e desenvolveu sua carreira na Academia de Medicina Tradicional Chinesa. Em 1969, foi encarregada de encontrar uma cura para a malária, pois o parasita da doença (*Plasmodium* spp.) se tornara resistente à cloroquina antimalárica.

A *Artemisia annua* já era usada na medicina tradicional chinesa. Em 1972, a equipe de Tu isolou uma substância crucial dessa planta – uma lactona que ela chamou de artemisinina e que mata o parasita bloqueando a síntese de proteína. No ano seguinte, a equipe isolou a di-hidroartemisinina. Esses compostos levaram a uma nova geração de drogas antimaláricas e salvaram milhões de vidas. Em 2015, Tu recebeu conjuntamente o Prêmio Nobel de Fisiologia ou Medicina pelo que tem sido descrito como "possivelmente a intervenção farmacêutica mais importante do último meio século."
Ver também: Grupos funcionais 100-105

JAMES ANDREW HARRIS
1932-2000

Apesar da boa qualificação ao graduar-se, em 1953, o químico afro-americano Harris teve dificuldades para achar trabalho em pesquisa científica. Em 1960, porém, foi contratado pelo Laboratório de Radiação Lawrence, da Universidade da Califórnia em Berkeley, e encarregado de encontrar elementos transurânicos (superpesados). Ele participou da equipe que isolou o elemento 104 (rutherfórdio) em 1969 e, em 1970, o elemento 105 (dúbnio), sendo o primeiro americano negro a contribuir para a descoberta de novos elementos. Harris dedicou grande parte de seu tempo livre e do final da carreira em administração estimulando jovens cientistas afro-americanos.
Ver também: Elementos transurânicos 250-253

GERHARD ERTL
1936-

Por sugestão do importante eletroquímico Heinz Gerischer, na Universidade de Munique, o químico alemão Ertl começou nos anos 1960 a pesquisar a disciplina nascente da ciência de superfícies, em especial, a interface sólido-gás. Por vários anos, investigou por que as reações químicas se aceleram em superfícies e desenvolveu uma tecnologia de vácuo ultrapuro para ajudá-lo a estudar esses tipos de reações. As aplicações dessa pesquisa incluíram aperfeiçoar o processo Haber-Bosch de síntese de amônia e fazer as células de hidrogênio combustível ganharem eficiência. Ertl foi diretor do Instituto Fritz Haber, em Berlim, de 1986 a 2004. Ele recebeu o Prêmio

Nobel de Química de 2007 por seu trabalho sobre superfícies sólidas.
Ver também: Fertilizantes 190-191

MARGARITA SALAS
1938-2019

Por três anos, a partir de 1964, a bioquímica espanhola Salas participou da equipe do laboratório de Severo Ochoa, na Universidade de Nova York (EUA), examinando mecanismos de replicação, transcrição e tradução que transmitem a informação genética do DNA para proteínas. De volta à Espanha, em 1977, no Centro de Biologia Molecular Severo Ochoa (CBMSO), em Madri, Salas e o bioquímico Luis Blanco desenvolveram um novo mecanismo para a replicação de DNA. A amplificação por deslocamento múltiplo permitiu testar o DNA de modo mais rápido e preciso que com a reação em cadeia da polimerase (PCR). O método de Salas só exigia fragmentos mínimos de DNA para gerar muitas cópias de genomas inteiros, então é ideal para análises forenses, identificação de mutações em tumores e análise genética de fósseis.
Ver também: A estrutura do DNA 258-261 ▪ A reação em cadeia da polimerase 284-285

ADA YONATH
1939-

Nascida numa família pobre israelense, Yonath estudou química, bioquímica e biofísica na Universidade Hebraica de Jerusalém, e cristalografia de raios X (CRX) no Instituto Weizmann de Ciência. Yonath usou a CRX para examinar a estrutura atômica e a função dos ribossomos (as fábricas de proteínas nas células). Ela também desenvolveu a técnica de criocristalografia para limitar os danos de radiação a proteínas durante a CRX, e depois investigou a estrutura atômica dos antibióticos. Por seu trabalho sobre a estrutura dos ribossomos, ela dividiu com dois outros cientistas o Prêmio Nobel de Química de 2009.
Ver também: Cristalografia de raios x 192-193 ▪ As substâncias químicas da vida 256-257 ▪ Cristalografia de proteínas 268-269

DAN SHECHTMAN
1941-

Quando era pesquisador visitante no Instituto Nacional de Padrões e Tecnologia, em Maryland (EUA), em 1982, o cientista de materiais israelense Shechtman notou estranhos padrões de difração numa liga de alumínio-manganês. Os padrões eram ordenados, mas não periódicos nem repetidos, indicando uma estrutura antes desconhecida de átomos e moléculas em cristais. Desde então, centenas de quase-cristais (depois assim chamados) foram descobertos. Suas aplicações vão de panelas antiaderentes a materiais que convertem calor em eletricidade. Por sua descoberta, recebeu o Prêmio Nobel de Química de 2011.
Ver também: Cristalografia de raios x 192-193 ▪ Ligações químicas 238-245

AHMED ZEWAIL
1946-2016

Em 1976, o químico egípcio-americano Zewail começou a trabalhar no Instituto de Tecnologia da Califórnia (Caltech), nos Estados Unidos. Sua equipe produziu e observou reações químicas usando lasers ultrarrápidos para criar pulsos de luz que duram um quadrilionésimo de segundo – em vez de um picossegundo (trilionésimo de segundo), a escala de tempo das reações no nível molecular. A nova espectroscopia de femtossegundos, como Zewail a chamou, permitiu aos cientistas observar a dinâmica das reações e as rotas moleculares enquanto elas ocorrem. Por essa química ultrarrápida pioneira, recebeu o Prêmio Nobel de Química de 1999, sendo o primeiro cientista de fala árabe do mundo a conquistá-lo.
Ver também: Ligações químicas 238-245

DAVID MACMILLAN
1968-

Até o século XXI, só metais e enzimas podiam ser usados como catalisadores de reações químicas. Em 2000, quando estava na Universidade da Califórnia em Berkeley (EUA), o químico orgânico escocês-americano MacMillan inventou a técnica da organocatálise. Esta usa uma pequena molécula baseada em carbono como catalisador para produzir moléculas especiais denominadas enantiômeros (estruturas espelhadas, impossíveis de se sobreporem). Essa descoberta radical permitiu fabricar novas drogas e materiais; os organocatalisadores também são biodegradáveis e mais baratos que os catalisadores tradicionais, que às vezes são tóxicos. MacMillan desenvolveu mais a técnica na Universidade de Princeton. Em 2021, dividiu o Prêmio Nobel de Química com o químico alemão Benjamin List, que também fez avanços em organocatálise assimétrica.
Ver também: Catálise 69 ▪ Grupos funcionais 100-105

GLOSSÁRIO

Acamptisômero Estereoisômero descoberto em 2018 e que envolve ligações químicas normalmente flexíveis impedidas de rodar pela estrutura da molécula.

Ácido nucleico Qualquer uma das moléculas longas dos seres vivos: DNA (ácido desoxirribonucleico) e RNA (ácido ribonucleico). Os ácidos nucleicos consistem em cadeias longas de unidades individuais chamadas de nucleotídeos. Cada nucleotídeo, por sua vez, contém uma molécula de açúcar (ribose ou desoxirribose), um grupo fosfato e uma base (ver *base*, acepção 2).

Aerossol Dispersão de partículas minúsculas, líquidas ou sólidas, no ar.

Agente redutor Substância que faz outra ser reduzida: ver *redução*.

Álcali Ver *base*, acepção 1.

Alto-forno O tipo principal de forno para fundição de ferro. Minério de ferro, coque e outros materiais são introduzidos no topo dessa estrutura alta e o ferro derretido é obtido na base. Ar é injetado por meio de bocais para manter ativo o processo de fundição. Ver também *fundição*.

Alvéolos Bolsas de ar microscópicas nos pulmões onde ocorre a troca de oxigênio e dióxido de carbono entre o ar e o sangue.

Aminoácidos Pequenos compostos com nitrogênio encontrados em todos os seres vivos. As moléculas de proteína são cadeias longas de até vinte tipos diferentes de aminoácidos, arranjados numa ordem única para cada proteína.

Ar deflogisticado Nome obsoleto do oxigênio, de quando se acreditava que ele era o ar do qual o flogisto fora retirado. Ver também *flogisto*.

Átomo A menor unidade de qualquer elemento químico, feita de um núcleo central pesado (constituído por prótons e nêutrons) e elétrons que o orbitam.

Atropisômero Estereoisômero que envolve uma restrição na rotação de ligações simples, que na maioria das outras moléculas são livres para rodar.

Base (1) O oposto químico de um ácido. Uma base solúvel é chamada de álcali. Ácidos e bases juntos reagem, formando sais. (2) Em biologia, composto de carbono com nitrogênio, do qual há quatro tipos no DNA e quatro (um diferente do DNA) no RNA. A ordem das diversas bases ao longo das moléculas de DNA e RNA "expressa" as instruções genéticas que elas codificam.

Bateria de célula seca Bateria em que o eletrólito é uma pasta, não um líquido livre.

Bomba atômica Bomba cuja energia vem principalmente da fissão de U-235, um isótopo de urânio, ou Pu-239, um isótopo de plutônio. Ver também *isótopo*, *fissão nuclear*.

Cadinho Recipiente para a fusão de metais ou outras substâncias a altas temperaturas.

Calótipo O mais antigo processo fotográfico a usar imagens em negativo das quais se podiam obter muitas imagens em positivo.

Calx Resíduo farelento ou em pó deixado quando um mineral ou metal é calcinado ou queimado.

Camada de ozônio A camada que contém ozônio gasoso (forma de oxigênio com três átomos) no alto da atmosfera e que protege a Terra da radiação ultravioleta prejudicial.

Câmera escura Dispositivo que usa uma lente para projetar uma imagem de uma vista numa superfície dentro de uma caixa escura. Foi usada por artistas e é uma antecessora da câmera fotográfica.

Cantiléver Estrutura rígida que se projeta para fora, presa só por uma ponta.

Catalisador Substância que acelera uma reação química sem ser decomposta nem alterada de modo permanente no fim da reação.

CFC Abreviatura de clorofluorcarboneto, halocarbono produzido antigamente de modo artificial para uso na indústria; descobriu-se depois que era danoso à camada de ozônio. Ver também *halocarbono*, *camada de ozônio*.

Chumbo tetraetila Composto adicionado antigamente à gasolina para melhorar seu desempenho, mas hoje banido mundialmente devido à poluição por chumbo que causa.

Colimador Dispositivo para obtenção de um feixe paralelo de radiação.

Composto Substância feita de átomos de mais de um elemento ligados numa proporção definida. Para compostos covalentes, a menor parte do composto é uma só molécula.

Conservação da massa O princípio de que a massa total das substâncias não aumenta nem diminui numa reação química.

Coroa solar A atmosfera tênue mais externa do Sol, que se estende por milhões de quilômetros.

Cristal Qualquer sólido que consista num arranjo regular de átomos ou moléculas, dispostos num padrão geométrico 3D repetido.

Curva de Keeling Gráfico que mostra o aumento dos níveis de dióxido de carbono atmosférico no mundo desde 1958, registrados no Observatório de Mauna Loa, no Havaí, num programa iniciado pelo geoquímico Charles Keeling.

Daguerreótipo Antigo tipo de fotografia, obtida por um processo que resulta numa só imagem em positivo.

Desoxirribose Tipo de molécula de açúcar que faz parte da estrutura do DNA.

Destilação seca Aquecimento de um sólido para obtenção de gases sem queimar nem vaporizar totalmente o sólido.

Diatômico De uma molécula: feita de dois átomos.

Difração de raios x Técnica de investigação da estrutura de cristais que lança feixes de raios x sobre eles e estuda o modo como os raios são afetados ao passar pelo cristal.

Diorama Dispositivo móvel para exibição de cenas gigantes.

GLOSSÁRIO

DNA Abreviatura de ácido desoxirribonucleico, uma molécula longa feita de pequenas unidades individuais. Os genes dos seres vivos estão gravados no DNA de suas células: a ordem das diferentes bases no DNA (ver *base, acepção 2*) "expressa" cada gene. Os genes de alguns vírus ocorrem como RNA, não DNA. Ver também *ácido nucleico*.

Efeito estufa Tendência de alguns gases atmosféricos, como o dióxido de carbono, a reter a energia calórica irradiada da Terra e tornar a atmosfera mais quente.

Elemento químico Substância feita de átomos de mesmo número atômico. Ver *número atômico*.

Elementos transurânicos Elementos com número atômico maior que o urânio na tabela periódica.

Eletricidade estática Fenômenos em que cargas elétricas positiva e negativa se separam, por meio de fricção entre materiais diferentes ou naturalmente, numa nuvem de tempestade. A energia acumulada pode se descarregar de repente, num raio.

Eletrodo Condutor que emite ou absorve elétrons como parte de um circuito elétrico.

Eletrólise Quebra de substâncias químicas com o uso de eletricidade.

Eletrólito Líquido ou pasta que pode conduzir eletricidade devido ao movimento de íons positivos e negativos em seu interior.

Eletromagnetismo Forças magnéticas produzidas por eletricidade; de modo mais genérico, qualquer fenômeno que envolva a conexão entre eletricidade e magnetismo.

Elétron Partícula minúscula com carga negativa. No átomo, os elétrons orbitam um núcleo central muito mais pesado, contrabalançando a carga positiva de seus prótons. Os elétrons podem fluir livremente através dos metais e também ocorrer como feixes de radiação. Ver também *raio catódico*.

Eletronegatividade Tendência de um átomo de um elemento específico a atrair elétrons quando se liga de modo covalente ao átomo de outro elemento. O flúor é o elemento mais eletronegativo.

Eletroquímica Ramo da química que estuda a relação entre química e eletricidade. Por exemplo, como compostos se decompõem em elementos usando-se eletrólise.

Enzima Qualquer de vários milhares de tipos de moléculas grandes dos seres vivos que catalisam (promovem) cada uma um tipo específico de reação química. Quase todas as enzimas são proteínas.

Equilíbrio dinâmico Situação em uma reação química em que os reagentes se transformam em produtos e os produtos, em reagentes à mesma taxa, resultando em nenhuma mudança.

Espectro Padrão produzido quando diferentes comprimentos de onda da luz ou de outra radiação eletromagnética são separados por um prisma ou outro dispositivo. O termo também pode denotar um intervalo de comprimentos de onda, por exemplo, "espectro infravermelho".

Espectro de chama Espectro observado quando uma substância é aquecida numa chama. Diferentes elementos emitem luz de frequências características e podem ser identificados por seus espectros.

Espectro eletromagnético A gama total de radiação eletromagnética das ondas de rádio (as menores frequências e maiores comprimentos de onda), passando por micro-ondas, radiação infravermelha, luz visível e radiação ultravioleta, até raios x e raios gama, que têm as maiores frequências e energia.

Éster Composto orgânico formado pela reação de um ácido com um álcool.

Estereoisomeria Tipo de isomeria em que dois ou mais isômeros contêm os mesmos subgrupos químicos, mas os grupos se dispõem de modo diverso no espaço. Isômeros espelhados são um exemplo. Ver *mão dominante, isomeria*.

Ferro forjado Forma de ferro com baixo teor de carbono, criada martelando ou amassando ferro mais impuro. É muito menos friável que o ferro fundido, mas foi largamente substituído pelo aço hoje. Ver também *ferro fundido*.

Ferro fundido Forma dura e friável de ferro formada pela refundição do metal num alto-forno. Tem alto conteúdo de carbono.

Fissão nuclear A divisão de certos tipos de núcleos atômicos em dois ou mais núcleos menores de outros elementos. Isso pode ocorrer se os núcleos são atingidos por nêutrons, como ocorre num reator nuclear ou numa bomba atômica.

Flogisto Na teoria química do século XVIII, fluido hipotético liberado quando qualquer substância queimava. A teoria do flogisto foi depois invalidada.

Forno de lupa Forno de pequena escala para fundição de ferro, usado desde tempos antigos, em que o ferro não fica líquido.

Fosforescência Luz liberada por uma substância diferente da proveniente de uma fonte de calor, em especial quando persiste por algum tempo.

Fundição Extração de um metal de seu minério pelo uso de calor e um agente redutor. Ver *agente redutor*.

Fungicida Substância usada para matar fungos.

Garrafa de Leiden Dispositivo inventado no século XVIII para armazenar eletricidade estática. Pode dar um choque elétrico ao ser descarregada.

Halocarbono Substância química orgânica similar ao hidrocarboneto, em que alguns ou todos os átomos de hidrogênio foram substituídos por átomos de halogênio.

Halogênio Qualquer dos elementos similares do grupo que inclui flúor, cloro, bromo, iodo e astato. (Halogênio significa literalmente "formador de sal".)

Hibridização No contexto de ligações químicas, a formação de orbitais híbridos.

Hidrocarboneto Composto orgânico que consiste apenas em átomos de carbono e hidrogênio, como metano ou octano.

Imagem latente Imagem fotográfica cujos detalhes existem sob a forma de diferenças químicas na superfície fotográfica, mas que não são visíveis sem processamento posterior.

Incandescência Luz fornecida quando uma substância é aquecida o bastante.

Inerte Não reativo.

Inseticida de contato Substância que é tóxica a insetos por meio de contato.

Íon Átomo que ganhou ou perdeu um ou mais elétrons e, assim, tem uma carga total negativa ou positiva. O processo em que isso ocorre se chama ionização.

Isomeria Quando uma substância ocorre como mais de um isômero.

Isômero Molécula que contém o mesmo número e tipo de átomos que outra molécula, mas num arranjo diverso.

Isótopo Átomo de certo elemento que contém um número específico de nêutrons. Muitos elementos têm vários isótopos diferentes, que normalmente têm a mesma química, mas podem diferir em características físicas, como alguns serem radiativos.

Kaliapparat Dispositivo de vidro do século XIX para medir o conteúdo de carbono de diferentes substâncias.

Lei das proporções definidas Lei química segundo a qual substâncias puras formam compostos umas com as outras apenas de acordo com proporções fixas de peso.

Lei de Haber Lei usada para calcular o efeito da exposição a toxinas.

Liga Metal que é uma combinação ou mistura de mais de um elemento metálico, incluindo também, às vezes, não metais.

Ligação covalente Ver *ligação química*.

Ligação de hidrogênio Tipo de atração, mais fraca que uma ligação covalente, entre um átomo de hidrogênio e certos outros átomos, como oxigênio e nitrogênio. As ligações de hidrogênio ajudam a estabilizar as formas de muitas moléculas biológicas, como proteínas e ácidos nucleicos.

Ligação química Conexão entre dois átomos, que os une formando uma molécula ou composto. Ligações fortes são formadas por átomos que compartilham elétrons (ligação covalente) ou que transferem elétrons, o que os mantém juntos por atração elétrica (ligação iônica ou eletrovalente), ou por ligações intermediárias entre os dois tipos. Há ligações mais fracas que não pertencem às categorias anteriores. Ver também *ligação de hidrogênio*.

Linhas D Linhas escuras de comprimentos de onda específicos no espectro do Sol, indicando a presença de sódio, que absorve tais comprimentos de onda.

Linhas de emissão Linhas brilhantes em posições específicas de um espectro, indicando a presença de elementos químicos cujos átomos emitem luz nessas frequências específicas ao serem aquecidos.

Mão dominante Termo usado em relação às moléculas que existem em duas formas espelhadas, de modo similar a luvas para mão direita e esquerda. Também chamada de quiralidade. Ver também *estereoisomeria*.

Massa A quantidade de matéria numa partícula ou substância.

Massa atômica (mais explicitamente "massa atômica relativa"; também chamada de "peso atômico") A massa média dos átomos de um elemento, expressa em relação ao isótopo carbono-12. As massas atômicas em geral não são números inteiros, pois a maioria dos elementos consiste numa mistura de isótopos de massas diferentes. Ver também *isótopo*.

Meia-vida Tempo após o qual metade de uma amostra de uma substância radiativa específica terá decaído em outras substâncias. O termo é usado em outros contextos, como o período em que uma droga permanece no corpo.

Menisco A superfície curva superior de um líquido num tubo.

Metal pesado Termo usado para qualquer elemento metálico que não tenha massa atômica leve. Por exemplo, cobre e chumbo são metais pesados, mas alumínio e magnésio não.

Minério Mineral de importância comercial que é fonte de um metal.

Mitocôndrias Organelas das células vivas, às quais fornecem energia. Ver também *organela*.

Modelo do pudim de passas Modelo ultrapassado da estrutura do átomo, em que se supunha que elétrons com carga negativa estavam incrustados numa matriz com carga positiva, como passas num pudim.

Molécula Combinação de dois ou mais átomos unidos por ligações químicas (em geral, covalentes). Os átomos podem ser do mesmo elemento (por exemplo, a molécula de hidrogênio, que contém dois átomos de hidrogênio) ou de elementos diversos.

Negativo Imagem fotográfica em que as áreas claras da cena original são visíveis como escuras e vice-versa.

Neonicotinoides Inseticidas sintéticos modernos, similares quimicamente à nicotina. Menos tóxicos a mamíferos e aves do que diversos inseticidas, podem ser muito danosos a abelhas e outros insetos "benéficos".

Nêutron Partícula sem carga elétrica presente no núcleo de todos os átomos, com exceção do isótopo principal do hidrogênio, cujo núcleo é só um próton. O nêutron tem quase a mesma massa do próton. Nêutrons livres são liberados por fissão nuclear.

Núcleo (1) A parte central de um átomo, que contém seus prótons e nêutrons. Quase toda a massa do átomo está no núcleo. (2) A organela da maioria das células biológicas que contém a informação genética delas (DNA).

Nucleobase Ver *base*, acepção 2.

Número atômico O número de prótons num núcleo atômico. Cada elemento químico tem o mesmo número de prótons em todos os seus átomos, que é diferente do de qualquer outro elemento. Num átomo neutro, o número de elétrons que orbitam seu núcleo, que determina as propriedades químicas do elemento, é o mesmo que o de prótons.

Onda Uma forma de movimento regular que transmite energia. O comprimento de onda de uma onda de água ou luz é a distância entre as cristas de ondas sucessivas.

Orbital eletrônico O caminho que o elétron segue ao orbitar o núcleo de um átomo. Os orbitais não são rotas exatas; eles representam a probabilidade de encontrar o elétron em qualquer ponto específico. Os orbitais podem ter formas diferentes e são fundamentais para a formação de ligações químicas. Ver também *orbital híbrido*.

Orbital híbrido Tipo de orbital eletrônico encontrado em ligações entre átomos, em que orbitais de átomos individuais se sobrepõem e combinam. Ver também *orbital eletrônico*.

Organela Estrutura pequena, em geral cercada por uma membrana, que realiza funções específicas na célula. Por exemplo, as mitocôndrias e os núcleos celulares.

Osmose Movimento da água ou outro solvente de uma solução mais diluída para uma mais concentrada através de uma membrana semipermeável.

Oxidação Uma substância é oxidada quando o oxigênio se combina a ela, ou, de modo mais geral, quando elétrons são removidos dela, durante uma reação química. Ver também *redução*.

Óxido Composto de oxigênio com outro elemento.

Patógeno Bactéria ou outro ser microscópico que causa doenças.

Peptidoglicano Molécula grande que faz parte da parede celular nas bactérias.

Peso atômico Ver *massa atômica*.

Pilha voltaica A primeira bateria elétrica, inventada por Alessandro Volta e demonstrada em público pela primeira vez em 1800.

Placa de Petri Prato raso circular de fundo reto com uma tampa, em geral transparente e feito de vidro ou plástico.

Polímero Molécula longa feita de unidades menores repetidas unidas.

Processo de câmara de chumbo Método antigo para fazer ácido sulfúrico, hoje largamente substituído pelo *processo de contato*.

Processo de contato O principal processo industrial moderno para produção de ácido sulfúrico.

Próton Partícula com carga positiva presente no núcleo de todos os átomos. Cada elemento químico tem um número exclusivo de prótons em seus átomos. Ver também *número atômico*.

Quiralidade Ver *mão dominante*.

Radiação (1) Ver *radiação eletromagnética*. (2) Feixes de partículas subatômicas como elétrons ou nêutrons.

Radiação eletromagnética Radiação que transmite energia como ondas de campos magnéticos e elétricos que viajam à "velocidade da luz". Ver também *espectro eletromagnético*.

Radiação infravermelha Radiação eletromagnética com comprimentos de onda maiores que os da luz visível e que é experimentada como radiação de calor na vida diária.

Radiação ionizante Qualquer forma de radiação que faça átomos se ionizarem. Tal radiação com frequência é perigosa ao corpo humano.

Radiação ultravioleta Radiação eletromagnética com comprimentos de onda mais curtos que a luz visível, mas mais longos que os raios x.

Radiatividade Fenômeno em que alguns tipos de núcleos atômicos liberam radiação ao se transformar em outros tipos de núcleos. Ver também *radiação*, *transmutação*.

Raio catódico Feixe de elétrons que emerge de um eletrodo negativo (cátodo). Ver *eletrodo*.

Reação reversível Reação química que pode ocorrer em ambos os sentidos.

Reagente Substância que causa uma reação química, em especial a usada para detectar a presença de outra substância, ou aquela que participa de uma reação química e se decompõe ou muda no processo. Ver também *catalisador*.

Redução Numa reação química, uma substância é reduzida quando o oxigênio é removido dela, ou, de modo mais geral, quando elétrons são adicionados a ela. Por exemplo, o óxido de ferro é reduzido a ferro na fundição. Ver também *oxidação*.

Ressonância Em química, termo usado para indicar um padrão de ligação intermediário entre dois estados descritos com mais facilidade.

RNA Abreviatura de ácido ribonucleico, uma molécula longa similar ao DNA. Para ter efeito, as instruções genéticas precisam ser copiadas do DNA em RNA nas células. As moléculas de RNA também têm outros papéis nas células.

Sais de prata Compostos de prata, em especial, sais como brometo de prata, usados em fotografia.

Sal Qualquer substância formada pela reação de um ácido com uma base. Ver *base*, acepção 1.

Substância química orgânica Qualquer composto de carbono. (Poucos compostos muito simples, como o dióxido de carbono, são em geral excluídos.) O carbono pode formar cadeias e anéis e, ao mesmo tempo, se ligar a outros elementos, então há um número enorme de diferentes substâncias orgânicas, entre elas, as importantes moléculas biológicas, como carboidratos e proteínas. Ver também *hidrocarboneto*.

Talidomida Droga usada antigamente para tratar enjoo matinal em mulheres grávidas, mas que se revelou a causa de sérias malformações congênitas em seus filhos.

Teoria do funcional da densidade Método de cálculo da distribuição de elétrons em moléculas ou sólidos.

Termodinâmica Teoria e estudo da relação entre calor e outras formas de energia. Esses princípios são vitais à compreensão das reações químicas.

Testemunho de gelo Coluna cilíndrica e longa de gelo obtida num glaciar ou calota de gelo por perfuração. Os testemunhos de gelo fornecem evidências de mudanças em condições climáticas e níveis de poluição ao longo de milênios.

Tetraedro Forma geométrica 3D com quatro faces triangulares e quatro vértices (cantos). Num átomo de carbono ligado a quatro outros átomos, as ligações do carbono são normalmente dispostas em forma tetraédrica, ou seja, se estendendo do átomo para os cantos de um tetraedro imaginário.

Transmutação Mudança de um elemento químico ou isótopo para outro, tentada sem sucesso por alquimistas, mas realizada hoje em reatores nucleares.

Tubo de raios catódicos Dispositivo vedado e com alto vácuo em que um feixe de elétrons é dirigido a uma tela, como num receptor tradicional de TV.

Valência O "poder de combinação" de um átomo, ou seja, o número de diferentes ligações que pode formar com outros átomos ou moléculas.

Via bioquímica Sequência organizada de reações químicas em seres vivos. As vias bioquímicas são controladas por enzimas.

Vidro borossilicato Vidro que inclui trióxido de boro entre os ingredientes. Ele se expande muito pouco com o calor, o que o torna útil, por exemplo, para utensílios de cozinha. Ver também *vidro soda-cal-sílica*.

Vidro soda-cal-sílica O tipo mais comum de vidro, cujos ingredientes incluem carbonato de sódio (soda) e óxido de cálcio (cal), além de dióxido de silício (sílica).

ÍNDICE

Números de página em **negrito** remetem a tópicos principais.

A

abiogênese 256
Abraham, K. M. 280
acamptisômeros 84
ação de massas, lei da 150
aceleradores de partículas 13, 168, 230-231, 251-252, 307
acidez 76, 79, 90
  escala de pH 168, **184-189**
  solo e água 297
ácido carbônico 188, 295
ácido ciânico 86-89
ácido fulmínico 86-87
ácido hidroclorídrico 79
ácido racêmico 140-141
ácido sulfúrico 48, **90-91**
ácido tartárico 140-141
ácidos 111, **148-149**
ácidos graxos 23
ácidos nucleicos 257-259, 261, 271, 285, 313
aço 24
actinídeos 137, 253, 306
actínio 253
adenina 258-261, 271, 284
adenovírus 313-315
Agassiz, Jean Louis 112
agentes nervosos 199
agricultura 189-191, 274-275, 303
Água
  composição da 56-58, 80
  e corrente elétrica 77, 92, 281
  na Terra 256
alambiques 21
Alberto, o Grande 40-41
álcalis
  escala de pH 168, **184-189**
  produção de sabão 22-23
alcatrão 20
álcool 16, 18-20, 105, 163
alfa-hélice 245
al-Ghazali 28
alimentos, suprimento de 190-191
al-Kindi 20
Allen, John 156
Allen, Willard M. 264
Allison, James 276
alótropos do carbono 147, 286-287, 291
alquimia 12, 31, 34-35, **36-41**, 42, 44-48, 60, 90, 120, 123, 168, 172
al-Rammah, Hassan 43

al-Razi, Muhammad ibn Zakariya 34, 40, 44
altos-fornos 17, 24, **25**
alumínio 79
ambiente, danos ao
  camada de ozônio 13, 249, **272-27**
  fluoroquímicos de cadeia longa 232-233
  gasolina com chumbo 213, 249
  mudança climática 13, **112-115**, 237, 291, 294-295
  pesticidas e herbicidas 249, **274-275**
  petróleo 195
  plásticos 211
amerício 136-137, 253
aminoácidos 88, 175, 256-257, 261, 266, 285
amônia 53, 88-89, 150, 169, 190-191, 256-257
Ampère, André-Marie 164
análise química **172-175**
analítica, química **172-175**, 203
analitos 172-173
Anaxágoras 28
Anaxímenes de Mileto 30
Anderson, Douglas P. 302
anestésicos 73, **106-107**
  gerais 107
  locais 107
ânions 149
ânodos 93, 281-282
antibióticos 12, 169, **222-229**, 248, 263, 270
anticorpos 270
antimônio 45
aquecimento global **112-115**, 294
ar, composição da 35, 46, 52, 55-56, 58-59, 62-63, 80
Archer, Frederick Scott 98
Arfwedson, August 280, **319**
argônio 136, 157-159
Aristóteles 17, 29, 30, **31**, 40-41, 46-48, 80
armas de destruição em massa 13, 168, 196
  ver também bomba atômica; guerra química
Arnold, Frances 290, **293**
aromáticos, compostos 129
Arrhenius, Carl 65
Arrhenius, Svante 110, 111, 113, 148, **149**, 161, 186-187
arsênio 25, 35, 44-45, 52, 119
assírios 16, 26
astato 230
Astbury, William 268-269
Aston, Francis 88, 202, **203**, 254, 286
atividade humana ver ambiente,

danos ao
atmosfera
  buraco na camada de ozônio **272-273**
  composição da 35, 156, 158, 256
  efeito estufa **112-115**
  solar 125
atmosférica, química 52-53, 55
atômica, teoria 12, 17, 168
  Bohr 80, 132, 137, 164, 168, 219, 221
  Dalton 29, 47, 62, 68, 72, **80-81**, 82, 84, 92, 121, 126, 132-133, 164, 202, 218, 240
  Demócrito **28-29**
  modelos atômicos aperfeiçoados **216-221**
  Rutherford 168, 221
  Schrödinger 80, 168, 218-221
  Thomson 80, 111, 132, 165, 168, 218, 221
átomo pesado, técnica do 269
átomos 17, **28-29**, 47
  divisão do núcleo 169, 178, 218, 234-237, 251-252
  espectroscopia por ressonância magnética nuclear **254-255**
atropisômeros 84
Avery, Oswald 259
Avogadro, Amedeo 96-97, 121, 133-134, 160-161
azul da Prússia 65, 116, 152

B

babilônios 12, 16, 21
Bacon, Francis 38
Bacon, Roger 41-42
bactérias 224-229, 276, 293, 302-303, 313
Baekeland, Leo **183**, 207
Baeyer, Adolf von 119, 183, 214
balas mágicas 270-271
Balduin, Christian Adolf 60
Ball, Alice **321**
Balmer, Johann 122, 219
Banting, Frank 268
baquelite 169, 183, 207
bário 78, 123, 235
Bartholin, Rasmus 140-141
Bartlett, Neil 156
bases 111, **148-149**
bases (nucleobases) 259-261, 284-285
Baterias
  a primeira 12, 72, **74-75**, 76, 92

de calha 77
de célula seca 74
de íon-lítio 13, 249, **278-283**
  recarregáveis 92, 249, 280-281, 283
Bauer, Georg 172
Bayard, Hippolyte 98
Beccu, Klaus-Dieter 280
Becher, Johann 48, **318**
Beckman, Arnold O. 90
Becquerel, Antoine-César 79
Becquerel, Henri 60, 178, 180, 200, 218
Beeckman, Isaac 94
Beguin, Jean 62, 68
Béguyer de Chancourtois, Alexandre 134
Benz, Karl 212
benzeno 73, 88, 102, 127, **128-129**, 243, 267
benzoíla 103
Berg, Otto 230
Bergius, Friedrich 191
Bergman, Torbern 82, 88
berílio 66, 201
Bernal, J. D. 169, 192-193, 269
berquélio 253, 310
Berthollet, Claude-Louis 53, 68, 150
Berti, Gasparo 94-95
Berzelius, Jöns Jacob 66, 68-69, 72-73, 82, **83**, 84, 86-87, 89, 92, 102-104, 121, 141, 162, 206, 244, 280
Bethune, Donald 292
Betzig, Eric 266
bicarbonato, tampões de 188
Bickford, William 43
bidimensionais, materiais **298-299**
Binnig, Gerd 300-301
biocombustíveis 290, 293, 303
biodegradação 211, 296, **297**
biologia molecular 245, 260, 269, 285
biomassa 114, 296-297
bioplásticos 290, **296-297**
bioquímica 163, 290
Biot, Jean-Baptiste 140-142
Black, Joseph 46, 52, 54, **55**, 56, 58, 62, 69
Bloch, Felix 254
Boehm, Hanns-Peter 298
Bohr, Niels 80, 132, 137, 159, 164, 168, 218-221, 236, 242-243
Bolotin, Alexander 302-303
Boltzmann, Ludwig 97, 144, 147
bomba atômica 67, 120, 136, 233-234, **237**, 250
Born, Max 220-221
boro 79
borracha 206-208
Bosch, Carl 150, 168-169, 190, **191**
Boscovich, Roger 28
Boyer, Herb 302

ÍNDICE 329

Boyle, lei de 95-96
Boyle, Robert 30-31, 35, 38, 41, **47**, 48, 56, 68, 80, 95-96, 186
Bragg, William e Lawrence **192-193**, 266, 268
Brand, Hennig 35, 41, 60, **318**
Brandt, Georg 52, 64
Brecher, Johann 58
Brodie, Benjamin 298
Broglie, Louis de 219
bromo 134
Brønsted, Johannes 149, 187
bronze 25
Buchner, Eduard 111, 162, **163**
buckminsterfulereno **286-287**
buckyballs 287, 292
Bunsen, Robert 103, 110, 122, **124**, 125, 135, 156
Burton, William 195
Butlerov, Alexander 126

C

cadeia alimentar 275
cal viva 54-55
cálcio 78-79
califórnio 253
Callendar, Guy 112
calótipo 99
calx 49, 58-59, 63
câmara escura 60-61, 98
câmeras 98-99, 283
Cami, Jan 287
campos elétricos 202, 203
campos magnéticos 202-203, 254-255
câncer 153, 231, 249, 255, 262, 264, 270-271, 273, 275-277, 303
Cannizzaro, Stanislao 110, **121**, 160
captura direta do ar **295**
captura e armazenamento de carbono 290, **294-295**
carbonato de magnésio 54-55, 62
carbono
    isômeros 85
    materiais bidimensionais **298-299**
    polímeros superfortes **267**
carbono-14 201
carbono-60 286-287
carga elétrica 74-75
Carlisle, Anthony 77, 92
Caro, Heinrich 118
Carothers, Wallace 206, 209-211, 232, 296
Carson, Rachel 274, **275**
carvão 110, 117
Carver, George Washington **321**
Cas9 258, 290-291, 302-303
Casciarolo, Vincenzo 60
catálise 23, 53, **69**, 83, 153, 162, 290
cátions 149
cátodos 93, 280-282
Cavendish, Henry 52, 54, 56, **57**, 58, 62, 148, 156-157

Caventou, Joseph-Bienaimé 270
celulares, telefones 98, 278
células de combustível 76
celulose 206-207, 297
cério 66-67, 83
cerveja **18-19**, 163, 188
césio 125
cetamina 106
CFCs *ver* clorofluorcarbonetos
Chadwick, James 201, 218, 234
Chain, Ernst 224, 226
Chalfie, Martin 266
Chang, Min Chueh **264-265**
Chapman, Sydney 272
Chargaff, Erwin 261
Charles, Jacques 95-96
Charpentier, Emmanuelle 258, 291, **302-303**
chave-fechadura, teoria 163
China Antiga 12, 16-17, 19, 23, 25, 34, 40, 42, 90
chips de silício 298-299
Christie, George Hallatt 84
chumbo 168, 201
    na gasolina **212-213**
chuva ácida 148, 186
cianeto de hidrogênio 198
cianopolinos 287
ciclotrons 231, 251, **252**, 253, 307
ciência espacial 43
cinética dos gases, teoria 97
circulação sanguínea 58
cisplatina 229, 276, **277**
citosina 258, 259-261, 284
Clapeyron, Émile 94-96, **97**
Clausius, Rudolf 97, 144-145
Cleve, Per Teodor 67, 158
clivagem micromecânica 299
cloro 79
clorofluorcarbonetos (CFCs) 213, 232, 249, 272-273
clorofórmio 106
cobalto 52, 64
Coblentz, William **182**
cobre 24-25, 27, 134
códons 284-285
colágeno 268
combustão 46, 53, 58-59, 62-63
    flogisto **48-49**
    pólvora 43
combutíveis fósseis 110, 114, 280
composição constante, lei da 172
compostos
    aromáticos 129
    coordenação 152-153
    estequiometria 93
    grupos funcionais **102-105**
    isomeria **84-87**
    lei das proporções múltiplas 81-82
    proporções 53, **68**, 240
    símbolos químicos 83
condensação 21, 138-139, 194
conservação da energia 144
conservação da massa **62-63**
conversores catalíticos 195
coordenação, química de 144,

152-153
copelação 27
copernício 311
corantes e pigmentos 16, 41, 53, 88, 129, 152, 270, 274
    cromatografia 173
    sintéticos 13, 110, **116-119**
Cordus, Valerius 69
Corey, E. J. 248, 262, **263**
Corey, Robert 245
Corner, George W. 264
corpúsculos 30, 35, **47**, 48, 165
corrida armamentista 252-253
Coryell, Charles 67
Couper, Archibald 126-127
covid-19 13, 228, 259, 284-285, 290, **312-315**
craqueamento **194-195**
craqueamento catalítico 194-195
craqueamento térmico 195
Cremer, Erika 172
Creso, rei da Lídia **27**
Crick, Francis 245, 248, 258, 260-261, 266, 302
criptônio 136, 158-159
CRISPR (conjunto de repetições palindrômicas curtas regularmente interespaçadas) 258, 290-291, 302, **303**
cristais, formas dos 85-86, 102
cristalografia de proteínas **268-269**
cristalografia de raios x 128-129, 163, **192-193**, 249, 266, 268, 300
cromatografia **170-175**
cromatografia de troca iônica 67, 175
cromatografia em camada delgada 174-175
cromatografia em papel 172-174
cromatografia gasosa acoplada ao espectrômetro de massas (CG-EM) 172, 175
cromatografia líquida de alta eficiência (CLAE) 175
Cronstedt, Axel 66
Crookes, William 157, 159, 165, **320**
Crossley, Maxwell 84
Cruickshank, William 77
Crum Brown, Alexander 126, **127**
Curie, Marie 158, 168, 178, **179**, 180
Curie, Pierre 168, 178, 179, 180
cúrio 136-137, 253
Curl, Robert 287
Cushny, Arthur Robertson 140, 143

D

Daguerre, Louis 61, 73, 98, **99**
Daimler, Gottlieb 212
Dalton, John 29, 47, 62, 68, 72, 80, **81**, 82-84, 92, 96, 121, 126-127, 132-133, 164, 202, 218, 240
Darwin, Charles 256
Davy, Humphry 54, 72, 74-79, **78**,

92-93, 106, 148
Davy, John 196
DDT 275
Debye, Peter 240-241, 244
decaimento radiativo 168, 178, 180-181, 200-201, 250, 307-308, 311
Demarçay, Eugène-Anatole 67
Demócrito 17, 28, **29**, 47, 80
deslocamento radiativo, lei do 201
desmatamento 114-115
destilação 16, 20, **21**, 172
    fracionada 194-195
    seca 90-91
detergentes 23
deutério 200
diamante 147, 193, 287, 291
didímio 66, 67
Diesbacher, Johann Jacob 116
difração de raios x 169, 192, 259-261, 268
Dimick, Keene 172
dinamite 120
Diocleciano, imperador 39
Dioscórides 44
diosgenina 265
dióxido de carbono
    aumento na atmosfera 110, 112-115, 195
    emissões 291, 294-295, 297
    isolamento e análise 46, 53, **54-55**, 56-58, 62
dipolo-dipolo, forças 138-139, 148
dipolos, momentos 241, 244
dispersão ou forças de London 139
disprósio 66-67
divisão celular 276
Djerassi, Carl 265
DNA
    descoberta do 148
    e desenho de fármacos 271
    edição do genoma 293, 302-303
    estrutura 192-193, 245, 248, **258-261**, 266, 302
    novas tecnologias em vacinas 314- 315
    quimioterapia 277
    reação em cadeia da polimerase 249, 284-285
    substâncias químicas da vida 256, 257
Döbereiner, Johann Wolfgang 69, 133-134
Domagk, Gerhard 116, 226, 270
Dorn, Friedrich Ernst 158
dose letal 45
Doudna, Jennifer 258, 291, **302-303**
drogas
    a partir de corantes 116, **119**
    cromatografia 174-175
    desenho racional de fármacos **270-271**
    estereoisomeria 141, 143
    metalodrogas 153
    retrossíntese 262-263
Druker, Brian 270
Du Shi 25
dualidade onda-partícula 219-220

Dumas, Jean-Baptiste 73, 102, **103**, 104, 151
Dunning, John 236
DuPont 209-210, 232-233, 267

E

E. coli 229, 293
efeito estufa 110, **112-115**
efeito fotoelétrico 60
egípcios antigos 12, 16, 19-20, 22-23, 26-27, 34, 38, 225
Ehrlich, Paul 44, 119, 224-226, 270, **320**
Einstein, Albert 62, 179, 221, 236-237, 310
einstêinio 253
Ekeburg, Anders 65-66
elementos
   decaimento radiativo 180-181
   espectroscopia de chama **122-125**
   gases nobres **156-159**
   isolados por eletricidade **76-79**
   notação química **82-83**
   pesos atômicos **121**
   sintéticos **230-231**, 291, 306, 310
   superpesados **306-311**
   tabela periódica 110-111, **130-137**, 291, **304-311**
   teoria atômica 80-81
   teoria dos quatro elementos 17, 29, **30-31**, 38-39, 46-48
   terras-raras 52, **64-67**
   transurânicos **250-253**
eletricidade
   animal 74, 76
   elementos isolados por **76-79**
   ver também baterias
eletro 27
eletrodo 77, 79, 92-93, 187-188, 280-282
eletrólise 72, 74, 77-79, 92, **93**, 149
eletrólitos 79, 281, 282
eletromagnetismo 93, 164-165, 241, 254, 255
eletronegatividade 243-245
elétrons
   camadas 132, 137, 159, 308-309, 311
   carga negativa 92, 136, 165, 218
   descoberta dos 47, 80, 92, 104, 111, **164-165**, 202, 218
   ligações covalentes 240-241, 243
   mobilidade 299
   nuvens 221
   orbitais híbridos 243-244
   propriedades quânticas 242-243
   representação de mecanismos de reação 214-215
   velocidade 310
eletroquímica 66, 72-79, **92-93**
Elhuyar, Juan e Fausto 64
Elion, Gertrude 270, **271**
elixir da vida 12, 34, 39-40, 42

Empédocles 17, 29, **30-31**, 38-39, 46, 48, 62
energia livre 144, 146-147
energia nuclear 237
entalpia 145, 147
entropia 144-147
enxofre 39, 40, 45-48, 90
enzimas 23, 69, 111, 153, **162-163**, 187-188, 255, 261, 271, 275, 284-285, 296, 302
   customizadas 290, **293**
Epicuro 29
equação de onda 242, 244
equações químicas 62
equilíbrio dinâmico 150
equivalência massa-energia 62
eras glaciais 112-113
érbio 52, 66-67
Ernst, Richard 248, 254, **255**
Errera, Léo 159
Ertl, Gerhard **322-323**
escala de pH 168, **184-189**
escândio 64, 66-67, 230
espaço
   difração de raios x 192
   espectroscopia 125, 182
   exploração do 250
   fulerenos no 286-287
espectrometria de massas 88, 175, **202-203**, 254, 286
espectroscopia **122-125**, 156, 175
espectroscopia da luz 122, 123-125
espectroscopia de chama 66-67, 110, **122-125**, 175
espectroscopia de infravermelho **182**
espectroscopia de raios x 67, 230
espectroscopia de transformada de Fourier em infravermelho 182
espectroscopia por ressonância magnética nuclear 248, **254-255**, 300
estequiometria 93
éster 104-105
estereoisomeria 84, 87-88, **140-143**
estereoquímica 140-141, 143
estrógeno 264
estrôncio 78
estrutura cíclica 128-129
éter 106
éter (quintessência) 31
európio 64, 66-67
evaporação 138-139, 194
evolução dirigida **293**
explosivos **42-43**, **120**, 191, 236-237

F

Fajans, Kazimierz 201
Faraday, Michael 12, 54, 72-76, 79, 86, 92, **93**, 106, 128, 164
Farber, Sidney 276
fármacos *ver* drogas

Farman, Joe 273
Feng Zhang 303
fenícios 22, 26, 117
fermentação 16, **18-19**, 162-163, 187
Fermi, Enrico 234-235, 283
férmio 137, 253
ferro 17, 25
ferrugem 68
fertilizantes 12, 89, 91, 110-111, 169, **190-191**, 197-198
filtragem 172
Fischer, Emil 162-163
físico-química 13, 128, 142, 144, 161, 164, 172, 190, 197, 214, 240, 259, 260, 273
físico-química orgânica 214-215
fissão nuclear 169, **234-237**, 251-253
Fleming, Alexander 169, **224**, 225, 270
fleróvio 309
Fletcher, Harvey 161
flogisto 35, **48-49**, 53-54, 57-59, 62-63, 69
Florey, Howard 224, 226-227
fluorescência 60, **266**
fogo 30-31, 35, 48-49
fogos de artifício 43
Foote, Eunice Newton 110, 112, **113**
Ford, Henry 194
forense, ciência 172, 175, 182, 249
fórmulas estruturais **126-127**, 152
fosforescência 60
fósforo 35, 41, 52, 60, 134
fosgênio 196, 198-199
fotografia 60-61, 69, 73, **98-99**
fótons 201, 219
fotoquímica **60-61**, 73, 272
Foucault, Léon 124
Fourcroy, Antoine-François de 53
Fourier, Joseph 112, 182
Fox Talbot, William Henry 98-99, 124
fragmentação, padrões de 203
frâncio 291
Frank, Adolph 190
Frankcombe, Terry 215
Frankland, Edward 102, 126-127, 152, 240
Franklin, Benjamin 74
Franklin, Rosalind 192-193, 248, 258, **259**, 260-261, 266
Franz, John E. 274, **275**
Fraunhofer, Joseph von 123-124, 182
Fraunhofer, linhas de 123-125
Frazer, Ian 276
Fresenius, Carl Remigus **319-320**
Friedrich, Walter 192
Frisch, Otto 235-237, 252
fulerenos 286-287, 291-292
Fulhame, Elizabeth 53, **69**
funcional da densidade, teoria do 240
fundição 24-25
fungicidas 274
fusão a frio **310**
fusão a quente **310**

G

gado 115, 229
Gadolin, Johan 64, **65**, 66
gadolínio 66-67
Galeno 23
Galilei, Galileu 31, 94
gálio 230
Galissard de Marignac, Jean Charles 67
Galvani, Luigi 74-76
Gamow, George 236
Gardiner, Brian 273
garrafa de Leiden 74-75
gás cloro 196-198, 199
gases 35, **46**
   forças intermoleculares 138-139
   guerra química 196-199
gases de efeito estufa 297
gases ideais, lei dos **94-97**
gases nobres 125, 136, 138, **154-159**
gás lacrimogêneo 199
gás mostarda 198-199, 276
gasolina com chumbo 12, **212-213**, 249
Gassner, Carl 74
Gaud, William 190
Gay-Lussac, Joseph 84-87, 90-91, 96, 102, 124, 141, 160
Ge Hong 42
Geber *ver* Jabir ibn Hayyan
Geiger, Hans 178, 181, 218
Geijer, Bengt 65
Geim, Andre 286, 290, 292, **298-299**
gelinhite 120
genética
   engenharia genética 13, 266, 291, 302-303
   estrutura do DNA **258-261**, 285
   mutações genéticas 277
   novas tecnologias em vacinas 312-315
   terapia genética 313
genoma, edição do **302-303**
Geoffroy, Étienne-François 52, 68, **318**
Gerber, Christoph 301
Gerhard, Charles 105
germânio 230
Ghiorso, Albert 250, 252-253
Gibbs, Josiah 111, 144, **145**, 146-147
Giessibl, Franz 301
Gilbert, Sarah 314-315
Gilman, Alfred 276
Giroux, Alphonse 99
Glendenin, Lawrence 67
glifosato 249, 274-275
Glover, John 91
Gomberg, Moses 105
Goodenough, John 249, 280, 282, **283**
Goodman, Louis 276
Goodyear, Charles 207, **319**
Gosling, Raymond 260-261

ÍNDICE 331

Graebe, Carl 118
grafeno 147, 286, 290, 292, 298-299
grafite 193, 287, 291, 298-299
Graham, Thomas 206-207
Gram, Hans Christian 116, 225
graphon 298
Gray, Stephen 74
Grégoire, Marc e Colette 233
gregos antigos 16-17, 23, 26, 28-31, 34, 38-40, 44, 46-47, 126
Griffith, Fred 259
Griffith, Harold 107
Gross, Leo **300-301**
Grove, William 76
Gruber, Patrick **296**
grupos funcionais 73, **100-105**, 152, 182
Grzybowski, Bartosz 262
guanina 258-261, 271, 284
Guericke, Otto von 48
guerra
 bomba atômica 67, 120, 136, 233-234, **237,** 250
 química 168, **196-199**
guerras transfermianas 306
Guldberg, Cato 150

H

Haber, Fritz 150, 168-169, **190-191,** 196, **197,** 198
Haber-Bosch, processo 150, 168-169, **191**
Haën, Eugen de 91
Hahn, Otto 200, 218, 235, 251
Hales, Steven 52-53
halogênios 136
Hammett, Louis 214
Hampson, William 158
Harries, Carl 208
Harris, James Andrew 253, **322**
Hata, Sahachiro 44
Häussermann, Carl 120
Hayward, Roger 245
Heger, Mary Lea 286
Heisenberg, Werner 218, 220-221
Heitler, Walter 221, 242
hélio 125, 136, 156, 157-159, 175, 180
Heller, Adam 282
Helmholtz, Hermann von 144-145
Helmont, Jan Baptista van 35, **46,** 54, 55, 80, 90
hemoglobina 153, 175
Henry, John 113
Henry, Joseph 75
Heráclito 30
herbicidas 249, **274-275**
Hermes Trismegisto 38-39, 175
hermetismo 39, 41
Herschel, John 123
Herschel, William 182
Hertz, Heinrich Rudolf 60, 164

Heumann, Karl 119
hidrocarbonetos 194-195, 256
hidrofílico/hidrofóbico 23
hidrogênio
 combustível 79
 composição da água 57-58
 descoberta 46, 52-54, **56-57,** 58, 148
 e acidez 79, 186-188
 na atmosfera primordial 256-257
 número atômico 136
 peso atômico 81, 121, 133-134
Hill, Adrian 314
Hillebrand, William 66, 157-158
Hipócrates 31, 44
Hisinger, Wilhelm 66
Hitchings, George **270-271**
Hittorf, Johann 164
Hodgkin, Dorothy Crowfoot 169, 192, 193, 228, 248-249, 268, **269**
Hofer, L. J. E. 292
Hoff, Jacobus van 't 84, 88, 140, 142-143, **142,** 143, 152, 153, 161, 292
Hoffman, Darleane 253
Hofmann, August Wilhelm von 117, 118, 126, 161
Hofmann, Ulrich 298
Hogle, James 268
Hohenberg, Pierre 240
hólmio 66-67
Hönigschmid, Otto 201
Hooke, Robert 48
hormônios 264-265
Horowitz, Stefanie 201
Horvath, Philippe 303
Houdry, Eugene 194, **195**
Huggins, William e Margaret 122
Humphrey, Edith 153
Humphreys, Robert E. 195

I

Ibn Sina 20
Iijima, Sumio 267, 286, 290, **292**
Iluminismo 29, 41, 52
imunologia 225, 270-271, 276, 312-315
indústria da química sintética 274-275
infravermelha, radiação 113-114
Ingold, Christopher 214
inorgânica, química 13, 73, 88, 104, 134, 187
insulina 174, 249, 268-269
intermoleculares, atrações 172-173
intermoleculares, forças 111, **138-139,** 207-208
iodo 79, 135
íon-lítio, baterias de 249, **278-283**
íons
 ácidos e álcalis 186-187
 ácidos e bases 148-149

 eletroquímica 92-93, 281
 espectrometria de massas 202-203
 química de coordenação 152-153
irídio 77, 136
islâmicos, conhecimentos 20, 22, 28-29, 34-35, 39-41
isomeria 73, **84-87,** 102, 141, 153, 231
isômeros estruturais 85, 87
isomorfismo 85
isótopos 168, **200-201,** 202-203, 250-253, 309, 311
 radiativos 180-181, 202, 231
 ricos em nêutrons 308
itérbio 52, 66-67
ítrio 52, 64, 66-67

J

Jabir ibn Hayyan 30, 34, 38-40, **41,** 80, 148
Jansen, Ruud 302
Janssen, Pierre 125, 156-157
jardineiros 186, 189
Jenner, Edward 312
Jensen, Hans 306, 308-309
Jian Zhou 276
Joan de Rocatallada 41
Joliot-Curie, Frédéric 201
Joliot-Curie, Irène 179, 201, **321**
Jordan, Pascal 220
Joule, James 144
Julian, Percy **321**

K

Kaliapparat 85, **87**
Kapitsa, Piotr 156
Karikó, Katalin 312-315
Karlsruhe, Conferência de 132-134, 160
Keeling, Charles David 114
Keeling, curva de 114
Keesom, Willem 138, 148
Kekulé, August 88, 102, 126-128, **129,** 152, 214
Kelvin, William Thomson, Lord 140, 143
Kennedy, Joseph 252
Kenner, James 84
Kermack, William Ogilvy 214
Kestner, Philippe 140-141
Kevlar 267
Khorana, Har Gobind 285
Kidani, Yoshinori 277
King, Victor 153
Kirchhoff, Gustav 110, 122, **124-125,** 145, 156
Klaproth, Martin 66
Klarer, Josef 116

Kleist, Ewald Georg von 74
Kleppe, Kjell 285
Klibanov, Alexander 293
Knipping, Paul 192
Koch, Robert 119
Kodak 98
Kohler, Georges 270
Kohn, Walter 240
Kolbe, Hermann 142, 262
Kornberg, Arthur e Sylvy 284-285
Kossel, Albrecht 258-259
Kossel, Walther 159
Kronig, August 97
Kroto, Harry 286, **287,** 292
Kuhn, Richard 174
Kuhne, Wilhelm 162
Kwolek, Stephanie **267**
Kwong, Joseph 94

L

Langevin, Paul 241
Langlet, Nils Abraham 158
Langmuir, Irving 241
lantanídeos 64, 137
lantânio 66-67
Latimer, Wendell 138
Laue, Max von 192
laurêncio 253
Laurent, Auguste 104-105
Lauterbur, Paul 254
Lavoisier, Antoine 35, 46, 48-49, 53, 56, 58-59, 62, **63,** 68-69, 76, 79-80, 82, 104, 110, 121, 132, 148, 186-187
Lawrence, Ernest 202, 252
Le Bel, Joseph 84, 88, 140, 142-143, 152, 292
Le Chatelier, Henry Louis 111, **150**
Le Chatelier, princípio de **150**
Leblanc, Nicolas 22
Leclanche, George 76
Lecoq de Boisbaudran, Paul-Émile 67, 230
Leeuwenhoek, Antonie van 224
Lenz, Widukind 143
Lermontov, Mikhail 144
leucemia 255, 271, 277
Leucipo 17, 28
levedura 19, 163
Levene, Phoebus 259
levisita 198-199
Lewis, Gilbert N. 126, 144, 149, 152, 159, 164, 186, 215, 241-243
Libavius, Andreas 35
Lichtman, Jeff 266
Liebermann, Carl 118
Liebig, Justus von 73, 84-87, **85,** 102-105, 129, 148, 152, 187
ligações de hidrogênio 138-139, 261
ligações quânticas 138, **238-245**
ligações químicas 164, 168
 covalentes 126, 240-244

forças intermoleculares **138-139**
grupos funcionais 105
iônicas 244
ligações quânticas **238-45**
retrossíntese 262-263
setas curvas 215
teoria da ligação de valência 152-153, 243
ligantes 152-153
ligas 25
Likens, Gene 148
Lineu (Carl Linnaeus) 83
linhas de absorção 123, 125
linhas de emissão 123-125, 219
linhas espectrais 122, 125, 157, 219
Lippman, Zachary 302
líquidos
 destilação 20, 21
 forças intermoleculares 138-139
Lister, Joseph 148
lítio 79, 133-134, 201, 280, 282
Livet, Jean 266
Livingood, Jack 251
lixo radiativo 237
Lo, Dennis 284
Lockyer, Norman 125, 156-158
Lomonossov, Mikhail 62
London, Fritz 138
Long, Crawford 73, 106, **107**
Lonsdale, Kathleen **128-129**
Loschmidt, Johann Josef 96, 121, 128, 152, 160-161
Lovelock, James 272
Lowry, Thomas 149, 187
Lucrécio 29, 138
Łukasiewicz, Ignacy 194
Lullius, Raymundus 106
lutécio 66, 67

M

MacLeod, Colin 259
MacMillan, David **323**
macromoléculas 207-210
magnésio 78-79
manganês 52, 64
Manney, Gloria 272
Marcellin, Pierre 128
Marcet, Jane **319**
Marggraf, Andreas 123
Maria, a Judia 39
Marinsky, Jacob 67
Marker, Russell 265
Marsden, Ernest 178, 218
Martin, Archer 174
Marzari, Nicola 298
massa
 atômica 82, 132
 conservação de **62-63**, 121
 e energia 179, 236
 proporções 133
massas atômicas 111, 201
masúrio 230

matéria
 composição da 30-31, 39, 47
 estados da 62
 forças intermoleculares 138-139
materiais antiaderentes 169, 232-233
Matthaei, Heinrich 284-285
Maxwell, James Clerk 146, 160
Mayer, Julius von 144
Mayer, Maria Goeppert 306, 308-309
Mayow, John 58
McAfee, Almer M. 194
McBride, William 143
McCartney, J. T. 292
McCarty, Maclyn 259
McCormick, Katherine 264-265
McMillan, Edwin 251-252
mecânica estatística **147**
mecânica quântica 126, 215, 221, 242
medicina
 anestésicos 73, **106-107**
 antibióticos **222-2295**
 corantes 110, 119
 cristalografia de proteínas 268-269
 desenho racional de fármacos 248-249, **270-271**
 edição de genoma 291, 303
 imagens por RMN 254-255
 novas tecnologias em vacinas 290-291, **312-315**
 nuclear 231
 pílula anticoncepcional 248, **264-26**
 química 34, **44-45**
 quimioterapia **276-277**
 retrossíntese 262-263
 teoria dos quatro elementos/ humores 31, 44
meia-vida radiativa 181, 200
Meissner, Friedrich 148
Meitner, Lise 200, 218, 234, **235**, 236, 252
meitnério 234
Melvill, Thomas 123
Mendeleiev, Dmitri 82, 110-111, 121, 125, **132**, 134-137, 156-157, 159, 230, 256, 311
mendelévio 137, 253
Mensing, Lucy 221
mercúrio 39-40, 44-48, 311
Mesopotâmia 19, 21, 26
mesotório 26, 201
metais alcalinos 136
metais
 alquimia 12, **36-41**
 extração de minérios 17, **24-25**
 fabricação de 91
 óxidos 49, 79
 queima de 49
 química de coordenação 152-153
 refino de 12, 16, 17, **27**
metano 46, 114-115, 256-257, 295, 297
método científico 38
Meyer, Gerhard **300-301**
Meyer, Julius Lothar 121, 134-135, **320**

micro-ondas, radiação de 287
microplásticos 211
microscopia de força atômica (AFM) 291, **300-301**
microscopia de varredura por tunelamento (STM) 300
Midgley, Thomas 212, **213**
Miers, Henry 157-158
Miescher, Friedrich 258
Mietzsch, Fritz 116
Miller, Francis Bowyer 27
Miller, Stanley 256, **257**
Millikan, Robert 161, 164
Milstein, César 270
Miramontes Cárdenas, Luis Ernesto 265
Misener, Don 156
misturas 68
 racêmicas 141, 143
 separação de **172-175**
Mitscherlich, Eilhard 85, 102, 141, 162
modelos 3D 126-127, 142-143, 146, 245, 260
Moerner, William 266
Moissan, Henri **320**
Mojica, Francisco 302
moléculas 96
 atrações intermoleculares 172-173
 estereoquímica 140-143
 estrutura das 104-105, 126-127, 140, 152, 214, 245, 254, 291
 forças intermoleculares 111, **138-139**, 207-208
 quirais 142-143
 síntese de 262
Molina, Mario 249, 272, **273**
Möllersten, Kenneth 290, **294**
mols 111, **160-161**
monômeros 206, 209, 211, 267
Montzka, Stephen 272
Morton, Robert 106-107
Morveau, Louis-Bernard Guyton de 53, 102-103
Mosander, Carl Gustaf 66, **319**
moscóvio 306-307
Moseley, Henry 67, 82, 136
Moyer, Andrew 227
mRNA 313-315
 vacinas 290-291, **314**
MRSA 229
mudança climática 13, **112-115**, 195, 237, 294-295
Muller, Paul 274, **275**
Mullis, Kary Banks 249, 284, **285**, 293, 312
Musschenbroek, Pieter van 74

N

náilon 169, 206, 210-211, 232, 267
nanotubos 267-286, 290-291, **292**
nanotubos de carbono 267, 286, 290, 291, **292**
Nathanson, Harvey 300
natufianos 18-19
neandertais 20
Needleman, Herbert 212
neodímio 64, 67
neônio 136, 158-159, 202-203
Nernst, Hermann Walther 187-188
netúnio 248, 252
nêutrons 306, 308-309
 descoberta de **201**, 218, 234
 fissão nuclear 234-237
Newlands, John 134
Newton, Isaac 41, 122, 138
Nicholson, Edward 118
Nicholson, William 76-77, 92
Nicolaou, Kyriacos 262
Niépce, Joseph Nicéphore 60-61, 98-99
Nier, Alfred 202
nihônio 306-307
Nilson, Lars Fredrik 67
Nirenberg, Marshall 284-285
nitrogênio 156-158
 descoberta do 56, 58
 fertilizantes 190-191
nitroglicerina 120
Nobel, Alfred **120**
nobélio 253
Noddack, Ida (née Tacke) 230, 235
Noddack, Walter 230
nomenclatura química 53, 63, 72
Northrop, John Howard 163
Norton, Thomas 66
notação química 72, **82-83**
novichok 199
Novoselov, Konstantin 286, 290, 292, **298-299**
núcleo
 camadas 306, 308-309
 carga positiva 136, 218, 221
 descoberta do 80, 168, 178
 propriedades de 254
nucleotídeos 175, 260
números atômicos 67, 82, 136-137, 251, 309

O

Ochoa, Severo **321-322**
Oehler, Maurice 160
Oganessian, Yuri **306**, 311
oganessônio 132, 181, 306- 308, 310-311
Oganov, Artem 240, 244
Ogawa, Masataka 230
oitavas, lei das 134
ondas de probabilidade 218, 220-221
Oparin, Alexander 256
Oppenheimer, Robert J. 120
óptica, atividade 140-142
orbitais 221
orbitais híbridos 240, 242-243, 245

ÍNDICE 333

Orfila, Mathieu 172
orgânica, química 13, 73, 85, 87-89, 102-105, 117, 129, 142-143, 152, 206-211, 207, 209, 214-215, 248, 256-257, 263, 267, 275, 290
Ørsted, Christian 202
ósmio 77
Ostwald, Wilhelm 111, 160, **161**, 187, 188, 190-191
ouro 17, 24, 27, 45, 168
   alquimia **36-41**
óxido nitroso 106, 114-115
óxidos 68
oxigênio
   buraco na camada de ozônio 13, 249, **272-273**
   como catalisador 69
   composição da água 57-58
   descoberta do 35, 46, 48, 52-54, 56, **58-59**, 63
   e combustão 48-49
   peso atômico 81, 133

P

Pääbo, Svante 284
paládio 77
Palczewski, Krzysztof 268
Palmieri, Luigi 157
Paracelso 34, **44-45**, 46-48
parafuso telúrico 134
Parkes, Alexander 206-207
Parmentier, Antoine 69
partículas alfa/decaimento 178, 180-181, 200-201, 221, 308
partículas beta/decaimento 178, 180-181, 200-201, 308
Pascal, Blaise 94
Pasteur, Louis 84, 140-142, 162, 224, **320**
patógenos 224, 228-229, 259, 313
Patterson, Arthur Lindo 269
Patterson, Clair Cameron 212, **213**
Pauli, Wolfgang 242, 254
Pauling, Linus 126, 152, 168, 214-215, 240, **241**, 242-245, 260
Payen, Anselme 162, 207
pedra filosofal 35, 38-41
Pelletier, Pierre-Joseph 270
penicilina 169, 192, 224-249, 262, 270
perfumes, produção de 16, 20, 21
Perkin, William Henry 110, 116, **117**, 118-119
permafrost 115
Perrier, Carlo 230-231
Perrin, Jean Baptiste 161
Perrin, Michael 206
Persoz, Jean-François 162
pesos atômicos 68, 81, 82, 84, 93, 110, **121**, 132-136, 156, 158, 160-161, 201, 218
pesos moleculares 160-161, 208, 210
pesticidas 198-199, 249, **274-275**

PET (tereftalato de polietileno) 104, **296**
petróleo
   craqueamento de petróleo cru **194-195**
   refino 91
Peyrone, Michele 276
PHA (poli-hidroxialcanoatos) 297
Phillips, Calvin 106
Phillips, Peregrine 90, **91**
pigmentos 41, 116-119, 173
pilhas voltaicas 72, 75-77, 92, 280
pílula anticoncepcional 248, **264-265**
Pincus, Gregory **264-265**
Piria, Raffaele 103
PLA (polímero ácido poliláctico) **296-297**
Planck, Max 218-219, 240, 242
plantas
   absorção de dióxido de carbono 114
   fertilizantes **190-191**
   oxigênio 59
   pigmentos 173
Planté, Gaston 92
plásticos 12, 104, 129, 169
   polimerização **204-211**
   renováveis 290, **296-297**
   sintéticos **183**
Platão 17, 48
platina 52, 77, 136, 249, 276-277
Playfair, Leon 96
Plínio, o Velho 23, 26
Plücker, Julius 164, 178
Plunkett, Roy 206, **232**, 233, 267
plutônio 136, 250-253
polimerização por adição 206, 209
polimerização por condensação 206, 209
polímeros 169, **204-211**, 225
   antiaderentes **232-233**
   superfortes **267**
pólio 268
politetrafluoroetileno (PTFE) 232-233
polônio 179-180
poluição 191, 195
   chumbo 213
   plástico 211, 296-297
pólvora 34, **42-43**, 120
potassa 26, 78, 190
potássio 72, 78, **79**, 124, 133-134, 190-191
potencial, energia 146
Powell, Jack 67
praseodímio 66-67
prata 17, 24, 27, 45
pré-ignição 195, **212**
pressão atmosférica 94-96
Priestley, Joseph 48, 52-54, 56, 58, **59**, 62-63, 80, 106, 132
Primeira Guerra Mundial 168-169, 194, 196-198, 212
primers **285**
princípio da incerteza de Heisenberg 221
processo de contato 91
progesterona 264-265

Projeto Genoma Humano 258
Projeto Manhattan 67, 120, 136, 231, 233, **237**, 251-253, 309
promécio 67, 136
proporções múltiplas, lei das 81-82
protactínio 253
proteína fluorescente verde (GPF) **266**
proteínas
   estrutura 245
   fluorescente verde **266**
   produção de 261
Protocolo de Genebra 196, 198
prótons 136, 149, 187, 201, 234, 306-310
Proust, Joseph 53, **68**, 82, 172, 240
Prout, William 89
Pummerer, Rudolf 208
Purcell, Edward 254
purificação **20-21**
Pyykkö, Pekka 306, 311

Q

quanta 219, 240
Quate, Calvin 301
quatro elementos, teoria dos 17, 29, **30-31**, 38-39, 46-48
queratina 268
quimioterapia 249, **276-277**
quinina 117, 270
quiralidade 142-143

R

radiação eletromagnética 178, 180, 286
radiatividade 60, 67, 168-169, **176-181**, 200, 218, 231, 250-251
radicais 73, 102, 103-105
rádio 158-159, 179, 180, 200-201
rádio, ondas de 255
radiotório 200
radônio 158-159
raios catódicos 178, 180
raios gama 178, 180-181
raios x 136, 178-179, 192
   ver também cristalografia de raios x, difração de raios x, espectroscopia de raios x
Ramsay, William 136, **156**, 157-159
Randall, Merle 144
Rankine, William 145
Rao, Yellapragada Subba 276
Rayleigh, John Strutt, lorde 136, 156-157
reação em cadeia da polimerase (PCR) **284-285**, 293, 312
reações em cadeia 169, 209, 235-236
reações químicas 68, 111

catalisadores 69
estequiometria 93
representação dos mecanismos de reação **214-215**
retrossíntese 262-263
reversíveis 150
termodinâmica **144-147**
Rebok, Jack 232
Redlich, Otto 94
regra de fase 147
Reimers, Jeffrey 84
relatividade
   teoria da relatividade especial 179
   teoria da relatividade geral 310
relativísticos, efeitos 310-311
rênio 136, 230
ressonância 214, 240, 244-245, 254-255
ressonância magnética nuclear (RMN) 159, 254
retrossíntese 248, **262-263**
revolução científica 52
Revolução Industrial 110, 113-114
Revolução Verde 190-191
Rich, Alexander 256
Ritter, Johann 77, 92
RNA 163, 256-257, 284-285, 313, 315
Robinson, Robert **214-215**
Robiquet, Jean 88
Rodebush, Worth 138
ródio 77
Roebuck, John 90-91
Rohrer, Heinrich 301
romanos 22-23, 26, 29, 34, 39, 44
Röntgen, Wilhelm 178, 192
Rosenberg, Barnett **276-277**
Rosenkranz, George 264
Rossmann, Michael 268
Rouelle, Hilaire-Marin 89
Rowland, F. Sherwood **272-273**
rubídio 125
Runge, Friedlieb Ferdinand 116, 125
Russell, Alexander 201
Rutherford, Daniel 56, 58, **318-319**
Rutherford, Ernest 80, 158, 165, 168, 178, 180-181, 200-201, 218, 221, 234, 252
rutherfórdio 253

S

sabão, produção de 12, 16, **22-23**, 91
sais de prata 53, 60-61, 69, 86, 98-99
Salas, Margarita **323**
samário 66-67
Sanes, Joshua 266
Sanger, Frederick 174, 269, **322**
Sanger, Margaret 264-265
sarin 199
SARS 285, 312-315
Scheele, Carl Wilhelm 53, 58-60, **61**, 64, 98, 119
Scheuring, Simon 300

334 ÍNDICE

Schmidlap, Johann 43
Schmidt, Timothy 215
Schönbein, Christian Friedrich 120
Schott, Otto **151**
Schrödinger, Erwin 80, 168, 218-219, **220**, 221, 242
Schulze, Johann 60
Schwann, Theodor 162
Seaborg, Glenn 136-137, 231, 250, **251**, 252-253
seabórgio 137, 253
Segrè, Emilio 230, **231**, 250-251
Segunda Guerra Mundial 169, 194, 195, 197-199, 210, 226-227, 232-233, 250, 252
selênio 83
semicondutores 299
Sennert, Daniel 44
separação 172-175
setas curvas **214-215**
Setterberg, Carl 125
sevoflurano 106
Shanklin, Jon 273
Shechtman, Dan **323**
Sheehan, John 262
Shi Zhengli 312
Shimomura, Osamu **266**
Shukhov, Vladimir 194-195
sífilis 44-45, 226-227, 270
Signer, Rudolf 260
Šikšnys, Virginijus 303
sílica 26
silício 79, 83
Sill, G. T. 148
Simpson, James 106
síntese orgânica 262-263
Smalley, Richard 287, 292
smartphones 64, 67, 291
Smith, Robert Angus 186
Sobrero, Ascanio 120
soda cáustica 78
Soddy, Frederick 168, 180-181, **200-201**, 202, 250
sódio 72, 78, **79**, 123-125, 133, 134
Sol
    energia do 114
    luz do 123-125
    radiação ultravioleta 272-273
Solomon, Susan 273
soluções 68
    escala de pH **186-189**
Sørensen, Søren 168, 186, **187**, 188, 189
Spedding, Frank 67
spin-órbita, acoplamento 309
Spitteler, Adolf 183
Stahl, Georg Ernst 35, 48, **49**, 54, 58
Stahl, William 203
Stanley, Wendell Meredith 163
Starling, Ernest 264
Staudinger, Hermann 169, 206, **207**, 208-209, 211, 232, 267
Steno, Nicolas 192
Sterling, E. 292
Stokes, George 60
Stoney, George 165
Strassmann, Fritz 218, 235-236, 251

subatômicas, partículas 92, 218-219
sublimação **21**, 172
substituições, teoria das 104, 128
sulfetos 68
sumérios 16, 19, 22, 38, 274
Sumner, James B. 162-163, 293
superbactérias 228-229
superpesados, elementos 253, **306-311**
superpolímeros 209-210
Sushruta 106
Sutherland, John 256
Suzuki, Akira **322**
Synge, Richard 174

#

tabela periódica 12, 82, 110-111, 121, 125, **130-137**, 156, 159-201, 230, 248, 253, 291, **304-311**
Tacke, Ida ver Noddack, Ida
Tales de Mileto 30
talidomida 143
tampões biológicos **188**
Tantardini, Christian 240
Tapputi-Belatekallim 16, 20-21
Taq, polimerase 284-285
tecnécio 136, 231, 250-251
Teflon 206, 232, **233**, 267
telúrio 135, 136
tenesso 230, 306-307
Tennant, Smithson 77, 79
tensão de superfície 138
térbio 52, 66-67
Terenius, Lars 264
termodinâmica 13, 97, 111, 144-147
terras alcalinas 78-79
terras-raras, elementos 52, **64-67**, 137
tetraciclinas 228
Teutsch, Georges 264
têxtil, indústria 91, 211, 267-269
Thenard, Louis-Jacques 90
Thilorier, Adrien-Jean-Pierre 54
Thomson, J. J. 47, 80, 92, 111, 132, 164, **165**, 168, 178, 202-203, 214, 218, 240
Thomson, Thomas 87
Thunberg, Greta 115
timina 258-261, 284
tinta 91, 116, 119, 173
titânio 310
TNT 120
Todd, Margaret 201
tório 83, 180-181, 200-201, 253
tornassol 186-187, 189
Torricelli, Evangelista 94-95
toxinas
    corantes 119
    e medicina 44, **45**
    guerra química **196-199**
    quimioterapia 277
transformada de Fourier 255, 269

espectroscopia no infravermelho 182
transistores 298-299
transurânicos, elementos 137, 235, 248, **250-253**
Travers, Morris 158
triglicérides 23
Tsien, Roger 266
Tsvet, Mikhail 172-173, **174**
Tu, Youyou **322**
tubos de raios catódicos 164-165, 178
túlio 66-67
tumbaga 27
Turquia Antiga 12, 16-17, 19, 24-25, 27
Tyndall, John 113

#

ultramicroquímica 252-253
ultravioleta, radiação 114
uracila 258
urânio 136-137, 178-181, 200-202, 233, 235-237, 251-253
ureia, síntese da 72-73, 87, **88-89**, 102, 214
Urey, Harold 200, **256-257**

V

vacinas 13, 290-291, **312-315**
vacinas de vetor viral 290-291, **315**
vácuos 95
valência 102, 105, 135, 137, 152-153, 208, 240, 243
Valentinus, Basilius 90
van Camp, Loretta 276
vapor de água 114
Vauquelin, Louis-Nicolas 65, 88
venenos
    chumbo 212-213
    e medicamentos 34, **45**
    guerra química **196-199**
    pesticidas e herbicidas 275
Vênus 148
Verguin, François-Emmanuel 118
vida, substâncias químicas da **256-257**
vidro
    borossilicato **151**
    primeiros vidros 12, 16, **26**
Villa Nova, Arnaldus de 186
Villard, Paul 180
vinho, produção de 18
vírus 259, 268, 270, 302-303, **312-315**
vitalismo 73, 88-89
vitaminas 174, 193, 269
Vitrúvio 212
Viviano, Vincenzo 95

Volta, Alessandro 72, 74, **75**, 76, 92, 280
voltagem 281-282

#

Waage, Peter 150
Waals, Johannes van der 94, 111, 138, **139**
Wahl, Arthur 252
Waksman, Selman 228
Watson, James 245, 248, 258, 260-261, 266, 302
Watt, James 57, 145-146
Wedgwood, Thomas 60-61
Wei Boyang 42
Weissman, Drew 313-315
Wells, Horace 106
Welsbach, Carl Auer von 67, **320-321**
Werner, Alfred 144, 152, **153**
Wheatstone, Charles 122
Whewell, William 93
Whittingham, M. Stanley 280, 282-283
Whytlaw-Gray, Robert 159
Wien, Wilhelm 202
Wigner, Eugene 309
Wilkins, Maurice 248, 258, 260-261
Williamson, Alexander 104-105
Wöhler, Friedrich 66, 72-73, 84-88, **89**, 102-104, 152, 214, 256
Wollaston, William Hyde 77, 79, 122
Woulfe, Peter 117
Wurtz, Charles-Adolphe 142
Wüthrich, Kurt 254

#

xenônio 136, 158-159, 244-245
Yonath, Ada **323**
Yoshino, Akira 283
Young, A. T. 148
Young, Thomas 138
Zachariasen, William 151
Zeng Gongliang 34, 42, 43
Zewail, Ahmed **323**
Zósimo de Panópolis 39
Zyklon-B 197-199
Zachariasen, William 151
Zeng Gongliang 34, 42-43
Zewail, Ahmed **323**
Zosimos of Panopolis 39
Zyklon-B 197-199

CRÉDITOS DAS CITAÇÕES

As citações a seguir são atribuídas a pessoas que não são a figura central do tópico.

QUÍMICA PRÁTICA

18 Quem não conhece cerveja, não sabe o que é bom
Provérbio sumério

20 Óleo essencial, a fragrância dos deuses
"O debate entre a ovelha e o grão", mito sumério da criação

24 O ferro fosco dorme em moradas escuras
Erasmus Darwin, *The botanic garden* (1791)

26 Se não quebrasse tanto, eu o preferiria ao ouro
Petrônio, *Satíricon* (século I d.C.)

27 O dinheiro é, por natureza, ouro e prata
Karl Marx, *O capital*, vol. I (1867)

28 Os átomos e o vácuo foram o início do universo
Diógenes Laércio, *Demócrito*, vol. IX

A ERA DA ALQUIMIA

42 A casa toda queimou
Zhenyuan miaodao yaolüe (texto taoísta)

A QUÍMICA DO ILUMINISMO

60 Eu capturei a luz
Louis Daguerre, carta a seu amigo Charles Chevalier, 1839

69 A química sem catálise é uma espada sem cabo
Alwin Mittasch, químico alemão (1948)

A REVOLUÇÃO QUÍMICA

84 O mesmo, mas diferente
Jöns Jacob Berzelius

90 A união instantânea de gás de ácido sulfuroso e oxigênio
"A fabricação de ácido sulfúrico", patente nº 6.096 (1831)

94 Ar reduzido à metade de sua extensão usual produz o dobro de força numa mola
Robert Boyle, *A defense of the doctrine touching the spring and weight of the air* (1662)

98 Qualquer objeto pode ser copiado por ela
"Invenção notável", *Boston Daily Advertiser* (23 de fevereiro de 1839)

106 Um balão de ar meio engraçado
Robert Southey, carta a seu irmão Tom (1800)

A ERA INDUSTRIAL

116 Azuis derivados do carvão
August von Hofmann, químico alemão

120 Explosivos poderosos permitiram obras maravilhosas
Pierre Curie, discurso no Prêmio Nobel (1905)

122 As linhas brilhantes de uma chama
Robert Bunsen, "Análise química por observação de espectros" (1860)

144 A entropia do universo tende a um máximo
Rudolf Clausius, físico alemão

150 A mudança induz uma reação oposta
John Gall, *The systems bible* (2002)

154 Um brilho amarelo glorioso
Joseph Lockyer, astrônomo britânico

162 Proteínas responsáveis pela química da vida
Randy Schekman, citologista americano

A ERA DA MÁQUINA

182 As moléculas, como cordas de violão, vibram a frequências específicas
"Infrared: interpretation" (2020): https://chem.libretexts.org/@go/page/1846

183 Esse material com milhares de usos
Revista Time (22 de setembro de 1924)

184 O parâmetro químico mais medido
Maria Filomena Camões, "Um século de medidas de pH" (2010)

190 Pão a partir do ar
Slogan de anúncio contemporâneo

192 O poder de mostrar estruturas inesperadas e surpreendentes
Dorothy Hodgkin

196 Como se alguém estivesse apertando a garganta
A. T. Hunter, soldado canadense, Ypres (1915)

202 Cada linha corresponde a certo peso atômico
Professor H. G. Söderbaum, discurso de apresentação no Prêmio Nobel (1922)

204 A maior realização da química
Lorde Todd, presidente da Real Sociedade de Londres (1980)

212 O desenvolvimento de combustíveis para motores é essencial
Frank Howard, vice-presidente da Ethyl Gasoline Corporation (1925)

214 Setas curvas são uma boa ferramenta para descrever elétrons
Yu Liu, Philip Kilby, Terry J. Frankcombe e Timothy W. Schmidt, "Cálculo de setas curvas a partir de funções de onda *ab initio*" (2018)

230 A partir do desintegrador de átomos
Revista Nature (28 de janeiro de 2019)

A ERA NUCLEAR

254 O movimento delicado que há nas coisas comuns
Edward Purcell, físico americano

258 A linguagem dos genes tem um alfabeto simples
Steve Jones, geneticista britânico

264 Novos compostos a partir de acrobacias moleculares
George Rosenkranz, químico mexicano

266 Luz viva
Jules Verne, *Vinte mil léguas submarinas* (1872)

267 Polímeros que param balas
Dan Samorodnitsky, *Massive science* (2019)

270 O canto da sereia de curas miraculosas e balas mágicas
Angie Wan, Amy Zhang, *The history of magic bullets: magical thinking in times of infectious diseases* (2020)

274 O poder de alterar a natureza do mundo
Rachel Carson

278 A força oculta que move os celulares
Paul Coxon, *Revista Quanta* (2019)

284 Máquinas copiadoras muito precisas
Har Gobind Khorana, discurso no Prêmio Nobel (1968)

UM MUNDO EM TRANSFORMAÇÃO

292 Construa coisas com um átomo de cada vez
Richard E. Smalley, químico americano

296 De base biológica e biodegradável
X. Chen, N. Yan, "Uma visão geral sobre plásticos renováveis", *Materials Today Sustainability* (2020)

304 Saberemos onde a matéria deixa de existir
Dawn Shaughnessy, radioquímico americano

312 A humanidade contra os vírus
Sarah Gilbert, vacinologista britânica

AGRADECIMENTOS

A Dorling Kindersley gostaria de agradecer a Aparajita Kumar e a Hannah Westlake pela assistência editorial, a Nobina Chakravorty pela assistência de design, a Bimlesh Tiwary pela assistência em CTS, a Ahmad Bilal Khan pela assistência de pesquisa de imagens, a Ann Baggaley pela revisão e a Helen Peters pela indexação.

CRÉDITOS DAS IMAGENS

A editora gostaria de agradecer às seguintes pessoas e instituições por gentilmente permitir a reprodução de suas fotos:

(abreviaturas: a: em cima; b: embaixo; c: no centro; d: na direita; e: na esquerda; t: no topo; x: no topo à direita ou no topo à esquerda)

18 Alamy Stock Photo: Adam Ján Figel" (bc). **19 Hop Growers of America**. **21 akg-images:** Roland & Sabrina Michaud (cd). **24 Alamy Stock Photo:** Science History Images (b). **27 Alamy Stock Photo:** Zev Radovan / www.BibleLandPictures.com (cd). **29 Alamy Stock Photo:** Chronicle (be). **30 Alamy Stock Photo:** The History Collection (b). **38 Dreamstime.com:** Rob Van Hees (t). **39 Alamy Stock Photo:** Heritage Image Partnership Ltd (cdb). **41 Alamy Stock Photo:** Realy Easy Star (b). **Getty Images:** Hulton Archive / Apic (te). **42 akg-images:** Erich Lessing (b). **44 Alamy Stock Photo:** PvE (cb). **47 Alamy Stock Photo:** Granger Historical Picture Archive (cd). **49 Science Photo Library**. **54 Science & Society Picture Library:** Science Museum (bc). **55 Science Photo Library:** Sheila Terry (b). **57 Science Photo Library:** Sheila Terry (te). **59 Alamy Stock Photo:** Prisma Archivo (be). **61 Alamy Stock Photo:** Granger Historical Picture Archive (td). **Getty Images:** mashuk / DigitalVision Vectors (be). **63 Alamy Stock Photo:** Chronicle (be). **Science Photo Library:** (t). **65 Alamy Stock Photo:** ART Collection (be); SBS Eclectic Images (td). **68 Alamy Stock Photo:** Panagiotis Kotsovolos (cdb). **74 Getty Images:** Universal Images Group Editorial / Leemage (cdb). **75 Dreamstime.com:** Nicku (be). **77 Alamy Stock Photo:** Science History Images (bc). **78 Science Photo Library:** Paul D. Stewart (te). **79 Science Photo Library:** Alexandre Dotta (e). **80 Science Photo Library:** Cordelia Molloy (b). **81 Science Photo Library:** Biblioteca do Congresso (bc). **83 Depositphotos Inc:** georgios (be). **Getty Images:** Hulton Archive / Apic (cd). **85 Alamy Stock Photo:** The Print Collector / Oxford Science Archive / Heritage Images (t). **86 Dreamstime.com:** Sergey Tsvirov (b). **87 Getty Images:** DigitalVision Vectors / ZU 09 (ceb). **89 Alamy Stock Photo:** Library Book Collection (be). **90 Alamy Stock Photo:** World History Archive (bd). **93 Alamy Stock Photo:** GL Archive (be). **Science Photo Library:** Sheila Terry (td). **95 Science Photo Library:** Sheila Terry (cdb). **96 Alamy Stock Photo:** Chronicle (b). **97 Alamy Stock Photo:** FLHC 96 (td). **99 Alamy Stock Photo:** Pictorial Press Ltd (be). **Getty Images:** Hulton Archive / V&A Images (t). **103 Alamy Stock Photo:** Hirarchivum Press (be). **Dreamstime.com:** Tashka2000 (tc). **104 Dreamstime.com:** Tezzstock (b). **106 Science & Society Picture Library:** Science Museum (bc). **107 Alamy Stock Photo:** Everett Collection Inc (b); Science History Images (td). **113 Alamy Stock Photo:** Pictorial Press Ltd (td); Nikolay Staykov (t). **114 Our World in Data | https://ourworldindata.org/:** Global Carbon Budget – Global Carbon Project (2021) (representação visual no gráfico). **115 Getty Images:** Josh Edelson / AFP (t). **117 Alamy Stock Photo:** Zuri Swimmer (td). **Science Photo Library**. **119 Science Photo Library**. **120 Getty Images:** GraphicaArtis / Archive Photos (cdb). **123 Science Photo Library:** Charles D. Winters (td). **124 Alamy Stock Photo:** Chronicle (be). **Science Photo Library:** (td); Sheila Terry (ce). **125 Dreamstime.com:** Reese Ferrier (cdb). **127 Getty Images:** Apic / Hulton Archive (be). **129 Alamy Stock Photo:** Pictorial Press Ltd (be); Science History Images (td). **132 Getty Images:** Sovfoto / Universal Images Group (be). **133 Alamy Stock Photo:** Photo Researchers / Science History Images (ca). **134 Science & Society Picture Library:** Science Museum. **135 Getty Images:** Science & Society Picture Library / SSPL. **137 Alamy Stock Photo:** Everett Collection Historical (bd). **139 Alamy Stock Photo:** Historic Collection (td). **141 Science Photo Library:** Alfred Pasieka (t). **142 Alamy Stock Photo:** History and Art Collection (td). **145 Getty Images:** Hulton Archive / Stringer (td). **148 Science Photo Library:** Charles D. Winters (bd). **149 Alamy Stock Photo:** Pictorial Press Ltd (be). **151 Dreamstime.com:** Egortetiushev (cd). **153 Alamy Stock Photo:** Science History Images (be). **156 Alamy Stock Photo:** The History Collection (be). **157 Internet Archive:** *Brooks Kraft / Sygma* The gases of the atmosphere: The history of their discovery, de William Ramsay, 1896. **158 Shutterstock.com:** Kim Christensen (be); Kim Christensen (bc/hélio); Kim Christensen (bc); Kim Christensen (be/criptônio); Kim Christensen (be/xénon). **159 Alamy Stock Photo:** Aardvark (td). **161 Getty Images:** Nicola Perscheid / ullstein bild (be). **162 Science Photo Library:** Laguna Design (bd). **163 Alamy Stock Photo:** Chronicle (td). **164 Science Photo Library:** Science Source / Charles D. Winters (b). **165 Alamy Stock Photo:** World History Archive (be). **172 Science Photo Library:** Charles D. Winters (cdb). **174 Getty Images:** Mondadori Portfolio Editorial (te). **Science Photo Library:** Cordelia Molloy (td). **178 Getty Images:** Archiv Gerstenberg / ullstein bild (cdb). **179 Alamy Stock Photo:** GL Archive (be). **180 Dorling Kindersley:** USGS. **181 Alamy Stock Photo:** Yogi Black (b). **183 Alamy Stock Photo:** Christopher Jones (cd). **187 Carlsberg Archives:** (te). **188 Alamy Stock Photo:** Aleksandr Dyskin (ceb). **189 Dreamstime.com:** Pramote Soongkitboon (b). **191 Alamy Stock Photo:** GL Archive (td). **Dorling Kindersley:** Data: Erisman, J., Sutton, M., Galloway, J. et al. "How a century of ammonia synthesis changed the world." *Nature Geosci* 1, 636–639 (2008). https://doi.org/10.1038/ngeo325 / Our World in Data | https://ourworldindata.org/ (be). **193 © The University of Manchester 2022. Todos os direitos reservados**. **194 Getty Images / iStock:** blueringmedia (b). **195 TTL:** Photo12 / Universal Images Group (ca). **197 Alamy Stock Photo:** Interfoto / Personalities (td). **198 Archiv der Max-Planck-Gesellschaft, Berlin**. **201 Austrian Central Library for Physics:** (tc). **203 Alamy Stock Photo:** Yogi Black (bd). **207 Alamy Stock Photo:** John Davidson Photos (ca). **Getty Images:** Fritz Eschen / ullstein bild (be). **209 Alamy Stock Photo:** World History Archive (t). **211 Alamy Stock Photo:** Trinity Mirror / Mirrorpix (t). **Getty Images:** Meinrad Riedo (bd). **213 Getty Images:** Historic Images (te). **Alamy Stock Photo:** Suzanne Viner / Retro AdArchives (cb). **220 Alamy Stock Photo:** Pictorial Press Ltd (be). **224 Getty Images:** Baron / Hulton Archive (be). **225 Science Photo Library:** St Mary's Hospital Medical School (cea). **226 Alamy Stock Photo:** Retro AdArchives (b). **228 Dorling Kindersley:** Data: 1369-5274/© 2020 dos autores. Publicado por Elsevier Ltd. Este é um artigo de acesso livre sob a licença CC BY. (http://creativecommons.org/licenses/by/4.0/). **229 Science Photo Library:** Stephanie Schuller (b). **231 Alamy Stock Photo:** Science History Images (be). **Science Photo Library:** ISM (cda). **232 Shutterstock.com:** AP (bd). **235 Bridgeman Images:** © Estate of Lotte Meitner-Graf (td). **237 Getty Images:** Universal History Archive / Universal Images Group. **241 Alamy Stock Photo:** Sueddeutsche Zeitung Photo (be). **242 Oregon State University Special Collections and Archives Research Center, Corvallis, Oregon:** The Ava Helen and Linus Pauling Papers (MSS Pauling). **245 Science Photo Library:** Ramon Andrade 3dciencia. **251 Alamy Stock Photo:** Alpha Stock (td). **252 Science Photo Library**: National Archives (t); US Department of Energy (ceb). **255 akg-images:** Bruni Meya (td). **xkcd.com:** © Andrew Hall 2016 (b). **257 Science Photo Library**. **259 Alamy Stock Photo:** Pictorial Press Ltd (be). **260 Alamy Stock Photo:** Science History Images (te). **263 Getty Images:** Pam Berry / *The Boston Globe* (be). **267 Science Photo Library:** Sinclair Stammers (cdb). **269 Alamy Stock Photo:** Keystone Press (be). **271 Shutterstock.com:** Sipa (td). **273 Getty Images:** Brooks Kraft / Sygma (td). **© The European Centre for Medium-Range Weather Forecasts (ECMWF):** (te). **275 Getty Images:** Pramote Polyamate / Moment (e). **277 Getty Images:** James L. Amos / Corbis Historical (cea). **283 Alamy Stock Photo:** Alex Segre (t); University of Texas at Austin via Sipa USA (be). **287 Alamy Stock Photo:** Andrew Hasson (t). **292 Science Photo Library:** Laguna Design (cdb). **295 Alamy Stock Photo:** Ken Gillespie / First Light / Design Pics Inc (ca). **Shutterstock.com:** Walter Bieri / EPA (cdb). **301 Reprint Courtesy of IBM Corporation ©:** (te). **302 Alamy Stock Photo:** picture alliance / dpa (bc). **306 Alamy Stock Photo:** ITAR-TASS News Agency (be). **310 Dorling Kindersley:** IOP Science: Yuri Oganessian 2012 *J. Phys.: Conf. Ser.* 337 012005. **311 TopFoto:** Sputnik. **313 Science Photo Library:** NIAID / National Institutes of Health (t). **314 Shutterstock.com:** Csilla Cseke / EPA-EFE (td)

Todas as outras imagens © Dorling Kindersley
Para mais informações ver: www.dkimages.com

Conheça todos os títulos da série:

DK | Penguin Random House | GLOBOLIVROS

   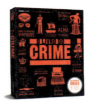